21 世纪普通高等教育立体化规划教材

线性代数

主　编: 陈　芸　胡　芳

副主编: 邓敏英　徐国安

熊　奔　李志刚

华中师范大学出版社

内容简介

本书是编者在总结多年教学经验的基础上，以“理解概念、弱化证明、强化计算和应用”为指导思想编写的，主要内容包括行列式、矩阵、向量组的线性相关性、线性方程组、特征值与特征向量、二次型、附录等。除线性代数基本理论知识外，书中还配有线性代数典型应用实例内容和大量考研真题。

本书可作为普通高等学校非数学专业本科生的线性代数课程教材，也可作为相关科技工作者、考研学生、高校教师的参考用书。

新出图证(鄂)字 10 号

图书在版编目(CIP)数据

线性代数/陈芸，胡芳主编. —武汉：华中师范大学出版社，2022.12
ISBN 978-7-5622-9947-9

Ⅰ.①线… Ⅱ.①陈… ②胡… Ⅲ.①线性代数 Ⅳ.①O151.2

中国版本图书馆 CIP 数据核字(2022)第 220600 号

线性代数

©陈 芸 胡 芳 主编

责任编辑：袁正科	**责任校对**：肖 阳	**封面设计**：胡 灿
编 辑 室：高教分社	**电 话**：027-67867364	
出版发行：华中师范大学出版社		
社 址：湖北省武汉市珞喻路 152 号	**邮 编**：430079	**销售电话**：027-67861549
网 址：http://press.ccnu.edu.cn	**电子信箱**：press@mail.ccnu.edu.cn	
印 刷：武汉市洪林印务有限公司	**督 印**：刘 敏	
开 本：787mm×1092mm 1/16	**印 张**：13.25	**字 数**：300 千字
版 次：2022 年 12 月第 1 版	**印 次**：2022 年 12 月第 1 次印刷	
印 数：1—3000	**定 价**：38.50 元	

欢迎上网查询、购书

前　　言

线性代数理论在自然科学、工程技术和经济管理等领域都有着广泛应用，线性代数课程也是普通高等院校大学数学课程中一门非常重要的基础课。近年来，随着以线性代数理论为基础的计算机技术的高速发展，各高校对该课程的教学工作也越来越重视。

本书是编者在充分研究同类教材发展趋势和总结自己多年教学实践经验的基础上编写的，其指导思想是：理解概念、弱化证明、强化计算和应用。同时，该书的编写也符合武汉生物工程学院“金课”建设以及继续深化课程思政教学改革的要求。

本书主要内容包括行列式、矩阵、向量组的线性相关性、线性方程组、特征值与特征向量、二次型、附录等。为满足考研学生需求，书中还配有大量考研真题。具体内容设计方面，本书着力体现以下特点：

(1) 对传统线性代数课程内容和知识点进行重组、筛选、优化，把“通识性”内容与“专业性”知识相结合，完善了学校“金课”课程理念体系。

(2) 以案例导入、问题驱动为依托介绍抽象的线性代数概念和定理，从而让读者对这些概念和定理能有更直观深刻的认识。

(3) 增加了数学实验内容，介绍了数学软件 MATLAB 及其用法。MATLAB 数学软件能解决复杂的线性代数问题，在数学建模中有着广泛应用。通过对数学实验和 MATLAB 软件的学习，不仅能提升学生的动手能力，还能增强学生学习线性代数的兴趣。

(4) 深挖线性代数中的课程思政元素，积极开展课程思政建设。在介绍著名数学家成长经历及其研究成果时，积极倡导科学探索精神，帮助学生树立正确的人生观和价值观。

(5) 纸质内容与数字化资源一体化设计，支持混合式教学。本书内容呈现形式多样，除基本理论知识、习题外，线上电子资源配置也很丰富，包含有教学课件、微课视频(课程思政资料介绍和重点习题讲解)、习题参考答案等,学生可通过微信扫码观看,从而提升课堂的学习效率和教学效果。

本书由武汉生物工程学院组织编写,陈芸、胡芳任主编,邓敏英、徐国安、熊奔、李志刚任副主编。全书的统稿、定稿工作由陈芸完成。丰洪才教授、何穗教授在总体设计和整体规划方面提出了很多富有建设性的意见,在此对他们表示衷心感谢。

由于编者水平有限,书中难免存在不足和疏漏之处,敬请同行和广大读者批评指正。

编　者

2022 年 9 月

目　录

扫码获取本章PPT

第 1 章　行　列　式

行列式的概念是从解线性方程组的问题中建立和发展起来的，它在线性代数以及其他数学分支上都有着广泛的应用。本章我们主要讨论行列式的定义、性质、计算方法，以及行列式在求解线性方程组中的应用（克莱姆法则）。

1.1　二阶、三阶行列式

扫码看微课视频

本节我们利用线性方程组的求解引入行列式的概念。

1.1.1　二阶行列式

引例 1　如果 $a_{11}a_{22}-a_{12}a_{21}\neq 0$，求平面上直线 l_1：$a_{11}x_1+a_{12}x_2=b_1$ 与直线 l_2：$a_{21}x_1+a_{22}x_2=b_2$ 的交点（图 1-1）。

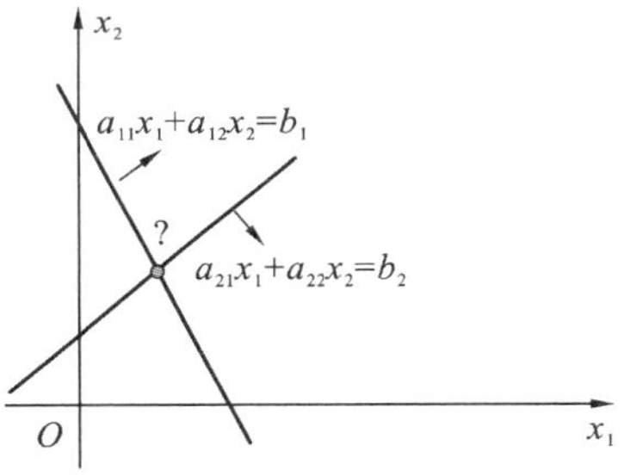

图 1-1

解　联立两直线方程，得二元线性方程组

$$\begin{cases}a_{11}x_1+a_{12}x_2=b_1,\\ a_{21}x_1+a_{22}x_2=b_2.\end{cases}\tag{1-1}$$

用消元法求解，当 $a_{11}a_{22}-a_{12}a_{21}\neq 0$ 时，有

$$x_1=\frac{b_1a_{22}-a_{12}b_2}{a_{11}a_{22}-a_{12}a_{21}},\quad x_2=\frac{a_{11}b_2-b_1a_{21}}{a_{11}a_{22}-a_{12}a_{21}}.\tag{1-2}$$

（1-2）式可以作为一般二元线性方程组的公式解，为了方便记忆，引进记号

$$D=\begin{vmatrix}a_{11} & a_{12}\\ a_{21} & a_{22}\end{vmatrix}=a_{11}a_{22}-a_{12}a_{21},$$

并称之为**二阶行列式**。D 中元素由方程组未知数的系数所组成，也称 D 为方程组的**系数行列式**。

并记 $D_1=\begin{vmatrix} b_1 & a_{12} \\ b_2 & a_{22} \end{vmatrix}$（用方程组的常数项代替系数行列式的第 1 列）；$D_2=\begin{vmatrix} a_{11} & b_1 \\ a_{21} & b_2 \end{vmatrix}$（用方程组的常数项代替系数行列式的第 2 列）。

有了以上记号，二元线性方程组(1-1)的解(1-2)式可简单表示为

$$x_1=\frac{D_1}{D},\quad x_2=\frac{D_2}{D}(D\neq 0)。\tag{1-3}$$

由此，我们给出二阶行列式的严格定义。

定义 1.1 将 2×2 个数排成两行两列，并在左右两侧各加一竖线，得到表达式

$$\begin{vmatrix} a_{11} & a_{12} \\ a_{21} & a_{22} \end{vmatrix}=a_{11}a_{22}-a_{12}a_{21},$$

并称上述表达式为**二阶行列式**，在计算中，行列式一般记作 D 或 $\det(a_{ij})$。其中数 a_{ij} 称为行列式的元素，元素 a_{ij} 的第一个下标 i 称为**行标**，表示这个元素所在的行数；第二个下标 j 称为**列标**，表示这个元素所在的列数。从左上角到右下角的对角线称为行列式的**主对角线**；从右上角到左下角的对角线称为**副对角线**。

二阶行列式的值可用**对角线法则**来记忆：主对角线上元素的乘积减去副对角线上元素的乘积。

例 1 计算下列各行列式的值：

(1) $\begin{vmatrix} 4 & 2 \\ -1 & 3 \end{vmatrix}$；　　(2) $\begin{vmatrix} \tan x & 1 \\ -1 & \cot x \end{vmatrix}$。

解 (1) $\begin{vmatrix} 4 & 2 \\ -1 & 3 \end{vmatrix}=4\times 3-2\times(-1)=14$；

(2) $\begin{vmatrix} \tan x & 1 \\ -1 & \cot x \end{vmatrix}=\tan x\times\cot x-1\times(-1)=2$。

例 2 求解二元线性方程组 $\begin{cases} x_1+3x_2=2 \\ 3x_1-x_2=1 \end{cases}$。

解 因为 $$D=\begin{vmatrix} 1 & 3 \\ 3 & -1 \end{vmatrix}=1\times(-1)-3\times 3=-10\neq 0,$$

且 $$D_1=\begin{vmatrix} 2 & 3 \\ 1 & -1 \end{vmatrix}=-5,D_2=\begin{vmatrix} 1 & 2 \\ 3 & 1 \end{vmatrix}=-5,$$

所以 $$x_1=\frac{D_1}{D}=\frac{1}{2},x_2=\frac{D_2}{D}=\frac{1}{2}。$$

1.1.2 三阶行列式

引例 2 如果

$$a_{11}a_{22}a_{33}+a_{12}a_{23}a_{31}+a_{13}a_{21}a_{32}-a_{13}a_{22}a_{31}-a_{11}a_{23}a_{32}-a_{12}a_{21}a_{33}\neq 0,$$

求平面 π_1：$a_{11}x_1+a_{12}x_2+a_{13}x_3=b_1$，平面 π_2：$a_{21}x_1+a_{22}x_2+a_{23}x_3=b_2$，平面 π_3：$a_{31}x_1+a_{32}x_2+a_{33}x_3=b_3$ 的交点(图 1-2)。

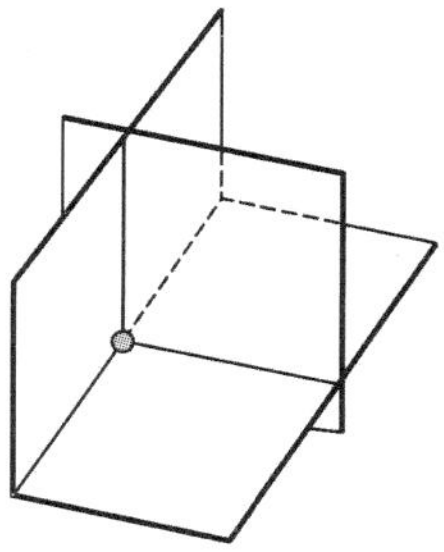

图 1-2

解 联立三个平面方程,得三元线性方程组

$$\begin{cases} a_{11}x_1+a_{12}x_2+a_{13}x_3=b_1, \\ a_{21}x_1+a_{22}x_2+a_{23}x_3=b_2, \\ a_{31}x_1+a_{32}x_2+a_{33}x_3=b_3。 \end{cases} \tag{1-4}$$

利用消元法知,当 $a_{11}a_{22}a_{33}+a_{12}a_{23}a_{31}+a_{13}a_{21}a_{32}-a_{13}a_{22}a_{31}-a_{11}a_{23}a_{32}-a_{12}a_{21}a_{33}\neq 0$ 时,

$$x_1=\frac{b_1a_{22}a_{33}+a_{12}a_{23}b_3+a_{13}b_2a_{32}-a_{13}a_{22}b_3-a_{12}b_2a_{33}-b_1a_{23}a_{32}}{a_{11}a_{22}a_{33}+a_{12}a_{23}a_{31}+a_{13}a_{21}a_{32}-a_{13}a_{22}a_{31}-a_{11}a_{23}a_{32}-a_{12}a_{21}a_{33}}, \tag{1-5}$$

x_2,x_3 的值可以自己计算,此处省略。

为了方便记忆,引进记号:

$$D=\begin{vmatrix} a_{11} & a_{12} & a_{13} \\ a_{21} & a_{22} & a_{23} \\ a_{31} & a_{32} & a_{33} \end{vmatrix}=a_{11}a_{22}a_{33}+a_{12}a_{23}a_{31}+a_{13}a_{21}a_{32}$$

$$-a_{13}a_{22}a_{31}-a_{11}a_{23}a_{32}-a_{12}a_{21}a_{33},$$

并称之为**三阶行列式**,并记

$$D_1=\begin{vmatrix} b_1 & a_{12} & a_{13} \\ b_2 & a_{22} & a_{23} \\ b_3 & a_{32} & a_{33} \end{vmatrix},\quad D_2=\begin{vmatrix} a_{11} & b_1 & a_{13} \\ a_{21} & b_2 & a_{23} \\ a_{31} & b_3 & a_{33} \end{vmatrix},\quad D_3=\begin{vmatrix} a_{11} & a_{12} & b_1 \\ a_{21} & a_{22} & b_2 \\ a_{31} & a_{32} & b_3 \end{vmatrix},$$

有了以上记号,三元线性方程组(1-4)的解(1-5)式可简单表示为

$$x_1=\frac{D_1}{D},\quad x_2=\frac{D_2}{D},\quad x_3=\frac{D_3}{D}(D\neq 0)。 \tag{1-6}$$

它的结构与前面二元线性方程组的解(1-3)类似,它也是后面即将学习的克莱姆法则的特殊情形。

定义 1.2 将 3×3 个数排成 3 行 3 列,并在左右两侧各加一竖线,得到的表达式

$$\begin{vmatrix} a_{11} & a_{12} & a_{13} \\ a_{21} & a_{22} & a_{23} \\ a_{31} & a_{32} & a_{33} \end{vmatrix}=a_{11}a_{22}a_{33}+a_{12}a_{23}a_{31}+a_{13}a_{21}a_{32}$$

$$-a_{13}a_{22}a_{31}-a_{11}a_{23}a_{32}-a_{12}a_{21}a_{33}$$

称为**三阶行列式**。

三阶行列式的值也可用对角线法则来帮助记忆,对角线法则可用两幅图(图 1-3,

图 1-4)来表示,每幅图均代表一种对角线法则。图中每条实线连接的 3 个元素的乘积前取“+”号,每条虚线连接的 3 个元素的乘积前取“−”号。结合图,这里提供两种记忆方式:

方式 1:

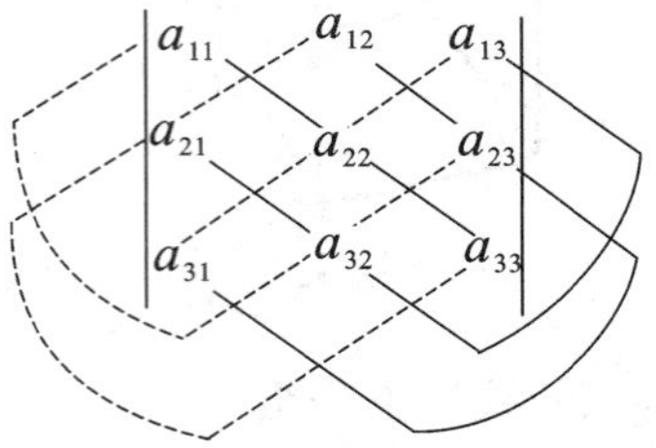

图 1-3

方式 2:将第 1、2 列放在行列式右边,如图 1-4 所示:

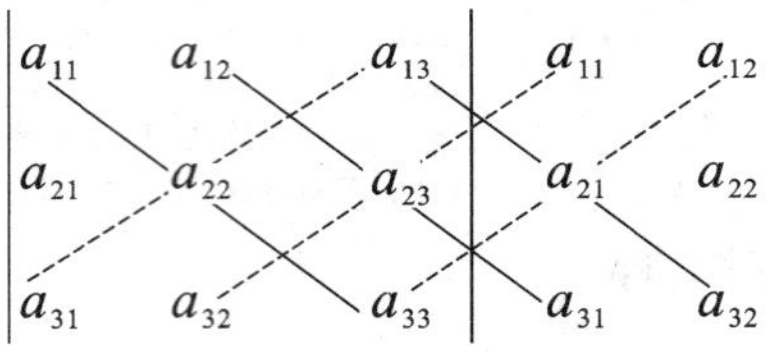

图 1-4

对角线法则只能用于计算二阶、三阶行列式。

例 3　计算三阶行列式 $D=\begin{vmatrix} 1 & -1 & 1 \\ 2 & 5 & 1 \\ 4 & -1 & 3 \end{vmatrix}$。

解
$$\begin{aligned} D=&1\times5\times3+(-1)\times1\times4+2\times(-1)\times1\\ &-1\times5\times4-1\times(-1)\times1-(-1)\times2\times3=-4。\end{aligned}$$

例 4　求解方程 $\begin{vmatrix} 1 & 1 & 1 \\ 2 & 3 & x \\ 4 & 9 & x^2 \end{vmatrix}=0$。

解　方程左端 $D=3x^2+4x+18-9x-2x^2-12=x^2-5x+6$,解方程 $x^2-5x+6=0$,得 $x=2$ 或 $x=3$。

例 5　已知 $\begin{vmatrix} a & b & 0 \\ -b & a & 0 \\ 1 & 0 & 1 \end{vmatrix}=0$,其中 a,b 均为实数,问 a,b 应满足什么条件?

解　若要 $\begin{vmatrix} a & b & 0 \\ -b & a & 0 \\ 1 & 0 & 1 \end{vmatrix}=a^2+b^2=0$,则 a 与 b 须同时等于 0。因此,当 $a=0$ 且 $b=0$ 时行列式等于 0。

1.1.3 二阶、三阶行列式的几何意义

1. 二阶行列式的几何意义

设二维列向量 $\boldsymbol{\alpha}=\begin{pmatrix}a_{11}\\a_{21}\end{pmatrix}$，$\boldsymbol{\beta}=\begin{pmatrix}a_{12}\\a_{22}\end{pmatrix}$，假设 $\boldsymbol{\alpha}$、$\boldsymbol{\beta}$ 都是从原点出发，终点在第一象限的向径，如图 1-5 所示。

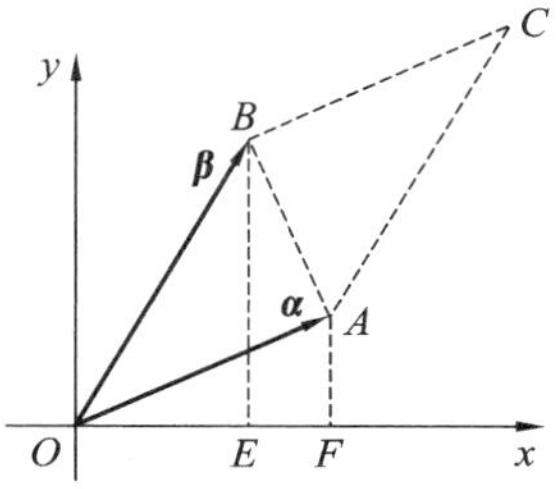

图 1-5

$\triangle OAB$ 的面积为

$$S_{\triangle OAB}=S_{\triangle OEB}+S_{\text{梯形}EFAB}-S_{\triangle OFA}=\frac{1}{2}a_{12}a_{22}+\frac{1}{2}(a_{21}+a_{22})(a_{11}-a_{12})-\frac{1}{2}a_{11}a_{21}$$
$$=\frac{1}{2}(a_{11}a_{22}-a_{12}a_{21})。$$

由上式可知，二阶行列式 $D=\begin{vmatrix}a_{11}&a_{12}\\a_{21}&a_{22}\end{vmatrix}$ 表示以 $\boldsymbol{\alpha}=\begin{pmatrix}a_{11}\\a_{21}\end{pmatrix}$，$\boldsymbol{\beta}=\begin{pmatrix}a_{12}\\a_{22}\end{pmatrix}$ 为相邻边的平行四边形 $OACB$ 的面积。

对于一般的向量 $\boldsymbol{\alpha}=\begin{pmatrix}a_{11}\\a_{21}\end{pmatrix}$，$\boldsymbol{\beta}=\begin{pmatrix}a_{12}\\a_{22}\end{pmatrix}$，如果 $\boldsymbol{\alpha}$ 逆时针转向 $\boldsymbol{\beta}$ 的转角小于 π，则

$$D=\begin{vmatrix}a_{11}&a_{12}\\a_{21}&a_{22}\end{vmatrix}=S_{\square OACB}；$$

如果 $\boldsymbol{\alpha}$ 逆时针转向 $\boldsymbol{\beta}$ 的转角大于 π，则

$$D=\begin{vmatrix}a_{11}&a_{12}\\a_{21}&a_{22}\end{vmatrix}=-S_{\square OACB}。$$

2. 三阶行列式的几何意义

设三维列向量 $\boldsymbol{\alpha}=\begin{pmatrix}a_{11}\\a_{21}\\a_{31}\end{pmatrix}$，$\boldsymbol{\beta}=\begin{pmatrix}a_{12}\\a_{22}\\a_{32}\end{pmatrix}$，$\boldsymbol{\gamma}=\begin{pmatrix}a_{13}\\a_{23}\\a_{33}\end{pmatrix}$，如图 1-6 所示。

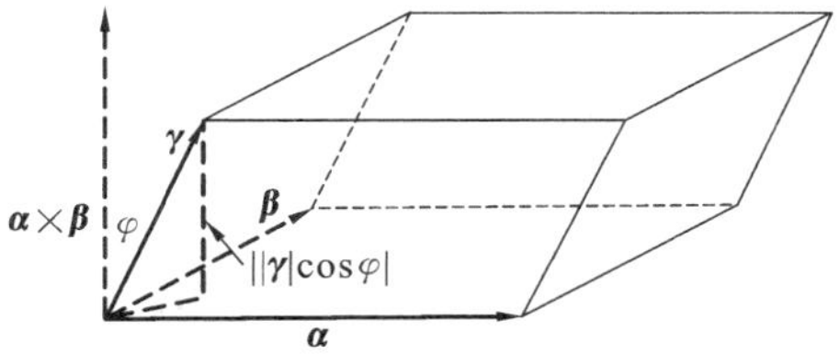

图 1-6

$$D=\begin{vmatrix} a_{11} & a_{12} & a_{13} \\ a_{21} & a_{22} & a_{23} \\ a_{31} & a_{32} & a_{33} \end{vmatrix}=(\boldsymbol{\alpha}\times\boldsymbol{\beta})\cdot\boldsymbol{\gamma}。$$

以 $\boldsymbol{\alpha}$、$\boldsymbol{\beta}$、$\boldsymbol{\gamma}$ 为相邻棱的平行六面体中，底面面积为 $|\boldsymbol{\alpha}\times\boldsymbol{\beta}|$，$\varphi$ 为 $\boldsymbol{\alpha}\times\boldsymbol{\beta}$ 与 $\boldsymbol{\gamma}$ 的夹角，平行六面体的高为 $||\boldsymbol{\gamma}|\cos\varphi|$，则 $|(\boldsymbol{\alpha}\times\boldsymbol{\beta})\cdot\boldsymbol{\gamma}|=||\boldsymbol{\alpha}\times\boldsymbol{\beta}||\boldsymbol{\gamma}|\cos\varphi|$，所以三阶行列式的绝对值 $|D|$ 表示以 $\boldsymbol{\alpha}$、$\boldsymbol{\beta}$、$\boldsymbol{\gamma}$ 为相邻棱的平行六面体的体积。

如果 $\boldsymbol{\alpha}$、$\boldsymbol{\beta}$、$\boldsymbol{\gamma}$ 满足右手系，则 $D=V$；

如果 $\boldsymbol{\alpha}$、$\boldsymbol{\beta}$、$\boldsymbol{\gamma}$ 满足左手系，则 $D=-V$。

3. 行列式在平面几何中的两个结论

已知平面上有 3 点 $A(x_1, y_1)$，$B(x_2, y_2)$，$C(x_3, y_3)$，若这 3 点共线，则 $\begin{vmatrix} 1 & x_1 & y_1 \\ 1 & x_2 & y_2 \\ 1 & x_3 & y_3 \end{vmatrix}=0$；若这 3 点不共线，则 $\triangle ABC$ 的面积等于行列式 $\frac{1}{2}\begin{vmatrix} 1 & x_1 & y_1 \\ 1 & x_2 & y_2 \\ 1 & x_3 & y_3 \end{vmatrix}$ 的绝对值。

习题 1.1

1. 当 a,b 为何值时，行列式 $D=\begin{vmatrix} a & b \\ a^2 & b^2 \end{vmatrix}=0$。

2. 计算二阶行列式。

(1) $\begin{vmatrix} 5 & 4 \\ 4 & 3 \end{vmatrix}$；　(2) $\begin{vmatrix} x+y & y \\ -y & x-y \end{vmatrix}$；　(3) $\begin{vmatrix} \cos x & \sin x \\ -\sin x & \cos x \end{vmatrix}$。

3. 用二阶行列式解线性方程组。

(1) $\begin{cases} 2x_1+4x_2=1, \\ x_1+3x_2=2; \end{cases}$　(2) $\begin{cases} x_1+2x_2=3, \\ 3x_1+x_2=4。 \end{cases}$

4. 计算三阶行列式。

(1) $\begin{vmatrix} 2 & 1 & -1 \\ 0 & 3 & 4 \\ -2 & 5 & 4 \end{vmatrix}$；　(2) $\begin{vmatrix} 1 & -1 & 2 \\ 3 & 2 & 1 \\ 0 & -1 & 4 \end{vmatrix}$；　(3) $\begin{vmatrix} 0 & a & 0 \\ b & c & d \\ 0 & e & 0 \end{vmatrix}$。

5. 用三阶行列式解线性方程组 $\begin{cases} x_1+2x_2+x_3=3, \\ -2x_1+x_2-x_3=-3, \\ x_1-4x_2+2x_3=-5。 \end{cases}$

6. 已知 3 点 $A(a,3)$，$B(3,1)$，$C(-1,0)$ 共线，求实数 a 的值。

7. 试求方程 $\begin{vmatrix} x-6 & 5 & 3 \\ -3 & x+2 & 2 \\ -2 & 2 & x \end{vmatrix}=0$ 的解。

扫码查看习题参考答案

1.2 排 列

在 n 阶行列式的定义中，要用到全排列、逆序数等概念，为此，本节将介绍排列和逆序数的一些基本知识。

1.2.1 排列与逆序数的概念

1. 排列

定义 1.3 将自然数 1,2,…,n 组成的一个有序数组称为 n 个元素的**全排列**或称为一个 **n 级排列**，简称**排列**，记为 $p_1p_2\cdots p_n$。

例如，2431 是一个 4 级排列，52341 是一个 5 级排列。

n 个不同元素组成的所有不同排列的个数，称为**排列数**。

例如，由数 1,2,3 组成的所有 3 级排列为：123,132,213,231,312,321，排列数为 3! =6。

我们知道，n 级排列的排列数是 $n\cdot(n-1)\cdot(n-2)\cdot\cdots\cdot2\cdot1=n!$。

定义 1.4 按数字从小到大的顺序构成的 n 级排列，称为一个**标准排列**或**自然排列**。

显然，$1234\cdots n$ 是按照递增的顺序排起来的，它是一个 n 级标准排列。

2. 逆序数

定义 1.5 在一个 n 级排列 $p_1p_2\cdots p_t\cdots p_s\cdots p_n$ 中，如果有较大的数 p_t 排在较小的数 p_s 的前面($p_t>p_s$)，则称 p_t 与 p_s 构成一个逆序，一个 n 级排列中逆序的总数，称为这个排列的**逆序数**，记作 $\tau(p_1p_2\cdots p_n)$。

容易看出，自然排列的逆序数为 0。

例如在 4 级排列 2431 中，21,43,41,31 是逆序，所以 2431 的逆序数就是 4，记作 $\tau(2341)=4$。当排列的级数很大时，如何快速计算逆序数呢？我们总结出了如下方法：

设 $p_1p_2\cdots p_n$ 是 1,2,…,n 这 n 个自然数的任一排列，若比 p_1 大且排在 p_1 前面的数有 t_1 个，比 p_2 大且排在 p_2 前面的数有 t_2 个，……，比 p_n 大且排在 p_n 前面的数有 t_n 个，则此排列的逆序数是

$$\tau(p_1p_2\cdots p_n)=\sum_{i=1}^{n}t_i=t_1+t_2+\cdots+t_n。$$

如 $\tau(421365)=0+1+2+1+0+1=5$。

上面计算排列的逆序数的方法可以总结为：从第一个元素开始，数每个元素的前面有几个数比它大，这个元素的逆序就是几，将一个排列所有元素的逆序相加，即得到这个排列的逆序数。

例 1 求下列排列的逆序数：

(1) 6372451；

(2) $n(n-1)\cdots321$。

解 (1) $\tau(6372451)=0+1+0+3+2+2+6=14$；

(2) $\tau[n(n-1)\cdots321]=0+1+2+\cdots+(n-2)+(n-1)=\frac{1}{2}n(n-1)$。

一个排列的逆序数如何计算很重要,这关系到 1.3 节中 n 阶行列式的展开项前的正负号问题,所以要牢固掌握。

3. 奇偶排列与对换

定义 1.6 若排列 $p_1p_2\cdots p_n$ 的逆序数 $\tau(p_1p_2\cdots p_n)$ 是奇数,则称此排列为**奇排列**;若逆序数是偶数,则称此排列为**偶排列**。

例如,$\tau(2431)=4$,所以排列 2431 是偶排列。52341 的逆序数为 7,所以排列 52341 是奇排列。自然排列 $123\cdots n$ 的逆序数为 0,所以是偶排列。

定义 1.7 在一个 n 级排列 $p_1p_2\cdots p_s\cdots p_t\cdots p_n$ 中,如果其中某两个数 p_s 与 p_t 对调位置,其余各数位置不变,就得到另一个新的 n 级排列 $p_1p_2\cdots p_t\cdots p_s\cdots p_n$,这样的变换称为一个**对换**,记作 (p_s,p_t)。将相邻两个元素对调,叫作相邻对换,简称**邻换**。

1.2.2 排列的相关结论

在偶排列 3412 中,将 4 与 2 对换,得到的新排列 3214 是奇排列。其实这种现象是普遍存在的,我们不加证明地给出以下结论。

定理 1.1 任何一个排列经过一次对换后,排列的奇偶性会发生改变。

这就是说,经过一次对换,奇排列变成偶排列,偶排列变成奇排列。

定理 1.2 在所有的 n 级排列中($n\geqslant 2$),奇排列与偶排列的个数相等,各为 $\frac{n!}{2}$ 个。

定理 1.3 任一 n 级排列 $p_1p_2\cdots p_n$ 都可以通过一系列对换调成自然排列,且奇排列调成标准排列的对换次数为奇数,偶排列调成标准排列的对换次数为偶数。

习题 1.2

1. 一个全排列的逆序数除了书中提到的计算方法,是否还有其他求法?

2. 求下列排列的逆序数,并判断该排列的奇偶性。

(1) 987654321; (2) 134782695;

(3) 586924317; (4) 217986354;

(5) $135\cdots(2n-1)24\cdots(2n)$,其中 n 为正整数。

3. 试求 i,j 的值,使

(1) $1245i6j97$ 为奇排列; (2) $3972i15j4$ 为偶排列。

4. 写出把排列 12345 变成 25341 的对换。

扫码查看习题参考答案

1.3 n 阶行列式

有了排列的逆序数的知识后,我们可以根据二阶、三阶行列式的概念,推广得到 n 阶行列式的定义。

1.3.1 n 阶行列式的概念

我们从观察二阶、三阶行列式的特征入手,引出 n 阶行列式的定义。已知二阶与三阶

行列式分别为

$$\begin{vmatrix} a_{11} & a_{12} \\ a_{21} & a_{22} \end{vmatrix} = a_{11}a_{22} - a_{12}a_{21},$$

$$\begin{vmatrix} a_{11} & a_{12} & a_{13} \\ a_{21} & a_{22} & a_{23} \\ a_{31} & a_{32} & a_{33} \end{vmatrix} = a_{11}a_{22}a_{33} + a_{12}a_{23}a_{31} + a_{13}a_{21}a_{32}$$

$$- a_{13}a_{22}a_{31} - a_{11}a_{23}a_{32} - a_{12}a_{21}a_{33},$$

我们可以从中发现以下规律：

(1) 二阶行列式是 2！项的代数和，三阶行列式是 3！项的代数和；

(2) 二阶行列式中每一项是两个元素的乘积，它们分别取自不同的行和不同的列，三阶行列式中的每一项是三个元素的乘积，它们也是取自不同的行和不同的列；

(3) 每一项的符号是：当这一项中元素的行标是按自然排列时，如果元素的列标为偶排列，则取正号，如果元素的列标为奇排列，则取负号。

通过以上分析，二阶、三阶行列式可按以下方式定义：

$$\begin{vmatrix} a_{11} & a_{12} \\ a_{21} & a_{22} \end{vmatrix} = \sum (-1)^{\tau} a_{1p_1} a_{2p_2} \text{（其中 } \tau \text{ 为排列 } p_1p_2 \text{ 的逆序数），}$$

$$\begin{vmatrix} a_{11} & a_{12} & a_{13} \\ a_{21} & a_{22} & a_{23} \\ a_{31} & a_{32} & a_{33} \end{vmatrix} = \sum_{p_1p_2p_3} (-1)^{\tau} a_{1p_1} a_{2p_2} a_{3p_3} \text{（其中 } \tau \text{ 为排列 } p_1p_2p_3 \text{ 的逆序数）。}$$

推广到一般，我们可得到 n 阶行列式的定义。

定义 1.8 将 $n \times n$ 个数排成 n 行 n 列，并在左右两侧各加一竖线，得到的表达式

$$\begin{vmatrix} a_{11} & a_{12} & \cdots & a_{1n} \\ a_{21} & a_{22} & \cdots & a_{2n} \\ \vdots & \vdots & & \vdots \\ a_{n1} & a_{n2} & \cdots & a_{nn} \end{vmatrix} = \sum_{p_1p_2\cdots p_n} (-1)^{\tau} a_{1p_1} a_{2p_2} \cdots a_{np_n} \tag{1-7}$$

称为 n **阶行列式**，其中，$p_1 \cdots p_n$ 为自然数 $1,2,3,\cdots,n$ 的一个排列，$\tau = \tau(p_1 \cdots p_n)$，$\sum\limits_{p_1p_2\cdots p_n}$ 是对所有 n 级排列求和。

注意，当 $n=1$ 时，一阶行列式为 $|a_{11}| = a_{11}$，不要将其与绝对值概念混淆。

为了熟悉 n 阶行列式的定义，我们来看下面几个问题。

例 1 在五阶行列式中，$a_{12}a_{23}a_{35}a_{41}a_{54}$ 这一项应取什么符号？

解 这一项各元素的行标是按自然排列，而列标的排列为 23514。因 $\tau(23514)=4$，故该项取正号。

若该题的行标不是自然排列，需要先将元素交换位置使得行标成为自然排列，然后再计算列标的逆序数得到符号。

例 2 计算四阶行列式 $D = \begin{vmatrix} 0 & 0 & 0 & 1 \\ 0 & 0 & 2 & 0 \\ 0 & 3 & 0 & 0 \\ 4 & 0 & 0 & 0 \end{vmatrix}$。

解 按行列式的定义，它应有 4！=24 项。但由于很多元素为 0，所以不等于 0 的项数就大大减少了，展开式中项的一般形式是：$a_{1p_1}a_{2p_2}a_{3p_3}a_{4p_4}$，只有 $a_{14}a_{23}a_{32}a_{41}$ 不为 0。该项相对应的列标的排列为 4321，逆序数为 6，所以该项应取正号，即

$$D=\begin{vmatrix}0&0&0&1\\0&0&2&0\\0&3&0&0\\4&0&0&0\end{vmatrix}=1\times2\times3\times4=24。$$

例 3 利用行列式定义计算 $D_n=\begin{vmatrix}0&1&0&\cdots&0\\0&0&2&\cdots&0\\\vdots&\vdots&\vdots&&\vdots\\0&0&0&\cdots&n-1\\n&0&0&\cdots&0\end{vmatrix}$。

解 $D_n=\sum\limits_{(p_1p_2\cdots p_n)}(-1)^{\tau}a_{1p_1}a_{2p_2}\cdots a_{np_n}$，从行列式的构成可知，不为 0 的项，只有 $p_1=2,p_2=3,\cdots,p_{n-1}=n,p_n=1$，所以

$$D_n=(-1)^{\tau}a_{12}a_{23}\cdots a_{(n-1)n}a_{n1}=(-1)^{\tau(23\cdots n1)}n!=(-1)^{n-1}n!。$$

定理 1.4 n 阶行列式也可定义为

$$D=\sum_{p_1p_2\cdots p_n}(-1)^{\tau}a_{p_11}a_{p_22}\cdots a_{p_nn}，\tag{1-8}$$

其中 $\sum\limits_{p_1p_2\cdots p_n}$ 是对所有 n 级排列 $p_1\cdots p_n$ 求和，$\tau=\tau(p_1\cdots p_n)$。

1.3.2 几种特殊的行列式

下面给出经常会碰到的一些特殊的行列式，它们的值可以由 n 阶行列式定义得到。

1. 上三角行列式(主对角线以下的元素全为 0)

$$D=\begin{vmatrix}a_{11}&a_{12}&\cdots&a_{1n}\\0&a_{22}&\cdots&a_{2n}\\\vdots&\vdots&&\vdots\\0&0&\cdots&a_{nn}\end{vmatrix}=a_{11}a_{22}\cdots a_{nn}。$$

2. 下三角行列式(主对角线以上的元素全为 0)

$$\begin{vmatrix}a_{11}&0&\cdots&0\\a_{21}&a_{22}&\cdots&0\\\vdots&\vdots&&\vdots\\a_{n1}&a_{n2}&\cdots&a_{nn}\end{vmatrix}=a_{11}a_{22}\cdots a_{nn}。$$

3. 对角行列式

$$\begin{vmatrix}a_{11}&0&\cdots&0\\0&a_{22}&\cdots&0\\\vdots&\vdots&&\vdots\\0&0&\cdots&a_{nn}\end{vmatrix}=a_{11}a_{22}\cdots a_{nn}。$$

上(下)三角形行列式及对角行列式的值,均等于主对角线上元素的乘积。

除了以上三种特殊行列式外,还有以下几种对角行列式和三角行列式:

$$\begin{vmatrix} & & & a_{1n} \\ & & a_{2,n-1} & \\ & \iddots & & \\ a_{n1} & & & \end{vmatrix} = \begin{vmatrix} & & & a_{1n} \\ & & a_{2,n-1} & a_{2n} \\ & \cdots & \cdots & \cdots \\ a_{n1} & a_{n2} & \cdots & a_{nn} \end{vmatrix} = \begin{vmatrix} a_{11} & a_{12} & \cdots & a_{1n} \\ a_{21} & a_{22} & \cdots & \\ \cdots & \cdots & & \\ a_{n1} & & & \end{vmatrix}$$

$=(-1)^{\frac{n(n-1)}{2}}a_{1n}a_{2,n-1}\cdots a_{n1}$(其中未写出的元素均为0)。

4. 对称行列式

如果行列式 D 中元素满足 $a_{ij}=a_{ji}$,则称行列式 D 为**对称行列式**。例如,$\begin{vmatrix} a & 2 & 3 \\ 2 & b & 4 \\ 3 & 4 & c \end{vmatrix}$为对称行列式。对称行列式的特点是以主对角线为对称轴,两边元素对应相等。

5. 反对称行列式

如果行列式 D 中元素满足 $a_{ij}=-a_{ji}$,则称行列式 D 为**反对称行列式**。例如,$\begin{vmatrix} 0 & a & b \\ -a & 0 & c \\ -b & -c & 0 \end{vmatrix}$为反对称行列式。反对称行列式的特点是以主对角线为对称轴,两边元素对应互为相反数,且主对角线元素都是0(因为主对角线元素为 a_{ii},则 $a_{ii}=-a_{ii}$,得 $a_{ii}=0$)。

习题 1.3

扫码查看习题参考答案

1. 计算四阶行列式 $D=\begin{vmatrix} 1 & 0 & 0 & 0 \\ 0 & 0 & 2 & 0 \\ 0 & 3 & 0 & 0 \\ 0 & 0 & 0 & 4 \end{vmatrix}$。

2. 用行列式的定义计算 $D_n=\begin{vmatrix} 0 & 0 & \cdots & 0 & 1 & 0 \\ 0 & 0 & \cdots & 2 & 0 & 0 \\ \vdots & \vdots & & \vdots & \vdots & \vdots \\ n-1 & 0 & \cdots & 0 & 0 & 0 \\ 0 & 0 & \cdots & 0 & 0 & n \end{vmatrix}$。

3. 写出四阶行列式$\begin{vmatrix} a_{11} & a_{12} & a_{13} & a_{14} \\ a_{21} & a_{22} & a_{23} & a_{24} \\ a_{31} & a_{32} & a_{33} & a_{34} \\ a_{41} & a_{42} & a_{43} & a_{44} \end{vmatrix}$中带负号且包含因子 $a_{11}a_{23}$ 的项。

4. 求函数 $f(x)=\lg\begin{vmatrix} x & 1 \\ 2 & x+1 \end{vmatrix}$ 的定义域。

1.4　行列式的性质

如果按照行列式的定义来计算一个 n 阶行列式，需要计算 $n!$ 项的代数和，且每一项还需要计算 n 个元素的乘积。当阶数 n 越大时，计算量就越大。可见直接根据定义计算高阶行列式很麻烦，但是行列式的计算是一个很重要的问题，在后续学习中有重要的应用。因此，我们有必要研究行列式的性质，希望能利用这些性质来简化行列式的计算。

定义 1.9　将行列式 D 的行、列互换后，得到的新行列式称为 D 的**转置行列式**，记作 D^{T} 或 D'，即若

$$D=\begin{vmatrix} a_{11} & a_{12} & \cdots & a_{1n} \\ a_{21} & a_{22} & \cdots & a_{2n} \\ \vdots & \vdots & & \vdots \\ a_{n1} & a_{n2} & \cdots & a_{nn} \end{vmatrix},$$

则

$$D^{\mathrm{T}}=\begin{vmatrix} a_{11} & a_{21} & \cdots & a_{n1} \\ a_{12} & a_{22} & \cdots & a_{n2} \\ \vdots & \vdots & & \vdots \\ a_{1n} & a_{2n} & \cdots & a_{nn} \end{vmatrix}。$$

显然，$(D^{\mathrm{T}})^{\mathrm{T}}=D$，所以行列式 D 也是行列式 D^{T} 的转置行列式，即行列式 D 与行列式 D^{T} 互为转置行列式。例如，$D=\begin{vmatrix} 1 & 2 & 3 \\ 4 & 5 & 6 \\ 7 & 8 & 9 \end{vmatrix}$，则 $D^{\mathrm{T}}=\begin{vmatrix} 1 & 4 & 7 \\ 2 & 5 & 8 \\ 3 & 6 & 9 \end{vmatrix}$。

性质 1　行列式 D 与它的转置行列式相等，即 $D=D^{\mathrm{T}}$。

此性质表明行列式中的行与列是对称的，即行和列具有同等的地位。对行成立的性质，对列也成立；对列成立的性质，对行也成立。

性质 2　交换行列式的两行(或两列)，行列式变号。

例如，$\begin{vmatrix} a_{11} & a_{12} & a_{13} \\ a_{21} & a_{22} & a_{23} \\ a_{31} & a_{32} & a_{33} \end{vmatrix}=-\begin{vmatrix} a_{21} & a_{22} & a_{23} \\ a_{11} & a_{12} & a_{13} \\ a_{31} & a_{32} & a_{33} \end{vmatrix}$。

推论 1.1　如果行列式中有两行(或两列)的元素对应相同，则此行列式的值等于 0。

例如，$\begin{vmatrix} 1 & 2 & 3 \\ 1 & 2 & 3 \\ 30 & 23 & 32 \end{vmatrix}=0$。

性质 3　行列式中某一行(或某一列)所有元素的公因子可以提到行列式符号的外面。即

$$\begin{vmatrix} a_{11} & a_{12} & \cdots & a_{1n} \\ \vdots & \vdots & & \vdots \\ ka_{i1} & ka_{i2} & \cdots & ka_{in} \\ \vdots & \vdots & & \vdots \\ a_{n1} & a_{n2} & \cdots & a_{nn} \end{vmatrix}=k\begin{vmatrix} a_{11} & a_{12} & \cdots & a_{1n} \\ \vdots & \vdots & & \vdots \\ a_{i1} & a_{i2} & \cdots & a_{in} \\ \vdots & \vdots & & \vdots \\ a_{n1} & a_{n2} & \cdots & a_{nn} \end{vmatrix}。$$

证明略(此性质可用 1.5 节的行列式展开定理进行证明)。

此性质也可表述为:用数 k 乘行列式的某一行(或某一列)的所有元素,等于用数 k 乘此行列式。

例如,$\begin{vmatrix} 5 & 1 & 4 \\ 10 & 20 & 30 \\ 0 & 3 & 2 \end{vmatrix} = 10\times\begin{vmatrix} 5 & 1 & 4 \\ 1 & 2 & 3 \\ 0 & 3 & 2 \end{vmatrix}$。

例 1 设 $\begin{vmatrix} a_{11} & a_{12} & a_{13} \\ a_{21} & a_{22} & a_{23} \\ a_{31} & a_{32} & a_{33} \end{vmatrix}=1$,求 $D=\begin{vmatrix} 6a_{11} & -2a_{12} & -10a_{13} \\ -3a_{21} & a_{22} & 5a_{23} \\ -3a_{31} & a_{32} & 5a_{33} \end{vmatrix}$。

解
$$D=\begin{vmatrix} 6a_{11} & -2a_{12} & -10a_{13} \\ -3a_{21} & a_{22} & 5a_{23} \\ -3a_{31} & a_{32} & 5a_{33} \end{vmatrix}=-2\begin{vmatrix} -3a_{11} & a_{12} & 5a_{13} \\ -3a_{21} & a_{22} & 5a_{23} \\ -3a_{31} & a_{32} & 5a_{33} \end{vmatrix}$$
$$=-2\times(-3)\begin{vmatrix} a_{11} & a_{12} & 5a_{13} \\ a_{21} & a_{22} & 5a_{23} \\ a_{31} & a_{32} & 5a_{33} \end{vmatrix}=-2\times(-3)\times5\begin{vmatrix} a_{11} & a_{12} & a_{13} \\ a_{21} & a_{22} & a_{23} \\ a_{31} & a_{32} & a_{33} \end{vmatrix}$$
$$=-2\times(-3)\times5\times1=30。$$

推论 1.2 如果行列式中有两行(或两列)的元素对应成比例,则此行列式的值等于 0。

推论 1.3 如果行列式中有一行(或一列)的所有元素全为 0,则此行列式的值等于 0。

性质 4 如果行列式的某一行(或某一列)的各元素都是两个数的和,则此行列式等于两个相应的行列式的和,即

$$\begin{vmatrix} a_{11} & a_{12} & \cdots & a_{1n} \\ \vdots & \vdots & & \vdots \\ b_{i1}+c_{i1} & b_{i2}+c_{i2} & \cdots & b_{in}+c_{in} \\ \vdots & \vdots & & \vdots \\ a_{n1} & a_{n2} & \cdots & a_{nn} \end{vmatrix}=\begin{vmatrix} a_{11} & a_{12} & \cdots & a_{1n} \\ \vdots & \vdots & & \vdots \\ b_{i1} & b_{i2} & \cdots & b_{in} \\ \vdots & \vdots & & \vdots \\ a_{n1} & a_{n2} & \cdots & a_{nn} \end{vmatrix}+\begin{vmatrix} a_{11} & a_{12} & \cdots & a_{1n} \\ \vdots & \vdots & & \vdots \\ c_{i1} & c_{i2} & \cdots & c_{in} \\ \vdots & \vdots & & \vdots \\ a_{n1} & a_{n2} & \cdots & a_{nn} \end{vmatrix}。$$

证明略(此性质可用 1.5 节的行列式展开定理进行证明)。

一般情况下,下式不成立:

$$\begin{vmatrix} a_{11}+b_{11} & a_{12}+b_{12} \\ a_{21}+b_{21} & a_{22}+b_{22} \end{vmatrix}\neq\begin{vmatrix} a_{11} & a_{12} \\ a_{21} & a_{22} \end{vmatrix}+\begin{vmatrix} b_{11} & b_{12} \\ b_{21} & b_{22} \end{vmatrix}。$$

实际上,
$$\begin{vmatrix} a_{11}+b_{11} & a_{12}+b_{12} \\ a_{21}+b_{21} & a_{22}+b_{22} \end{vmatrix}=\begin{vmatrix} a_{11} & a_{12}+b_{12} \\ a_{21} & a_{22}+b_{22} \end{vmatrix}+\begin{vmatrix} b_{11} & a_{12}+b_{12} \\ b_{21} & a_{22}+b_{22} \end{vmatrix}$$
$$=\begin{vmatrix} a_{11} & a_{12} \\ a_{21} & a_{22} \end{vmatrix}+\begin{vmatrix} a_{11} & b_{12} \\ a_{21} & b_{22} \end{vmatrix}+\begin{vmatrix} b_{11} & a_{12} \\ b_{21} & a_{22} \end{vmatrix}+\begin{vmatrix} b_{11} & b_{12} \\ b_{21} & b_{22} \end{vmatrix}。$$

性质 5 把行列式的某一行(或某一列)的所有元素乘以数 k 加到另一行(或另一列)的相应元素上,行列式的值不变。即

$$\begin{vmatrix} a_{11} & a_{12} & \cdots & a_{1n} \\ \vdots & \vdots & & \vdots \\ a_{i1} & a_{i2} & \cdots & a_{in} \\ \vdots & \vdots & & \vdots \\ a_{j1} & a_{j2} & \cdots & a_{jn} \\ \vdots & \vdots & & \vdots \\ a_{n1} & a_{n2} & \cdots & a_{nn} \end{vmatrix} = \begin{vmatrix} a_{11} & a_{12} & \cdots & a_{1n} \\ \vdots & \vdots & & \vdots \\ a_{i1}+ka_{j1} & a_{i2}+ka_{j2} & \cdots & a_{in}+ka_{jn} \\ \vdots & \vdots & & \vdots \\ a_{j1} & a_{j2} & \cdots & a_{jn} \\ \vdots & \vdots & & \vdots \\ a_{n1} & a_{n2} & \cdots & a_{nn} \end{vmatrix},$$

或 $$\begin{vmatrix} a_{11} & \cdots & a_{1i} & \cdots & a_{1j} & \cdots & a_{1n} \\ a_{21} & \cdots & a_{2i} & \cdots & a_{2j} & \cdots & a_{2n} \\ \vdots & & \vdots & & \vdots & & \vdots \\ a_{n1} & \cdots & a_{ni} & \cdots & a_{nj} & \cdots & a_{nn} \end{vmatrix} = \begin{vmatrix} a_{11} & \cdots & (a_{1i}+ka_{1j}) & \cdots & a_{1j} & \cdots & a_{1n} \\ a_{21} & \cdots & (a_{2i}+ka_{2j}) & \cdots & a_{2j} & \cdots & a_{2n} \\ \vdots & & \vdots & & \vdots & & \vdots \\ a_{n1} & \cdots & (a_{ni}+ka_{nj}) & \cdots & a_{nj} & \cdots & a_{nn} \end{vmatrix}。$$

证明

$$\begin{vmatrix} a_{11} & a_{12} & \cdots & a_{1n} \\ \vdots & \vdots & & \vdots \\ a_{i1}+ka_{j1} & a_{i2}+ka_{j2} & \cdots & a_{in}+ka_{jn} \\ \vdots & \vdots & & \vdots \\ a_{j1} & a_{j2} & \cdots & a_{jn} \\ \vdots & \vdots & & \vdots \\ a_{n1} & a_{n2} & \cdots & a_{nn} \end{vmatrix} = \begin{vmatrix} a_{11} & a_{12} & \cdots & a_{1n} \\ \vdots & \vdots & & \vdots \\ a_{i1} & a_{i2} & \cdots & a_{in} \\ \vdots & \vdots & & \vdots \\ a_{j1} & a_{j2} & \cdots & a_{jn} \\ \vdots & \vdots & & \vdots \\ a_{n1} & a_{n2} & \cdots & a_{nn} \end{vmatrix} + k\begin{vmatrix} a_{11} & a_{12} & \cdots & a_{1n} \\ \vdots & \vdots & & \vdots \\ a_{j1} & a_{j2} & \cdots & a_{jn} \\ \vdots & \vdots & & \vdots \\ a_{j1} & a_{j2} & \cdots & a_{jn} \\ \vdots & \vdots & & \vdots \\ a_{n1} & a_{n2} & \cdots & a_{nn} \end{vmatrix}$$

$$= \begin{vmatrix} a_{11} & a_{12} & \cdots & a_{1n} \\ \vdots & \vdots & & \vdots \\ a_{i1} & a_{i2} & \cdots & a_{in} \\ \vdots & \vdots & & \vdots \\ a_{j1} & a_{j2} & \cdots & a_{jn} \\ \vdots & \vdots & & \vdots \\ a_{n1} & a_{n2} & \cdots & a_{nn} \end{vmatrix}。$$

在行列式的计算过程中，为叙述方便，人们引入以下记号来表示行列式的 3 种变形，将它们分别记为：

① 对换：对换行列式第 i,j 两行（或第 i,j 两列）：$r_i \leftrightarrow r_j$ 或 $c_i \leftrightarrow c_j$；

② 数乘：把行列式第 i 行（或第 i 列）乘以数 k：kr_i 或 kc_i；

③ 倍加：将行列式第 j 行（或第 j 列）的 k 倍加到第 i 行（或第 i 列）上去：r_i+kr_j 或 c_i+kc_j。

利用行列式的性质可以使行列式中更多的元素变为 0，或化为特殊的行列式（对角、上三角行列式），从而将行列式化简，方便计算。

例 2 计算 $\begin{vmatrix} 1 & x^2 & a^2+x^2 \\ 1 & y^2 & a^2+y^2 \\ 1 & z^2 & a^2+z^2 \end{vmatrix}$。

解 $\begin{vmatrix} 1 & x^2 & a^2+x^2 \\ 1 & y^2 & a^2+y^2 \\ 1 & z^2 & a^2+z^2 \end{vmatrix} = \begin{vmatrix} 1 & x^2 & a^2 \\ 1 & y^2 & a^2 \\ 1 & z^2 & a^2 \end{vmatrix} + \begin{vmatrix} 1 & x^2 & x^2 \\ 1 & y^2 & y^2 \\ 1 & z^2 & z^2 \end{vmatrix} = 0$。

例 3 计算行列式 $D=\begin{vmatrix} 3 & 1 & 1 & 1 \\ 1 & 3 & 1 & 1 \\ 1 & 1 & 3 & 1 \\ 1 & 1 & 1 & 3 \end{vmatrix}$。

解 D 的各行(列)之和相等,将各列都加到第 1 列上,再提出公因数 6,得

$$D=\begin{vmatrix} 3 & 1 & 1 & 1 \\ 1 & 3 & 1 & 1 \\ 1 & 1 & 3 & 1 \\ 1 & 1 & 1 & 3 \end{vmatrix} = \begin{vmatrix} 6 & 1 & 1 & 1 \\ 6 & 3 & 1 & 1 \\ 6 & 1 & 3 & 1 \\ 6 & 1 & 1 & 3 \end{vmatrix} = 6\begin{vmatrix} 1 & 1 & 1 & 1 \\ 1 & 3 & 1 & 1 \\ 1 & 1 & 3 & 1 \\ 1 & 1 & 1 & 3 \end{vmatrix}。$$

考虑到第 2,3,4 列分别都有 3 个 1,将第 1 列乘以(−1)分别加到第 2,3,4 列,得

$$D=6\begin{vmatrix} 1 & 0 & 0 & 0 \\ 1 & 2 & 0 & 0 \\ 1 & 0 & 2 & 0 \\ 1 & 0 & 0 & 2 \end{vmatrix} = 48。$$

当行列式呈现出各行(或各列)对应元素的和相等的特点时,就可以考虑采用与此题相同的做法。

例 4 计算行列式 $D=\begin{vmatrix} a & b & c & d \\ a & a+b & a+b+c & a+b+c+d \\ a & 2a+b & 3a+2b+c & 4a+3b+2c+d \\ a & 3a+b & 6a+3b+c & 10a+6b+3c+d \end{vmatrix}$。

解

$$D \xlongequal[r_2-r_1]{\substack{r_4-r_3 \\ r_3-r_2}} \begin{vmatrix} a & b & c & d \\ 0 & a & a+b & a+b+c \\ 0 & a & 2a+b & 3a+2b+c \\ 0 & a & 3a+b & 6a+3b+c \end{vmatrix}$$

$$\xlongequal[r_3-r_2]{r_4-r_3} \begin{vmatrix} a & b & c & d \\ 0 & a & a+b & a+b+c \\ 0 & 0 & a & 2a+b \\ 0 & 0 & a & 3a+b \end{vmatrix} \xlongequal{r_4-r_3} \begin{vmatrix} a & b & c & d \\ 0 & a & a+b & a+b+c \\ 0 & 0 & a & 2a+b \\ 0 & 0 & 0 & a \end{vmatrix} = a^4。$$

例 5 计算 $D=\begin{vmatrix} 3 & 1 & -1 & 2 \\ -5 & 1 & 3 & -4 \\ 2 & 0 & 1 & -1 \\ 1 & -5 & 3 & -3 \end{vmatrix}$。

解 利用行列式的性质,把 D 化成上三角形行列式,再求值。

$$D\xlongequal{C_1\leftrightarrow C_2}-\begin{vmatrix}1&3&-1&2\\1&-5&3&-4\\0&2&1&-1\\-5&1&3&-3\end{vmatrix}\xlongequal[r_4+5r_1]{r_2-r_1}-\begin{vmatrix}1&3&-1&2\\0&-8&4&-6\\0&2&1&-1\\0&16&-2&7\end{vmatrix}\xlongequal{r_2\leftrightarrow r_3}\begin{vmatrix}1&3&-1&2\\0&2&1&-1\\0&-8&4&-6\\0&16&-2&7\end{vmatrix}$$

$$\xlongequal[r_4-8r_2]{r_3+4r_2}\begin{vmatrix}1&3&-1&2\\0&2&1&-1\\0&0&8&-10\\0&0&-10&15\end{vmatrix}\xlongequal{r_4+\frac{5}{4}r_3}\begin{vmatrix}1&3&-1&2\\0&2&1&-1\\0&0&8&-10\\0&0&0&\frac{5}{2}\end{vmatrix}=40。$$

例 4 和例 5 中，利用行列式的性质，最终把行列式化为上三角行列式，这时行列式的值就等于主对角线上元素的乘积。这种将行列式化为上三角（或下三角）行列式的方法，称为**化三角形法**。

用“化三角形法”计算行列式，可以概括为以下三个步骤：

(1) 判断 a_{11} 是否等于 1 或 -1。若 a_{11} 不是 1 或 -1，交换行列式的行（或列），让 a_{11} 变成 1 或 -1，这样做的好处是能够避免后面出现分数，可以简化计算；需要注意的是，交换行或列后，行列式的符号要发生改变。

(2) 利用行列式性质 5，把 a_{11} 下方的元素 $a_{21},a_{31},\cdots,a_{n1}$ 全部转化为 0。

(3) 利用行列式性质 5，把 a_{22} 下方的元素 $a_{32},a_{42},\cdots,a_{n2}$ 全部转化为 0。

(4) 以此类推，把 $a_{33},\cdots,a_{nn}$ 下方的元素全部转化成 0，从而得到一个上三角形行列式。

在使用“化三角形法”进行变换的过程中，主对角线上元素 $a_{ii}(i=1,2,\cdots,n)$ 不能为 0。若出现 0，可通过交换行（列）的方法，使主对角线上的元素不为 0。

“化三角形法”是计算行列式的基本方法，可以将其解题步骤编成计算机程序，利用计算机完成行列式的值的计算。

注　(1) 一般计算行列式的方法不唯一，但结果是唯一的。在下一节会具体介绍行列式的计算方法。

(2) r_i+r_j 与 r_j+r_i 作用不同。r_i+r_j 是指将第 j 行加到第 i 行上去；r_j+r_i 是指将第 i 行加到第 j 行上去，所以在书写解题过程时，要注意符号的规范性。

习题 1.4

1. 计算下列三阶行列式：

(1) $\begin{vmatrix}-1&2&1\\201&298&399\\\frac{2}{3}&1&\frac{4}{3}\end{vmatrix}$；　　(2) $\begin{vmatrix}-ab&ac&ae\\bd&-cd&de\\bf&cf&-ef\end{vmatrix}$。

2. 计算下列四阶行列式：

(1) $D=\begin{vmatrix} 1+a & 1 & 1 & 1 \\ 1 & 1-a & 1 & 1 \\ 1 & 1 & 1+b & 1 \\ 1 & 1 & 1 & 1-b \end{vmatrix}$；　(2) $D=\begin{vmatrix} a & b & c & d \\ p & q & r & s \\ t & u & v & w \\ la+mp & lb+mq & lc+mr & ld+ms \end{vmatrix}$；

(3) $D=\begin{vmatrix} a_1 & -a_1 & 0 & 0 \\ 0 & a_2 & -a_2 & 0 \\ 0 & 0 & a_3 & -a_3 \\ 1 & 1 & 1 & 1 \end{vmatrix}$；　(4) $D=\begin{vmatrix} -2 & 3 & -\frac{8}{3} & -1 \\ 1 & -2 & \frac{5}{3} & 0 \\ 4 & -1 & 1 & 4 \\ 2 & -3 & -\frac{4}{3} & 9 \end{vmatrix}$；

(5) $D=\begin{vmatrix} 1 & 2 & 2 & 2 \\ 2 & 1 & 2 & 2 \\ 2 & 2 & 1 & 2 \\ 2 & 2 & 2 & 1 \end{vmatrix}$。

3. 计算行列式 $D_{n+1}=\begin{vmatrix} 1 & a_1 & a_2 & \cdots & a_n \\ 1 & a_1+b_1 & a_2 & \cdots & a_n \\ \vdots & \vdots & \vdots & & \vdots \\ 1 & a_1 & a_2 & \cdots & a_n+b_n \end{vmatrix}$。

扫码查看
习题参考答案

4. 证明：

(1) $\begin{vmatrix} 1+x_1y_1 & 1+x_1y_2 & 1+x_1y_3 \\ 1+x_2y_1 & 1+x_2y_2 & 1+x_2y_3 \\ 1+x_3y_1 & 1+x_3y_2 & 1+x_3y_3 \end{vmatrix}=0$；　(2) $\begin{vmatrix} a^2 & ab & b^2 \\ 2a & a+b & 2b \\ 1 & 1 & 1 \end{vmatrix}=(a-b)^3$。

1.5 行列式的计算

在上一节学习了用“化三角形法”计算行列式，一般来说，行列式的计算方法有很多。行列式的特点不同，解题方法也不同，综合性较强。本节将介绍几种常用的行列式计算方法。

1.5.1 降阶法

一般情况下，低阶行列式比高阶行列式容易计算，因此我们希望用低阶行列式来表示高阶行列式，我们先来看下面的例子。

引例 试用几个二阶行列式来表示一个三阶行列式。

解 对三阶行列式做如下变形：

$$D=\begin{vmatrix} a_{11} & a_{12} & a_{13} \\ a_{21} & a_{22} & a_{23} \\ a_{31} & a_{32} & a_{33} \end{vmatrix}=a_{11}a_{22}a_{33}+a_{12}a_{23}a_{31}+a_{13}a_{21}a_{32}-a_{11}a_{23}a_{32}-a_{12}a_{21}a_{33}-a_{13}a_{22}a_{31}$$

$$=a_{11}(a_{22}a_{33}-a_{23}a_{32})-a_{12}(a_{21}a_{33}-a_{23}a_{31})+a_{13}(a_{21}a_{32}-a_{22}a_{31})$$

$$=a_{11}\begin{vmatrix} a_{22} & a_{23} \\ a_{32} & a_{33} \end{vmatrix}+a_{12}\cdot(-1)^{1+2}\begin{vmatrix} a_{21} & a_{23} \\ a_{31} & a_{33} \end{vmatrix}+a_{13}\begin{vmatrix} a_{21} & a_{22} \\ a_{31} & a_{32} \end{vmatrix}。\tag{1-9}$$

根据上面的例题，我们发现用低阶行列式来表示高阶行列式是可以办到的，为了方便总结规律，我们引入余子式和代数余子式的概念。

定义 1.10　在 n 阶行列式 D 中，把元素 a_{ij} 所在的第 i 行与第 j 列划去后，余下的元素按原来的位置构成的 $n-1$ 阶行列式称为元素 a_{ij} 的**余子式**，记作 M_{ij}，而 $A_{ij}=(-1)^{i+j}M_{ij}$ 称为 a_{ij} 的**代数余子式**。

例如，在行列式 $D=\begin{vmatrix} a_{11} & a_{12} & a_{13} & a_{14} \\ a_{21} & a_{22} & a_{23} & a_{24} \\ a_{31} & a_{32} & a_{33} & a_{34} \\ a_{41} & a_{42} & a_{43} & a_{44} \end{vmatrix}$ 中，元素 a_{23} 的余子式 $M_{23}=\begin{vmatrix} a_{11} & a_{12} & a_{14} \\ a_{31} & a_{32} & a_{34} \\ a_{41} & a_{42} & a_{44} \end{vmatrix}$，它的代数余子式 $A_{23}=(-1)^{2+3}M_{23}=-\begin{vmatrix} a_{11} & a_{12} & a_{14} \\ a_{31} & a_{32} & a_{34} \\ a_{41} & a_{42} & a_{44} \end{vmatrix}$。

例 1　设 $D=\begin{vmatrix} 3 & 2 & 0 \\ 1 & 3 & 5 \\ 2 & 2 & 3 \end{vmatrix}$，求元素 1 的余子式和代数余子式。

解　元素 1 的余子式为 $M_{21}=\begin{vmatrix} 2 & 0 \\ 2 & 3 \end{vmatrix}=6$，代数余子式为 $A_{21}=(-1)^{2+1}M_{21}=-6$。

例 2　已知三阶行列式 $D=\begin{vmatrix} 1 & x & 1 \\ 2 & 3 & -3 \\ -3 & y & 4 \end{vmatrix}$，求元素 x 与 y 的代数余子式的和。

解　元素 x、y 的代数余子式分别为

$$A_{12}=(-1)^{1+2}\begin{vmatrix} 2 & -3 \\ -3 & 4 \end{vmatrix}=1,\quad A_{32}=(-1)^{3+2}\begin{vmatrix} 1 & 1 \\ 2 & -3 \end{vmatrix}=5,$$

所以

$$A_{12}+A_{32}=6。$$

有了代数余子式的概念，(1-9)式可以写成

$$D=a_{11}A_{11}+a_{12}A_{12}+a_{13}A_{13}。$$

根据此式，可以总结出如下规律：**行列式的值等于它的第一行各元素与自身的代数余子式相乘，再相加。**

在引例中，若对三阶行列式变形时提取的公因子不同，还可以得到如下结果：

$D=a_{21}A_{21}+a_{22}A_{22}+a_{23}A_{23}$，或 $D=a_{31}A_{31}+a_{32}A_{32}+a_{33}A_{33}$，或 $D=a_{11}A_{11}+a_{21}A_{21}+a_{31}A_{31}$，或 $D=a_{12}A_{12}+a_{22}A_{22}+a_{32}A_{32}$，或 $D=a_{13}A_{13}+a_{23}A_{23}+a_{33}A_{33}$。

以上结果说明:行列式的值可以等于它的任一行(或任一列)各元素与自身的代数余子式相乘,再相加。

我们将这种规律可以推广到 n 阶行列式的情形,并称之为行列式的展开定理。

定理 1.5 (行列式展开定理)n 阶行列式 D 等于它的任一行(或任一列)的各元素与其对应的代数余子式的乘积之和,即

$$D=a_{i1}A_{i1}+a_{i2}A_{i2}+\cdots+a_{in}A_{in}=\sum_{k=1}^{n}a_{ik}A_{ik}\text{(按第 } i \text{ 行元素展开)} \tag{1-10}$$

或

$$D=a_{1j}A_{1j}+a_{2j}A_{2j}+\cdots+a_{nj}A_{nj}=\sum_{k=1}^{n}a_{kj}A_{kj}\text{。(按第 } j \text{ 列元素展开)} \tag{1-11}$$

推论 1.4 行列式某一行(或某一列)的元素与另一行(或另一列)元素对应的代数余子式乘积之和等于0,即

$$a_{i1}A_{j1}+a_{i2}A_{j2}+\cdots+a_{in}A_{jn}=0(i\neq j) \tag{1-12}$$

或

$$a_{1i}A_{1j}+a_{2i}A_{2j}+\cdots+a_{ni}A_{nj}=0(i\neq j)\text{。} \tag{1-13}$$

定理 1.5 及推论 1.4 可归纳为

$$\sum_{k=1}^{n}a_{ik}A_{jk}=\begin{cases}D, & i=j,\\ 0, & i\neq j\end{cases} \quad \text{或} \quad \sum_{k=1}^{n}a_{ki}A_{kj}=\begin{cases}D, & i=j,\\ 0, & i\neq j\text{。}\end{cases} \tag{1-14}$$

定理 1.5 表明,n 阶行列式可以用 $n-1$ 阶行列式来表示,如此继续下去,直到将行列式化为三阶或二阶行列式,从而得到结果。利用行列式展开定理将行列式降阶的方法称为**降阶法**。

例 3 计算 n 阶行列式 $D=\begin{vmatrix} a & b & 0 & \cdots & 0 & 0\\ 0 & a & b & \cdots & 0 & 0\\ 0 & 0 & a & \cdots & 0 & 0\\ \vdots & \vdots & \vdots & & \vdots & \vdots\\ 0 & 0 & 0 & \cdots & a & b\\ b & 0 & 0 & \cdots & 0 & a\end{vmatrix}$。

解 观察行列式 D 的每一行(或每一列),发现仅有两个非零元,不妨按第一列展开,得

$$D=(-1)^{1+1}a\begin{vmatrix} a & b & \cdots & 0 & 0\\ 0 & a & \cdots & 0 & 0\\ \vdots & \vdots & & \vdots & \vdots\\ 0 & 0 & \cdots & a & b\\ 0 & 0 & \cdots & 0 & a\end{vmatrix}+(-1)^{n+1}b\begin{vmatrix} b & 0 & \cdots & 0 & 0\\ a & b & \cdots & 0 & 0\\ \vdots & \vdots & & \vdots & \vdots\\ 0 & 0 & \cdots & b & 0\\ 0 & 0 & \cdots & a & b\end{vmatrix}$$

$$=aa^{n-1}+(-1)^{n+1}bb^{n-1}=a^n+(-1)^{n+1}b^n\text{。}$$

例 4 计算行列式 $D=\begin{vmatrix} -1 & 0 & 3 & 4 & 7\\ 3 & 0 & 1 & -2 & 0\\ 5 & 2 & 7 & 8 & 10\\ 4 & 0 & -1 & -6 & 0\\ 0 & 0 & 6 & 0 & 0\end{vmatrix}$。

解 行列式 D 的第 2 列仅有一个非零元，利用定理 1.5，将 D 按照第 2 列展开，得

$$D=0\cdot A_{12}+0\cdot A_{22}+2\cdot A_{32}+0\cdot A_{42}+0\cdot A_{52}$$

$$=2\times(-1)^{3+2}M_{32}=-2\begin{vmatrix}-1&3&4&7\\3&1&-2&0\\4&-1&-6&0\\0&6&0&0\end{vmatrix}。$$

这样，就将原来的五阶行列式降为了四阶行列式，再将四阶行列式按照第 4 列展开，得

$$D=-2\times7\cdot A_{14}=-14\times(-1)^{1+4}M_{14}=14\begin{vmatrix}3&1&-2\\4&-1&-6\\0&6&0\end{vmatrix},$$

再对上式中的三阶行列式按第 3 行展开，得

$$D=14\times6A_{32}=14\times6\times(-1)^{3+2}M_{32}=-84\times\begin{vmatrix}3&-2\\4&-6\end{vmatrix}=840。$$

行列式可以按照任意一行(或任意一列)展开。通过上面例 4 可知，当行列式中某一行(或某一列)的 0 较多时，按照此行(或此列)展开，能够大大简化计算。所以我们在用展开定理计算行列式时，要选择零元素最多的行(或列)展开。

当一个高阶行列式中的零元素不多或者没有零元素时，直接使用行列式展开定理进行降阶，显然是不可取的。这时，我们可以先利用行列式的性质，将行列式的某一行(或某一列)化简出更多 0，最好仅存一个非零元素，然后再使用展开定理进行降阶。

例 5 计算行列式 $D=\begin{vmatrix}2&1&-3&-1\\3&1&0&7\\-1&2&4&-2\\1&0&-1&5\end{vmatrix}$。

解 D 的第 4 行已经有一个元素是 0，我们利用行列式性质，将第 4 行变出更多的 0，然后再按第 4 行展开。

$$D=\begin{vmatrix}2&1&-3&-1\\3&1&0&7\\-1&2&4&-2\\1&0&-1&5\end{vmatrix}\xlongequal[C_4-5C_1]{C_3+C_1}\begin{vmatrix}2&1&-1&-11\\3&1&3&-8\\-1&2&3&3\\1&0&0&0\end{vmatrix}$$

$$=1\cdot A_{41}=1\cdot(-1)^{4+1}M_{41}=-\begin{vmatrix}1&-1&-11\\1&3&-8\\2&3&3\end{vmatrix}\xlongequal[r_3-2r_1]{r_2-r_1}-\begin{vmatrix}1&-1&-11\\0&4&3\\0&5&25\end{vmatrix}$$

$$=-1\cdot A_{11}=-(-1)^{1+1}M_{11}=-\begin{vmatrix}4&3\\5&25\end{vmatrix}=-85。$$

1.5.2 递推法

对于某些有规律的行列式，有时也可以用递推公式来计算。

例 6　计算行列式 $D_5=\begin{vmatrix}2&1&0&0&0\\1&2&1&0&0\\0&1&2&1&0\\0&0&1&2&1\\0&0&0&1&2\end{vmatrix}$。

解　观察行列式 D_5 的元素可知，D_5 具有某种“对称性”，其形式特点为$\diagdown\!\diagdown\!\diagdown$，一般将具有此特点的行列式称为平行线型行列式。若将 D_5 按第一行（或第一列）展开，有

$$D_5=2\begin{vmatrix}2&1&0&0\\1&2&1&0\\0&1&2&1\\0&0&1&2\end{vmatrix}-\begin{vmatrix}2&1&0\\1&2&1\\0&1&2\end{vmatrix}=2D_4-D_3,$$

于是得递推公式：$D_5=2D_4-D_3$。类似可得：$D_4=2D_3-D_2$，$D_3=2D_2-D_1$，则

$$D_5=2(2D_3-D_2)-D_3=3D_3-2D_2=3(2D_2-D_1)-2D_2=4D_2-3D_1,$$

又 $D_2=\begin{vmatrix}2&1\\1&2\end{vmatrix}=3$，$D_1=2$，所以 $D_5=6$。

将此行列式推广到 n 阶情形，一般的有

$$D_n=\begin{vmatrix}2&1&0&\cdots&0&0\\1&2&1&\cdots&0&0\\0&1&2&\cdots&0&0\\\vdots&\vdots&\vdots&&\vdots&\vdots\\0&0&0&\cdots&2&1\\0&0&0&\cdots&1&2\end{vmatrix}=n+1。$$

例 7　计算 n 阶行列式

$$D_n=\begin{vmatrix}a_1&-1&0&0&\cdots&0&0\\a_2&x&-1&0&\cdots&0&0\\a_3&0&x&-1&\cdots&0&0\\\vdots&\vdots&\vdots&\vdots&&\vdots&\vdots\\a_{n-1}&0&0&0&\cdots&x&-1\\a_n&0&0&0&\cdots&0&x\end{vmatrix}。$$

解　把第 1 行乘以 x 加到第 2 行，然后把所得到的第 2 行乘以 x 加到第 3 行，这样继续进行下去，直到第 n 行，便得到

$$D_n=\begin{vmatrix}a_1&-1&0&0&\cdots&0&0\\a_1x+a_2&0&-1&0&\cdots&0&0\\a_1x^2+a_2x+a_3&0&0&-1&\cdots&0&0\\\vdots&\vdots&\vdots&\vdots&&\vdots&\vdots\\\sum\limits_{i=1}^{n}a_ix^{n-i-1}&0&0&0&\cdots&0&-1\\\sum\limits_{i=1}^{n}a_ix^{n-i}&0&0&0&\cdots&0&0\end{vmatrix},$$

然后按照第 n 行展开，得

$$D_n = (-1)^{n+1}\sum_{i=1}^{n} a_i x^{n-i}\begin{vmatrix} -1 & 0 & \cdots & 0 \\ 0 & -1 & \cdots & 0 \\ \vdots & \vdots & & \vdots \\ 0 & 0 & \cdots & -1 \end{vmatrix}$$

$$= (-1)^{n+1}\sum_{i=1}^{n} a_i x^{n-1}(-1)^{n-1} = (-1)^{2n}\sum_{i=1}^{n} a_i x^{n-i}$$

$$= a_1x^{n-1} + a_2x^{n-2} + \cdots + a_{n-1}x + a_n 。$$

该题也可以利用递推公式得到结果，读者可尝试一下。

1.5.3 范德蒙行列式

例 8 证明范德蒙行列式

$$D_n = \begin{vmatrix} 1 & 1 & \cdots & 1 \\ a_1 & a_2 & \cdots & a_n \\ a_1^2 & a_2^2 & \cdots & a_n^2 \\ \vdots & \vdots & & \vdots \\ a_1^{n-1} & a_2^{n-1} & \cdots & a_n^{n-1} \end{vmatrix} = \prod_{1\leqslant j<i\leqslant n}(a_i - a_j)。$$

证明(用数学归纳法证明)

(1) 当 $n=2$ 时，二阶范德蒙行列式 $\begin{vmatrix} 1 & 1 \\ a_1 & a_2 \end{vmatrix} = a_2 - a_1$，故 $n=2$ 时，结论成立。

(2) 假设对于 $n-1$ 阶范德蒙行列式，结论成立。

现计算 n 阶范德蒙行列式：把第 $n-1$ 行的 $-a_1$ 倍加到第 n 行上，再把第 $n-2$ 行的 $-a_1$ 倍加到第 $n-1$ 行上，以此类推，最后把第 1 行的 $-a_1$ 倍加到第 2 行上，得到

$$D_n = \begin{vmatrix} 1 & 1 & 1 & \cdots & 1 \\ 0 & a_2 - a_1 & a_3 - a_1 & \cdots & a_n - a_1 \\ 0 & a_2^2 - a_1a_2 & a_3^2 - a_1a_3 & \cdots & a_n^2 - a_1a_n \\ \vdots & \vdots & \vdots & & \vdots \\ 0 & a_2^{n-1} - a_1a_2^{n-2} & a_3^{n-1} - a_1a_3^{n-2} & \cdots & a_n^{n-1} - a_1a_n^{n-2} \end{vmatrix}$$

$$= \begin{vmatrix} a_2 - a_1 & a_3 - a_1 & \cdots & a_n - a_1 \\ a_2(a_2 - a_1) & a_3(a_3 - a_1) & \cdots & a_n(a_n - a_1) \\ \vdots & \vdots & & \vdots \\ a_2^{n-2}(a_2 - a_1) & a_3^{n-2}(a_3 - a_1) & \cdots & a_n^{n-2}(a_n - a_1) \end{vmatrix}$$

$$= (a_2 - a_1)(a_3 - a_1)\cdots(a_n - a_1)\begin{vmatrix} 1 & 1 & \cdots & 1 \\ a_2 & a_3 & \cdots & a_n \\ \vdots & \vdots & & \vdots \\ a_2^{n-2} & a_3^{n-2} & \cdots & a_n^{n-2} \end{vmatrix},$$

后面这个行列式是一个 $n-1$ 阶范德蒙行列式，由归纳假设得

$$\begin{vmatrix} 1 & 1 & \cdots & 1 \\ a_2 & a_3 & \cdots & a_n \\ \vdots & \vdots & & \vdots \\ a_2^{n-2} & a_3^{n-2} & \cdots & a_n^{n-2} \end{vmatrix} = \prod_{2\leqslant j<i\leqslant n}(a_i - a_j)。$$

于是上述 n 阶范德蒙行列式

$$D_n = (a_2 - a_1)(a_3 - a_1)\cdots(a_n - a_1)\prod_{2\leqslant j<i\leqslant n}(a_i - a_j) = \prod_{1\leqslant j<i\leqslant n}(a_i - a_j),$$

即 n 阶范德蒙行列式等于 $a_1, a_2, \cdots, a_n$ 这 n 个数的所有可能的差 $a_i - a_j (1\leqslant j<i\leqslant n)$ 的乘积。

例 9 计算行列式 $D=\begin{vmatrix} 1 & 3 & 3^2 \\ 1 & 7 & 7^2 \\ 1 & 5 & 5^2 \end{vmatrix}$。

解 根据行列式性质，有

$$D=D^{\mathrm{T}}=\begin{vmatrix} 1 & 1 & 1 \\ 3 & 7 & 5 \\ 3^2 & 7^2 & 5^2 \end{vmatrix},$$

而 D^{T} 是一个三阶范德蒙行列式，所以 $D=(7-3)(5-3)(5-7)=-16$。

1.5.4 加边法

进行行列式计算时，有时需要将原行列式增加一行一列，再利用行列式性质对其进行化简，称这种方法为**加边法**或**升阶法**。加边法最大的特点是要找到每行(或每列)相同的因子，加边之后，既要保证增加一行一列后不会改变原行列式的值，又能利用行列式的性质，把新行列式绝大多数的元素化为 0，从而达到化简计算的目的。

例 10 计算 n 阶行列式 $D=\begin{vmatrix} 0 & 1 & 1 & \cdots & 1 & 1 \\ 1 & 0 & 1 & \cdots & 1 & 1 \\ 1 & 1 & 0 & \cdots & 1 & 1 \\ \vdots & \vdots & \vdots & & \vdots & \vdots \\ 1 & 1 & 1 & \cdots & 0 & 1 \\ 1 & 1 & 1 & \cdots & 1 & 0 \end{vmatrix}$。

解 给原行列式增加首行首列，且保证增加首行首列后，行列式的值不变，即

$$D=\begin{vmatrix} 1 & 1 & 1 & 1 & \cdots & 1 & 1 \\ 0 & 0 & 1 & 1 & \cdots & 1 & 1 \\ 0 & 1 & 0 & 1 & \cdots & 1 & 1 \\ 0 & 1 & 1 & 0 & \cdots & 1 & 1 \\ \vdots & \vdots & \vdots & \vdots & & \vdots & \vdots \\ 0 & 1 & 1 & 1 & \cdots & 0 & 1 \\ 0 & 1 & 1 & 1 & \cdots & 1 & 0 \end{vmatrix}$$

再将第 1 行的 -1 倍，加到其他各行，得

$$D=\begin{vmatrix} 1 & 1 & 1 & 1 & \cdots & 1 & 1 \\ -1 & -1 & 0 & 0 & \cdots & 0 & 0 \\ -1 & 0 & -1 & 0 & \cdots & 0 & 0 \\ -1 & 0 & 0 & -1 & \cdots & 0 & 0 \\ \vdots & \vdots & \vdots & \vdots & & \vdots & \vdots \\ -1 & 0 & 0 & 0 & \cdots & -1 & 0 \\ -1 & 0 & 0 & 0 & \cdots & 0 & -1 \end{vmatrix},$$

从第 2 列开始，每列乘以 -1 加到第 1 列，得

$$D=\begin{vmatrix} -(n-1) & 1 & 1 & 1 & \cdots & 1 & 1 \\ 0 & -1 & 0 & 0 & \cdots & 0 & 0 \\ 0 & 0 & -1 & 0 & \cdots & 0 & 0 \\ 0 & 0 & 0 & -1 & \cdots & 0 & 0 \\ \vdots & \vdots & \vdots & \vdots & & \vdots & \vdots \\ 0 & 0 & 0 & 0 & \cdots & -1 & 0 \\ 0 & 0 & 0 & 0 & \cdots & 0 & -1 \end{vmatrix},$$

最后得到一个上三角行列式，故 $D=(-1)^{n+1}(n-1)$。

1.5.5 拉普拉斯公式

例 11 证明：$\begin{vmatrix} a_{11} & a_{12} & 0 & 0 \\ a_{21} & a_{22} & 0 & 0 \\ c_{11} & c_{12} & b_{11} & b_{12} \\ c_{21} & c_{22} & b_{21} & b_{22} \end{vmatrix}=\begin{vmatrix} a_{11} & a_{12} \\ a_{21} & a_{22} \end{vmatrix}\cdot\begin{vmatrix} b_{11} & b_{12} \\ b_{21} & b_{22} \end{vmatrix}$。

证明 将上面等式左端的行列式按第 1 行展开，得

$$\begin{aligned} \begin{vmatrix} a_{11} & a_{12} & 0 & 0 \\ a_{21} & a_{22} & 0 & 0 \\ c_{11} & c_{12} & b_{11} & b_{12} \\ c_{21} & c_{22} & b_{21} & b_{22} \end{vmatrix} &= a_{11}\begin{vmatrix} a_{22} & 0 & 0 \\ c_{12} & b_{11} & b_{12} \\ c_{22} & b_{21} & b_{22} \end{vmatrix}-a_{12}\begin{vmatrix} a_{21} & 0 & 0 \\ c_{11} & b_{11} & b_{12} \\ c_{21} & b_{21} & b_{22} \end{vmatrix} \\ &= a_{11}a_{22}\begin{vmatrix} b_{11} & b_{12} \\ b_{21} & b_{22} \end{vmatrix}-a_{12}a_{21}\begin{vmatrix} b_{11} & b_{12} \\ b_{21} & b_{22} \end{vmatrix} \\ &= (a_{11}a_{22}-a_{12}a_{21})\begin{vmatrix} b_{11} & b_{12} \\ b_{21} & b_{22} \end{vmatrix} \\ &= \begin{vmatrix} a_{11} & a_{12} \\ a_{21} & a_{22} \end{vmatrix}\cdot\begin{vmatrix} b_{11} & b_{12} \\ b_{21} & b_{22} \end{vmatrix}。\end{aligned}$$

此例题的结论对一般情形也成立，即

$$\begin{vmatrix} a_{11} & a_{12} & \cdots & a_{1k} & 0 & 0 & \cdots & 0 \\ \vdots & \vdots & & \vdots & \vdots & \vdots & & \vdots \\ a_{k1} & a_{k2} & \cdots & a_{kk} & 0 & 0 & \cdots & 0 \\ c_{11} & c_{12} & \cdots & c_{1k} & b_{11} & b_{12} & \cdots & b_{1m} \\ \vdots & \vdots & & \vdots & \vdots & \vdots & & \vdots \\ c_{m1} & c_{m2} & \cdots & c_{mk} & b_{m1} & b_{m2} & \cdots & b_{mm} \end{vmatrix} = \begin{vmatrix} a_{11} & a_{12} & \cdots & a_{1k} \\ \vdots & \vdots & & \vdots \\ a_{k1} & a_{k2} & \cdots & a_{kk} \end{vmatrix} \cdot \begin{vmatrix} b_{11} & b_{12} & \cdots & b_{1m} \\ \vdots & \vdots & & \vdots \\ b_{m1} & b_{m2} & \cdots & b_{mm} \end{vmatrix},$$

上式就是**拉普拉斯定理的一种形式**。一般地,我们将拉普拉斯定理用下面的公式表示:

$$\begin{vmatrix} A_n & \boldsymbol{O} \\ C_n & B_n \end{vmatrix} = |A_n| \cdot |B_n|, \quad \begin{vmatrix} A_n & C_n \\ \boldsymbol{O} & B_n \end{vmatrix} = |A_n| \cdot |B_n|。$$

例 12 计算

$$D_5 = \begin{vmatrix} 0 & a_1 & a_2 & a_3 & a_4 \\ -a_1 & 0 & b_1 & b_2 & b_3 \\ -a_2 & -b_1 & 0 & c_1 & c_2 \\ -a_3 & -b_2 & -c_1 & 0 & d \\ -a_4 & -b_3 & -c_2 & -d & 0 \end{vmatrix}。$$

解 行列式 D_5 中的元素满足关系式 $a_{ij} = -a_{ji}$,即它是一个五阶反对称行列式。行列式 D_5 的转置行列式为

$$D_5^{\mathrm{T}} = \begin{vmatrix} 0 & -a_1 & -a_2 & -a_3 & -a_4 \\ a_1 & 0 & -b_1 & -b_2 & -b_3 \\ a_2 & b_1 & 0 & -c_1 & -c_2 \\ a_3 & b_2 & c_1 & 0 & -d \\ a_4 & b_3 & c_2 & d & 0 \end{vmatrix}, \quad D_5^{\mathrm{T}} = D_5,$$

将 D_5^{T} 每一行提出公因子-1,得 $D_5^{\mathrm{T}} = (-1)^5 D_5 = -D_5$,即 $D_5 = 0$。

用此方法可以证明:**任何奇数阶的反对称行列式的值均为零**。

上面简要地介绍了几种常见的计算行列式的方法。在计算行列式前,应注意观察所给行列式的特点,然后考虑能否利用这些特点采取相应的方法,再灵活运用行列式的性质对行列式进行变形,达到简化计算的目的,尤其在计算以字母作元素的行列式时,更要注意简化。

习题 1.5

1. 求行列式 $\begin{vmatrix} -3 & 0 & 4 \\ 5 & 0 & 3 \\ 2 & -2 & 1 \end{vmatrix}$ 中元素 2 和-2 的代数余子式。

2. 在三阶行列式 $\begin{vmatrix} 1 & x & 1 \\ 2 & 3 & -3 \\ -3 & x^2 & 1 \end{vmatrix}$ 中,元素 2 的代数余子式大于 0,求 x 的范围。

3. 已知四阶行列式的第3列元素依次是−1,2,0,1,它们的余子式依次是5,3,−7,4。求行列式的值。

4. 计算下列行列式:

(1) $D=\begin{vmatrix}1&2&0&1\\1&3&5&0\\0&1&5&6\\1&2&3&4\end{vmatrix}$; (2) $D=\begin{vmatrix}2&-5&1&2\\-3&7&-1&4\\5&-9&2&7\\0&-7&1&2\end{vmatrix}$; (3) $D=\begin{vmatrix}-2&1&3&1\\1&0&-1&2\\1&3&4&-2\\0&1&0&-1\end{vmatrix}$;

(4) $D=\begin{vmatrix}1&1&1&1\\1+\sin\varphi_1&1+\sin\varphi_2&1+\sin\varphi_3&1+\sin\varphi_4\\\sin\varphi_1+\sin^2\varphi_1&\sin\varphi_2+\sin^2\varphi_2&\sin\varphi_3+\sin^2\varphi_3&\sin\varphi_4+\sin^2\varphi_4\\\sin^2\varphi_1+\sin^3\varphi_1&\sin^2\varphi_2+\sin^3\varphi_2&\sin^2\varphi_3+\sin^3\varphi_3&\sin^2\varphi_4+\sin^3\varphi_4\end{vmatrix}$。

5. 计算 $D=\begin{vmatrix}1+x&1&1&1\\1&1-x&1&1\\1&1&1+y&1\\1&1&1&1-y\end{vmatrix}$,其中 $xy\neq0$。

6. 设 $D=\begin{vmatrix}1&-5&1&3\\1&1&3&4\\1&1&2&3\\2&2&3&4\end{vmatrix}$,计算 $A_{41}+A_{42}+A_{43}+A_{44}$ 的值,其中 $A_{4i}(i=1,2,3,4)$ 是对应元素的代数余子式。

7. 计算 $n+1$ 阶行列式

$$D=\begin{vmatrix}x&a_1&a_2&\cdots&a_n\\a_1&x&a_2&\cdots&a_n\\a_1&a_2&x&\cdots&a_n\\\vdots&\vdots&\vdots&&\vdots\\a_1&a_2&a_3&\cdots&x\end{vmatrix}。$$

8. 解方程

$$\begin{vmatrix}a_1&a_2&a_3&\cdots&a_{n-1}&a_n\\a_1&a_1+a_2-x&a_3&\cdots&a_{n-1}&a_n\\a_1&a_2&a_2+a_3-x&\cdots&a_{n-1}&a_n\\\vdots&\vdots&\vdots&&\vdots&\vdots\\a_1&a_2&a_3&\cdots&a_{n-2}+a_{n-1}-x&a_n\\a_1&a_2&a_3&\cdots&a_{n-1}&a_{n-1}+a_n-x\end{vmatrix}=0,其中\ a_1\neq0。$$

9. 利用递推法计算 n 阶行列式

$$D_n=\begin{vmatrix} 2 & 0 & 0 & \cdots & 0 & 0 & 2 \\ -1 & 2 & 0 & \cdots & 0 & 0 & 2 \\ 0 & -1 & 2 & \cdots & 0 & 0 & 2 \\ \vdots & \vdots & \vdots & & \vdots & \vdots & \vdots \\ 0 & 0 & 0 & \cdots & 2 & 0 & 2 \\ 0 & 0 & 0 & \cdots & -1 & 2 & 2 \\ 0 & 0 & 0 & \cdots & 0 & -1 & 2 \end{vmatrix}。$$

10. 计算 $n+1$ 阶行列式

$$D=\begin{vmatrix} a_0 & 1 & 1 & \cdots & 1 \\ 1 & a_1 & 0 & \cdots & 0 \\ 1 & 0 & a_2 & \cdots & 0 \\ \vdots & \vdots & \vdots & & \vdots \\ 1 & 0 & 0 & \cdots & a_n \end{vmatrix}(a_1 \cdot a_2 \cdot \cdots \cdot a_n \neq 0)。$$

11. 计算 n 阶行列式

$$D=\begin{vmatrix} x-a & a & a & \cdots & a \\ a & x-a & a & \cdots & a \\ \vdots & \vdots & \vdots & & \vdots \\ a & a & a & \cdots & x-a \end{vmatrix}。$$

扫码查看习题参考答案

1.6 克莱姆法则

在第 1.1 节我们介绍了利用二阶、三阶行列式来记忆二元、三元线性方程组的公式解，在学习了 n 阶行列式后，可以将此结论推广到 n 元线性方程组的情形。此方法就是本节要介绍的克莱姆法则。

1.6.1 线性方程组的相关概念

设含有 n 个未知量、n 个方程的线性方程组为

$$\begin{cases} a_{11}x_1+a_{12}x_2+\cdots+a_{1n}x_n=b_1, \\ a_{21}x_1+a_{22}x_2+\cdots+a_{2n}x_n=b_2, \\ \cdots\cdots\cdots\cdots \\ a_{n1}x_1+a_{n2}x_2+\cdots+a_{nn}x_n=b_n, \end{cases} \tag{1-15}$$

若常数项 $b_1,b_2,\cdots,b_n$ 不全为零，则称此方程组为 n **元非齐次线性方程组**；若常数项 b_1，$b_2,\cdots,b_n$ 全为零，即

$$\begin{cases} a_{11}x_1+a_{12}x_2+\cdots+a_{1n}x_n=0, \\ a_{21}x_1+a_{22}x_2+\cdots+a_{2n}x_n=0, \\ \cdots\cdots\cdots\cdots \\ a_{n1}x_1+a_{n2}x_2+\cdots+a_{nn}x_n=0, \end{cases} \tag{1-16}$$

则称此方程组为 n **元齐次线性方程组**。线性方程组的系数 a_{ij} 构成的行列式

$$D=\begin{vmatrix} a_{11} & a_{12} & \cdots & a_{1n} \\ a_{21} & a_{22} & \cdots & a_{2n} \\ \vdots & \vdots & & \vdots \\ a_{n1} & a_{n2} & \cdots & a_{nn} \end{vmatrix}$$

称为线性方程组的系数行列式。

1.6.2 克莱姆法则及其推论

定理 1.6 （克莱姆法则）如果线性方程组(1-15)的系数行列式 $D\neq 0$，则该方程组有唯一解，且解为

$$x_1=\frac{D_1}{D},x_2=\frac{D_2}{D},\cdots,x_n=\frac{D_n}{D}, \tag{1-17}$$

其中，$D_j(j=1,2,\cdots,n)$是把系数行列式 D 中的第 j 列元素用方程组右端的常数项 b_1，$b_2,\cdots,b_n$ 代替，而其余列都不变所得到的 n 阶行列式，即

$$D_j=\begin{vmatrix} a_{11}\cdots a_{1,j-1} & b_1 & a_{1,j+1}\cdots a_{1n} \\ \vdots \quad\quad \vdots & \vdots & \vdots \quad\quad \vdots \\ a_{n1}\cdots a_{n,j-1} & b_n & a_{n,j+1}\cdots a_{nn} \end{vmatrix}(j=1,2,\cdots,n)。$$

用克莱姆法则解线性方程组时，必须满足两个条件：

(1) 方程的个数与未知量的个数相等；

(2) 系数行列式 $D\neq 0$。

推论 1.5 如果线性方程组(1-15)无解或有多组不同的解，则其系数行列式 $D=0$。

例 1 利用克莱姆法则解方程组

$$\begin{cases} 2x_1+x_2-5x_3+x_4=8, \\ x_1-3x_2-6x_4=9, \\ 2x_2-x_3+2x_4=-5, \\ x_1+4x_2-7x_3+6x_4=0。 \end{cases}$$

解 因为 $D=\begin{vmatrix} 2 & 1 & -5 & 1 \\ 1 & -3 & 0 & -6 \\ 0 & 2 & -1 & 2 \\ 1 & 4 & -7 & 6 \end{vmatrix}=27\neq 0$，且

$$D_1=\begin{vmatrix} 8 & 1 & -5 & 1 \\ 9 & -3 & 0 & -6 \\ -5 & 2 & -1 & 2 \\ 0 & 4 & -7 & 6 \end{vmatrix}=81,\quad D_2=\begin{vmatrix} 2 & 8 & -5 & 1 \\ 1 & 9 & 0 & -6 \\ 0 & -5 & -1 & 2 \\ 1 & 0 & -7 & 6 \end{vmatrix}=-108,$$

$$D_3=\begin{vmatrix} 2 & 1 & 8 & 1 \\ 1 & -3 & 9 & -6 \\ 0 & 2 & -5 & 2 \\ 1 & 4 & 0 & 6 \end{vmatrix}=-27,\quad D_4=\begin{vmatrix} 2 & 1 & -5 & 8 \\ 1 & -3 & 0 & 9 \\ 0 & 2 & -1 & -5 \\ 1 & 4 & -7 & 0 \end{vmatrix}=27,$$

所以

$$x_1=\frac{D_1}{D}=\frac{81}{27}=3,x_2=\frac{D_2}{D}=\frac{-108}{27}=-4,$$

$$x_3=\frac{D_3}{D}=\frac{-27}{27}=-1,x_4=\frac{D_4}{D}=\frac{27}{27}=1。$$

克莱姆法则建立了线性方程组的解与已知系数、常数项之间的关系。当方程组未知量的个数大于3个时，行列式的计算量过大，用该法则进行手工求解线性方程组就不再适合。但是我们可以利用克莱姆法则求解的原理及步骤，编制算法程序，利用计算机完成行列式的计算。

对于 n 元齐次线性方程组

$$\begin{cases}a_{11}x_1+a_{12}x_2+\cdots+a_{1n}x_n=0,\\ a_{21}x_1+a_{22}x_2+\cdots+a_{2n}x_n=0,\\ \cdots\cdots\cdots\cdots\\ a_{n1}x_1+a_{n2}x_2+\cdots+a_{nn}x_n=0,\end{cases}$$

显然，将 $x_1=x_2=\cdots=x_n=0$ 代入上面方程组恒成立，称其为齐次线性方程组的**零解**，也就是说：**齐次线性方程组必有零解**。

齐次线性方程组其实是非齐次线性方程组的特殊情形，根据定理1.6，可得下面结论。

定理1.7 如果齐次线性方程组(1-16)的系数行列式 $D\neq0$，则它只有零解。

定理1.7表明，齐次线性方程组有非零解的充要条件是该齐次线性方程组有无穷多解，那么可以得到以下推论。

推论1.6 如果齐次线性方程组(1-16)有非零解，那么它的系数行列式 $D=0$。

例2 若齐次方程组 $\begin{cases}a_1x_1+x_2+x_3=0,\\ x_1+bx_2+x_3=0,\\ x_1+2bx_2+x_3=0\end{cases}$ 只有零解，则 a,b 应取何值？

解 由定理1.7知，当系数行列式 $D\neq0$ 时，方程组只有零解，即

$$D=\begin{vmatrix}a&1&1\\1&b&1\\1&2b&1\end{vmatrix}=b(1-a)\neq0,$$

所以，当 $a\neq1$ 且 $b\neq0$ 时，方程组只有零解。

例3 设 $f(x)=c_0+c_1x+c_2x^2+\cdots+c_nx^n$，用克莱姆法则证明：若 $f(x)=0$ 有 $n+1$ 个不同的根，则 $f(x)$ 是一个零多项式。

证明 设 $a_1,a_2,\cdots,a_{n+1}$ 是 $f(x)=0$ 的 $n+1$ 个不同的根，即

$$\begin{cases}c_0+c_1a_1+c_2a_1^2+\cdots+c_na_1^n=0,\\ c_0+c_1a_2+c_2a_2^2+\cdots+c_na_2^n=0,\\ \cdots\cdots\cdots\cdots\\ c_0+c_1a_{n+1}+c_2a_{n+1}^2+\cdots+c_na_{n+1}^n=0,\end{cases}$$

这是以 $c_0,c_1,\cdots,c_n$ 为未知数的齐次线性方程组，其系数行列式为

$$D=\begin{vmatrix} 1 & a_1 & a_1^2 & \cdots & a_1^n \\ 1 & a_2 & a_2^2 & \cdots & a_2^n \\ 1 & a_3 & a_3^2 & \cdots & a_3^n \\ \vdots & \vdots & \vdots & & \vdots \\ 1 & a_{n+1} & a_{n+1}^2 & \cdots & a_{n+1}^n \end{vmatrix},$$

而

$$D=D^{\mathrm{T}}=\begin{vmatrix} 1 & 1 & \cdots & 1 \\ a_1 & a_2 & \cdots & a_{n+1} \\ a_1^2 & a_2^2 & \cdots & a_{n+1}^2 \\ \vdots & \vdots & & \vdots \\ a_1^n & a_2^n & \cdots & a_{n+1}^n \end{vmatrix},$$

此行列式是范德蒙行列式，由于 $a_i \neq a_j (i \neq j)$，所以 $D=\prod\limits_{1\leqslant j<i\leqslant n+1}(a_i-a_j)\neq 0$，根据定理 1.7 知，方程组只有唯一零解，即 $c_0=c_1=\cdots=c_n=0$，故 $f(x)$ 是一个零多项式。

习题 1.6

1. 解下列线性方程组：

(1) $\begin{cases} x_1+x_2-2x_3=-3, \\ 5x_1-2x_2+7x_3=22, \\ 2x_1-5x_2+4x_3=4; \end{cases}$

(2) $\begin{cases} x_1+2x_2-x_3+3x_4=2, \\ 3x_2-x_3+x_4=6, \\ 2x_1-x_2+3x_3-2x_4=7, \\ x_1-x_2+x_3+4x_4=-4; \end{cases}$

(3) $\begin{cases} x_1+3x_2-2x_3+x_4=1, \\ 2x_1+5x_2-3x_3+x_4=3, \\ -3x_1+4x_2-4x_4=5, \\ 3x_1+x_2-3x_3+6x_4=9。 \end{cases}$

2. 说明下列齐次方程组是否只有零解：

(1) $\begin{cases} -x_1+2x_2=0, \\ 3x_1-6x_2=0; \end{cases}$

(2) $\begin{cases} x_1+x_2+x_3+x_4=0, \\ -x_1+x_2+x_3+x_4=0, \\ -x_1-x_2+x_3+x_4=0, \\ -x_1-x_2-x_3+x_4=0。 \end{cases}$

3. 当 λ 为何值时，齐次线性方程组 $\begin{cases} (5-\lambda)x+2y+2z=0, \\ 2x+(6-\lambda)y=0, \\ 2x+(4-\lambda)z=0 \end{cases}$ 有非零解？

4. 当 λ 为何值时，齐次线性方程组 $\begin{cases} \lambda x_1+3x_2+4x_3=0, \\ -x_1+\lambda x_2=0, \\ \lambda x_2+x_3=0 \end{cases}$

(1)仅有零解？(2)有非零解？

5. 求一个二次多项式 $f(x)$，使得 $f(1)=1, f(2)=3, f(-1)=9$。

扫码查看
习题参考答案

1.7 应用实例——行列式在解析几何中的应用

1750 年，瑞士数学家克莱姆在一篇论文中指出行列式在解析几何中很有用处。在 1.1 节我们也介绍了二阶、三阶行列式的几何意义，以及通过行列式可以判断平面上 3 点 $A(x_1,y_1)$，$B(x_2,y_2)$，$C(x_3,y_3)$是否共线，若这 3 点不共线，则$\triangle ABC$ 的面积可以用行列式$\frac{1}{2}\begin{vmatrix}1 & x_1 & y_1\\1 & x_2 & y_2\\1 & x_3 & y_3\end{vmatrix}$的绝对值表示。

1812 年，柯西使用行列式给出了多个多面体体积的行列式公式，例如，已知空间 4 点 $A_i(x_i,y_i,z_i)(i=1,2,3,4)$构成一个四面体（如图 1-7 所示），则这个四面体的体积为

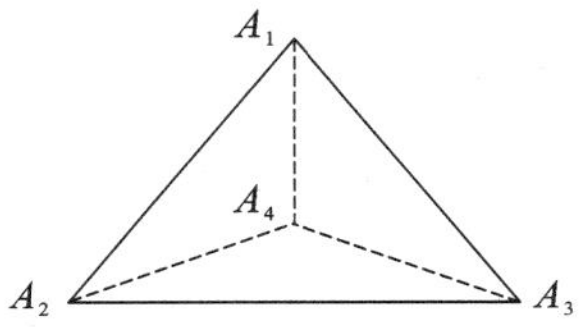

图 1-7

$$V_{A_1\text{-}A_2A_3A_4}=\left\|\begin{matrix}x_1 & y_1 & z_1 & 1\\x_2 & y_2 & z_2 & 1\\x_3 & y_3 & z_3 & 1\\x_4 & y_4 & z_4 & 1\end{matrix}\right\|。$$

若已知四面体 $A_1\text{-}A_2A_3A_4$ 的 6 条棱长分别为

$$A_1A_2=a,\quad A_1A_3=b,\quad A_1A_4=c,\quad A_3A_4=p,\quad A_2A_4=q,\quad A_2A_3=r,$$

则根据五阶凯莱-门格行列式

$$V^2_{A_1\text{-}A_2A_3A_4}=\frac{1}{288}\begin{vmatrix}0 & r^2 & q^2 & a^2 & 1\\r^2 & 0 & p^2 & b^2 & 1\\q^2 & p^2 & 0 & c^2 & 1\\a^2 & b^2 & c^2 & 0 & 1\\1 & 1 & 1 & 1 & 0\end{vmatrix}$$

可计算出四面体 $A_1\text{-}A_2A_3A_4$ 的体积。

例 1 设平面上有不在同一直线上的 3 个点(x_1,y_1)，(x_2,y_2)，(x_3,y_3)，且 x_1,x_2,x_3 互异，证明：过这 3 点且轴线与坐标轴 y 平行的抛物线方程的表达式为

$$\begin{vmatrix}y & x^2 & x & 1\\y_1 & x_1^2 & x_1 & 1\\y_2 & x_2^2 & x_2 & 1\\y_3 & x_3^2 & x_3 & 1\end{vmatrix}=0。$$

证明 设所求的抛物线方程为 $y=ax^2+bx+c$。由题意可知 3 个点都在抛物线上，

所以 3 个点的坐标满足抛物线方程，则有

$$\begin{cases}-y+ax^2+bx+c=0,\\-y_1+ax_1^2+bx_1+c=0,\\-y_2+ax_2^2+bx_2+c=0,\\-y_3+ax_3^2+bx_3+c=0。\end{cases}$$

上式可以看成一个齐次线性方程组，将$(-1,a,b,c)$看成它的一组非零解，根据 1.6 节推论 1.6 可知它的系数行列式为 0，即

$$\begin{vmatrix}y & x^2 & x & 1\\y_1 & x_1^2 & x_1 & 1\\y_2 & x_2^2 & x_2 & 1\\y_3 & x_3^2 & x_3 & 1\end{vmatrix}=0。$$

这就是满足题目条件的抛物线的表达式。

习题 1.7

1. 已知 $A(1,3)$，$B(3,1)$，$C(-1,0)$，求$\triangle ABC$的面积。

2. 设 a,b,c 为三角形的三边边长，证明 $D=\begin{vmatrix}0 & a & b & c\\a & 0 & c & b\\b & c & 0 & a\\c & b & a & 0\end{vmatrix}<0$。

扫码查看习题参考答案

本章小结

1. 二阶与三阶行列式。

$$\begin{vmatrix}a_{11} & a_{12}\\a_{21} & a_{22}\end{vmatrix}=a_{11}a_{22}-a_{12}a_{21};$$

$$\begin{vmatrix}a_{11} & a_{12} & a_{13}\\a_{21} & a_{22} & a_{23}\\a_{31} & a_{32} & a_{33}\end{vmatrix}=a_{11}a_{22}a_{33}+a_{12}a_{23}a_{31}+a_{13}a_{21}a_{32}-a_{11}a_{23}a_{32}-a_{12}a_{21}a_{33}-a_{13}a_{22}a_{31}。$$

2. 排列与逆序数。

3. n 阶行列式的定义。

$$D=\begin{vmatrix}a_{11} & a_{12} & \cdots & a_{1n}\\a_{21} & a_{22} & \cdots & a_{2n}\\\vdots & \vdots & & \vdots\\a_{n1} & a_{n2} & \cdots & a_{nn}\end{vmatrix}=\sum_{(p_1p_2\cdots p_n)}(-1)^{\tau}a_{1p_1}a_{2p_2}a_{3p_3}\cdots a_{np_n},$$

其中 $p_1p_2p_3\cdots p_n$ 为自然数 $1,2,\cdots,n$ 的一个排列，τ 为这个排列的逆序数。

4. 特殊行列式。

$$\begin{vmatrix} a_{11} & a_{12} & \cdots & a_{1n} \\ 0 & a_{22} & \cdots & a_{2n} \\ \vdots & \vdots & \ddots & \vdots \\ 0 & 0 & \cdots & a_{nn} \end{vmatrix} = \begin{vmatrix} a_{11} & 0 & \cdots & 0 \\ a_{21} & a_{22} & \cdots & 0 \\ \vdots & \vdots & \ddots & \vdots \\ a_{n1} & a_{n2} & \cdots & a_{nn} \end{vmatrix} = \begin{vmatrix} a_{11} & 0 & \cdots & 0 \\ 0 & a_{22} & \cdots & 0 \\ \vdots & \vdots & \ddots & \vdots \\ 0 & 0 & \cdots & a_{nn} \end{vmatrix} = a_{11}a_{22}\cdots a_{nn}。$$

上(下)三角形行列式及对角行列式的值,均等于主对角线上元素的乘积。

$$\begin{vmatrix} & & & a_{1n} \\ & & a_{2,n-1} & \\ & \iddots & & \\ a_{n1} & & & \end{vmatrix} = \begin{vmatrix} & & & a_{1n} \\ & & a_{2,n-1} & a_{2n} \\ & \iddots & \vdots & \vdots \\ a_{n1} & a_{n2} & \cdots & a_{nn} \end{vmatrix} = \begin{vmatrix} a_{11} & a_{12} & \cdots & a_{1n} \\ \vdots & \vdots & \iddots & \\ a_{n-1,1} & a_{n-1,2} & & \\ a_{n1} & & & \end{vmatrix}$$

$$=(-1)^{\frac{n(n-1)}{2}} a_{1n}a_{2,n-1}\cdots a_{n1}\text{(其中未写出的元素均为零)。}$$

5. 行列式的展开定理。

n 阶行列式 D 等于它的任一行(列)各元素与其对应的代数余子式乘积之和,即

$$D=a_{i1}A_{i1}+a_{i2}A_{i2}+\cdots+a_{in}A_{in}\quad (i=1,2,\cdots,n),$$

或

$$D=a_{1j}A_{1j}+a_{2j}A_{2j}+\cdots+a_{nj}A_{nj}\quad (j=1,2,\cdots,n)。$$

6. 行列式的性质。

性质1　行列式与它的转置行列式相等。

性质2　互换行列式的两行(或两列),行列式变号。

推论1.1　如果行列式中有两行(或两列)的元素对应相同,则此行列式的值为零。

性质3　用数 k 乘行列式某一行(或某一列)中所有元素,等于用数 k 乘此行列式。

推论1.2　如果行列式中有两行(或两列)的元素对应成比例,则此行列式的值等于零。

推论1.3　如果行列式中有一行(或一列)的所有元素全为零,则此行列式的值等于零。

性质4　若行列式某行(或某列)的元素是两数之和,则行列式可拆成两个行列式的和。

性质5　行列式某一行(或某一列)元素加上另一行(或另一列)对应元素的 k 倍,则行列式的值不变。

7. 行列式的计算方法:用行列式定义、化三角形法、降阶法、递推法、范德蒙行列式、加边法、拉普拉斯公式。

8. 克莱姆法则。

(1) 设线性方程组 $\begin{cases} a_{11}x_1+a_{12}x_2+\cdots+a_{1n}x_n=b_1, \\ a_{21}x_1+a_{22}x_2+\cdots+a_{2n}x_n=b_2, \\ \cdots\cdots\cdots\cdots \\ a_{n1}x_1+a_{n2}x_2+\cdots+a_{nn}x_n=b_n, \end{cases}$ 若 $D=\begin{vmatrix} a_{11} & a_{12} & \cdots & a_{1n} \\ a_{21} & a_{22} & \cdots & a_{2n} \\ \cdots & \cdots & \cdots & \cdots \\ a_{n1} & a_{n2} & \cdots & a_{nn} \end{vmatrix}\neq 0,$

则线性方程组有唯一解

$$x_1=\frac{D_1}{D},x_2=\frac{D_2}{D},x_3=\frac{D_3}{D},\cdots,x_n=\frac{D_n}{D}。$$

(2) 如果齐次线性方程组$\begin{cases}a_{11}x_1+a_{12}x_2+\cdots+a_{1n}x_n=0,\\a_{21}x_1+a_{22}x_2+\cdots+a_{2n}x_n=0,\\\cdots\cdots\cdots\cdots\\a_{n1}x_1+a_{n2}x_2+\cdots+a_{nn}x_n=0\end{cases}$的系数行列式 $D\neq0$，则它只有零解。如果齐次线性方程组有非零解，那么它的系数行列式 $D=0$。

第 1 章总习题

一、单项选择题。

1. 行列式 $D=\begin{vmatrix}3&0&4\\0&3&2\\0&5&-1\end{vmatrix}$ 的值为(　　)。

A. 39　　B. -39　　C. 21　　D. -21

2. 行列式 $D=\begin{vmatrix}0&a&b&0\\a&0&0&b\\0&c&d&0\\c&0&0&d\end{vmatrix}$ 的值为(　　)。

A. $(ad-bc)^2$　　B. $-(ad-bc)^2$　　C. $a^2d^2-b^2c^2$　　D. $-a^2d^2+b^2c^2$

3. 五阶行列式的第 3 行元素分别为 1,2,3,4,5，它们的余子式分别为 1,2,3,0,0，则行列式的值为(　　)。

A. 14　　B. -6　　C. 6　　D. -14

4. 若非齐次线性方程组$\begin{cases}x_1+2x_3=-1,\\-x_1+x_2-3x_3=2,\\2x_1-x_2+ax_3=-3\end{cases}$无解或有无穷多解，则 $a=$(　　)。

A. 5　　B. 4　　C. 3　　D. 2

5. 齐次线性方程组$\begin{cases}x+y+z=0,\\2x+3y+2z=0,\\4x+5y+4z=0\end{cases}$的解的情况是(　　)。

A. 有唯一解　　B. 有无穷多解　　C. 无解　　D. 无法判断

二、填空题。

1. 在五阶行列式中，乘积项 $a_{43}a_{21}a_{35}a_{12}a_{54}$ 的符号是________。(填写“正”或“负”)。

2. 已知 $\begin{vmatrix}3&-3\\x&-5\end{vmatrix}=0$，则实数 $x=$________。

3. 如果 $\begin{vmatrix}a_{11}&a_{12}&a_{13}\\a_{21}&a_{22}&a_{23}\\a_{31}&a_{32}&a_{33}\end{vmatrix}=d\neq0$，则 $\begin{vmatrix}2a_{11}&2a_{12}&2a_{13}\\a_{31}&a_{32}&a_{33}\\-a_{21}&-a_{22}&-a_{23}\end{vmatrix}=$________。

4. 设 $f(x)=\begin{vmatrix}1&2&3&4\\1&x&3&4\\1&2&x&4\\1&2&3&x\end{vmatrix}$，则 $f(x)=0$ 的根为________。

5. 设 $f(x)=\begin{vmatrix}2x&3&1&2\\x&x&0&1\\2&1&x&4\\x&2&1&4x\end{vmatrix}$，则 x^4 项的系数为________，x^3 项的系数为________，常数项为________。

6. 设函数 $f(x)=\begin{vmatrix}1&-1&1&x-1\\1&-1&x+1&-1\\1&x-1&1&-1\\x+1&-1&1&-1\end{vmatrix}$，则 $f^{(4)}(x)=$________。

7. 设 $f(x)=\begin{vmatrix}a_1&a_2&a_3&a_4-x\\a_1&a_2&a_3-x&a_4\\a_1&a_2-x&a_3&a_4\\a_1-x&a_2&a_3&a_4\end{vmatrix}$，则 $f(x)=0$ 的根为________。

8. 当 $k=$________时，方程组 $\begin{cases}x+ky=6,\\kx+y=9\end{cases}$ 无解。

9. 当 $k=$________时，方程组 $\begin{cases}kx+y=0,\\x+ky=0\end{cases}$ 有非零解。

10. (2020 年数二第 14 题)行列式 $\begin{vmatrix}a&0&-1&1\\0&a&1&-1\\-1&1&a&0\\1&-1&0&a\end{vmatrix}=$________。

11. (2021 年数二第 16 题/数三第 15 题)多项式 $f(x)=\begin{vmatrix}x&x&1&2x\\1&x&2&-1\\2&1&x&1\\2&-1&1&x\end{vmatrix}$ 中 x^3 项的系数为________。

三、计算题。

1. 计算下列行列式：

(1) $\begin{vmatrix}1&-1&2\\3&2&1\\0&1&4\end{vmatrix}$；

(2) $\begin{vmatrix}0&-ma&nab\\c&0&-nb\\-c&m&0\end{vmatrix}$；

(3) $\begin{vmatrix} 1 & 1 & 1 \\ 2 & 3 & 4 \\ 2^2 & 3^2 & 4^2 \end{vmatrix}$；　　(4) $\begin{vmatrix} -2 & 2 & 1 \\ 1 & 2 & -4 \\ -3 & 4 & -2 \end{vmatrix}$；

(5) $\begin{vmatrix} 1 & -1 & 0 & 2 \\ 0 & -1 & -1 & 2 \\ -1 & 2 & -1 & 0 \\ 2 & 1 & 1 & 0 \end{vmatrix}$；　　(6) $\begin{vmatrix} 4 & 1 & 2 & 32 \\ 1 & 2 & 0 & 0 \\ 10 & 5 & 2 & -20 \\ 0 & 1 & 1 & 7 \end{vmatrix}$；

(7) $D=\begin{vmatrix} 4 & 2 & 9 & -3 & 0 \\ 6 & 3 & -5 & 7 & 1 \\ 5 & 0 & 0 & 0 & 0 \\ 8 & 0 & 0 & 4 & 0 \\ 7 & 0 & 3 & 5 & 0 \end{vmatrix}$。

2. 计算 $n+1$ 阶行列式 $\begin{vmatrix} -a_1 & a_1 & 0 & \cdots & 0 & 0 \\ 0 & -a_2 & a_2 & \cdots & 0 & 0 \\ \vdots & \vdots & \vdots & & \vdots & \vdots \\ 0 & 0 & 0 & \cdots & -a_n & a_n \\ 1 & 1 & 1 & \cdots & 1 & 1 \end{vmatrix}$。

3. 计算 n 阶行列式

$$D=\begin{vmatrix} 1+a_1 & 1 & \cdots & 1 \\ 1 & 1+a_2 & \cdots & 1 \\ \vdots & \vdots & & \vdots \\ 1 & 1 & \cdots & 1+a_n \end{vmatrix}, a_i\neq 0。$$

4. 计算 n 阶行列式

$$D=\begin{vmatrix} x & a_2 & a_3 & \cdots & a_n \\ a_1 & x & a_3 & \cdots & a_n \\ a_1 & a_2 & x & \cdots & a_n \\ \vdots & \vdots & \vdots & & \vdots \\ a_1 & a_2 & a_3 & \cdots & x \end{vmatrix},其中 x\neq a_i(i=1,2,\cdots,n)。$$

5. 计算 n 阶行列式

$$D_n=\begin{vmatrix} 3 & 2 & 2 & \cdots & 2 \\ 2 & 3 & 2 & \cdots & 2 \\ 2 & 2 & 3 & \cdots & 2 \\ \vdots & \vdots & \vdots & & \vdots \\ 2 & 2 & 2 & \cdots & 3 \end{vmatrix}。$$

四、解答题。

1. 如果 n 阶行列式中所有元素变号，行列式的值会变号吗？试说明理由。

2. 若 n 阶行列式中零元素的个数大于 n^2-n，该行列式的值为多少？试说明理由。

3. 设 n 阶行列式 $D_n=\begin{vmatrix} 1 & 2 & 3 & \cdots & n \\ 1 & 2 & 0 & \cdots & 0 \\ 1 & 0 & 3 & \cdots & 0 \\ \vdots & \vdots & \vdots & & \vdots \\ 1 & 0 & 0 & \cdots & n \end{vmatrix}$，求代数余子式之和 $A_{11}+A_{12}+\cdots+A_{1n}$。

4. 解不等式 $\begin{vmatrix} x^2 & 9 & 16 \\ x & 3 & 4 \\ 1 & 1 & 1 \end{vmatrix}>0$。

5. 解下列关于 x 的方程：

(1) $\begin{vmatrix} 0 & x-1 & 1 \\ x-1 & 0 & x-1 \\ 1 & x-2 & 0 \end{vmatrix}=0$；　　(2) $\begin{vmatrix} 1 & 2 & 4 \\ 1 & 5 & 25 \\ 1 & x & x^2 \end{vmatrix}=0$。

6. 用克莱姆法则求解下列线性方程组：

(1) $\begin{cases} 3x+2y+2z=1, \\ x+y+2z=2, \\ x+y+z=3; \end{cases}$　　(2) $\begin{cases} 2x_1+x_2-5x_3+x_4=8, \\ x_1-3x_2-6x_4=9, \\ 2x_2-x_3+2x_4=-5, \\ x_1+4x_2-7x_3+6x_4=0。 \end{cases}$

7. 求关于 x,y,z 的方程组 $\begin{cases} x+y+mz=1, \\ x+my+z=m, \\ x-y+z=3 \end{cases}$ 有唯一解的条件，并在此条件下写出该方程组的解。

8. 方程组 $\begin{cases} 2x-y+3z=1, \\ kx+y+5z=3, \\ x+z=3 \end{cases}$ 有唯一解，且其中 $x=4$，求 k 的值。

9. 解方程 $\begin{vmatrix} 1 & 1 & 1 & \cdots & 1 & 1 \\ 1 & 1-x & 1 & \cdots & 1 & 1 \\ 1 & 1 & 2-x & \cdots & 1 & 1 \\ \vdots & \vdots & \vdots & & \vdots & \vdots \\ 1 & 1 & 1 & \cdots & (n-2)-x & 1 \\ 1 & 1 & 1 & \cdots & 1 & (n-1)-x \end{vmatrix}=0$。

10. 计算 $2n$ 阶行列式 $D_{2n}=\begin{vmatrix} a & & & & & b \\ & \ddots & & & \iddots & \\ & & a & b & & \\ & & c & d & & \\ & \iddots & & & \ddots & \\ c & & & & & d \end{vmatrix}$，其中未写出的元素均为 0。

11. 已知数列$\{a_n\}$中，$a_3=-\dfrac{1}{8}$，且$\begin{vmatrix} a_n & 2 \\ a_{n+1} & -1 \end{vmatrix}=0$，求$\lim\limits_{n\to\infty}(a_1+a_2+a_3+\cdots+a_n)$的值。

12. 计算n阶行列式$D=\begin{vmatrix} a+x_1 & a+x_1^2 & \cdots & a+x_1^n \\ a+x_2 & a+x_2^2 & \cdots & a+x_2^n \\ \vdots & \vdots & & \vdots \\ a+x_n & a+x_n^2 & \cdots & a+x_n^n \end{vmatrix}$。

扫码看微课视频

五、证明题。

1. 证明下列各等式：

(1) $\begin{vmatrix} 1 & a & a^3 \\ 1 & b & b^3 \\ 1 & c & c^3 \end{vmatrix}=(a+b+c)\begin{vmatrix} 1 & a & a^2 \\ 1 & b & b^2 \\ 1 & c & c^2 \end{vmatrix}$；　　(2) $D=\begin{vmatrix} 1 & a & b & c+d \\ 1 & b & c & a+d \\ 1 & c & d & a+b \\ 1 & d & a & b+c \end{vmatrix}=0$；

(3) $\begin{vmatrix} 1 & 2 & 3 & \cdots & n \\ -1 & 0 & 3 & \cdots & n \\ -1 & -2 & 0 & \cdots & n \\ \vdots & \vdots & \vdots & & \vdots \\ -1 & -2 & -3 & \cdots & 0 \end{vmatrix}=n!$。

扫码查看习题参考答案

2. 设$f(x)=\begin{vmatrix} x & 1 & 2+x \\ 2 & 2 & 4 \\ 3 & x+2 & 4-x \end{vmatrix}$，求证方程$f'(x)=0$有小于1的正根。

扫码获取本章PPT

第 2 章　矩　　阵

第 1 章介绍了行列式的相关内容，并学习了使用克莱姆法则求线性方程组解的方法，但并不是所有的线性方程组都可以使用克莱姆法则，只有当线性方程组中方程的个数等于未知量的个数并且系数行列式不等于零时才能使用。对于一般的线性方程组的解的讨论，需要借助矩阵这一重要的工具。

矩阵是线性代数中的一个重要内容，它是从事数学及其他科学技术研究的一个重要工具，被广泛地应用到现代管理科学、自然科学、工程技术等各个领域。

本章主要介绍矩阵的概念和运算、逆矩阵、矩阵的初等变换、矩阵的秩以及分块矩阵等知识。

2.1　矩阵的概念及几种特殊形式的矩阵

扫码看微课视频

矩阵是从许多实际问题中抽象出来的一个数学概念。除了在数学中有应用外，在经济学中也常常用到矩阵。矩阵的引入为许多实际问题的研究提供了方便。

例 1　某省有 3 个产地 Ⅰ、Ⅱ、Ⅲ 产煤，运往 4 个销地甲、乙、丙、丁，调配方案如下表：

表 2-1　调运量表（单位：千吨）

销地 产地	甲	乙	丙	丁
Ⅰ	2	1	4	3
Ⅱ	4	1	2	1
Ⅲ	1	5	1	4

则表中的数据可构成一个 3 行 4 列的矩形数表，为了表示它是一个整体，加一个括号将它括起来

$$\begin{pmatrix} 2 & 1 & 4 & 3 \\ 4 & 1 & 2 & 1 \\ 1 & 5 & 1 & 4 \end{pmatrix},$$

这样的数表称为矩阵，矩阵中每一个数据（元素）都表示煤矿从某个产地运往某个销地的吨数。

例 2　某校学生甲、乙第一学期的高等数学、大学英语与大学体育的成绩如下表：

表 2-2　成绩表(单位:分)

科目 / 学生	高等数学	大学英语	大学体育
甲	91	96	74
乙	89	75	82

则表中的数据可构成一个 2 行 3 列的矩形数表,为了表示它是一个整体,加一个括号将它括起来

$$\begin{pmatrix} 91 & 96 & 74 \\ 89 & 75 & 82 \end{pmatrix}。$$

例 3　北京市某户居民第三季度每个月用水(单位:吨)、电(单位:度)、天然气(单位:立方米)的使用情况如下表:

表 2-3　某户居民第三季度水、电、气使用表

月份 / 类别	7 月	8 月	9 月
水	10	10	9
电	190	195	165
天然气	15	16	14

则表中的数据可构成一个 3 行 3 列的矩形数表,为了表示它是一个整体,加一个括号将它括起来

$$\begin{pmatrix} 10 & 10 & 9 \\ 190 & 195 & 165 \\ 15 & 16 & 14 \end{pmatrix}。$$

把这些矩形数表作为一个研究对象,就得到矩阵的概念。

2.1.1　矩阵的概念

定义 2.1　由 $m\times n$ 个数 $a_{ij}(i=1,2,\cdots,m;j=1,2,\cdots,n)$ 排成的 m 行 n 列,并用括号括起来,得到的数表

$$\begin{pmatrix} a_{11} & a_{12} & \cdots & a_{1n} \\ a_{21} & a_{22} & \cdots & a_{2n} \\ \vdots & \vdots & & \vdots \\ a_{m1} & a_{m2} & \cdots & a_{mn} \end{pmatrix} \text{或} \begin{bmatrix} a_{11} & a_{12} & \cdots & a_{1n} \\ a_{21} & a_{22} & \cdots & a_{2n} \\ \vdots & \vdots & & \vdots \\ a_{m1} & a_{m2} & \cdots & a_{mn} \end{bmatrix},$$

称为 m 行 n 列矩阵,简称 $m\times n$ **矩阵**,通常用大写英文黑斜体字母 $\boldsymbol{A},\boldsymbol{B},\boldsymbol{C}$ 表示矩阵。其中 a_{ij} 表示矩阵中第 i 行、第 j 列的元素,一个 $m\times n$ 矩阵可以简记为 $\mathbf{A}=\mathbf{A}_{m\times n}=(a_{ij})_{m\times n}$。

注　(1) 元素全是实数的矩阵称为**实矩阵**,元素中含有复数的矩阵称为**复矩阵**。实矩阵是复矩阵的特例。本书中除特别说明外,矩阵均指实矩阵。

(2) 矩阵 $\boldsymbol{A}$ 不可写成 $\boldsymbol{A}=\begin{vmatrix} a_{11} & a_{12} & \cdots & a_{1n} \\ a_{21} & a_{22} & \cdots & a_{2n} \\ \vdots & \vdots & & \vdots \\ a_{m1} & a_{m2} & \cdots & a_{mn} \end{vmatrix}$。

(3) 当 $m=n=1$ 时，即 $\boldsymbol{A}=(a_{11})=a_{11}$，此时矩阵退化为一个数 a_{11}。

2.1.2 几种特殊形式的矩阵

1. 行矩阵

只有一行的矩阵 $\boldsymbol{A}=(a_{11} \quad a_{12} \quad \cdots \quad a_{1n})$ 称为**行矩阵**或**行向量**。为避免元素之间混淆，也可将行矩阵记为 $\boldsymbol{A}=(a_{11},a_{12},\cdots,a_{1n})$。

2. 列矩阵

只有一列的矩阵 $\boldsymbol{A}=\begin{pmatrix} a_{11} \\ a_{21} \\ \vdots \\ a_{m1} \end{pmatrix}$ 称为**列矩阵**或**列向量**。列矩阵也可记为 $\boldsymbol{A}=(a_{11},a_{21},\cdots,a_{m1})^{\mathrm{T}}$。

3. 零矩阵

所有元素全为 0 的矩阵称为**零矩阵**，$m\times n$ 零矩阵记为 $\boldsymbol{O}_{m\times n}$ 或为 $\boldsymbol{O}$，即

$$\boldsymbol{O}_{m\times n}=\begin{pmatrix} 0 & 0 & \cdots & 0 \\ 0 & 0 & \cdots & 0 \\ \vdots & \vdots & & \vdots \\ 0 & 0 & \cdots & 0 \end{pmatrix}$$

4. 方阵

对矩阵 $\boldsymbol{A}_{m\times n}$，当 $m=n$ 时，$\boldsymbol{A}_n=\begin{pmatrix} a_{11} & a_{12} & \cdots & a_{1n} \\ a_{21} & a_{22} & \cdots & a_{2n} \\ \vdots & \vdots & & \vdots \\ a_{n1} & a_{n2} & \cdots & a_{nn} \end{pmatrix}$ 称为 n **阶方阵**，记作 $\boldsymbol{A}_{n\times n}$ 或 $\boldsymbol{A}_n$，$a_{11},a_{22},\cdots,a_{nn}$ 的位置称为矩阵 $\boldsymbol{A}_{n\times n}$ 的**主对角线**。仅有方阵才有主对角线，不是方阵的矩阵没有主对角线。

5. 上三角形矩阵

若方阵的主对角线下方的元素全为 0，该方阵称为**上三角形矩阵**，即

$$A=\begin{pmatrix} a_{11} & a_{12} & \cdots & a_{1n} \\ 0 & a_{22} & \cdots & a_{2n} \\ \vdots & \vdots & & \vdots \\ 0 & 0 & \cdots & a_{nn} \end{pmatrix}。$$

6. 下三角形矩阵

若方阵的主对角线上方的元素全为 0，该方阵称为**下三角形矩阵**，即

$$A=\begin{pmatrix} a_{11} & 0 & \cdots & 0 \\ a_{21} & a_{22} & \cdots & 0 \\ \vdots & \vdots & & \vdots \\ a_{n1} & a_{n2} & \cdots & a_{nn} \end{pmatrix}。$$

上三角形矩阵和下三角形矩阵统称为**三角形矩阵**。

7. 对角矩阵

主对角线以外的元素全为 0，而主对角线元素不全为 0 的 n 阶方阵，称为**对角矩阵**。记为

$$A=\mathrm{diag}(\lambda_1,\lambda_2,\cdots,\lambda_n)=\begin{pmatrix} \lambda_1 & 0 & \cdots & 0 \\ 0 & \lambda_2 & \cdots & 0 \\ \vdots & \vdots & & \vdots \\ 0 & 0 & \cdots & \lambda_n \end{pmatrix}。$$

8. 数量矩阵

若对角矩阵的主对角线元素相同，该对角矩阵称为**数量矩阵**，记为

$$A=\begin{pmatrix} \lambda & 0 & \cdots & 0 \\ 0 & \lambda & \cdots & 0 \\ \vdots & \vdots & & \vdots \\ 0 & 0 & \cdots & \lambda \end{pmatrix}。$$

9. 单位矩阵

若数量矩阵的主对角线元素全为 1，则该数量矩阵称为**单位矩阵**，n 阶单位矩阵简记为 E_n 或 E，即

$$E_n=\begin{pmatrix} 1 & 0 & \cdots & 0 \\ 0 & 1 & \cdots & 0 \\ \vdots & \vdots & & \vdots \\ 0 & 0 & \cdots & 1 \end{pmatrix}。$$

当 $n=2,3$ 时，$E=\begin{pmatrix} 1 & 0 \\ 0 & 1 \end{pmatrix}$，$E=\begin{pmatrix} 1 & 0 & 0 \\ 0 & 1 & 0 \\ 0 & 0 & 1 \end{pmatrix}$为二阶、三阶单位矩阵。

上三角形矩阵、下三角形矩阵、对角矩阵、数量矩阵、单位矩阵都是方阵。

10. 同型矩阵

具有相同行数和相同列数的矩阵，称为**同型矩阵**。

11. 矩阵相等

如果 $A=(a_{ij})$ 与 $B=(b_{ij})$ 是同型矩阵，并且它们对应元素相等，即

$$a_{ij}=b_{ij} \quad (i=1,\cdots,m;j=1,\cdots,n)$$

则称矩阵 A 和 B **相等**，记作 $A=B$。

不是同型的矩阵是不能比较相等性的；矩阵之间不能比较大小。

12. 负矩阵

对于矩阵 $A=(a_{ij})_{m\times n}$，每个元素取相反数，得到的矩阵称为 A 的**负矩阵**，记为 $-A$，即

$$-\boldsymbol{A}=\begin{pmatrix}-a_{11} & -a_{12} & \cdots & -a_{1n}\\ -a_{21} & -a_{22} & \cdots & -a_{2n}\\ \vdots & \vdots & & \vdots\\ -a_{m1} & -a_{m2} & \cdots & -a_{mn}\end{pmatrix}。$$

习题 2.1

1. 矩阵与行列式有什么区别？

2. 已知矩阵 $\boldsymbol{A}=\begin{pmatrix}x-y & 1\\ 6 & 2x+y\end{pmatrix}$，$\boldsymbol{B}=\begin{pmatrix}1 & 1\\ 6 & 5\end{pmatrix}$，且 $\boldsymbol{A}=\boldsymbol{B}$，求 x,y 的值。

3. 试确定 a,b,c 的值，使得 $\begin{pmatrix}3 & -1 & 2\\ a+b & 7 & 4\\ -2 & 0 & b\end{pmatrix}=\begin{pmatrix}c & -1 & 2\\ 2 & 7 & 4\\ -2 & 0 & 6\end{pmatrix}$。

4. 已知矩阵 $\boldsymbol{A}=\begin{pmatrix}a+2b & 3a-c\\ b-3d & a-b\end{pmatrix}$，如果 $\boldsymbol{A}=\boldsymbol{E}$，求 a,b,c,d 的值。

扫码查看
习题参考答案

2.2 矩阵的运算

无论在理论上还是在实际应用中，矩阵都是一个很重要的概念，如果仅仅把矩阵作为一个数表，将不能充分发挥其作用，因此，对矩阵定义一些运算就显得非常必要。本节将介绍矩阵的加减法、数乘、乘法、转置、方阵的幂、方阵多项式和方阵行列式等运算。

2.2.1 矩阵的加减法

定义 2.2 设同型矩阵 $\boldsymbol{A}=(a_{ij})_{m\times n}$，$\boldsymbol{B}=(b_{ij})_{m\times n}$，$\boldsymbol{A}$ 与 $\boldsymbol{B}$ 的对应元素相加得到的矩阵 $\boldsymbol{C}$ 称为**矩阵 $\boldsymbol{A}$ 与 $\boldsymbol{B}$ 的和**，记为 $\boldsymbol{C}=\boldsymbol{A}+\boldsymbol{B}=(a_{ij}+b_{ij})_{m\times n}$，即

$$\boldsymbol{C}=\boldsymbol{A}+\boldsymbol{B}=\begin{pmatrix}a_{11}+b_{11} & a_{12}+b_{12} & \cdots & a_{1n}+b_{1n}\\ a_{21}+b_{21} & a_{22}+b_{22} & \cdots & a_{2n}+b_{2n}\\ \vdots & \vdots & & \vdots\\ a_{m1}+b_{m1} & a_{m2}+b_{m2} & \cdots & a_{mn}+b_{mn}\end{pmatrix}_{m\times n}。$$

例 1 某种物资(单位：千吨)从两个产地运往三个销地，两次调运方案分别用矩阵 $\boldsymbol{A}$、$\boldsymbol{B}$ 表示，其中 $\boldsymbol{A}=\begin{pmatrix}4 & 1 & 2\\ 0 & 3 & 4\end{pmatrix}$，$\boldsymbol{B}=\begin{pmatrix}3 & 6 & 2\\ 4 & 0 & 3\end{pmatrix}$，求这两次物资从各产地运往各销地的调运总量。

解

$$\boldsymbol{A}+\boldsymbol{B}=\begin{pmatrix}4 & 1 & 2\\ 0 & 3 & 4\end{pmatrix}+\begin{pmatrix}3 & 6 & 2\\ 4 & 0 & 3\end{pmatrix}=\begin{pmatrix}7 & 7 & 4\\ 4 & 3 & 7\end{pmatrix}。$$

根据矩阵加法和负矩阵的概念，可以定义矩阵的减法。

若 $\boldsymbol{A}=(a_{ij})_{m\times n}$，$\boldsymbol{B}=(b_{ij})_{m\times n}$，则

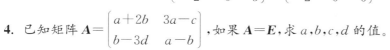

$$A-B=A+(-B)=\begin{pmatrix} a_{11}-b_{11} & a_{12}-b_{12} & \cdots & a_{1n}-b_{1n} \\ a_{21}-b_{21} & a_{22}-b_{22} & \cdots & a_{2n}-b_{2n} \\ \vdots & \vdots & & \vdots \\ a_{m1}-b_{m1} & a_{m2}-b_{m2} & \cdots & a_{mn}-b_{mn} \end{pmatrix}_{m\times n}。$$

容易验证,矩阵的加法满足以下性质:

(1) $\boldsymbol{A}+\boldsymbol{B}=\boldsymbol{B}+\boldsymbol{A}$;

(2) $(\boldsymbol{A}+\boldsymbol{B})+\boldsymbol{C}=\boldsymbol{A}+(\boldsymbol{B}+\boldsymbol{C})$;

(3) $\boldsymbol{A}+\boldsymbol{O}=\boldsymbol{O}+\boldsymbol{A}=\boldsymbol{A}$;

(4) $\boldsymbol{A}+(-\boldsymbol{A})=\boldsymbol{A}-\boldsymbol{A}=\boldsymbol{O}$。

其中 $\boldsymbol{A},\boldsymbol{B},\boldsymbol{C}$ 均为 $m\times n$ 矩阵,$\boldsymbol{O}$ 为 $m\times n$ 零矩阵。

2.2.2 矩阵的数乘

定义 2.3 数 k 与矩阵 $\boldsymbol{A}=(a_{ij})_{m\times n}$ 的乘积称为**数乘**,记作 $k\boldsymbol{A}$,规定为

$$k\boldsymbol{A}_{m\times n}=\begin{pmatrix} ka_{11} & ka_{12} & \cdots & ka_{1n} \\ ka_{21} & ka_{22} & \cdots & ka_{2n} \\ \vdots & \vdots & & \vdots \\ ka_{m1} & ka_{m2} & \cdots & ka_{mn} \end{pmatrix}。$$

注 (1) $-\boldsymbol{A}=(-1)\times\boldsymbol{A}$。

(2) 矩阵的数乘就是把矩阵的每个元素都乘以 k,而不是用 k 仅乘矩阵的某一行(或某一列)。

(3) 矩阵的加、减法与矩阵的数乘统称为**矩阵的线性运算**。

不难验证,矩阵数乘满足以下性质:

(1) $k(\boldsymbol{A}+\boldsymbol{B})=k\boldsymbol{A}+k\boldsymbol{B}$;

(2) $(k+l)\boldsymbol{A}=k\boldsymbol{A}+l\boldsymbol{A}$;

(3) $k(l\boldsymbol{A})=(kl)\boldsymbol{A}=l(k\boldsymbol{A})$;

(4) $1\boldsymbol{A}=\boldsymbol{A},0\boldsymbol{A}=\boldsymbol{O}$。

例 2 设 $\boldsymbol{A}=\begin{pmatrix} 1 & 4 & 3 \\ -2 & 5 & 7 \end{pmatrix},\boldsymbol{B}=\begin{pmatrix} 0 & -10 & 1 \\ 5 & -8 & -4 \end{pmatrix}$,求 $3\boldsymbol{A}+2\boldsymbol{B}$。

解 $3\boldsymbol{A}+2\boldsymbol{B}=3\times\begin{pmatrix} 1 & 4 & 3 \\ -2 & 5 & 7 \end{pmatrix}+2\times\begin{pmatrix} 0 & -10 & 1 \\ 5 & -8 & -4 \end{pmatrix}=\begin{pmatrix} 3 & -8 & 11 \\ 4 & -1 & 13 \end{pmatrix}$。

例 3 设 $\boldsymbol{A}=\begin{pmatrix} 3 & -1 & 2 \\ 1 & 5 & 7 \\ 5 & 4 & -3 \end{pmatrix},\boldsymbol{B}=\begin{pmatrix} 7 & 5 & -4 \\ 5 & 1 & 9 \\ 3 & -2 & 1 \end{pmatrix}$,且 $\boldsymbol{A}+2\boldsymbol{X}=\boldsymbol{B}$,求矩阵 $\boldsymbol{X}$。

解 由 $\boldsymbol{A}+2\boldsymbol{X}=\boldsymbol{B}$ 得

$$\boldsymbol{X}=\frac{1}{2}(\boldsymbol{B}-\boldsymbol{A})=\begin{pmatrix} 2 & 3 & -3 \\ 2 & -2 & 1 \\ -1 & -3 & 2 \end{pmatrix}。$$

2.2.3　矩阵的乘法

矩阵乘法的定义最初是在研究线性变换时提出来的。如果矩阵的元素表示具体的实际意义，那么矩阵的乘法是不是也可以表示实际含义呢？

例 4　某批物资(单位：千吨)从产地 1、2 运往 3 个销地甲、乙、丙，调运方案用矩阵 $\boldsymbol{A}=\begin{pmatrix}4&1&2\\0&3&4\end{pmatrix}$ 表示，相应产地到销地的运费单价(单位：千元/千吨)用矩阵 $\boldsymbol{B}=\begin{pmatrix}1&3\\2&6\\4&5\end{pmatrix}$ 表示，求这批物资从各产地运往各销地的调运总费用。

解　由题意可作表 2-4、表 2-5 如下：

表 2-4　调运方案表

销地 / 产地	销地甲	销地乙	销地丙
产地 1	4	1	2
产地 2	0	3	4

表 2-5　运费单价表

产地 / 销地	产地 1	产地 2
销地甲	1	3
销地乙	2	6
销地丙	4	5

调运费用＝调运量×运费单价，即有如下式：

产地 1 运往销地甲、乙、丙总费用＝4×1＋1×2＋2×4＝14(千元)；

产地 2 运往销地甲、乙、丙总费用＝0×3＋3×6＋4×5＝38(千元)。

由此，我们定义矩阵的乘法如下：

定义 2.4　设 $\boldsymbol{A}=(a_{ij})_{m\times s}$，$\boldsymbol{B}=(b_{ij})_{s\times n}$，记 $\boldsymbol{C}=\boldsymbol{AB}$，称 $\boldsymbol{C}$ 为矩阵 $\boldsymbol{A}$ 与 $\boldsymbol{B}$ 的乘积，其中

$$c_{ij}=a_{i1}b_{1j}+a_{i2}b_{2j}+\cdots+a_{is}b_{sj}=\sum_{k=1}^{s}a_{ik}b_{kj}\quad(i=1,2,\cdots,m;j=1,2,\cdots,n),$$

即
$$\boldsymbol{C}=(c_{ij})_{m\times n}=\left(\sum_{k=1}^{s}a_{ik}b_{kj}\right)_{m\times n}。$$

注　(1) 只有当左边矩阵的列数等于右边矩阵的行数时，两个矩阵才能相乘，否则 $\boldsymbol{AB}$ 没有意义。

(2) 矩阵 $\boldsymbol{C}$ 中元素 c_{ij} 等于左矩阵 $\boldsymbol{A}$ 的第 i 行与右矩阵 $\boldsymbol{B}$ 的第 j 列对应元素乘积之和。

(3) 矩阵 $\boldsymbol{C}$ 的行数等于左矩阵 $\boldsymbol{A}$ 的行数，列数等于右矩阵 $\boldsymbol{B}$ 的列数。

例 5 设 $\boldsymbol{A}=\begin{pmatrix}1&2&0\\0&1&3\end{pmatrix}$，$\boldsymbol{B}=\begin{pmatrix}2&3&0\\1&-2&-1\\0&1&1\end{pmatrix}$，求 $\boldsymbol{AB}$，$\boldsymbol{BA}$。

解 因为 $\boldsymbol{A}$ 的列数与 $\boldsymbol{B}$ 的行数均为 3，所以 $\boldsymbol{AB}$ 有意义，且 $\boldsymbol{AB}$ 为 2×3 矩阵。

$$\begin{aligned}\boldsymbol{AB}&=\begin{pmatrix}1&2&0\\0&1&3\end{pmatrix}\begin{pmatrix}2&3&0\\1&-2&-1\\0&1&1\end{pmatrix}\\&=\begin{pmatrix}1\times2+2\times1+0\times0&1\times3+2\times(-2)+0\times1&1\times0+2\times(-1)+0\times1\\0\times2+1\times1+3\times0&0\times3+1\times(-2)+3\times1&0\times0+1\times(-1)+3\times1\end{pmatrix}\\&=\begin{pmatrix}4&-1&-2\\1&1&2\end{pmatrix}。\end{aligned}$$

因为 $\boldsymbol{B}$ 的列数不等于 $\boldsymbol{A}$ 的行数，所以 $\boldsymbol{BA}$ 没意义。

此例表明，$\boldsymbol{AB}$ 有意义，但 $\boldsymbol{BA}$ 不一定有意义。

例 6 设 $\boldsymbol{A}=\begin{pmatrix}1&1\\-1&-1\end{pmatrix}$，$\boldsymbol{B}=\begin{pmatrix}1&-1\\-1&1\end{pmatrix}$，求 $\boldsymbol{AB}$，$\boldsymbol{BA}$。

解
$$\begin{aligned}\boldsymbol{AB}&=\begin{pmatrix}1&1\\-1&-1\end{pmatrix}\begin{pmatrix}1&-1\\-1&1\end{pmatrix}=\begin{pmatrix}1\times1+1\times(-1)&1\times(-1)+1\times1\\-1\times1+(-1)\times(-1)&-1\times(-1)+(-1)\times1\end{pmatrix}\\&=\begin{pmatrix}0&0\\0&0\end{pmatrix},\end{aligned}$$

$$\begin{aligned}\boldsymbol{BA}&=\begin{pmatrix}1&-1\\-1&1\end{pmatrix}\begin{pmatrix}1&1\\-1&-1\end{pmatrix}=\begin{pmatrix}1\times1+(-1)\times(-1)&1\times1+(-1)\times(-1)\\-1\times1+1\times(-1)&-1\times1+1\times(-1)\end{pmatrix}\\&=\begin{pmatrix}2&2\\-2&-2\end{pmatrix}。\end{aligned}$$

此例表明：

(1) 即使 $\boldsymbol{AB}$，$\boldsymbol{BA}$ 都有意义，且它们的行、列数相同，$\boldsymbol{AB}$ 与 $\boldsymbol{BA}$ 也不一定相等。

(2) 两个非零矩阵的乘积可以是零矩阵。同时，由 $\boldsymbol{AB}=\boldsymbol{O}$，一般不能推出 $\boldsymbol{A}=\boldsymbol{O}$ 或 $\boldsymbol{B}=\boldsymbol{O}$。

例 7 设 $\boldsymbol{A}=\begin{pmatrix}3&1\\4&6\end{pmatrix}$，$\boldsymbol{B}=\begin{pmatrix}2&1\\4&6\end{pmatrix}$，$\boldsymbol{C}=\begin{pmatrix}0&0\\1&1\end{pmatrix}$，求 $\boldsymbol{AC}$，$\boldsymbol{BC}$。

解 $\boldsymbol{AC}=\begin{pmatrix}3&1\\4&6\end{pmatrix}\begin{pmatrix}0&0\\1&1\end{pmatrix}=\begin{pmatrix}1&1\\6&6\end{pmatrix}$； $\boldsymbol{BC}=\begin{pmatrix}2&1\\4&6\end{pmatrix}\begin{pmatrix}0&0\\1&1\end{pmatrix}=\begin{pmatrix}1&1\\6&6\end{pmatrix}$。

此例表明，由 $\boldsymbol{AC}=\boldsymbol{BC}$，$\boldsymbol{C}\neq\boldsymbol{O}$，一般不能推出 $\boldsymbol{A}=\boldsymbol{B}$。

定义 2.5 若矩阵 $\boldsymbol{A}$ 与 $\boldsymbol{B}$ 满足 $\boldsymbol{AB}=\boldsymbol{BA}$，则称 $\boldsymbol{A}$ 与 $\boldsymbol{B}$ **可交换**。

例 8 设 $\boldsymbol{A}=\begin{pmatrix}1&2\\0&1\end{pmatrix}$，$\boldsymbol{B}=\begin{pmatrix}1&-1\\0&1\end{pmatrix}$，求 $\boldsymbol{AB}$，$\boldsymbol{BA}$。

解 $\boldsymbol{AB}=\begin{pmatrix}1&2\\0&1\end{pmatrix}\begin{pmatrix}1&-1\\0&1\end{pmatrix}=\begin{pmatrix}1&1\\0&1\end{pmatrix}$；$\boldsymbol{BA}=\begin{pmatrix}1&-1\\0&1\end{pmatrix}\begin{pmatrix}1&2\\0&1\end{pmatrix}=\begin{pmatrix}1&1\\0&1\end{pmatrix}$。

矩阵乘法一般不满足交换律，即一般情况下，$\boldsymbol{AB}\neq\boldsymbol{BA}$，只有当 $\boldsymbol{A}$ 与 $\boldsymbol{B}$ 可交换时，$(\boldsymbol{A}\pm\boldsymbol{B})^2=\boldsymbol{A}^2\pm2\boldsymbol{AB}+\boldsymbol{B}^2$，$(\boldsymbol{A}+\boldsymbol{B})(\boldsymbol{A}-\boldsymbol{B})=\boldsymbol{A}^2-\boldsymbol{B}^2$ 等公式才成立。

矩阵乘法满足下列规律：

(1) 结合律：$(\boldsymbol{AB})\boldsymbol{C}=\boldsymbol{A}(\boldsymbol{BC})$，其中 $\boldsymbol{A}$ 为 $m\times n$ 矩阵，$\boldsymbol{B}$ 为 $n\times s$ 矩阵，$\boldsymbol{C}$ 为 $s\times p$ 矩阵；

(2) 分配律：$\boldsymbol{A}(\boldsymbol{B}+\boldsymbol{C})=\boldsymbol{AB}+\boldsymbol{AC}$，其中 $\boldsymbol{A}$ 为 $m\times n$ 矩阵，$\boldsymbol{B}$、$\boldsymbol{C}$ 为 $n\times s$ 矩阵；$(\boldsymbol{B}+\boldsymbol{C})\boldsymbol{A}=\boldsymbol{BA}+\boldsymbol{CA}$，其中 $\boldsymbol{B}$、$\boldsymbol{C}$ 为 $n\times s$ 矩阵，$\boldsymbol{A}$ 为 $s\times p$ 矩阵。

(3) 数乘结合律：$\lambda(\boldsymbol{AB})=(\lambda\boldsymbol{A})\boldsymbol{B}=\boldsymbol{A}(\lambda\boldsymbol{B})$，其中 λ 为任意常数，$\boldsymbol{A}$ 为 $m\times n$ 矩阵，$\boldsymbol{B}$ 为 $n\times s$ 矩阵；

(4) 设 $\boldsymbol{A}$ 是 $m\times n$ 矩阵，则 $\boldsymbol{E}_m\boldsymbol{A}_{m\times n}=\boldsymbol{A}_{m\times n}\boldsymbol{E}_n=\boldsymbol{A}_{m\times n}$ 或简记为 $\boldsymbol{EA}=\boldsymbol{AE}=\boldsymbol{A}$。

2.2.4　矩阵的转置

定义 2.6　将矩阵 $\boldsymbol{A}=(a_{ij})_{m\times n}$ 的行列互换得到的 $n\times m$ 矩阵，称为 $\boldsymbol{A}$ 的**转置矩阵**，记作 $\boldsymbol{A}^{\mathrm{T}}$ 或 $\boldsymbol{A}'$，即

$$\boldsymbol{A}=\begin{pmatrix} a_{11} & a_{12} & \cdots & a_{1n} \\ a_{21} & a_{22} & \cdots & a_{2n} \\ \vdots & \vdots & & \vdots \\ a_{m1} & a_{m2} & \cdots & a_{mn} \end{pmatrix},$$

$$\boldsymbol{A}^{\mathrm{T}}=\begin{pmatrix} a_{11} & a_{21} & \cdots & a_{m1} \\ a_{12} & a_{22} & \cdots & a_{m2} \\ \vdots & \vdots & & \vdots \\ a_{1n} & a_{2n} & \cdots & a_{mn} \end{pmatrix}。$$

矩阵的转置满足以下运算律：

(1) $(\boldsymbol{A}^{\mathrm{T}})^{\mathrm{T}}=\boldsymbol{A}$。

(2) $(\boldsymbol{A}\pm\boldsymbol{B})^{\mathrm{T}}=\boldsymbol{A}^{\mathrm{T}}\pm\boldsymbol{B}^{\mathrm{T}}$。

(3) $(k\boldsymbol{A})^{\mathrm{T}}=k\boldsymbol{A}^{\mathrm{T}}$，其中 k 为常数。

(4) $(\boldsymbol{AB})^{\mathrm{T}}=\boldsymbol{B}^{\mathrm{T}}\boldsymbol{A}^{\mathrm{T}}$。

将性质(2)和(4)推广到多个矩阵的情形，可得如下结论：

(5) $(\boldsymbol{A}_1\pm\boldsymbol{A}_2\pm\cdots\pm\boldsymbol{A}_k)^{\mathrm{T}}=\boldsymbol{A}_1^{\mathrm{T}}\pm\boldsymbol{A}_2^{\mathrm{T}}\pm\cdots\pm\boldsymbol{A}_k^{\mathrm{T}}$。

(6) $(\boldsymbol{A}_1\boldsymbol{A}_2\cdots\boldsymbol{A}_k)^{\mathrm{T}}=\boldsymbol{A}_k^{\mathrm{T}}\boldsymbol{A}_{k-1}^{\mathrm{T}}\cdots\boldsymbol{A}_1^{\mathrm{T}}$。

例 9　设 $\boldsymbol{A}=\begin{pmatrix} 1 & -1 & 2 \\ 0 & 1 & 1 \end{pmatrix}$，$\boldsymbol{B}=\begin{pmatrix} -1 & 0 \\ 1 & 3 \\ 2 & 1 \end{pmatrix}$，求 $(\boldsymbol{AB})^{\mathrm{T}}$ 和 $\boldsymbol{A}^{\mathrm{T}}\boldsymbol{B}^{\mathrm{T}}$。

解　$$(\boldsymbol{AB})^{\mathrm{T}}=\boldsymbol{B}^{\mathrm{T}}\boldsymbol{A}^{\mathrm{T}}=\begin{pmatrix} -1 & 1 & 2 \\ 0 & 3 & 1 \end{pmatrix}\begin{pmatrix} 1 & 0 \\ -1 & 1 \\ 2 & 1 \end{pmatrix}=\begin{pmatrix} 2 & 3 \\ -1 & 4 \end{pmatrix},$$

$$\boldsymbol{A}^{\mathrm{T}}\boldsymbol{B}^{\mathrm{T}}=\begin{pmatrix} 1 & 0 \\ -1 & 1 \\ 2 & 1 \end{pmatrix}\begin{pmatrix} -1 & 1 & 2 \\ 0 & 3 & 1 \end{pmatrix}=\begin{pmatrix} -1 & 1 & 2 \\ 1 & 2 & -1 \\ -2 & 5 & 5 \end{pmatrix}。$$

注 一般情况下，$(\boldsymbol{AB})^{\mathrm{T}} \neq \boldsymbol{A}^{\mathrm{T}}\boldsymbol{B}^{\mathrm{T}}$。

定义 2.7 设 n 阶方阵 $\boldsymbol{A}=(a_{ij})_{n\times n}$。

若 $\boldsymbol{A}^{\mathrm{T}}=\boldsymbol{A}$，则称 $\boldsymbol{A}$ 为**对称矩阵**，即 $a_{ij}=a_{ji}\ (i,j=1,2,\cdots,n)$；

若 $\boldsymbol{A}^{\mathrm{T}}=-\boldsymbol{A}$，则称 $\boldsymbol{A}$ 为**反对称矩阵**，即 $a_{ij}=-a_{ji}\ (i,j=1,2,\cdots,n)$。

对称矩阵的特点是：**以主对角线为对称轴，两边元素对应相等。**

反对称矩阵的特点是：**以主对角线为对称轴，两边元素对应互为相反数，且主对角线元素全为 0。**

例如，$\boldsymbol{A}=\begin{pmatrix} a & 1 & 2 \\ 1 & b & 3 \\ 2 & 3 & c \end{pmatrix}$是一个对称矩阵，$\boldsymbol{B}=\begin{pmatrix} 0 & 1 & 2 \\ -1 & 0 & 3 \\ -2 & -3 & 0 \end{pmatrix}$是一个反对称矩阵。

例 10 设 $\boldsymbol{A}=(a_1,a_2,\cdots,a_n)$，求 $\boldsymbol{AA}^{\mathrm{T}}$，$\boldsymbol{A}^{\mathrm{T}}\boldsymbol{A}$。

解 由已知可得 $\boldsymbol{A}^{\mathrm{T}}=\begin{pmatrix} a_1 \\ a_2 \\ \vdots \\ a_n \end{pmatrix}$，所以

$$\boldsymbol{AA}^{\mathrm{T}}=a_1^2+a_2^2+\cdots+a_n^2,$$

$$\boldsymbol{A}^{\mathrm{T}}\boldsymbol{A}=\begin{pmatrix} a_1^2 & a_1a_2 & \cdots & a_1a_n \\ a_2a_1 & a_2^2 & \cdots & a_2a_n \\ \vdots & \vdots & & \vdots \\ a_na_1 & a_na_2 & \cdots & a_n^2 \end{pmatrix}_{n\times n}。$$

此例表明，即使 $\boldsymbol{AB}$ 和 $\boldsymbol{BA}$ 都有意义，$\boldsymbol{AB}$ 和 $\boldsymbol{BA}$ 的行数及列数也不一定相同。$\boldsymbol{AA}^{\mathrm{T}}$ 是一个数，而 $\boldsymbol{A}^{\mathrm{T}}\boldsymbol{A}$ 是一个对称矩阵。

2.2.5 方阵的幂和方阵多项式

若矩阵 $\boldsymbol{A}$ 是方阵，则 $\boldsymbol{A}\times\boldsymbol{A}$ 有意义，即 $\boldsymbol{A}^2=\boldsymbol{A}\times\boldsymbol{A}$ 存在。

那么，类似地，可以定义 $\boldsymbol{A}$ 的幂运算。

定义 2.8 设 $\boldsymbol{A}$ 是 n 阶方阵，k 为正整数，定义**方阵 $\boldsymbol{A}$ 的幂**为

$$\boldsymbol{A}^1=\boldsymbol{A},\boldsymbol{A}^2=\boldsymbol{AA},\cdots,\boldsymbol{A}^{k+1}=\boldsymbol{A}(\boldsymbol{A}^k)。$$

规定任意方阵 $\boldsymbol{A}$ 的 0 次幂为单位矩阵，即 $\boldsymbol{A}^0=\boldsymbol{E}$。

方阵 $\boldsymbol{A}$ 的幂具有以下性质：

(1) $\boldsymbol{A}^k\boldsymbol{A}^l=\boldsymbol{A}^{k+l}$；

(2) $(\boldsymbol{A}^k)^l=\boldsymbol{A}^{kl}$；

其中 k,l 是任意正整数。

由于矩阵的乘法一般不满足交换律，因此，一般地，对 $\boldsymbol{A}_{n\times n}$ 与 $\boldsymbol{B}_{n\times n}$，$(\boldsymbol{AB})^k\neq\boldsymbol{A}^k\boldsymbol{B}^k$（$k$ 是任意正整数）。只有当 $\boldsymbol{A},\boldsymbol{B}$ 可交换时，才有 $(\boldsymbol{AB})^k=\boldsymbol{A}^k\boldsymbol{B}^k$。一般地，若 $\boldsymbol{A}^k=\boldsymbol{O}$，也不一定有 $\boldsymbol{A}=\boldsymbol{O}$。

例 11　设 $\boldsymbol{A}=\begin{pmatrix}1\\2\\2\end{pmatrix}$，$\boldsymbol{B}=\begin{pmatrix}1\\-2\\1\end{pmatrix}$，求 $\boldsymbol{A}^{\mathrm{T}}\boldsymbol{B}$，$\boldsymbol{B}\boldsymbol{A}^{\mathrm{T}}$，$(\boldsymbol{B}\boldsymbol{A}^{\mathrm{T}})^{100}$。

解

$$\boldsymbol{A}^{\mathrm{T}}\boldsymbol{B}=(1\quad 2\quad 2)\begin{pmatrix}1\\-2\\1\end{pmatrix}=-1,$$

$$\boldsymbol{B}\boldsymbol{A}^{\mathrm{T}}=\begin{pmatrix}1\\-2\\1\end{pmatrix}(1\quad 2\quad 2)=\begin{pmatrix}1&2&2\\-2&-4&-4\\1&2&2\end{pmatrix},$$

$$\begin{aligned}(\boldsymbol{B}\boldsymbol{A}^{\mathrm{T}})^{100}&=\boldsymbol{B}\boldsymbol{A}^{\mathrm{T}}\boldsymbol{B}\boldsymbol{A}^{\mathrm{T}}\boldsymbol{B}\boldsymbol{A}^{\mathrm{T}}\cdots\boldsymbol{B}\boldsymbol{A}^{\mathrm{T}}\boldsymbol{B}\boldsymbol{A}^{\mathrm{T}}\\&=\boldsymbol{B}(\boldsymbol{A}^{\mathrm{T}}\boldsymbol{B})(\boldsymbol{A}^{\mathrm{T}}\boldsymbol{B})(\boldsymbol{A}^{\mathrm{T}}\cdots\boldsymbol{B})(\boldsymbol{A}^{\mathrm{T}}\boldsymbol{B})\boldsymbol{A}^{\mathrm{T}}\\&=\boldsymbol{B}\,(-1)^{99}\boldsymbol{A}^{\mathrm{T}}=-\boldsymbol{B}\boldsymbol{A}^{\mathrm{T}}=\begin{pmatrix}-1&-2&-2\\2&4&4\\-1&-2&-2\end{pmatrix}。\end{aligned}$$

定义 2.9　设 n 次多项式 $f(x)=a_nx^n+a_{n-1}x^{n-1}+\cdots+a_2x^2+a_1x+a_0$，称

$$f(\boldsymbol{A})=a_n\boldsymbol{A}^n+a_{n-1}\boldsymbol{A}^{n-1}+\cdots+a_2\boldsymbol{A}^2+a_1\boldsymbol{A}+a_0\boldsymbol{E}$$

为 n 阶**方阵** $\boldsymbol{A}$ **的** n **次多项式**。

例 12　设 $f(x)=x^2+x-2$，$\boldsymbol{A}=\begin{pmatrix}-1&0\\1&1\end{pmatrix}$，求 $f(\boldsymbol{A})$。

解

$$\boldsymbol{A}^2=\begin{pmatrix}-1&0\\1&1\end{pmatrix}\begin{pmatrix}-1&0\\1&1\end{pmatrix}=\begin{pmatrix}1&0\\0&1\end{pmatrix},$$

则

$$f(\boldsymbol{A})=\boldsymbol{A}^2+\boldsymbol{A}-2\boldsymbol{E}=\begin{pmatrix}1&0\\0&1\end{pmatrix}+\begin{pmatrix}-1&0\\1&1\end{pmatrix}-2\begin{pmatrix}1&0\\0&1\end{pmatrix}=\begin{pmatrix}-2&0\\1&0\end{pmatrix}。$$

2.2.6　方阵的行列式

定义 2.10　由 n 阶方阵 $\boldsymbol{A}=(a_{ij})_{n\times n}$ 的所有元素按原来位置构成的行列式，称为**方阵** $\boldsymbol{A}$ **的行列式**，记为 $|\boldsymbol{A}|$ 或 $\det\boldsymbol{A}$，即

$$|\boldsymbol{A}|=\det\boldsymbol{A}=\begin{vmatrix}a_{11}&a_{12}&\cdots&a_{1n}\\a_{21}&a_{22}&\cdots&a_{2n}\\\vdots&\vdots&&\vdots\\a_{n1}&a_{n2}&\cdots&a_{nn}\end{vmatrix}。$$

方阵的行列式与方阵是不同的概念，前者是一个行列式，即一个表达式；后者是一个矩阵，即一个数表。

设 $\boldsymbol{A}$，$\boldsymbol{B}$ 都是 n 阶方阵，k 为常数，方阵行列式满足以下性质：

(1) $|\boldsymbol{A}^{\mathrm{T}}|=|\boldsymbol{A}|$。

(2) $|k\boldsymbol{A}|=k^n|\boldsymbol{A}|$。

(3) $|\boldsymbol{A}\boldsymbol{B}|=|\boldsymbol{A}||\boldsymbol{B}|$。

把性质(3)推广到 m 个 n 阶方阵相乘的情形，有

$$|\boldsymbol{A}_1\boldsymbol{A}_2\cdots\boldsymbol{A}_m|=|\boldsymbol{A}_1||\boldsymbol{A}_2|\cdots|\boldsymbol{A}_m|。$$

特别地，$|\boldsymbol{A}^k|=|\boldsymbol{A}|^k$。对于一般 n 阶方阵 $\boldsymbol{A},\boldsymbol{B}$，通常有 $\boldsymbol{AB}\neq\boldsymbol{BA}$，但 $|\boldsymbol{AB}|=|\boldsymbol{BA}|$。

定义 2.11　设 $\boldsymbol{A}$ 是 n 阶方阵，当 $|\boldsymbol{A}|\neq 0$ 时，称 $\boldsymbol{A}$ 为**非奇异的**(**或非退化的**)；当 $|\boldsymbol{A}|=0$ 时，称 $\boldsymbol{A}$ 为**奇异的**(**或退化的**)。

习题 2.2

1. 设 $\boldsymbol{A}=\begin{pmatrix}1&2\\3&4\\3&4\end{pmatrix}$，$\boldsymbol{B}=\begin{pmatrix}-2&3\\0&1\\1&2\end{pmatrix}$，求 $2\boldsymbol{A}+3\boldsymbol{B}$。

2. 计算：

(1) $\begin{pmatrix}1&3&4\\-1&2&3\end{pmatrix}+\begin{pmatrix}-2&0&1\\2&-3&4\end{pmatrix}$；　　(2) $\begin{pmatrix}2&3\\1&4\\2&1\end{pmatrix}-\begin{pmatrix}1&-1\\2&5\\6&-3\end{pmatrix}$；

(3) $3\begin{pmatrix}1&0\\0&1\end{pmatrix}-2\begin{pmatrix}1&4\\2&5\end{pmatrix}+6\begin{pmatrix}1&3\\1&0\end{pmatrix}$。

3. 求矩阵 $\boldsymbol{X}$，使得 $2\boldsymbol{A}+3\boldsymbol{X}=2\boldsymbol{B}$ 成立，其中 $\boldsymbol{A}=\begin{pmatrix}2&0&5\\-6&1&0\end{pmatrix}$，$\boldsymbol{B}=\begin{pmatrix}1&3&-1\\0&-2&1\end{pmatrix}$。

4. 试判断下列命题的真伪，并举例说明。

(1) 任意一个 n 阶方阵都可以表示成一个对称矩阵和一个反对称矩阵之和。

(2) 若矩阵 $\boldsymbol{A},\boldsymbol{B}$ 是上(下)三角矩阵，则 $\boldsymbol{AB}$ 也是上(下)三角矩阵，且 $\boldsymbol{AB}$ 的对角元素等于 $\boldsymbol{A},\boldsymbol{B}$ 对角元素的乘积。

(3) 若矩阵 $\boldsymbol{A},\boldsymbol{B}$ 是对角矩阵，则 $\boldsymbol{AB}$ 仍是对角矩阵。

(4) 数量矩阵与任意同阶方阵相乘可交换。

(5) $\boldsymbol{A}$ 为 n 阶方阵，若 $\boldsymbol{AA}^{\mathrm{T}}$ 是非奇异矩阵，则 $\boldsymbol{A}$ 也是非奇异矩阵。

5. 计算下列各题。

(1) $\begin{pmatrix}4\\3\\6\end{pmatrix}\begin{pmatrix}-2&3\end{pmatrix}$；　　(2) $\begin{pmatrix}1&2&3\end{pmatrix}\begin{pmatrix}2\\1\\0\end{pmatrix}$；

(3) $\begin{pmatrix}1&0&0\\0&0&1\\0&1&0\end{pmatrix}\begin{pmatrix}2&7\\3&8\\4&9\end{pmatrix}$；　　(4) $\begin{pmatrix}0&0\\1&1\end{pmatrix}\begin{pmatrix}-2&1\\2&-1\end{pmatrix}$；

(5) $\begin{pmatrix}2\\1\\3\end{pmatrix}\begin{pmatrix}2&1\end{pmatrix}+\begin{pmatrix}-1&3\\2&0\\-3&1\end{pmatrix}\begin{pmatrix}1&1\\0&2\end{pmatrix}$。

6. 设 $\boldsymbol{A}=\begin{pmatrix}2&3&0\\1&2&0\end{pmatrix}$，$\boldsymbol{B}=\begin{pmatrix}-1&4&6\\3&-1&2\end{pmatrix}$，$\boldsymbol{C}=\begin{pmatrix}-1&1&2\\2&3&-1\\1&0&2\end{pmatrix}$，求 $\boldsymbol{AC}-\boldsymbol{BC}$。

7. 计算下列各方阵的幂。

(1) $\begin{pmatrix}1&1&1\\0&1&1\\0&0&1\end{pmatrix}^3$；　(2) $\begin{pmatrix}1&1\\0&1\end{pmatrix}^n$；

(3) $\begin{pmatrix}1&0&0\\0&2&0\\0&0&3\end{pmatrix}^n$；　(4) $\begin{pmatrix}0&0&0\\-1&0&0\\2&3&0\end{pmatrix}^6$。

8. 设 $f(x)=x^3+x+1$，$\boldsymbol{A}=\begin{pmatrix}0&-1\\1&1\end{pmatrix}$，求 $f(\boldsymbol{A})$。

9. 设 $\boldsymbol{A}=\begin{pmatrix}1&1\\0&1\end{pmatrix}$，求所有与 $\boldsymbol{A}$ 可交换的矩阵。

10. 设 $\boldsymbol{A}=\begin{pmatrix}2&0&-1\\1&3&2\end{pmatrix}$，$\boldsymbol{B}=\begin{pmatrix}1&7&-1\\4&2&3\\2&0&1\end{pmatrix}$，求$(\boldsymbol{AB})^{\mathrm{T}}$。

11. 设 $\boldsymbol{A}=\begin{pmatrix}1&-1\\2&0\end{pmatrix}$，$\boldsymbol{B}=\begin{pmatrix}3&0\\-4&1\end{pmatrix}$，求：(1) $|\boldsymbol{A}|$ 和 $|\boldsymbol{B}|$；(2) $|\boldsymbol{AB}|$；(3) $|\boldsymbol{BA}|$。

12. 某市工程设计大赛中，设计项目的分值为 1～10 的数，但在评分时又将分值分成三部分：精度占 30%，外观占 20%，科技含量占 50%，总分为每部分的权重与其分值乘积之和。试求：

(1) A 者的精度分为 8 分，外观分为 7 分，科技含量分为 9 分，他的总分是多少？

(2) 六个人(A,B,C,D,E,F)成绩表如下所示，用矩阵乘积决定他们的名次。

$$\begin{matrix} & \mathrm{A} & \mathrm{B} & \mathrm{C} & \mathrm{D} & \mathrm{E} & \mathrm{F} & \\ & \left(\begin{matrix}8\\7\\9\end{matrix}\right. & \begin{matrix}8\\6\\10\end{matrix} & \begin{matrix}6\\8\\10\end{matrix} & \begin{matrix}9\\10\\7\end{matrix} & \begin{matrix}10\\10\\6\end{matrix} & \left.\begin{matrix}8\\7\\8\end{matrix}\right) & \begin{matrix}\text{精度}\\\text{外观}\\\text{科技}\end{matrix}\end{matrix}$$

扫码查看习题参考答案

13. 证明：$\begin{vmatrix}ax+by&ay+bz&az+bx\\ay+bz&az+bx&ax+by\\az+bx&ax+by&ay+bz\end{vmatrix}=(a^3+b^3)\begin{vmatrix}x&y&z\\y&z&x\\z&x&y\end{vmatrix}$。

2.3 逆 矩 阵

在上一节中我们看到矩阵与复数一样，有加法、减法、乘法运算，那么矩阵是否可以定义除法运算呢？为了弄清这个问题，先看数的乘法和除法的关系。

设 a,b 为两个数，当 $a\neq0$ 时，a 的倒数存在，且 $b\div a=b\times\dfrac{1}{a}$，$a$ 的倒数也称为 a 的逆，即$\dfrac{1}{a}=a^{-1}$。显然，只要 $a\neq0$，a 就可逆，并且满足

$$a\times a^{-1}=a^{-1}\times a=1。$$

类似地,对于一个矩阵 $\boldsymbol{A}$ 是否能进行矩阵的除法,关键是 $\boldsymbol{A}$ 是否存在"逆",即是否存在一个矩阵 $\boldsymbol{B}$,使得

$$\boldsymbol{AB}=\boldsymbol{BA}=\boldsymbol{E}。$$

为此,我们引入逆矩阵的概念。

2.3.1 逆矩阵的概念

定义 2.12 对于 n 阶方阵 $\boldsymbol{A}$,若存在一个 n 阶方阵 $\boldsymbol{B}$,使得

$$\boldsymbol{AB}=\boldsymbol{BA}=\boldsymbol{E}, \tag{2-1}$$

则称矩阵 $\boldsymbol{A}$ 是**可逆矩阵**,简称 $\boldsymbol{A}$ **可逆**,称 $\boldsymbol{B}$ 为 $\boldsymbol{A}$ 的**逆矩阵**,记为 $\boldsymbol{A}^{-1}$,即 $\boldsymbol{B}=\boldsymbol{A}^{-1}$。则式(2-1)还可写成 $\boldsymbol{AA}^{-1}=\boldsymbol{A}^{-1}\boldsymbol{A}=\boldsymbol{E}$。

注 (1) 一般来说,$\boldsymbol{A}^{-1}$不写成$\dfrac{1}{\boldsymbol{A}}$。

(2) 单位矩阵 $\boldsymbol{E}$ 是可逆矩阵,它的逆矩阵为其自身。

(3) 零矩阵不是可逆矩阵。

例 1 设 $\boldsymbol{A}=\begin{pmatrix}7&4\\2&1\end{pmatrix}$,$\boldsymbol{B}=\begin{pmatrix}-1&4\\2&-7\end{pmatrix}$,验证 $\boldsymbol{B}$ 是 $\boldsymbol{A}$ 的逆矩阵。

解 $\boldsymbol{AB}=\begin{pmatrix}7&4\\2&1\end{pmatrix}\begin{pmatrix}-1&4\\2&-7\end{pmatrix}=\begin{pmatrix}1&0\\0&1\end{pmatrix}$,$\boldsymbol{BA}=\begin{pmatrix}-1&4\\2&-7\end{pmatrix}\begin{pmatrix}7&4\\2&1\end{pmatrix}=\begin{pmatrix}1&0\\0&1\end{pmatrix}$,

所以 $\boldsymbol{AB}=\boldsymbol{BA}=\boldsymbol{E}$,故 $\boldsymbol{A}$ 可逆,$\boldsymbol{A}$ 的逆矩阵是 $\boldsymbol{B}$。

2.3.2 逆矩阵的性质

由逆矩阵的定义可直接推导可逆矩阵具有以下性质:

性质 1 若矩阵 $\boldsymbol{A}$ 可逆,则它的逆矩阵 $\boldsymbol{A}^{-1}$是唯一的。

证明 假设 $\boldsymbol{B}$,$\boldsymbol{C}$ 均是 $\boldsymbol{A}$ 的逆矩阵,则

$$\boldsymbol{AB}=\boldsymbol{BA}=\boldsymbol{E},\boldsymbol{AC}=\boldsymbol{CA}=\boldsymbol{E},$$

可得

$$\boldsymbol{B}=\boldsymbol{EB}=(\boldsymbol{CA})\boldsymbol{B}=\boldsymbol{C}(\boldsymbol{AB})=\boldsymbol{CE}=\boldsymbol{C}。$$

性质 2 若矩阵 $\boldsymbol{A}$ 可逆,则它的逆矩阵 $\boldsymbol{A}^{-1}$ 也可逆,且$(\boldsymbol{A}^{-1})^{-1}=\boldsymbol{A}$。

性质 3 若矩阵 $\boldsymbol{A}$ 可逆,则$|\boldsymbol{A}|\neq 0$,且$|\boldsymbol{A}^{-1}|=\dfrac{1}{|\boldsymbol{A}|}$。

性质 4 若矩阵 $\boldsymbol{A}$ 可逆,则它的转置矩阵 $\boldsymbol{A}^{\mathrm{T}}$ 也可逆,且$(\boldsymbol{A}^{\mathrm{T}})^{-1}=(\boldsymbol{A}^{-1})^{\mathrm{T}}$。

性质 5 若 $\boldsymbol{A}$,$\boldsymbol{B}$ 是同阶可逆矩阵,则 $\boldsymbol{AB}$ 也可逆,且$(\boldsymbol{AB})^{-1}=\boldsymbol{B}^{-1}\boldsymbol{A}^{-1}$。

性质 5 可推广到有限个同阶可逆矩阵相乘的情形。

若 $\boldsymbol{A}_1,\boldsymbol{A}_2,\cdots,\boldsymbol{A}_k$ 为同阶可逆矩阵,则$(\boldsymbol{A}_1\boldsymbol{A}_2\cdots\boldsymbol{A}_k)^{-1}=\boldsymbol{A}_k^{-1}\boldsymbol{A}_{k-1}^{-1}\cdots\boldsymbol{A}_1^{-1}$。

性质 6 若矩阵 $\boldsymbol{A}$ 可逆,数 $k\neq 0$,则 $k\boldsymbol{A}$ 也可逆,且$(k\boldsymbol{A})^{-1}=\dfrac{1}{k}\boldsymbol{A}^{-1}$。

性质 7 若矩阵 $\boldsymbol{A}$ 可逆,且 $\boldsymbol{AB}=\boldsymbol{AC}$,则 $\boldsymbol{B}=\boldsymbol{C}$。

对任意可逆方阵 $\boldsymbol{A}$,我们规定$(\boldsymbol{A}^{-1})^k=\boldsymbol{A}^{-k}$($k$ 为正整数)。

2.3.3　逆矩阵的计算方法

为了计算逆矩阵,我们先引入伴随矩阵的概念。

1. 伴随矩阵

定义 2.13　设 $\boldsymbol{A}=(a_{ij})_{n\times n}$ 是 n 阶方阵,称

$$\boldsymbol{A}^*=\begin{pmatrix} A_{11} & A_{21} & \cdots & A_{n1} \\ A_{12} & A_{22} & \cdots & A_{n2} \\ \vdots & \vdots & & \vdots \\ A_{1n} & A_{2n} & \cdots & A_{nn} \end{pmatrix} \tag{2-2}$$

为 $\boldsymbol{A}$ 的伴随矩阵,记为 $\boldsymbol{A}^*$,其中 A_{ij} 是行列式 $\det\boldsymbol{A}$ 中元素 a_{ij} 的代数余子式。

例如,$\boldsymbol{A}=\begin{pmatrix} a & b \\ c & d \end{pmatrix}$ 的伴随矩阵是 $\boldsymbol{A}^*=\begin{pmatrix} d & -b \\ -c & a \end{pmatrix}$。

定理 2.1　设 $\boldsymbol{A}$ 是 n 阶方阵,$\boldsymbol{A}^*$ 是 $\boldsymbol{A}$ 的伴随矩阵,则

$$\boldsymbol{A}\boldsymbol{A}^*=\boldsymbol{A}^*\boldsymbol{A}=|\boldsymbol{A}|\boldsymbol{E}。\tag{2-3}$$

例 2　设 $\boldsymbol{A}=\begin{pmatrix} 1 & 1 & -1 \\ 2 & 1 & 0 \\ 1 & -1 & 0 \end{pmatrix}$,求 $\boldsymbol{A}^*$。

解　$A_{11}=\begin{vmatrix} 1 & 0 \\ -1 & 0 \end{vmatrix}=0,A_{12}=-\begin{vmatrix} 2 & 0 \\ 1 & 0 \end{vmatrix}=0,A_{13}=\begin{vmatrix} 2 & 1 \\ 1 & -1 \end{vmatrix}=-3,$

$A_{21}=-\begin{vmatrix} 1 & -1 \\ -1 & 0 \end{vmatrix}=1,A_{22}=\begin{vmatrix} 1 & -1 \\ 1 & 0 \end{vmatrix}=1,A_{23}=-\begin{vmatrix} 1 & 1 \\ 1 & -1 \end{vmatrix}=2,$

$A_{31}=\begin{vmatrix} 1 & -1 \\ 1 & 0 \end{vmatrix}=1,A_{32}=-\begin{vmatrix} 1 & -1 \\ 2 & 0 \end{vmatrix}=-2,A_{33}=\begin{vmatrix} 1 & 1 \\ 2 & 1 \end{vmatrix}=-1,$

所以

$$\boldsymbol{A}^*=\begin{pmatrix} A_{11} & A_{21} & A_{31} \\ A_{12} & A_{22} & A_{32} \\ A_{13} & A_{23} & A_{33} \end{pmatrix}=\begin{pmatrix} 0 & 1 & 1 \\ 0 & 1 & -2 \\ -3 & 2 & -1 \end{pmatrix}。$$

定理 2.2　若方阵 $\boldsymbol{A}$ 是非奇异的,即 $|\boldsymbol{A}|\neq0$,则 $\boldsymbol{A}$ 可逆,且

$$\boldsymbol{A}^{-1}=\frac{1}{|\boldsymbol{A}|}\boldsymbol{A}^*,\tag{2-4}$$

其中 $\boldsymbol{A}^*$ 是方阵 $\boldsymbol{A}$ 的伴随矩阵。

例 3　设矩阵 $\boldsymbol{A}=\begin{pmatrix} 1 & 0 & 2 \\ -1 & 1 & 3 \\ 3 & 1 & 0 \end{pmatrix}$,问 $\boldsymbol{A}$ 是否可逆?若可逆,求 $\boldsymbol{A}^{-1}$。

解　$|\boldsymbol{A}|=-11\neq0$,所以 $\boldsymbol{A}$ 可逆。又

$A_{11}=\begin{vmatrix} 1 & 3 \\ 1 & 0 \end{vmatrix}=-3,A_{12}=-\begin{vmatrix} -1 & 3 \\ 3 & 0 \end{vmatrix}=9,A_{13}=\begin{vmatrix} -1 & 1 \\ 3 & 1 \end{vmatrix}=-4,$

$$A_{21}=-\begin{vmatrix}0&2\\1&0\end{vmatrix}=2,A_{22}=\begin{vmatrix}1&2\\3&0\end{vmatrix}=-6,A_{23}=-\begin{vmatrix}1&0\\3&1\end{vmatrix}=-1,$$

$$A_{31}=\begin{vmatrix}0&2\\1&3\end{vmatrix}=-2,A_{32}=-\begin{vmatrix}1&2\\-1&3\end{vmatrix}=-5,A_{33}=\begin{vmatrix}1&0\\-1&1\end{vmatrix}=1,$$

得

$$\boldsymbol{A}^*=\begin{pmatrix}-3&2&-2\\9&-6&-5\\-4&-1&1\end{pmatrix},$$

于是

$$\boldsymbol{A}^{-1}=\frac{1}{|\boldsymbol{A}|}\boldsymbol{A}^*=-\frac{1}{11}\begin{pmatrix}-3&2&-2\\9&-6&-5\\-4&-1&1\end{pmatrix}。$$

例 4 设矩阵 $\boldsymbol{A}=\begin{pmatrix}a&0&0\\0&b&0\\0&0&c\end{pmatrix}$,问 $\boldsymbol{A}$ 是否可逆?若可逆,求 $\boldsymbol{A}^{-1}$。

解 因为 $|\boldsymbol{A}|=abc$,所以当 $abc\neq0$ 时,$\boldsymbol{A}$ 可逆。此时

$$\boldsymbol{A}^*=\begin{pmatrix}bc&0&0\\0&ac&0\\0&0&ab\end{pmatrix},$$

所以

$$\boldsymbol{A}^{-1}=\frac{1}{|\boldsymbol{A}|}\boldsymbol{A}^*=\begin{pmatrix}a^{-1}&0&0\\0&b^{-1}&0\\0&0&c^{-1}\end{pmatrix}。$$

例 5 设方阵 $\boldsymbol{A}$ 满足等式 $\boldsymbol{A}^2-3\boldsymbol{A}+5\boldsymbol{E}=\boldsymbol{O}$,证明:$\boldsymbol{A}+\boldsymbol{E}$ 和 $\boldsymbol{A}-\boldsymbol{E}$ 都可逆。

证明 由 $\boldsymbol{A}^2-3\boldsymbol{A}+5\boldsymbol{E}=\boldsymbol{O}$,配方得 $(\boldsymbol{A}+\boldsymbol{E})(\boldsymbol{A}-4\boldsymbol{E})+9\boldsymbol{E}=\boldsymbol{O}$,即

$$(\boldsymbol{A}+\boldsymbol{E})(\boldsymbol{A}-4\boldsymbol{E})=-9\boldsymbol{E},$$

所以 $\boldsymbol{A}+\boldsymbol{E}$ 可逆,且

$$(\boldsymbol{A}+\boldsymbol{E})^{-1}=-\frac{1}{9}(\boldsymbol{A}-4\boldsymbol{E})。$$

类似地,由 $\boldsymbol{A}^2-3\boldsymbol{A}+5\boldsymbol{E}=\boldsymbol{O}$,配方得 $(\boldsymbol{A}-\boldsymbol{E})(\boldsymbol{A}-2\boldsymbol{E})+3\boldsymbol{E}=\boldsymbol{O}$,即

$$(\boldsymbol{A}-\boldsymbol{E})(\boldsymbol{A}-2\boldsymbol{E})=-3\boldsymbol{E},$$

所以 $\boldsymbol{A}-\boldsymbol{E}$ 可逆,且

$$(\boldsymbol{A}-\boldsymbol{E})^{-1}=-\frac{1}{3}(\boldsymbol{A}-2\boldsymbol{E})。$$

例 5 是计算抽象矩阵的逆矩阵,这种题型大都采用配方法,配方原则是将已知条件中的方阵多项式的平方项和一次项进行配方。

2.3.4 逆矩阵求解线性方程组

设线性方程组

$$\begin{cases}a_{11}x_1+a_{12}x_2+\cdots+a_{1n}x_n=b_1,\\a_{21}x_1+a_{22}x_2+\cdots+a_{2n}x_n=b_2,\\\quad\cdots\cdots\cdots\cdots\\a_{m1}x_1+a_{m2}x_2+\cdots+a_{mn}x_n=b_m;\end{cases}\tag{2-5}$$

令
$$A=\begin{pmatrix} a_{11} & a_{12} & \cdots & a_{1n} \\ a_{21} & a_{22} & \cdots & a_{2n} \\ \vdots & \vdots & & \vdots \\ a_{m1} & a_{m2} & \cdots & a_{mn} \end{pmatrix}, b=\begin{pmatrix} b_1 \\ b_2 \\ \vdots \\ b_m \end{pmatrix}, X=\begin{pmatrix} x_1 \\ x_2 \\ \vdots \\ x_n \end{pmatrix},$$

称 $\boldsymbol{A}$ 为线性方程组(2-5)的系数矩阵，$\boldsymbol{b}$ 为常数项矩阵(或常向量)，$\boldsymbol{X}$ 为未知数矩阵，则线性方程组(2-5)可用矩阵表示为

$$\boldsymbol{AX}=\boldsymbol{b}, \tag{2-6}$$

对线性方程组(2-5)的求解，就转化成了对矩阵方程(2-6)的求解。

注　矩阵方程是指含有未知矩阵的等式。

矩阵方程(2-6)在形式上与方程 $ax=b(a\neq 0)$ 很相似。我们知道，

$$ax=b\Rightarrow a^{-1}ax=a^{-1}b\Rightarrow x=a^{-1}b。$$

对于矩阵方程 $\boldsymbol{AX}=\boldsymbol{b}$，当 $\boldsymbol{A}$ 可逆时，可找到逆矩阵 $\boldsymbol{A}^{-1}$(作用与 a^{-1} 相似)，则类似有

$$\boldsymbol{AX}=\boldsymbol{b}\Rightarrow \boldsymbol{A}^{-1}\boldsymbol{AX}=\boldsymbol{A}^{-1}\boldsymbol{b}\Rightarrow \boldsymbol{X}=\boldsymbol{A}^{-1}\boldsymbol{b}。$$

例 6　利用逆矩阵求解线性方程组 $\begin{cases} x_1-x_2-x_3=2, \\ 2x_1-x_2-3x_3=1, \\ 3x_1+2x_2-5x_3=0。\end{cases}$

解　令 $\boldsymbol{A}=\begin{pmatrix} 1 & -1 & -1 \\ 2 & -1 & -3 \\ 3 & 2 & -5 \end{pmatrix}$，则有 $\boldsymbol{A}\begin{pmatrix} x_1 \\ x_2 \\ x_3 \end{pmatrix}=\begin{pmatrix} 2 \\ 1 \\ 0 \end{pmatrix}$，由于 $|\boldsymbol{A}|=3\neq 0$，所以 $\boldsymbol{A}$ 可逆，且

$$\boldsymbol{A}^{-1}=\frac{1}{3}\begin{pmatrix} 11 & -7 & 2 \\ 1 & -2 & 1 \\ 7 & -5 & 1 \end{pmatrix},$$

从而有

$$\begin{pmatrix} x_1 \\ x_2 \\ x_3 \end{pmatrix}=\boldsymbol{A}^{-1}\begin{pmatrix} 2 \\ 1 \\ 0 \end{pmatrix}=\frac{1}{3}\begin{pmatrix} 11 & -7 & 2 \\ 1 & -2 & 1 \\ 7 & -5 & 1 \end{pmatrix}\begin{pmatrix} 2 \\ 1 \\ 0 \end{pmatrix}=\begin{pmatrix} 5 \\ 0 \\ 3 \end{pmatrix}。$$

习题 2.3

1. 求矩阵 $\boldsymbol{A}=\begin{pmatrix} 1 & 2 & 3 \\ 2 & 2 & 1 \\ 3 & 4 & 3 \end{pmatrix}$ 的伴随矩阵。

2. 判断下列矩阵是否可逆，如可逆，求其逆矩阵。

(1) $\boldsymbol{A}=\begin{pmatrix} 2 & -4 \\ -1 & 2 \end{pmatrix}$；　(2) $\boldsymbol{A}=\begin{pmatrix} a & b \\ c & d \end{pmatrix}$；

(3) $\boldsymbol{A}=\begin{pmatrix} 1 & 0 & 0 \\ 1 & 2 & 0 \\ 1 & 2 & 3 \end{pmatrix}$；　(4) $\boldsymbol{A}=\begin{pmatrix} 1 & 4 & 2 \\ 0 & 2 & 1 \\ 3 & 5 & 3 \end{pmatrix}$。

3. 设矩阵 $\boldsymbol{A}=\begin{pmatrix}1&2&3\\0&2&5\\0&0&4\end{pmatrix}$，$\boldsymbol{A}^*$ 是方阵 $\boldsymbol{A}$ 的伴随矩阵，求 $(\boldsymbol{A}^*)^{-1}$。

4. 设 $\boldsymbol{A}^k=\boldsymbol{O}(k\in \boldsymbol{Z}^+)$，此时称 $\boldsymbol{A}$ 为幂零矩阵，使 $\boldsymbol{A}^k=\boldsymbol{O}$ 成立的最小正整数 k 称为 $\boldsymbol{A}$ 的幂零指数。试证 $\boldsymbol{E}-\boldsymbol{A}$ 可逆，且 $(\boldsymbol{E}-\boldsymbol{A})^{-1}=\boldsymbol{E}+\boldsymbol{A}+\cdots+\boldsymbol{A}^{k-1}$。

5. 求矩阵 $\boldsymbol{A}=\begin{pmatrix}a_1&&&\\&a_2&&\\&&\ddots&\\&&&a_n\end{pmatrix}$ $(a_i\neq 0,i=1,2,\cdots,n)$ 的逆矩阵，其中矩阵 $\boldsymbol{A}$ 中空白处的元素都是 0。

6. 设方阵 $\boldsymbol{A}$ 满足等式 $\boldsymbol{A}^2-3\boldsymbol{A}-10\boldsymbol{E}=\boldsymbol{O}$，证明：$\boldsymbol{A}$ 和 $\boldsymbol{A}-4\boldsymbol{E}$ 都可逆。

7. 解矩阵方程 $\begin{pmatrix}4&5\\1&1\end{pmatrix}\boldsymbol{X}=\begin{pmatrix}2&3\\1&4\end{pmatrix}$。

8. 解矩阵方程 $\begin{pmatrix}3&5\\1&2\end{pmatrix}\boldsymbol{X}=\begin{pmatrix}4&-1&2\\3&0&-1\end{pmatrix}$。

9. 设 $\boldsymbol{A}=\begin{pmatrix}2&0&0\\0&1&0\\0&0&3\end{pmatrix}$，若矩阵 $\boldsymbol{X}$ 满足关系式 $\boldsymbol{AX}=5\boldsymbol{X}+\boldsymbol{A}$，求矩阵 $\boldsymbol{X}$。

10. 利用逆矩阵求解线性方程组 $\begin{cases}x_1+2x_2+3x_3=-2,\\2x_1+2x_2+\ x_3=1,\\3x_1+4x_2+3x_3=0。\end{cases}$

11. 设方阵 $\boldsymbol{A}$ 满足 $\boldsymbol{A}^2+3\boldsymbol{A}-6\boldsymbol{E}=\boldsymbol{O}$，证明 $\boldsymbol{A}+2\boldsymbol{E}$ 可逆，并求 $(\boldsymbol{A}+2\boldsymbol{E})^{-1}$。

扫码查看
习题参考答案

2.4 矩阵的初等变换及其应用

本节将引入矩阵的另一个重要概念——矩阵的初等变换。矩阵的初等变换是处理矩阵问题的一种基本方法。它的用途很广泛，如求可逆矩阵的逆矩阵、求矩阵的秩等，在研究线性方程组问题时它也起着很重要的作用。

2.4.1 矩阵的初等变换

定义 2.14 下面 3 种变换称为矩阵的**初等行变换**：

(1) 对换：对换矩阵中第 i 行与第 j 行的元素，记作 $r_i\leftrightarrow r_j$；

(2) 数乘：用一个非零常数 k 乘以矩阵的第 i 行，记作 kr_i；

(3) 倍加：矩阵的第 j 行元素的 k 倍加到第 i 行对应元素上，记作 r_i+kr_j。(注意，此时第 j 行的元素并没有改变)。

将上面定义 2.14 中的行全部换成列，就得到**初等列变换**，分别记为：$c_i\leftrightarrow c_j$；kc_i；c_i+kc_j。

矩阵的初等行变换和初等列变换统称为**矩阵的初等变换**。

定义 2.15 如果矩阵 $\boldsymbol{A}$ 经过有限次的初等变换变成 $\boldsymbol{B}$,则称**矩阵 $\boldsymbol{A}$ 与 $\boldsymbol{B}$ 等价**。记做 $\boldsymbol{A}\to\boldsymbol{B}$ 或 $\boldsymbol{A}\cong\boldsymbol{B}$。

容易证明,矩阵等价具有以下三个性质:

(1) 反身性:$\boldsymbol{A}\to\boldsymbol{A}$;

(2) 对称性:若 $\boldsymbol{A}\to\boldsymbol{B}$,则 $\boldsymbol{B}\to\boldsymbol{A}$;

(3) 传递性:若 $\boldsymbol{A}\to\boldsymbol{B},\boldsymbol{B}\to\boldsymbol{C}$,则 $\boldsymbol{A}\to\boldsymbol{C}$。

说明 在很多书中关于矩阵等价都没有统一的符号,第 5 章、第 6 章中涉及的矩阵相似、矩阵合同的符号也是如此。在正规考试中,一般直接用汉字表达。

定义 2.16 设矩阵 $\boldsymbol{D}_{m\times n}$ 的左上角为一个单位矩阵,其他元素都是 0,称其为**标准型矩阵**,即

$$\boldsymbol{D}_{m\times n}=\begin{pmatrix}1&&&&&\\&1&&&&\\&&\ddots&&&\\&&&1&&\\&&&&0&\\&&&&&\ddots\\&&&&&&0\end{pmatrix}_{m\times n}=\begin{pmatrix}\boldsymbol{E}_r&\boldsymbol{O}\\\boldsymbol{O}&\boldsymbol{O}\end{pmatrix}_{m\times n}(0\leqslant r\leqslant\min\{m,n\})。\quad(2\text{-}7)$$

定理 2.3 任何一个非奇异矩阵 $\boldsymbol{A}$ 都可经过有限次初等行变换变成单位矩阵 $\boldsymbol{E}$。

注 此定理也说明**方阵 $\boldsymbol{A}$ 可逆的充要条件是它与单位矩阵 $\boldsymbol{E}$ 等价**。

例 1 用初等行变换将 $\boldsymbol{A}=\begin{pmatrix}0&-2&1\\3&8&-2\\1&3&0\end{pmatrix}$ 化成单位矩阵。

解 $$\boldsymbol{A}\xrightarrow{r_1\leftrightarrow r_3}\begin{pmatrix}1&3&0\\3&8&-2\\0&-2&1\end{pmatrix}\xrightarrow{r_2+(-3)r_1}\begin{pmatrix}1&3&0\\0&-1&-2\\0&-2&1\end{pmatrix}$$

$$\xrightarrow[\substack{r_3+(-2)r_2\\(-1)r_2}]{r_1+3r_2}\begin{pmatrix}1&0&-6\\0&1&2\\0&0&5\end{pmatrix}\xrightarrow[\substack{r_2+\left(-\frac{2}{5}\right)r_3\\r_3\div 5}]{r_1+\frac{6}{5}r_3}\begin{pmatrix}1&0&0\\0&1&0\\0&0&1\end{pmatrix}。$$

定理 2.4 任意一个矩阵 $\boldsymbol{A}_{m\times n}$ 都能经过有限次初等变换变成标准型矩阵。

例 2 将矩阵 $\boldsymbol{A}=\begin{pmatrix}2&1&2&3\\4&1&3&5\\2&0&1&2\end{pmatrix}$ 化为标准型矩阵。

解 $$\boldsymbol{A}\xrightarrow[r_3-r_1]{r_2+(-2)r_1}\begin{pmatrix}2&1&2&3\\0&-1&-1&-1\\0&-1&-1&-1\end{pmatrix}\xrightarrow[r_3-r_2]{r_1+r_2}\begin{pmatrix}2&0&1&2\\0&-1&-1&-1\\0&0&0&0\end{pmatrix}$$

$$\xrightarrow[\substack{c_4-c_2\\c_1\div 2}]{c_3-c_2}\begin{pmatrix}1&0&1&2\\0&-1&0&0\\0&0&0&0\end{pmatrix}\xrightarrow[\substack{c_4-2c_1\\-2c_2}]{c_3-c_1}\begin{pmatrix}1&0&0&0\\0&1&0&0\\0&0&0&0\end{pmatrix}。$$

2.4.2　初等矩阵

定义 2.17　由单位矩阵 $\boldsymbol{E}$ 经过一次初等行(或列)变换所得到的矩阵，称为**初等矩阵**。

显然，初等矩阵都是方阵，根据 3 种初等变换可得到对换、数乘、倍加 3 种类型的初等矩阵。

(1) 交换单位矩阵 $\boldsymbol{E}$ 的第 i 行(列)与第 j 行(列)的位置，得

$$\boldsymbol{E}(i,j)=\begin{pmatrix} 1 &&&&&&&&&& \\ & \ddots &&&&&&&&& \\ && 1 &&&&&&&& \\ &&& 0 & \cdots & \cdots & \cdots & 1 &&& \\ &&& \vdots & 1 &&& \vdots &&& \\ &&& \vdots && \ddots && \vdots &&& \\ &&& \vdots &&& 1 & \vdots &&& \\ &&& 1 & \cdots & \cdots & \cdots & 0 &&& \\ &&&&&&&& 1 && \\ &&&&&&&&& \ddots & \\ &&&&&&&&&& 1 \end{pmatrix}\begin{matrix} \\ \\ \\ \leftarrow \text{第 } i \text{ 行} \\ \\ \\ \\ \leftarrow \text{第 } j \text{ 行} \\ \\ \\ \\ \end{matrix}。$$

$$\begin{matrix} \uparrow & \qquad & \uparrow \\ \text{第 } i \text{ 列} & & \text{第 } j \text{ 列} \end{matrix}$$

(2) 用非零常数 k 乘单位矩阵 $\boldsymbol{E}$ 的第 i 行(列)，得

$$\boldsymbol{E}(i(k))=\begin{pmatrix} 1 &&&&&& \\ & \ddots &&&&& \\ && 1 &&&& \\ &&& k &&& \\ &&&& 1 && \\ &&&&& \ddots & \\ &&&&&& 1 \end{pmatrix}\begin{matrix} \\ \\ \\ \leftarrow \text{第 } i \text{ 行} \\ \\ \\ \\ \end{matrix}。$$

$$\begin{matrix} \uparrow \\ \text{第 } i \text{ 列} \end{matrix}$$

(3) 将单位矩阵 $\boldsymbol{E}$ 的第 j 行的 k 倍加到第 i 行上，得

$$\boldsymbol{E}(i,j(k))=\begin{pmatrix} 1 &&&&&& \\ & \ddots &&&&& \\ && 1 & \cdots & k && \\ &&& \ddots & \vdots && \\ &&&& 1 && \\ &&&&& \ddots & \\ &&&&&& 1 \end{pmatrix}\begin{matrix} \\ \\ \leftarrow \text{第 } i \text{ 行} \\ \\ \leftarrow \text{第 } j \text{ 行} \\ \\ \\ \end{matrix}$$

$$\begin{matrix} \uparrow & \qquad & \uparrow \\ \text{第 } i \text{ 列} & & \text{第 } j \text{ 列} \end{matrix}$$

矩阵 $\boldsymbol{E}(i,j(k))$ 也可以是将 $\boldsymbol{E}$ 的第 i 列的 k 倍加到第 j 列所得的初等矩阵。

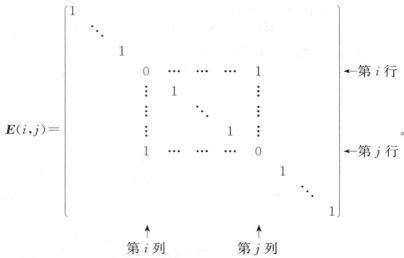

初等矩阵具有以下性质：

性质1　初等矩阵都是可逆矩阵，且其逆矩阵也是同类型的初等矩阵。

$$\boldsymbol{E}^{-1}(i,j)=\boldsymbol{E}(i,j),\quad \boldsymbol{E}^{-1}(i(k))=\boldsymbol{E}(i(\frac{1}{k})),\quad \boldsymbol{E}^{-1}(i,j(k))=\boldsymbol{E}(i,j(-k))。$$

性质2　初等矩阵的转置仍是同类型的初等矩阵。

$$\boldsymbol{E}^{\mathrm{T}}(i,j)=\boldsymbol{E}(i,j),\quad \boldsymbol{E}^{\mathrm{T}}(i(k))=\boldsymbol{E}(i(k)),\quad \boldsymbol{E}^{\mathrm{T}}(i,j(k))=\boldsymbol{E}(j,i(k))。$$

性质3　对 $\boldsymbol{A}_{m\times n}$ 作一次初等行变换，相当于对 $\boldsymbol{A}$ 左乘一个相应的 m 阶初等矩阵；对 $\boldsymbol{A}_{m\times n}$ 作一次初等列变换，相当于对 $\boldsymbol{A}$ 右乘一个相应的 n 阶初等矩阵。

性质3说明：

(1) $\boldsymbol{E}(i,j)\boldsymbol{A}$ 相当于对 $\boldsymbol{A}$ 作初等行变换 $r_i\leftrightarrow r_j$，$\boldsymbol{AE}(i,j)$ 相当于对 $\boldsymbol{A}$ 作初等列变换 $c_i\leftrightarrow c_j$。

(2) $\boldsymbol{E}(i(k))\boldsymbol{A}$ 相当于对 $\boldsymbol{A}$ 作初等行变换 kr_i，$\boldsymbol{AE}(i(k))$ 相当于对 $\boldsymbol{A}$ 作初等列变换 kc_i。

(3) $\boldsymbol{E}(i,j(k))\boldsymbol{A}$ 相当于对 $\boldsymbol{A}$ 作初等行变换 r_i+kr_j，$\boldsymbol{AE}(i,j(k))$ 相当于对 $\boldsymbol{A}$ 作初等列变换 c_j+kc_i。

例如，设 $\boldsymbol{A}_{3\times 4}=\begin{pmatrix}a_{11}&a_{12}&a_{13}&a_{14}\\a_{21}&a_{22}&a_{23}&a_{24}\\a_{31}&a_{32}&a_{33}&a_{34}\end{pmatrix}$，$\boldsymbol{E}_3(2,3)=\begin{pmatrix}1&0&0\\0&0&1\\0&1&0\end{pmatrix}$，则

$$\boldsymbol{E}_3(2,3)\boldsymbol{A}_{3\times 4}=\begin{pmatrix}1&0&0\\0&0&1\\0&1&0\end{pmatrix}\begin{pmatrix}a_{11}&a_{12}&a_{13}&a_{14}\\a_{21}&a_{22}&a_{23}&a_{24}\\a_{31}&a_{32}&a_{33}&a_{34}\end{pmatrix}=\begin{pmatrix}a_{11}&a_{12}&a_{13}&a_{14}\\a_{31}&a_{32}&a_{33}&a_{34}\\a_{21}&a_{22}&a_{23}&a_{24}\end{pmatrix}=\boldsymbol{B},$$

$$\boldsymbol{A}\xrightarrow{r_2\leftrightarrow r_3}\begin{pmatrix}a_{11}&a_{12}&a_{13}&a_{14}\\a_{31}&a_{32}&a_{33}&a_{34}\\a_{21}&a_{22}&a_{23}&a_{24}\end{pmatrix}=\boldsymbol{B},$$

说明：$\boldsymbol{E}_3(2,3)\boldsymbol{A}$ 相当于对 $\boldsymbol{A}$ 作初等行变换 $r_2\leftrightarrow r_3$。

其他情形，读者可以自行举例验证。

2.4.3　应用初等变换求逆矩阵

设 $\boldsymbol{A}$ 是 n 阶可逆矩阵，由本节定理2.3知，$\boldsymbol{A}$ 可经过有限次初等行变换变成单位矩阵，根据初等矩阵的性质3，说明存在一系列初等矩阵 $\boldsymbol{P}_1,\boldsymbol{P}_2,\cdots,\boldsymbol{P}_s$，使得 $\boldsymbol{P}_s\cdots\boldsymbol{P}_2\boldsymbol{P}_1\boldsymbol{A}=\boldsymbol{E}$，两边同时右乘 $\boldsymbol{A}^{-1}$，得 $\boldsymbol{P}_s\cdots\boldsymbol{P}_2\boldsymbol{P}_1\boldsymbol{E}=\boldsymbol{A}^{-1}$。比较这两个式子：

$$\boldsymbol{P}_s\cdots\boldsymbol{P}_2\boldsymbol{P}_1\boldsymbol{A}=\boldsymbol{E},$$

$$\boldsymbol{P}_s\cdots\boldsymbol{P}_2\boldsymbol{P}_1\boldsymbol{E}=\boldsymbol{A}^{-1},$$

说明对 $\boldsymbol{A},\boldsymbol{E}$ 做相同的初等行变换，当 $\boldsymbol{A}$ 经过这些初等行变换化成单位矩阵 $\boldsymbol{E}$ 时，$\boldsymbol{E}$ 就变化成了 $\boldsymbol{A}$ 的逆矩阵 $\boldsymbol{A}^{-1}$。这就得出了用初等行变换求逆矩阵的方法：

$$(\boldsymbol{A}\;\vdots\;\boldsymbol{E})\xrightarrow{\text{初等行变换}}(\boldsymbol{E}\;\vdots\;\boldsymbol{A}^{-1})。$$

用同样的方法可以得到用初等列变换求逆矩阵的方法：

$$\begin{pmatrix}\boldsymbol{A}\\ \hdashline \boldsymbol{E}\end{pmatrix}\xrightarrow{\text{初等列变换}}\begin{pmatrix}\boldsymbol{E}\\ \hdashline \boldsymbol{A}^{-1}\end{pmatrix}。$$

例 3 设 $\boldsymbol{A}=\begin{pmatrix}4&2&3\\3&1&2\\2&1&1\end{pmatrix}$，求 $\boldsymbol{A}^{-1}$。

解 对矩阵 $(\boldsymbol{A}\,\vdots\,\boldsymbol{E})$ 作初等行变换，有

$$(\boldsymbol{A}\,\vdots\,\boldsymbol{E})=\left(\begin{array}{ccc:ccc}4&2&3&1&0&0\\3&1&2&0&1&0\\2&1&1&0&0&1\end{array}\right)\xrightarrow{r_1-r_2}\begin{pmatrix}1&1&1&1&-1&0\\3&1&2&0&1&0\\2&1&1&0&0&1\end{pmatrix}$$

$$\xrightarrow[r_3+(-2)r_1]{r_2+(-3)r_1}\begin{pmatrix}1&1&1&1&-1&0\\0&-2&-1&-3&4&0\\0&-1&-1&-2&2&1\end{pmatrix}\xrightarrow[\substack{r_2+(-2)r_3\\(-1)r_3}]{r_1+r_3}\begin{pmatrix}1&0&0&-1&1&1\\0&0&1&1&0&-2\\0&1&1&2&-2&-1\end{pmatrix}$$

$$\xrightarrow[r_2\leftrightarrow r_3]{r_3+(-1)r_2}\left(\begin{array}{ccc:ccc}1&0&0&-1&1&1\\0&1&0&1&-2&1\\0&0&1&1&0&-2\end{array}\right),$$

得

$$\boldsymbol{A}^{-1}=\begin{pmatrix}-1&1&1\\1&-2&1\\1&0&-2\end{pmatrix}。$$

2.4.4 用初等变换求解矩阵方程

1. 矩阵方程 $\boldsymbol{AX}=\boldsymbol{B}$

当矩阵方程的基本形式为 $\boldsymbol{AX}=\boldsymbol{B}$ 时，若 $\boldsymbol{A}$ 可逆，则 $\boldsymbol{X}=\boldsymbol{A}^{-1}\boldsymbol{B}$。

先求出 $\boldsymbol{A}^{-1}$，再计算 $\boldsymbol{A}^{-1}\boldsymbol{B}$，而计算两个矩阵乘积是很麻烦的。下面介绍一种较简便的方法，就是利用初等变换直接求出 $\boldsymbol{A}^{-1}\boldsymbol{B}$。

类似上面推导求逆矩阵 $\boldsymbol{A}^{-1}$ 的过程，若 $\boldsymbol{A}$ 可逆，由定理 2.3 可知，存在初等矩阵 $\boldsymbol{P}_1$，$\boldsymbol{P}_2$，…，$\boldsymbol{P}_s$，使得 $\boldsymbol{P}_s\cdots\boldsymbol{P}_2\boldsymbol{P}_1\boldsymbol{A}=\boldsymbol{E}$，两边同时右乘 $\boldsymbol{A}^{-1}\boldsymbol{B}$，得 $\boldsymbol{P}_s\cdots\boldsymbol{P}_2\boldsymbol{P}_1\boldsymbol{B}=\boldsymbol{A}^{-1}\boldsymbol{B}$。

比较这两个式子：

$$\boldsymbol{P}_s\cdots\boldsymbol{P}_2\boldsymbol{P}_1\boldsymbol{A}=\boldsymbol{E},$$
$$\boldsymbol{P}_s\cdots\boldsymbol{P}_2\boldsymbol{P}_1\boldsymbol{B}=\boldsymbol{A}^{-1}\boldsymbol{B},$$

说明对 $\boldsymbol{A}$，$\boldsymbol{B}$ 做相同的初等行变换，当 $\boldsymbol{A}$ 经过这些初等行变换化成单位矩阵 $\boldsymbol{E}$ 时，$\boldsymbol{B}$ 就变化成了矩阵方程的解 $\boldsymbol{A}^{-1}\boldsymbol{B}$。由此，我们得到了一个用初等行变换求解矩阵方程的方法：

$$(\boldsymbol{A}\,\vdots\,\boldsymbol{B})\xrightarrow{\text{初等行变换}}(\boldsymbol{E}\,\vdots\,\boldsymbol{A}^{-1}\boldsymbol{B})。$$

2. 矩阵方程 $\boldsymbol{XA}=\boldsymbol{B}$

当矩阵方程的基本形式为 $\boldsymbol{XA}=\boldsymbol{B}$ 时，若 $\boldsymbol{A}$ 可逆，则 $\boldsymbol{X}=\boldsymbol{BA}^{-1}$。

仿照矩阵方程 $\boldsymbol{AX}=\boldsymbol{B}$ 的情形，同理，利用初等列变换，也可得到了一个用初等列变换求解矩阵方程的方法：即当 $\boldsymbol{A}$ 可逆时，$\begin{pmatrix}\boldsymbol{A}\\\hdashline\boldsymbol{B}\end{pmatrix}\xrightarrow{\text{初等列变换}}\begin{pmatrix}\boldsymbol{E}\\\hdashline\boldsymbol{BA}^{-1}\end{pmatrix}$。

3. 矩阵方程 $\boldsymbol{AXB}=\boldsymbol{C}$

当矩阵方程的基本形式为 $\boldsymbol{AXB}=\boldsymbol{C}$ 时，若 $\boldsymbol{A}$，$\boldsymbol{B}$ 可逆，则 $\boldsymbol{X}=\boldsymbol{A}^{-1}\boldsymbol{CB}^{-1}$。

利用矩阵方程 $\boldsymbol{AX}=\boldsymbol{B}$ 和 $\boldsymbol{XA}=\boldsymbol{B}$ 的求解过程，可先计算出 $\boldsymbol{A}^{-1}\boldsymbol{C}$，即

$$(\boldsymbol{A} \vdots \boldsymbol{C}) \xrightarrow{\text{初等行变换}} (\boldsymbol{E} \vdots \boldsymbol{A}^{-1}\boldsymbol{C}),$$

然后令 $\boldsymbol{A}^{-1}\boldsymbol{C}=\boldsymbol{H}$，再做如下初等列变换，得

$$\left(\frac{\boldsymbol{B}}{\boldsymbol{H}}\right) \xrightarrow{\text{初等列变换}} \left(\frac{\boldsymbol{E}}{\boldsymbol{HB}^{-1}}\right),$$

从而得到矩阵方程 $\boldsymbol{AXB}=\boldsymbol{C}$ 的解 $\boldsymbol{X}=\boldsymbol{HB}^{-1}=\boldsymbol{A}^{-1}\boldsymbol{CB}^{-1}$。

例 4 已知 $\boldsymbol{A}=\begin{pmatrix}0 & 1 & -1\\ 1 & 1 & 2\\ 0 & -1 & 0\end{pmatrix}$，$\boldsymbol{B}=\begin{pmatrix}-2 & 0\\ -3 & 2\\ 3 & -1\end{pmatrix}$，求矩阵方程 $\boldsymbol{AX}=\boldsymbol{B}$ 的解。

解 根据 $(\boldsymbol{A} \vdots \boldsymbol{B}) \xrightarrow{\text{初等行变换}} (\boldsymbol{E} \vdots \boldsymbol{A}^{-1}\boldsymbol{B})$，则

$$(\boldsymbol{A} \vdots \boldsymbol{B})=\left(\begin{array}{ccc:cc}0 & 1 & -1 & -2 & 0\\ 1 & 1 & 2 & -3 & 2\\ 0 & -1 & 0 & 3 & -1\end{array}\right) \xrightarrow{r_1 \leftrightarrow r_2} \begin{pmatrix}1 & 1 & 2 & -3 & 2\\ 0 & 1 & -1 & -2 & 0\\ 0 & -1 & 0 & 3 & -1\end{pmatrix}$$

$$\xrightarrow[r_3+r_2]{r_1-r_2} \begin{pmatrix}1 & 0 & 3 & -1 & 2\\ 0 & 1 & -1 & -2 & 0\\ 0 & 0 & -1 & 1 & -1\end{pmatrix} \xrightarrow[\substack{r_2-r_3\\ -r_3}]{r_1+3r_3} \left(\begin{array}{ccc:cc}1 & 0 & 0 & 2 & -1\\ 0 & 1 & 0 & -3 & 1\\ 0 & 0 & 1 & -1 & 1\end{array}\right),$$

得矩阵方程的解

$$\boldsymbol{X}=\boldsymbol{A}^{-1}\boldsymbol{B}=\begin{pmatrix}2 & -1\\ -3 & 1\\ -1 & 1\end{pmatrix}。$$

习题 2.4

1. 用初等行变换将 $\boldsymbol{A}=\begin{pmatrix}0 & 1 & -1\\ 1 & 1 & 2\\ 0 & -1 & 3\end{pmatrix}$ 化成单位矩阵。

2. 把矩阵 $\boldsymbol{A}=\begin{pmatrix}3 & 9 & 8 & 7\\ 2 & 6 & -2 & 12\\ 1 & 3 & 1 & 4\end{pmatrix}$ 化为标准形。

3. 用初等变换求下列矩阵的逆矩阵。

(1) $\boldsymbol{A}=\begin{pmatrix}3 & 2\\ 2 & 1\end{pmatrix}$； (2) $\boldsymbol{A}=\begin{pmatrix}1 & 1 & 1\\ 0 & 1 & 1\\ 0 & 0 & 1\end{pmatrix}$； (3) $\boldsymbol{A}=\begin{pmatrix}-1 & 0 & 0\\ 1 & 1 & -1\\ 1 & 3 & -2\end{pmatrix}$；

(4) $\boldsymbol{A}=\begin{pmatrix}2 & 2 & 3\\ 1 & -1 & 0\\ -1 & 2 & 1\end{pmatrix}$； (5) $\boldsymbol{A}=\begin{pmatrix}1 & -1 & 2\\ 2 & -3 & 5\\ 3 & -2 & 4\end{pmatrix}$。

4. 已知 $\boldsymbol{A}=\begin{pmatrix}1 & -4 & -3\\ 1 & -5 & -3\\ -1 & 6 & 4\end{pmatrix}$，$\boldsymbol{B}=\begin{pmatrix}-1 & 0\\ 0 & -1\\ 1 & 1\end{pmatrix}$，求矩阵方程 $\boldsymbol{AX}=\boldsymbol{B}$ 的解。

5. 解下列矩阵方程 $\boldsymbol{AX}+\boldsymbol{B}=\boldsymbol{X}$，其中 $\boldsymbol{A}=\begin{pmatrix}0&1&0\\-1&1&1\\-1&0&-1\end{pmatrix}$，$\boldsymbol{B}=\begin{pmatrix}1&-1\\2&0\\5&-3\end{pmatrix}$。

6. 已知 $\boldsymbol{A}=\begin{pmatrix}1&-3&-2\\1&-5&-3\\-1&6&4\end{pmatrix}$，$\boldsymbol{B}=\begin{pmatrix}1&0&3\\2&1&0\end{pmatrix}$，求矩阵方程 $\boldsymbol{XA}=\boldsymbol{B}$ 的解。

扫码查看习题参考答案

7. 设 $\boldsymbol{A},\boldsymbol{B}$ 满足 $\boldsymbol{ABA}=2\boldsymbol{BA}-\boldsymbol{E}$，其中 $\boldsymbol{A}=\begin{pmatrix}1&&\\&-2&\\&&1\end{pmatrix}$，求 $\boldsymbol{B}$。

2.5 矩阵的秩

矩阵的秩是矩阵理论中的一个重要概念，它不仅与可逆矩阵的讨论有着密切关系，而且在讨论向量之间的线性关系和线性方程组的解的情况中也有重要应用。

2.5.1 行最简形矩阵

为了学习矩阵的秩，我们先引入行阶梯形矩阵和行最简形矩阵的概念。

1. 行阶梯形矩阵

在矩阵 $\boldsymbol{A}_{m\times n}$ 中，如果某行元素全为 0，称其为矩阵 $\boldsymbol{A}$ 的**零行**，否则称为**非零行**；在非零行中，从左至右数第一个不为零的元素称为**首非零元**。

定义 2.18 如果矩阵 $\boldsymbol{A}_{m\times n}$ 满足：

(1) 若有零行，则零行位于矩阵的最下方；

(2) 首非零元前面 0 的个数逐行严格增加。

则称矩阵 $\boldsymbol{A}_{m\times n}$ 为**行阶梯形矩阵**(简称为**阶梯形**)。

例如，$\begin{pmatrix}3&-2&0&2\\0&-1&4&5\\0&0&0&0\end{pmatrix}$，$\begin{pmatrix}2&-1&0&1\\0&0&-3&5\\0&0&0&1\end{pmatrix}$ 都是行阶梯形矩阵。

为了能够快速判断一个矩阵是否是行阶梯形矩阵，我们介绍一种更形象直观的方法。

用折线将矩阵的首非零元围起来(将这些折线称为**阶梯线**)；如果阶梯线左下方的元素全为 0，且每个台阶只包含一行，这个矩阵就是一个行阶梯形矩阵。

例如，矩阵 $\begin{pmatrix}0&2&1&0\\0&0&-1&7\\0&0&0&3\\0&0&0&0\end{pmatrix}$ 是行阶梯形矩阵。而矩阵 $\begin{pmatrix}1&2&1&0\\0&2&-1&4\\0&-1&3&2\\0&0&0&1\end{pmatrix}$ 不是行阶梯形矩阵，因为第二个台阶包含了两行。

2. 行最简形矩阵

定义 2.19 设矩阵 $\boldsymbol{A}_{m\times n}$ 是行阶梯形矩阵，若 $\boldsymbol{A}$ 的首非零元全为 1，且首非零元所在

列的其他元素都是 0，这样的矩阵称为**行最简形矩阵**或**最简形**。

例如，$\begin{pmatrix} 1 & 3 & 0 & 0 & 4 \\ 0 & 0 & 1 & 0 & -1 \\ 0 & 0 & 0 & 1 & 2 \\ 0 & 0 & 0 & 0 & 0 \end{pmatrix}$为行最简形矩阵。

行最简形矩阵是一个非常重要的概念。在线性代数中，很多问题的求解方法都会涉及将矩阵转化为行最简形矩阵这一步。所以一定要理解什么样的矩阵是行最简形矩阵。

结合 2.4 节中的标准型矩阵（(2-7)式）的概念，我们容易得到行阶梯形矩阵、行最简形矩阵、标准型矩阵三者具有包含的关系，如图 2-1 所示。

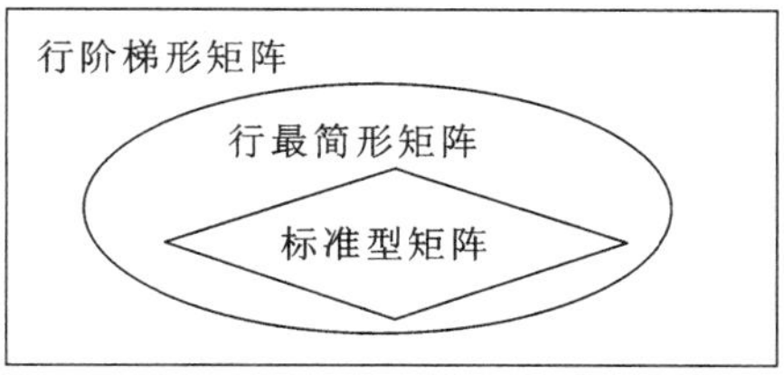

图 2-1

2.5.2　矩阵的秩的概念及计算

1. k 阶子式

定义 2.20　在矩阵 $\boldsymbol{A}_{m\times n}$ 中任取 k 行 k 列交点上的 k^2 个元素，按照原来的次序组成的 k 阶行列式，称为矩阵 $\boldsymbol{A}$ 的一个 **k 阶子式**，其中 $k\leqslant\min\{m,n\}$。

例如，矩阵 $\boldsymbol{A}=\begin{pmatrix} 1 & 3 & 0 & 0 & 4 \\ 0 & 0 & 5 & 0 & -1 \\ 0 & 0 & 0 & 6 & 2 \\ 0 & 0 & 0 & 0 & 0 \end{pmatrix}$，取 $\boldsymbol{A}$ 的第 1，2，3 行，第 2，3，4 列相交处的元素可组成 $\boldsymbol{A}$ 的一个三阶子式$\begin{vmatrix} 3 & 0 & 0 \\ 0 & 5 & 0 \\ 0 & 0 & 6 \end{vmatrix}$，取 $\boldsymbol{A}$ 的第 2，3 行，第 4，5 列相交处的元素可组成 $\boldsymbol{A}$ 的一个二阶子式$\begin{vmatrix} 0 & -1 \\ 6 & 2 \end{vmatrix}$。

显然，矩阵 $\boldsymbol{A}_{m\times n}$ 的一阶子式为 $\boldsymbol{A}_{m\times n}$ 的元素，共有 $m\times n$ 个；k 阶子式共有 $C_m^k C_n^k$ 个；方阵 $\boldsymbol{A}_{n\times n}$ 的 n 阶子式只有 1 个，即 $\boldsymbol{A}_{n\times n}$ 的行列式 $|\boldsymbol{A}_{n\times n}|$；$n-1$ 阶子式是 $\boldsymbol{A}_{n\times n}$ 的余子式。

2. 矩阵的秩

定义 2.21　矩阵 $\boldsymbol{A}$ 中的非零子式的最高阶数称为**矩阵 $\boldsymbol{A}$ 的秩**，记作 $r(\boldsymbol{A})$，或 $R(\boldsymbol{A})$，或 $\operatorname{rank}(\boldsymbol{A})$。

规定零矩阵的秩为 0，即 $r(\boldsymbol{O}_{m\times n})=0$。

定义 2.21 说明，当 $r(\boldsymbol{A}_{m\times n})=r$ 时，矩阵 $\boldsymbol{A}$ 中至少有 1 个 r 阶子式不等于 0，而所有的 $r+1$ 阶子式（若存在）均为 0。

显然，从矩阵 $\boldsymbol{A}=\begin{pmatrix}1&3&0&0&4\\0&0&5&0&-1\\0&0&0&6&2\\0&0&0&0&0\end{pmatrix}$ 中可取一阶、二阶、三阶、四阶子式。易知，四阶子式有 5 个，且均为 0，而三阶子式中有非零子式 $\begin{vmatrix}3&0&0\\0&5&0\\0&0&6\end{vmatrix}$，也就是说矩阵 $\boldsymbol{A}$ 中的非零子式的最高阶数为 3，即 $r(\boldsymbol{A})=3$。

定义 2.22　如果 n 阶方阵 $\boldsymbol{A}$ 的秩等于 n，则称 $\boldsymbol{A}$ 是**满秩矩阵**。

根据定义 2.21，计算矩阵的秩，只需求出矩阵非零子式的最高阶数即可。

例 1　设 $\boldsymbol{A}=\begin{pmatrix}1&3&2&-1\\0&-3&-5&4\\3&9&6&-3\end{pmatrix}$，求 $\boldsymbol{A}$ 的秩 $r(\boldsymbol{A})$。

解

$$\begin{vmatrix}1&3&2\\0&-3&-5\\3&9&6\end{vmatrix}=0,\quad \begin{vmatrix}1&3&-1\\0&-3&4\\3&9&3\end{vmatrix}=0,$$

$$\begin{vmatrix}1&2&-1\\0&-5&4\\3&6&-3\end{vmatrix}=0,\quad \begin{vmatrix}3&2&-1\\-3&-5&4\\9&6&-3\end{vmatrix}=0,$$

又 $\boldsymbol{A}$ 的二阶子式 $\begin{vmatrix}1&3\\0&-3\end{vmatrix}=-3\neq0$，得 $r(\boldsymbol{A})=2$。

上例中，由于矩阵 $\boldsymbol{A}_{3\times4}$ 的第 1 行与第 3 行元素对应成比例，所以得到的 4 个三阶子式均为 0。假设矩阵 $\boldsymbol{A}_{3\times4}$ 中没有两行成比例，计算 4 个三阶行列式的值十分烦琐。当矩阵 $\boldsymbol{A}$ 的行数、列数增加时，则会有更大的计算量。由此可见，利用定义 2.21 计算矩阵的秩显然不是一个好方法，但在计算一些特殊矩阵如阶梯形矩阵的秩时，却非常简便。

例 2　设矩阵 $\boldsymbol{A}=\begin{pmatrix}1&3&7&9\\0&5&1&7\\0&0&4&5\\0&0&0&0\\0&0&0&0\end{pmatrix}$，求 $r(\boldsymbol{A})$。

解　矩阵 $\boldsymbol{A}$ 可取一阶、二阶、三阶、四阶子式。因为矩阵 $\boldsymbol{A}$ 只有 3 个非零行，所以 $\boldsymbol{A}$ 的任意一个四阶子式必定有一个零行，则所有的四阶子式均为零。

取 $\boldsymbol{A}$ 中的第 1,2,3 行，第 1,2,3 列得到 $\boldsymbol{A}$ 的一个三阶子式 $\begin{vmatrix}1&3&7\\0&5&1\\0&0&4\end{vmatrix}=20\neq0$，则 $r(\boldsymbol{A})=3$。

例 2 中的矩阵 $\boldsymbol{A}$ 是行阶梯形矩阵，有 3 个非零行，$r(\boldsymbol{A})=3$。从解题过程能总结出如下规律：

行阶梯形矩阵的秩等于它的非零行的行数或首非零元的个数。

那么对于一般矩阵，如何找到简单的方法计算矩阵的秩呢？

为了解决这个问题，下面我们不加证明地给出如下定理。

定理 2.5　矩阵的初等变换不改变矩阵的秩。

定理 2.6　n 阶方阵 $\boldsymbol{A}$ 可逆的充要条件是 $r(\boldsymbol{A})=n$。

定理 2.5 给出了求矩阵的秩的一般方法，即用初等变换将矩阵化为阶梯形矩阵，从而求得矩阵的秩。

例 3　设 $\boldsymbol{A}=\begin{pmatrix}1&-1&0\\0&2&3\\1&0&1\end{pmatrix}$，求 $r(\boldsymbol{A})$。

解　$$\boldsymbol{A}=\begin{pmatrix}1&-1&0\\0&2&3\\1&0&1\end{pmatrix}\xrightarrow{r_3+(-1)r_1}\begin{pmatrix}1&-1&0\\0&2&3\\0&1&1\end{pmatrix}\xrightarrow[r_3+(-2)r_2]{r_2\leftrightarrow r_3}\begin{pmatrix}1&-1&0\\0&1&1\\0&0&1\end{pmatrix},$$

则 $r(\boldsymbol{A})=3$。

例 3 中的矩阵 $\boldsymbol{A}$ 是一个三阶方阵，且 $\boldsymbol{A}$ 的秩与它的阶数相等，故矩阵 $\boldsymbol{A}$ 是一个满秩矩阵。

例 4　设 $\boldsymbol{A}=\begin{pmatrix}1&3&-1&-2\\2&-1&2&3\\3&2&1&1\\1&-4&3&5\end{pmatrix}$，求 $r(\boldsymbol{A})$。

解　$$\boldsymbol{A}=\begin{pmatrix}1&3&-1&-2\\2&-1&2&3\\3&2&1&1\\1&-4&3&5\end{pmatrix}\xrightarrow[\substack{r_3+(-3)r_1\\r_4+(-1)r_1}]{r_2+(-2)r_1}\begin{pmatrix}1&3&-1&-2\\0&-7&4&7\\0&-7&4&7\\0&-7&4&7\end{pmatrix}$$
$$\xrightarrow[r_4+(-1)r_2]{r_3+(-1)r_2}\begin{pmatrix}1&3&-1&-2\\0&-7&4&7\\0&0&0&0\\0&0&0&0\end{pmatrix},$$

故 $r(\boldsymbol{A})=2$。

3. 矩阵的秩的相关结论

根据矩阵的秩的定义 2.21，可以得到如下结论：

(1) 若矩阵 $\boldsymbol{A}$ 的所有 r 阶子式全为 0，则 $r(\boldsymbol{A})<r$。

(2) 若矩阵 $\boldsymbol{A}$ 的所有 r 阶子式不全为 0，则 $r(\boldsymbol{A})\geqslant r$。

矩阵的秩具有以下性质：

(1) 设有矩阵 $\boldsymbol{A}_{m\times n}$，则 $0\leqslant r(\boldsymbol{A})\leqslant\min\{m,n\}$。

(2) 设有矩阵 $\boldsymbol{A}_{m\times n}$，则 $r(\boldsymbol{A})=r(\boldsymbol{A}^{\mathrm{T}})$。

(3) 若矩阵 $\boldsymbol{A}_{m\times n}$ 与矩阵 $\boldsymbol{B}_{m\times n}$ 等价，即 $\boldsymbol{A}\rightarrow\boldsymbol{B}$，则 $r(\boldsymbol{A})=r(\boldsymbol{B})$。

(4) 设有矩阵 $\boldsymbol{A}_{m\times n}$，若矩阵 $\boldsymbol{P}_{m\times m}$，$\boldsymbol{Q}_{n\times n}$ 可逆，则 $r(\boldsymbol{PAQ})=r(\boldsymbol{A})$。

(5) 设有矩阵 $\boldsymbol{A}_{m\times n}$，$\boldsymbol{B}_{m\times n}$，则 $r(\boldsymbol{A}+\boldsymbol{B})\leqslant r(\boldsymbol{A})+r(\boldsymbol{B})$。

(6) 设有矩阵 $\boldsymbol{A}_{m\times n}$，$\boldsymbol{B}_{n\times s}$，则 $r(\boldsymbol{AB})\leqslant\min\{r(\boldsymbol{A}),r(\boldsymbol{B})\}$。

(7) 设有矩阵 $\boldsymbol{A}_{m\times n}$，$\boldsymbol{B}_{m\times n}$，则 $\max\{r(\boldsymbol{A}),r(\boldsymbol{B})\}\leqslant r(\boldsymbol{A},\boldsymbol{B})\leqslant r(\boldsymbol{A})+r(\boldsymbol{B})$，其中 $(\boldsymbol{A},\boldsymbol{B})$ 表示分块矩阵(分块矩阵将在 2.6 节学习)。

(8) (西尔维斯特不等式)设有矩阵 $\boldsymbol{A}_{m\times n}$，$\boldsymbol{B}_{n\times s}$，则 $r(\boldsymbol{AB})\geqslant r(\boldsymbol{A})+r(\boldsymbol{B})-n$。

(9) 设有矩阵 $\boldsymbol{A}_{m\times n}$，$\boldsymbol{B}_{n\times s}$，若 $\boldsymbol{AB}=\boldsymbol{O}$，则 $r(\boldsymbol{A})+r(\boldsymbol{B})\leqslant n$。

(10) 设 $\boldsymbol{A}^*$ 是 n 阶方阵 $\boldsymbol{A}$ 的伴随矩阵，则

$$r(\boldsymbol{A}^*)=\begin{cases}n, & \text{当 } r(\boldsymbol{A})=n \text{ 时},\\ 1, & \text{当 } r(\boldsymbol{A})=n-1 \text{ 时},\\ 0, & \text{当 } r(\boldsymbol{A})\leqslant n-2 \text{ 时}。\end{cases}$$

习题 2.5

1. n 阶矩阵满秩和可逆有什么关系?

2. 判断下列命题的正误，并说明理由。

(1) 若矩阵 $\boldsymbol{A}$ 有一个非零 r 阶子式，则 $r(\boldsymbol{A})\geqslant r$。

(2) 设有 n 阶方阵 $\boldsymbol{A}$，$\boldsymbol{B}$，若 $r(\boldsymbol{A})>0$，$r(\boldsymbol{B})>0$，则有 $r(\boldsymbol{A}+\boldsymbol{B})>0$。

(3) 可逆矩阵 $\boldsymbol{A}$ 经过初等行变换可能得到不可逆矩阵。

(4) 若矩阵 $\boldsymbol{A}$ 有一个为零的 $r+1$ 阶子式，则 $r(\boldsymbol{A})<r+1$。

3. 设 $\boldsymbol{A}=\begin{pmatrix}1&-1&1&2\\2&3&3&2\\1&1&2&1\end{pmatrix}$，求 $r(\boldsymbol{A})$。

4. 求矩阵 $\boldsymbol{A}=\begin{pmatrix}3&2&0&5&0\\3&-2&3&6&-1\\2&0&1&5&-3\\1&6&-4&-1&4\end{pmatrix}$ 的秩。

5. 判断下列矩阵是否是满秩矩阵。

(1) $\boldsymbol{A}=\begin{pmatrix}1&-1&1\\1&1&3\\2&3&2\end{pmatrix}$；　　(2) $\boldsymbol{A}=\begin{pmatrix}2&2&-1\\3&4&1\\-2&0&6\end{pmatrix}$。

6. 用初等行变换将下列矩阵化为行最简形矩阵。

(1) $\boldsymbol{A}=\begin{pmatrix}1&1&2&3\\2&1&1&4\\0&1&2&0\end{pmatrix}$；　　(2) $\boldsymbol{A}=\begin{pmatrix}1&-1&-1&1&2\\1&1&-2&1&4\\2&0&-3&2&6\\0&2&-1&0&2\end{pmatrix}$。

7. 设 $\boldsymbol{A}$ 是 3 阶方阵，已知 $\boldsymbol{A}+2\boldsymbol{E}=\begin{pmatrix}3&0&1\\0&1&0\\1&0&3\end{pmatrix}$，求：(1)$\boldsymbol{A}$；(2)$\boldsymbol{A}^2+2\boldsymbol{A}$；(3)$r(\boldsymbol{A}^2+2\boldsymbol{A})$。

8. 设矩阵 $A=\begin{pmatrix}1 & 2 & \lambda \\ 0 & 1 & -1 \\ 2 & 0 & 2\end{pmatrix}$，$B=\begin{pmatrix}0 & 4 & -2 \\ \mu & 1 & 1 \\ 1 & 0 & -2 \\ 3 & -1 & 1\end{pmatrix}$，试求 λ 和 μ，使得 $r(A)=2$，$r(B)=3$。

9. 设 $A=\begin{pmatrix}k & 2 & 2 & 2 \\ 2 & k & 2 & 2 \\ 2 & 2 & k & 2 \\ 2 & 2 & 2 & k\end{pmatrix}$，求 $r(A)$ 分别为 1，3 时 k 的值。

扫码查看
习题参考答案

2.6* 分块矩阵

当矩阵的阶数较高时，为了运算的方便，常将这个大矩阵看成是由一些小矩阵组成的，在具体运算时，则把这些小矩阵看作数一样（按运算规则）进行运算。这种常用的技巧就是矩阵的分块，本节我们就来学习分块矩阵的相关知识。

2.6.1 分块矩阵的概念

定义 2.23 将矩阵 A 用若干条纵线和横线分成许多小矩阵，每一个小矩阵称为 A 的**子块**（或**子矩阵**），在形式上以子块为元素的矩阵称为**分块矩阵**。

例如，将矩阵 A 做如下划分：

$$A=\left(\begin{array}{ccc|cc}1 & 0 & 0 & -1 & 2 \\ 0 & 1 & 0 & 2 & 3 \\ 0 & 0 & 1 & 5 & 1 \\ \hline 0 & 0 & 0 & 2 & 0 \\ 0 & 0 & 0 & 0 & 2\end{array}\right)=\begin{pmatrix}E_3 & A_1 \\ O & 2E_2\end{pmatrix},$$

其中 E_2，E_3 分别表示二阶和三阶单位矩阵，而 $A_1=\begin{pmatrix}-1 & 2 \\ 2 & 3 \\ 5 & 1\end{pmatrix}$，$O=\begin{pmatrix}0 & 0 & 0 \\ 0 & 0 & 0\end{pmatrix}$。

需要根据矩阵的结构特点将矩阵分块，既要为运算的方便考虑，又要使子块在参与运算时不失意义。

2.6.2 分块矩阵的运算

矩阵分块的目的是为了简化矩阵的表示或运算，矩阵分块后的运算法则与普通矩阵运算基本相同。

1. 分块矩阵的加减法和数乘运算

设矩阵 $A=(a_{ij})_{m\times n}$，$B=(b_{ij})_{m\times n}$，对 A，B 都用同样的方法分块，得到分块矩阵：

$$\boldsymbol{A}=\begin{pmatrix}\boldsymbol{A}_{11} & \boldsymbol{A}_{12} & \cdots & \boldsymbol{A}_{1r}\\ \boldsymbol{A}_{21} & \boldsymbol{A}_{22} & \cdots & \boldsymbol{A}_{2r}\\ \vdots & \vdots & & \vdots\\ \boldsymbol{A}_{s1} & \boldsymbol{A}_{s2} & \cdots & \boldsymbol{A}_{sr}\end{pmatrix},\boldsymbol{B}=\begin{pmatrix}\boldsymbol{B}_{11} & \boldsymbol{B}_{12} & \cdots & \boldsymbol{B}_{1r}\\ \boldsymbol{B}_{21} & \boldsymbol{B}_{22} & \cdots & \boldsymbol{B}_{2r}\\ \vdots & \vdots & & \vdots\\ \boldsymbol{B}_{s1} & \boldsymbol{B}_{s2} & \cdots & \boldsymbol{B}_{sr}\end{pmatrix},$$

则

$$\boldsymbol{A}\pm\boldsymbol{B}=\begin{pmatrix}\boldsymbol{A}_{11}\pm\boldsymbol{B}_{11} & \boldsymbol{A}_{12}\pm\boldsymbol{B}_{12} & \cdots & \boldsymbol{A}_{1r}\pm\boldsymbol{B}_{1r}\\ \boldsymbol{A}_{21}\pm\boldsymbol{B}_{21} & \boldsymbol{A}_{22}\pm\boldsymbol{B}_{22} & \cdots & \boldsymbol{A}_{2r}\pm\boldsymbol{B}_{2r}\\ \vdots & \vdots & & \vdots\\ \boldsymbol{A}_{s1}\pm\boldsymbol{B}_{s1} & \boldsymbol{A}_{s2}\pm\boldsymbol{B}_{s2} & \cdots & \boldsymbol{A}_{sr}\pm\boldsymbol{B}_{sr}\end{pmatrix},$$

$$\lambda\boldsymbol{A}=\lambda\begin{pmatrix}\boldsymbol{A}_{11} & \boldsymbol{A}_{12} & \cdots & \boldsymbol{A}_{1r}\\ \boldsymbol{A}_{21} & \boldsymbol{A}_{22} & \cdots & \boldsymbol{A}_{2r}\\ \vdots & \vdots & & \vdots\\ \boldsymbol{A}_{s1} & \boldsymbol{A}_{s2} & \cdots & \boldsymbol{A}_{sr}\end{pmatrix}=\begin{pmatrix}\lambda\boldsymbol{A}_{11} & \lambda\boldsymbol{A}_{12} & \cdots & \lambda\boldsymbol{A}_{1r}\\ \lambda\boldsymbol{A}_{21} & \lambda\boldsymbol{A}_{22} & \cdots & \lambda\boldsymbol{A}_{2r}\\ \vdots & \vdots & & \vdots\\ \lambda\boldsymbol{A}_{s1} & \lambda\boldsymbol{A}_{s2} & \cdots & \lambda\boldsymbol{A}_{sr}\end{pmatrix}。$$

只有 $\boldsymbol{A},\boldsymbol{B}$ 分块方法相同时，各个对应的子块才是同型矩阵，各对应子块才可以相加减。

2. 分块矩阵的乘法

设矩阵 $\boldsymbol{A}=(a_{ik})_{m\times n},\boldsymbol{B}=(b_{kj})_{n\times p}$，对 $\boldsymbol{A},\boldsymbol{B}$ 进行分块，使 $\boldsymbol{A}$ 的列的分法与 $\boldsymbol{B}$ 的行的分法相同，得到矩阵

$$\boldsymbol{A}=\begin{pmatrix}\boldsymbol{A}_{11} & \boldsymbol{A}_{12} & \cdots & \boldsymbol{A}_{1r}\\ \boldsymbol{A}_{21} & \boldsymbol{A}_{22} & \cdots & \boldsymbol{A}_{2r}\\ \vdots & \vdots & & \vdots\\ \boldsymbol{A}_{m1} & \boldsymbol{A}_{m2} & \cdots & \boldsymbol{A}_{mr}\end{pmatrix},\boldsymbol{B}=\begin{pmatrix}\boldsymbol{B}_{11} & \boldsymbol{B}_{12} & \cdots & \boldsymbol{B}_{1s}\\ \boldsymbol{B}_{21} & \boldsymbol{B}_{22} & \cdots & \boldsymbol{B}_{2s}\\ \vdots & \vdots & & \vdots\\ \boldsymbol{B}_{r1} & \boldsymbol{B}_{r2} & \cdots & \boldsymbol{B}_{rs}\end{pmatrix},$$

则

$$\boldsymbol{AB}=\begin{pmatrix}\boldsymbol{C}_{11} & \boldsymbol{C}_{12} & \cdots & \boldsymbol{C}_{1s}\\ \boldsymbol{C}_{21} & \boldsymbol{C}_{22} & \cdots & \boldsymbol{C}_{2s}\\ \vdots & \vdots & & \vdots\\ \boldsymbol{C}_{m1} & \boldsymbol{C}_{m2} & \cdots & \boldsymbol{C}_{ms}\end{pmatrix},$$

其中 $\boldsymbol{C}_{ij}=\boldsymbol{A}_{i1}\boldsymbol{B}_{1j}+\boldsymbol{A}_{i2}\boldsymbol{B}_{2j}+\cdots+\boldsymbol{A}_{ir}\boldsymbol{B}_{rj}$。

要使分块矩阵能够进行乘法运算，在对矩阵分块时就必须满足：

(1) 以子块为元素时，两矩阵可做乘法，即左矩阵的列块数应等于右矩阵的行块数；

(2) 相应地需做乘法的两个子块也应可做乘法，即左子块的列数应等于右子块的行数。

例 1 设 $\boldsymbol{A}=\begin{pmatrix}1 & 0 & 0 & 0\\ 0 & 1 & 0 & 0\\ -1 & 3 & 1 & 0\end{pmatrix},\boldsymbol{B}=\begin{pmatrix}4 & 1 & 0\\ 3 & 4 & 1\\ 0 & -1 & 3\\ 1 & 0 & -1\end{pmatrix}$，利用分块矩阵求 $\boldsymbol{AB}$。

解 对 $\boldsymbol{A},\boldsymbol{B}$ 做如下分块：

$$\boldsymbol{A}=\left(\begin{array}{cc:cc}1&0&0&0\\0&1&0&0\\ \hdashline -1&3&1&0\end{array}\right)=\begin{pmatrix}\boldsymbol{A}_{11}&\boldsymbol{A}_{12}\\\boldsymbol{A}_{21}&\boldsymbol{A}_{22}\end{pmatrix},$$

$$\boldsymbol{B}=\left(\begin{array}{c:cc}4&1&0\\3&4&1\\ \hdashline 0&-1&3\\1&0&-1\end{array}\right)=\begin{pmatrix}\boldsymbol{B}_{11}&\boldsymbol{B}_{12}\\\boldsymbol{B}_{21}&\boldsymbol{B}_{22}\end{pmatrix}。$$

则

$$\boldsymbol{AB}=\begin{pmatrix}\boldsymbol{A}_{11}&\boldsymbol{A}_{12}\\\boldsymbol{A}_{21}&\boldsymbol{A}_{22}\end{pmatrix}\begin{pmatrix}\boldsymbol{B}_{11}&\boldsymbol{B}_{12}\\\boldsymbol{B}_{21}&\boldsymbol{B}_{22}\end{pmatrix}=\begin{pmatrix}\boldsymbol{A}_{11}\boldsymbol{B}_{11}+\boldsymbol{A}_{12}\boldsymbol{B}_{21}&\boldsymbol{A}_{11}\boldsymbol{B}_{12}+\boldsymbol{A}_{12}\boldsymbol{B}_{22}\\\boldsymbol{A}_{21}\boldsymbol{B}_{11}+\boldsymbol{A}_{22}\boldsymbol{B}_{21}&\boldsymbol{A}_{21}\boldsymbol{B}_{12}+\boldsymbol{A}_{22}\boldsymbol{B}_{22}\end{pmatrix},$$

$$\boldsymbol{A}_{11}\boldsymbol{B}_{11}+\boldsymbol{A}_{12}\boldsymbol{B}_{21}=\begin{pmatrix}1&0\\0&1\end{pmatrix}\begin{pmatrix}4\\3\end{pmatrix}+\begin{pmatrix}0&0\\0&0\end{pmatrix}\begin{pmatrix}0\\1\end{pmatrix}=\begin{pmatrix}4\\3\end{pmatrix}。$$

同理可得

$$\boldsymbol{A}_{11}\boldsymbol{B}_{12}+\boldsymbol{A}_{12}\boldsymbol{B}_{22}=\begin{pmatrix}1&0\\4&1\end{pmatrix},\boldsymbol{A}_{21}\boldsymbol{B}_{11}+\boldsymbol{A}_{22}\boldsymbol{B}_{21}=5,\boldsymbol{A}_{21}\boldsymbol{B}_{12}+\boldsymbol{A}_{22}\boldsymbol{B}_{22}=(10\quad 6)。$$

故
$$\boldsymbol{AB}=\begin{pmatrix}4&1&0\\3&4&1\\5&10&6\end{pmatrix}。$$

3. 分块矩阵的转置

设分块矩阵为

$$\boldsymbol{A}=\begin{pmatrix}\boldsymbol{A}_{11}&\boldsymbol{A}_{12}&\cdots&\boldsymbol{A}_{1t}\\\boldsymbol{A}_{21}&\boldsymbol{A}_{22}&\cdots&\boldsymbol{A}_{2t}\\\vdots&\vdots&&\vdots\\\boldsymbol{A}_{s1}&\boldsymbol{A}_{s2}&\cdots&\boldsymbol{A}_{st}\end{pmatrix},$$

则有
$$\boldsymbol{A}^{\mathrm{T}}=\begin{pmatrix}\boldsymbol{A}_{11}^{\mathrm{T}}&\boldsymbol{A}_{21}^{\mathrm{T}}&\cdots&\boldsymbol{A}_{s1}^{\mathrm{T}}\\\boldsymbol{A}_{12}^{\mathrm{T}}&\boldsymbol{A}_{22}^{\mathrm{T}}&\cdots&\boldsymbol{A}_{s2}^{\mathrm{T}}\\\vdots&\vdots&&\vdots\\\boldsymbol{A}_{1t}^{\mathrm{T}}&\boldsymbol{A}_{2t}^{\mathrm{T}}&\cdots&\boldsymbol{A}_{st}^{\mathrm{T}}\end{pmatrix}。$$

即分块矩阵转置时，不仅要把当作元素看待的子块行列互换，而且要把每个子块内部的元素行列互换。

4. 分块对角矩阵

一般将矩阵分块后再运算并不会减少计算量，只有特殊的矩阵，分块后才能减少计算量，比较典型的是分块对角矩阵，形式如下：

$$A=\begin{pmatrix}\boldsymbol{A}_{1}&\boldsymbol{O}&\cdots&\boldsymbol{O}\\\boldsymbol{O}&\boldsymbol{A}_{2}&\cdots&\boldsymbol{O}\\\vdots&\vdots&\ddots&\vdots\\\boldsymbol{O}&\boldsymbol{O}&\cdots&\boldsymbol{A}_{s}\end{pmatrix},$$

也可称其为准对角矩阵，主对角线上的子块 $\boldsymbol{A}_1,\boldsymbol{A}_2,\cdots,\boldsymbol{A}_s$ 都是小方阵，其余子块全是零矩阵，可简记为

$$\begin{pmatrix}\boldsymbol{A}_1 & & & \\ & \boldsymbol{A}_2 & & \\ & & \ddots & \\ & & & \boldsymbol{A}_s\end{pmatrix}。$$

例如，$\boldsymbol{B}=\left(\begin{array}{cc:cc}2 & 0 & 0 & 0\\ 1 & 2 & 0 & 0\\ \hdashline 0 & 0 & 3 & 0\\ 0 & 0 & 1 & 3\end{array}\right)=\begin{pmatrix}\boldsymbol{B}_1 & \boldsymbol{O}\\ \boldsymbol{O} & \boldsymbol{B}_2\end{pmatrix}$，$\boldsymbol{C}=\left(\begin{array}{c:cc}2 & 0 & 0\\ \hdashline 0 & 3 & 1\\ 0 & 0 & 3\end{array}\right)=\begin{pmatrix}\boldsymbol{C}_1 & \boldsymbol{O}\\ \boldsymbol{O} & \boldsymbol{C}_2\end{pmatrix}$ 都是分块对角矩阵。

分块对角矩阵具有以下性质：

性质 1 设有两个相同分块的分块对角矩阵

$$\boldsymbol{A}=\begin{pmatrix}\boldsymbol{A}_1 & & & \\ & \boldsymbol{A}_2 & & \\ & & \ddots & \\ & & & \boldsymbol{A}_s\end{pmatrix},\boldsymbol{B}=\begin{pmatrix}\boldsymbol{B}_1 & & & \\ & \boldsymbol{B}_2 & & \\ & & \ddots & \\ & & & \boldsymbol{B}_s\end{pmatrix},$$

若它们对应的分块是同阶的，则有

$$\boldsymbol{A}\pm\boldsymbol{B}=\begin{pmatrix}\boldsymbol{A}_1\pm\boldsymbol{B}_1 & & & \\ & \boldsymbol{A}_2\pm\boldsymbol{B}_2 & & \\ & & \ddots & \\ & & & \boldsymbol{A}_s\pm\boldsymbol{B}_s\end{pmatrix},\boldsymbol{AB}=\begin{pmatrix}\boldsymbol{A}_1\boldsymbol{B}_1 & & & \\ & \boldsymbol{A}_2\boldsymbol{B}_2 & & \\ & & \ddots & \\ & & & \boldsymbol{A}_s\boldsymbol{B}_s\end{pmatrix},$$

$$\boldsymbol{A}^n=\begin{pmatrix}\boldsymbol{A}_1^n & & & \\ & \boldsymbol{A}_2^n & & \\ & & \ddots & \\ & & & \boldsymbol{A}_s^n\end{pmatrix},k\boldsymbol{A}=\begin{pmatrix}k\boldsymbol{A}_1 & & & \\ & k\boldsymbol{A}_2 & & \\ & & \ddots & \\ & & & k\boldsymbol{A}_s\end{pmatrix},\boldsymbol{A}^{\mathrm{T}}=\begin{pmatrix}\boldsymbol{A}_1^{\mathrm{T}} & & & \\ & \boldsymbol{A}_2^{\mathrm{T}} & & \\ & & \ddots & \\ & & & \boldsymbol{A}_s^{\mathrm{T}}\end{pmatrix}。$$

性质 2 分块对角矩阵的行列式 $|\boldsymbol{A}|=|\boldsymbol{A}_1||\boldsymbol{A}_2|\cdots|\boldsymbol{A}_s|$。

特别地，

$$\begin{vmatrix}\boldsymbol{A} & \boldsymbol{O}\\ \boldsymbol{O} & \boldsymbol{B}\end{vmatrix}=|\boldsymbol{A}||\boldsymbol{B}|,\begin{vmatrix}\boldsymbol{O} & \boldsymbol{A}\\ \boldsymbol{B} & \boldsymbol{O}\end{vmatrix}=(-1)^{mn}|\boldsymbol{A}||\boldsymbol{B}|,$$

其中 $\boldsymbol{A},\boldsymbol{B}$ 分别为 m,n 阶方阵。

性质 3 分块对角矩阵 $\boldsymbol{A}$ 可逆的充分必要条件是 $\boldsymbol{A}_1,\boldsymbol{A}_2,\cdots,\boldsymbol{A}_s$ 都可逆，并且当 $\boldsymbol{A}$ 可逆时，有

$$\boldsymbol{A}^{-1}=\begin{pmatrix}\boldsymbol{A}_1^{-1} & & & \\ & \boldsymbol{A}_2^{-1} & & \\ & & \ddots & \\ & & & \boldsymbol{A}_s^{-1}\end{pmatrix}。$$

特别地，设 $\boldsymbol{A},\boldsymbol{B}$ 均为可逆矩阵，有

$$\begin{pmatrix} A & O \\ O & B \end{pmatrix}^{-1} = \begin{pmatrix} A^{-1} & O \\ O & B^{-1} \end{pmatrix}, \begin{pmatrix} O & A \\ B & O \end{pmatrix}^{-1} = \begin{pmatrix} O & B^{-1} \\ A^{-1} & O \end{pmatrix}。$$

一般地，

$$\begin{pmatrix} A & O \\ C & B \end{pmatrix}^{-1} = \begin{pmatrix} A^{-1} & O \\ -B^{-1}CA^{-1} & B^{-1} \end{pmatrix}, \begin{pmatrix} A & C \\ O & B \end{pmatrix}^{-1} = \begin{pmatrix} A^{-1} & -A^{-1}CB^{-1} \\ O & B^{-1} \end{pmatrix},$$

其中 $\boldsymbol{A},\boldsymbol{B}$ 都是 k 阶可逆矩阵，$\boldsymbol{C}$ 是 k 阶矩阵，$\boldsymbol{O}$ 是 k 阶零矩阵。

利用性质 3 可将高阶矩阵(可分成分块对角矩阵)的求逆问题转化成一些小方阵的求逆问题。

例 2　试判断矩阵 $\boldsymbol{A}=\begin{pmatrix} 3 & 0 & 0 & 0 \\ 0 & 1 & 2 & 0 \\ 0 & 1 & 3 & 0 \\ 0 & 0 & 0 & 5 \end{pmatrix}$ 是否可逆？若可逆，求出 $\boldsymbol{A}^{-1}$，并计算 $\boldsymbol{A}^2$。

解　将 $\boldsymbol{A}$ 分块为

$$\boldsymbol{A}=\left(\begin{array}{c:cc:c} 3 & 0 & 0 & 0 \\ \hdashline 0 & 1 & 2 & 0 \\ 0 & 1 & 3 & 0 \\ \hdashline 0 & 0 & 0 & 5 \end{array}\right) = \begin{pmatrix} A_1 & & \\ & A_2 & \\ & & A_3 \end{pmatrix},$$

则因为 $|\boldsymbol{A}_1|=3$，$|\boldsymbol{A}_2|=\begin{vmatrix} 1 & 2 \\ 1 & 3 \end{vmatrix}=1$，$|\boldsymbol{A}_3|=5$，都不为零，均可逆，故 $\boldsymbol{A}$ 可逆。

又因为 $\boldsymbol{A}_1^{-1}=\dfrac{1}{3}$，$\boldsymbol{A}_2^{-1}=\begin{pmatrix} 3 & -2 \\ -1 & 1 \end{pmatrix}$，$\boldsymbol{A}_3^{-1}=\dfrac{1}{5}$，得

$$\boldsymbol{A}^{-1}=\begin{pmatrix} A_2^{-1} & & \\ & A_2^{-1} & \\ & & A_3^{-1} \end{pmatrix} = \begin{pmatrix} \frac{1}{3} & 0 & 0 & 0 \\ 0 & 3 & -2 & 0 \\ 0 & -1 & 1 & 0 \\ 0 & 0 & 0 & \frac{1}{5} \end{pmatrix},$$

$$\boldsymbol{A}^2=\begin{pmatrix} A_1 & & \\ & A_2 & \\ & & A_3 \end{pmatrix}\begin{pmatrix} A_1 & & \\ & A_2 & \\ & & A_3 \end{pmatrix} = \begin{pmatrix} A_1^2 & & \\ & A_2^2 & \\ & & A_3^2 \end{pmatrix},$$

而

$$\boldsymbol{A}_1^2=9, \boldsymbol{A}_2^2=\begin{pmatrix} 1 & 2 \\ 1 & 3 \end{pmatrix}^2 = \begin{pmatrix} 3 & 8 \\ 4 & 11 \end{pmatrix}, \boldsymbol{A}_3^2=25,$$

故

$$\boldsymbol{A}^2=\begin{pmatrix} 9 & 0 & 0 & 0 \\ 0 & 3 & 8 & 0 \\ 0 & 4 & 11 & 0 \\ 0 & 0 & 0 & 25 \end{pmatrix}。$$

性质 4　设有矩阵 $\boldsymbol{A},\boldsymbol{B},\boldsymbol{C}$，则

$$r\begin{pmatrix} A & O \\ O & B \end{pmatrix} = r(A)+r(B), \quad r\begin{pmatrix} A & O \\ O & B \end{pmatrix} \leqslant r\begin{pmatrix} A & O \\ C & B \end{pmatrix}。$$

习题 2.6

1. 设 $\boldsymbol{A}=\begin{pmatrix}5&2&0&0\\2&1&0&0\\0&0&1&-2\\0&0&1&1\end{pmatrix}$，求 $|\boldsymbol{A}|$，$\boldsymbol{A}^{-1}$。

2. 设矩阵 $\boldsymbol{A}=\begin{pmatrix}1&0&0&0\\0&1&0&0\\-1&2&1&0\\1&1&0&1\end{pmatrix}$，$\boldsymbol{B}=\begin{pmatrix}1&0&1&0\\-1&2&0&1\\1&0&4&1\\-1&-1&2&0\end{pmatrix}$，求 $\boldsymbol{AB}$。

3. 已知矩阵 $\boldsymbol{A}=\begin{pmatrix}1&3&1&0\\2&8&0&1\\0&0&1&0\\0&0&2&3\end{pmatrix}$，用分块矩阵求 $\boldsymbol{A}^{-1}$。

扫码查看
习题参考答案

2.7 应用实例——信息编码

在生活中，如果我们要传递一个信息，还要保证传递的信息不泄露，就需要对传递的信息进行加密或编码。本节将介绍如何用矩阵的运算对信息进行编码。

我们将要发送的秘密消息，称为明文。为了保护秘密消息不泄露，需要对明文进行加密，加密后发出的信息称为**密文**。加密过程中算法使用的参数我们称为**密钥**。

一个通用的传递信息的方法是将每一个字母与一个整数相对应，然后传输一串整数。最简单的方法之一就是在 26 个英文字母与数之间建立一一对应关系，我们称表 2-6 为代码子表。

表 2-6　代码子表

字母	a	b	c	d	e	f	g	h	i
数	1	2	3	4	5	6	7	8	9
字母	j	k	l	m	n	o	p	q	r
数	10	11	12	13	14	15	16	17	18
字母	s	t	u	v	w	x	y	z	空格
数	19	20	21	22	23	24	25	26	0

即把信息中的每个字母当作 1 与 26 之间的一个数来对待，一般用 0 表示空格。

例如，要发出信息“sendmoney”时，使用上述编码，则此信息的编码是：

$$19,5,14,4,13,15,14,5,25,$$

其中 5 表示字母 e。但这种编码很容易被人破译。因为在一段较长的信息编码中，人们会根据那个出现频率最高的数值而猜出它代表的是哪个字母，比如看到上述编码中出现次数最多的数值5，人们就会想到它代表的字母是e，因为在统计规律中，字母e是英文单词中出现频率最高的。

还有一种加密方法——线性加密法，例如，用公式 $C_x=7L_x+6$ 将字母 L_x 加密为密码字母。这种加密法也容易被破译。

可见，加密方式越简单，信息泄露就越容易。**矩阵加密法**是一种使用简单但很难被破译的加密方式，它是信息编码与译码的一种方法，该方法应用广泛，有较多的变化形式。

下面我们介绍一种基于可逆矩阵的矩阵加密法。

1. 加密

将明文编码成矩阵 X，发送信息者和接收信息者提前约定加密矩阵 $\boldsymbol{A}$(密钥)，用矩阵乘法 $\boldsymbol{AX}$ 对明文进行加密，得到密文 $\boldsymbol{B}$，即 $\boldsymbol{AX}=\boldsymbol{B}$。

例 1　将信息"sendmoney"，用加密矩阵 $\boldsymbol{P}=\begin{pmatrix}1&2&1\\2&5&3\\2&3&2\end{pmatrix}$ 做矩阵乘法运算，请问密文是多少？

解　先将明文编码按3列排成矩阵

$$\boldsymbol{A}=\begin{pmatrix}19&4&14\\5&13&5\\14&15&25\end{pmatrix}。$$

设密文对应的矩阵是 $\boldsymbol{B}$，则

$$\boldsymbol{B}=\boldsymbol{PA}=\begin{pmatrix}1&2&1\\2&5&3\\2&3&2\end{pmatrix}\begin{pmatrix}19&4&14\\5&13&5\\14&15&25\end{pmatrix}=\begin{pmatrix}43&45&49\\105&118&128\\81&77&93\end{pmatrix},$$

得到密文编码：43，105，81，45，118，77，49，128，93，将密文编码发给接收者。

例1演示了如何将明文进行加密。如果接收者收到密文后，如何进行解密，从而得到发送者真正传递的消息呢？

2. 解密

接收者收到密文 $\boldsymbol{B}$ 后，用提前已知的密钥 $\boldsymbol{A}$ 和算法 $\boldsymbol{AX}=\boldsymbol{B}$，求出明文 $\boldsymbol{X}$，即解矩阵方程。如果 $\boldsymbol{A}$ 可逆，则 $\boldsymbol{X}=\boldsymbol{A}^{-1}\boldsymbol{B}$。可以用2.4节学习过的矩阵方程的求解方法求得，即

$$(\boldsymbol{A}\,\vdots\,\boldsymbol{B})\xrightarrow{\text{初等行变换}}(\boldsymbol{E}\,\vdots\,\boldsymbol{A}^{-1}\boldsymbol{B})。$$

我们用例2来举例说明。

例 2　王亮与李红互发秘密消息，约定加密时使用矩阵的左乘运算，且加密矩阵为可逆矩阵 $\boldsymbol{A}=\begin{pmatrix}1&1&1\\-1&0&1\\0&1&1\end{pmatrix}$。现在李红接收到信息 $\boldsymbol{B}=\begin{pmatrix}39&14&26&19\\-1&9&2&-14\\30&14&14&4\end{pmatrix}$。请大家帮李红将接收到的信息解密。

解　设明文为 $\boldsymbol{X}$，根据题意，已知 $\boldsymbol{AX}=\boldsymbol{B}$，现计算 $\boldsymbol{X}$。

用解矩阵方程的方法：$(\boldsymbol{A}\,\vdots\,\boldsymbol{B})\xrightarrow{\text{初等行变换}}(\boldsymbol{E}\,\vdots\,\boldsymbol{A}^{-1}\boldsymbol{B})$进行求解。

$$(\boldsymbol{A} \vdots \boldsymbol{B})=\left(\begin{array}{ccc:cccc}1 & 1 & 1 & 39 & 14 & 26 & 19 \\ -1 & 0 & 1 & -1 & 9 & 2 & -14 \\ 0 & 1 & 1 & 30 & 14 & 14 & 4\end{array}\right) \xrightarrow{r_2+r_1}\left(\begin{array}{ccccccc}1 & 1 & 1 & 39 & 14 & 26 & 19 \\ 0 & 1 & 2 & 38 & 23 & 28 & 5 \\ 0 & 1 & 1 & 30 & 14 & 14 & 4\end{array}\right)$$

$$\xrightarrow[r_3-r_2]{r_1-r_2}\left(\begin{array}{ccccccc}1 & 0 & -1 & 1 & -9 & -2 & 14 \\ 0 & 1 & 2 & 38 & 23 & 28 & 5 \\ 0 & 0 & -1 & -8 & -9 & -14 & -1\end{array}\right) \xrightarrow[\substack{r_2+2r_3 \\ -r_3}]{r_1-r_3}\left(\begin{array}{ccc:cccc}1 & 0 & 0 & 9 & 0 & 12 & 15 \\ 0 & 1 & 0 & 22 & 5 & 0 & 3 \\ 0 & 0 & 1 & 8 & 9 & 14 & 1\end{array}\right),$$

得到

$$\boldsymbol{X}=\begin{pmatrix}9 & 0 & 12 & 15 \\ 22 & 5 & 0 & 3 \\ 8 & 9 & 14 & 1\end{pmatrix}。$$

将编码与代码子表对应，得到明文的字母，如图 2-3 所示。

9	0	12	15	22	5	0	3	8	9	14	1
↓	↓	↓	↓	↓	↓	↓	↓	↓	↓	↓	↓
I	空格	l	o	v	e	空格	C	h	i	n	a

图 2-3

即李红将接收到的信息是 I love China。

习题 2.7

1. 现有一段明文（中文汉语拼音字母），若利用矩阵 $\boldsymbol{P}=\begin{pmatrix}1 & 2 & 1 \\ 2 & 5 & 3 \\ 2 & 3 & 2\end{pmatrix}$ 加密，发出的密文编码为：41，97，81，33，92，66，59，154，103。请破译这段密文，完成李白脍炙人口的千古绝唱古诗句“故人西辞黄鹤楼，烟花三月下 * *”。

扫码查看习题参考答案

本章小结

1. 矩阵的定义以及几类特殊矩阵。

2. 矩阵运算的规律。

1）矩阵的加法

(1) $\boldsymbol{A}+\boldsymbol{B}=\boldsymbol{B}+\boldsymbol{A}$；　(2) $(\boldsymbol{A}+\boldsymbol{B})+\boldsymbol{C}=\boldsymbol{A}+(\boldsymbol{B}+\boldsymbol{C})$；

(3) $\boldsymbol{A}+\boldsymbol{O}=\boldsymbol{O}+\boldsymbol{A}=\boldsymbol{A}$；　(4) $\boldsymbol{A}+(-\boldsymbol{A})=\boldsymbol{A}-\boldsymbol{A}=\boldsymbol{O}$。

其中 $\boldsymbol{A},\boldsymbol{B},\boldsymbol{C}$ 均为 $m\times n$ 矩阵，$\boldsymbol{O}$ 为 $m\times n$ 矩阵。

2）矩阵的数乘

(1) $k(\boldsymbol{A}+\boldsymbol{B})=k\boldsymbol{A}+k\boldsymbol{B}$；　(2) $(k+l)\boldsymbol{A}=k\boldsymbol{A}+l\boldsymbol{A}$；

(3) $k(l\boldsymbol{A})=(kl)\boldsymbol{A}=l(k\boldsymbol{A})$；　(4) $1\boldsymbol{A}=\boldsymbol{A}$，$0\boldsymbol{A}=\boldsymbol{O}$。

3）矩阵的乘法

(1) $(\boldsymbol{AB})\boldsymbol{C}=\boldsymbol{A}(\boldsymbol{BC})$；　(2) $\boldsymbol{A}(\boldsymbol{B}+\boldsymbol{C})=\boldsymbol{AB}+\boldsymbol{AC}$；$(\boldsymbol{B}+\boldsymbol{C})\boldsymbol{A}=\boldsymbol{BA}+\boldsymbol{CA}$；

(3) $\lambda(\boldsymbol{AB})=(\lambda\boldsymbol{A})\boldsymbol{B}=\boldsymbol{A}(\lambda\boldsymbol{B})$；　(4) $\boldsymbol{EA}=\boldsymbol{AE}=\boldsymbol{A}$。

4）方阵的幂

(1) $A^kA^l=A^{k+l}$； (2) $(A^k)^l=A^{kl}$。

对任意方阵A，我们规定$A^0=E$。

5）矩阵的转置

(1) $(A^T)^T=A$；

(2) $(A\pm B)^T=A^T\pm B^T$；

(3) $(kA)^T=kA^T$，k为常数；

(4) $(AB)^T=B^TA^T$；

(5) $(A_1\pm A_2\pm\cdots\pm A_k)^T=A_1^T\pm A_2^T\pm\cdots\pm A_k^T$；

(6) $(A_1A_2\cdots A_k)^T=A_k^TA_{k-1}^T\cdots A_1^T$。

6）设n阶方阵$A=(a_{ij})_{n\times n}$，

若$A^T=A$，则称A为对称矩阵，即$a_{ij}=a_{ji}(i,j=1,2,\cdots,n)$；

若$A^T=-A$，则称A为反对称矩阵，即$a_{ij}=-a_{ji}(i,j=1,2,\cdots,n)$。

7）方阵的行列式

(1) $|A^T|=|A|$； (2) $|kA|=k^n|A|$；

(3) $|AB|=|A||B|$； (4) $|A_1A_2\cdots A_m|=|A_1||A_2|\cdots|A_m|$；

(5) $|A^k|=|A|^k$。

其中A，B均为n阶方阵，λ为常数。

8）伴随矩阵：$AA^*=A^*A=|A|E$，其中A为n阶方阵。

3. 逆矩阵。

1）逆矩阵的定义

2）逆矩阵的有关性质

性质1 若矩阵A可逆，则它的逆矩阵A^{-1}是唯一的。

性质2 若矩阵A可逆，则它的逆矩阵A^{-1}也可逆，且$(A^{-1})^{-1}=A$。

性质3 若矩阵A可逆，则$|A|\neq0$，且$|A^{-1}|=\dfrac{1}{|A|}$。

性质4 若矩阵A可逆，则它的转置矩阵A^T也可逆，且$(A^T)^{-1}=(A^{-1})^T$。

性质5 若A，B是同阶可逆矩阵，则AB也可逆，且$(AB)^{-1}=B^{-1}A^{-1}$。

性质5可推广到有限个同阶可逆矩阵相乘的情形。

若$A_1,A_2,\cdots,A_k$为同阶可逆矩阵，则$(A_1A_2\cdots A_k)^{-1}=A_k^{-1}A_{k-1}^{-1}\cdots A_1^{-1}$。

性质6 若矩阵A可逆，数$k\neq0$，则kA也可逆，且$(kA)^{-1}=\dfrac{1}{k}A^{-1}$。

性质7 若矩阵A可逆，且$AB=AC$，则$B=C$。

对任意方阵A，我们规定$(A^{-1})^k=A^{-k}$（k为正整数）。

3）方阵A可逆的条件

(1) 若$AB=E$或$BA=E$，则A可逆且$A^{-1}=B$；

(2) A可逆的充分必要条件是$|A|\neq0$（A是非奇异矩阵）；

(3) A可逆的充分必要条件是A与单位矩阵E等价。

4) 求逆矩阵的方法

(1) $\boldsymbol{A}^{-1}=\dfrac{1}{|\boldsymbol{A}|}\boldsymbol{A}^*$;

(2) $(\boldsymbol{A}\,\vdots\,\boldsymbol{E})\xrightarrow{\text{初等行变换}}(\boldsymbol{E}\,\vdots\,\boldsymbol{A}^{-1})$;

(3) $\begin{pmatrix}\boldsymbol{A}\\ \hdashline \boldsymbol{E}\end{pmatrix}\xrightarrow{\text{初等列变换}}\begin{pmatrix}\boldsymbol{E}\\ \hdashline \boldsymbol{A}^{-1}\end{pmatrix}$。

4. 矩阵的初等变换。

1) 初等变换:

$r_i\leftrightarrow r_j(c_i\leftrightarrow c_j)$, $kr_i(kc_i)$, $r_i+kr_j(c_i+kc_j)$。

2) 矩阵等价的定义及有关性质;标准型矩阵。

3) 初等矩阵:$\boldsymbol{E}(i,j)$,$\boldsymbol{E}(i(k))$,$\boldsymbol{E}(i,j(k))$。

4) 利用初等变换求解矩阵方程的方法

(1) 矩阵方程 $\boldsymbol{AX}=\boldsymbol{B}$,若 $\boldsymbol{A}$ 可逆,得 $\boldsymbol{X}=\boldsymbol{A}^{-1}\boldsymbol{B}$,即

$$(\boldsymbol{A}\,\vdots\,\boldsymbol{B})\xrightarrow{\text{初等行变换}}(\boldsymbol{E}\,\vdots\,\boldsymbol{A}^{-1}\boldsymbol{B})。$$

(2) 矩阵方程 $\boldsymbol{XA}=\boldsymbol{B}$,若 $\boldsymbol{A}$ 可逆,得 $\boldsymbol{X}=\boldsymbol{BA}^{-1}$,即

$$\begin{pmatrix}\boldsymbol{A}\\ \hdashline \boldsymbol{B}\end{pmatrix}\xrightarrow{\text{初等列变换}}\begin{pmatrix}\boldsymbol{E}\\ \hdashline \boldsymbol{BA}^{-1}\end{pmatrix}。$$

(3) 矩阵方程 $\boldsymbol{AXB}=\boldsymbol{C}$,若 $\boldsymbol{A},\boldsymbol{B}$ 可逆,得 $\boldsymbol{X}=\boldsymbol{A}^{-1}\boldsymbol{CB}^{-1}$,

$$(\boldsymbol{A}\,\vdots\,\boldsymbol{C})\xrightarrow{\text{初等行变换}}(\boldsymbol{E}\,\vdots\,\boldsymbol{A}^{-1}\boldsymbol{C}),$$

然后令 $\boldsymbol{A}^{-1}\boldsymbol{C}=\boldsymbol{H}$,再做如下初等列变换,得

$$\begin{pmatrix}\boldsymbol{B}\\ \hdashline \boldsymbol{H}\end{pmatrix}\xrightarrow{\text{初等列变换}}\begin{pmatrix}\boldsymbol{E}\\ \hdashline \boldsymbol{HB}^{-1}\end{pmatrix}。$$

5. 矩阵的秩。

1) 行阶梯形矩阵与行最简形矩阵的定义。

2) 矩阵中非零子式的最高阶数称为矩阵的秩。

3) 求矩阵的秩的一般方法:用初等变换将矩阵化为阶梯形矩阵,其非零行的行数即为矩阵的秩。

4) 矩阵的秩具有以下性质

(1) 设有矩阵 $\boldsymbol{A}_{m\times n}$,则 $0\leqslant r(\boldsymbol{A})\leqslant\min\{m,n\}$。

(2) 设有矩阵 $\boldsymbol{A}_{m\times n}$,则 $r(\boldsymbol{A})=r(\boldsymbol{A}^{\mathrm{T}})$。

(3) 若矩阵 $\boldsymbol{A}_{m\times n}$ 与矩阵 $\boldsymbol{B}_{m\times n}$ 等价,即 $\boldsymbol{A}\to\boldsymbol{B}$,则 $r(\boldsymbol{A})=r(\boldsymbol{B})$。

(4) 设有矩阵 $\boldsymbol{A}_{m\times n}$,若矩阵 $\boldsymbol{P}_{m\times m}$,$\boldsymbol{Q}_{n\times n}$ 可逆,则 $r(\boldsymbol{PAQ})=r(\boldsymbol{A})$。

(5) 设有矩阵 $\boldsymbol{A}_{m\times n}$,$\boldsymbol{B}_{m\times n}$,则 $r(\boldsymbol{A}+\boldsymbol{B})\leqslant r(\boldsymbol{A})+r(\boldsymbol{B})$。

(6) 设有矩阵 $\boldsymbol{A}_{m\times n}$,$\boldsymbol{B}_{n\times s}$,则有 $r(\boldsymbol{AB})\leqslant\min\{r(\boldsymbol{A}),r(\boldsymbol{B})\}$。

(7) 设有矩阵 $\boldsymbol{A}_{m\times n}$,$\boldsymbol{B}_{m\times n}$,则 $\max\{r(\boldsymbol{A}),r(\boldsymbol{B})\}\leqslant r(\boldsymbol{A},\boldsymbol{B})\leqslant r(\boldsymbol{A})+r(\boldsymbol{B})$,其中$(\boldsymbol{A},\boldsymbol{B})$表示分块矩阵。

(8) (西尔维斯特不等式)设有矩阵 $\boldsymbol{A}_{m\times n}$,$\boldsymbol{B}_{n\times s}$,则 $r(\boldsymbol{AB})\geqslant r(\boldsymbol{A})+r(\boldsymbol{B})-n$。

(9) 设有矩阵 $\boldsymbol{A}_{m\times n}$,$\boldsymbol{B}_{n\times s}$,若 $\boldsymbol{AB}=\boldsymbol{O}$,则 $r(\boldsymbol{A})+r(\boldsymbol{B})\leqslant n$。

(10) 设 $\boldsymbol{A}^*$ 是 n 阶方阵 $\boldsymbol{A}$ 的伴随矩阵，则 $r(\boldsymbol{A}^*)=\begin{cases} n, & 当\ r(\boldsymbol{A})=n\ 时, \\ 1, & 当\ r(\boldsymbol{A})=n-1\ 时, \\ 0, & 当\ r(\boldsymbol{A})\leqslant n-2\ 时。\end{cases}$

6. 分块矩阵。

1）分块矩阵的定义。

2）分块矩阵的加法、数与分块矩阵的乘法、分块矩阵的乘法、分块矩阵的转置的运算。

3）对角分块矩阵的形式以及对角分块矩阵的运算。

第2章总习题

一、单项选择题。

1. 设 $\boldsymbol{A},\boldsymbol{B}$ 均为 n 阶方阵，则 $(\boldsymbol{A}+\boldsymbol{B})(\boldsymbol{A}-\boldsymbol{B})=\boldsymbol{A}^2-\boldsymbol{B}^2$ 的充要条件是（　　）。

A. $\boldsymbol{A}=\boldsymbol{E}$　　B. $\boldsymbol{B}=\boldsymbol{O}$　　C. $\boldsymbol{AB}=\boldsymbol{BA}$　　D. $\boldsymbol{A}=\boldsymbol{B}$

2. 设 $\boldsymbol{A},\boldsymbol{B}$ 均为 n 阶方阵，满足关系式 $\boldsymbol{AB}=\boldsymbol{O}$，则必有（　　）。

A. $\boldsymbol{A}=\boldsymbol{O}$ 或 $\boldsymbol{B}=\boldsymbol{O}$　　B. $\boldsymbol{A}+\boldsymbol{B}=\boldsymbol{O}$

C. $|\boldsymbol{A}|=0$ 或 $|\boldsymbol{B}|=0$　　D. $|\boldsymbol{A}|+|\boldsymbol{B}|=0$

3. 设 $\boldsymbol{A},\boldsymbol{B}$ 均为 n 阶方阵，则下列式子中正确的是（　　）。

A. $\boldsymbol{AB}=\boldsymbol{BA}$　　B. $|\boldsymbol{AB}|=|\boldsymbol{BA}|$

C. $|\boldsymbol{A}+\boldsymbol{B}|=|\boldsymbol{A}|+|\boldsymbol{B}|$　　D. $(\boldsymbol{A}+\boldsymbol{B})^{-1}=\boldsymbol{A}^{-1}+\boldsymbol{B}^{-1}$

4. 设 $\boldsymbol{A},\boldsymbol{B}$ 为三阶矩阵，且 $|\boldsymbol{A}|=3$，$|\boldsymbol{B}|=2$，且 $|\boldsymbol{A}^{-1}+\boldsymbol{B}|=2$，则 $|\boldsymbol{A}+\boldsymbol{B}^{-1}|=$（　　）。

A. 3　　B. 2　　C. 1　　D. 4

5. 设 $\boldsymbol{A}$ 是三阶方阵，且 $|\boldsymbol{A}|=2$，则 $|3\boldsymbol{A}^{-1}-2\boldsymbol{A}^*|=$（　　）。

A. 3　　B. $-\dfrac{1}{2}$　　C. 1　　D. $\dfrac{1}{2}$

6. (2018年数二第8题)设 $\boldsymbol{A},\boldsymbol{B}$ 为 n 阶矩阵，记 $r(\boldsymbol{X})$ 为矩阵 $\boldsymbol{X}$ 的秩，$(\boldsymbol{X},\boldsymbol{Y})$ 表示分块矩阵，则（　　）。

扫码看微课视频

A. $r(\boldsymbol{A},\boldsymbol{AB})=r(\boldsymbol{A})$　　B. $r(\boldsymbol{A},\boldsymbol{BA})=r(\boldsymbol{A})$

C. $r(\boldsymbol{A},\boldsymbol{B})=\max\{r(\boldsymbol{A}),r(\boldsymbol{B})\}$　　D. $r(\boldsymbol{A},\boldsymbol{B})=r(\boldsymbol{A}^{\mathrm{T}}\boldsymbol{B}^{\mathrm{T}})$

7. (2021年数二第10题/数三第7题)已知矩阵 $\boldsymbol{A}=\begin{pmatrix} 1 & 0 & 1 \\ 2 & -1 & 1 \\ -1 & 2 & -5 \end{pmatrix}$，若存在下三角可逆矩阵 $\boldsymbol{P}$ 和上三角可逆矩阵 $\boldsymbol{Q}$，使 $\boldsymbol{PAQ}$ 为对角矩阵，则 $\boldsymbol{P},\boldsymbol{Q}$ 可分别取（　　）。

A. $\begin{pmatrix} 1 & 0 & 0 \\ 0 & 1 & 0 \\ 0 & 0 & 1 \end{pmatrix},\begin{pmatrix} 1 & 0 & 1 \\ 0 & 1 & 3 \\ 0 & 0 & 1 \end{pmatrix}$　　B. $\begin{pmatrix} 1 & 0 & 0 \\ 2 & -1 & 0 \\ -3 & 2 & 1 \end{pmatrix},\begin{pmatrix} 1 & 0 & 0 \\ 0 & 1 & 0 \\ 0 & 0 & 1 \end{pmatrix}$

C. $\begin{pmatrix} 1 & 0 & 0 \\ 2 & -1 & 0 \\ -3 & 2 & 1 \end{pmatrix},\begin{pmatrix} 1 & 0 & 1 \\ 0 & 1 & 3 \\ 0 & 0 & 1 \end{pmatrix}$　　D. $\begin{pmatrix} 1 & 0 & 0 \\ 0 & 1 & 0 \\ 1 & 3 & 1 \end{pmatrix},\begin{pmatrix} 1 & 2 & -3 \\ 0 & -1 & 2 \\ 0 & 0 & 1 \end{pmatrix}$

二、填空题。

1. 设 $\boldsymbol{A}=\begin{pmatrix}1&1\\0&1\end{pmatrix}$，$\boldsymbol{B}=\begin{pmatrix}-1&2\\1&1\end{pmatrix}$，则 $(\boldsymbol{AB})^{\mathrm{T}}=$________。

2. 设 $\boldsymbol{A}=\begin{pmatrix}1&2\\-1&0\end{pmatrix}$，$\boldsymbol{B}=\begin{pmatrix}1&-1\\1&2\end{pmatrix}$，则 $|\boldsymbol{AB}|=$________。

3. 设 $\boldsymbol{A}$ 为三阶方阵，且 $|\boldsymbol{A}|=-2$，则 $|2\boldsymbol{A}|=$________。

4. 设 $\boldsymbol{A},\boldsymbol{B}$ 均为 n 阶逆矩阵，则 $(\boldsymbol{AB})^k=\boldsymbol{A}^k\boldsymbol{B}^k$ 的充要条件是________。

5. 设 n 阶方阵 $\boldsymbol{A}$ 满足 $\boldsymbol{A}^2+3\boldsymbol{A}-2\boldsymbol{E}=\boldsymbol{O}$，则 $(\boldsymbol{A}+\boldsymbol{E})^{-1}=$________。

6. 设矩阵 $\boldsymbol{A}=\begin{pmatrix}0&0&1\\0&1&0\\1&0&0\end{pmatrix}$，$\boldsymbol{C}=\begin{pmatrix}1&-1&0\\0&1&0\\0&0&1\end{pmatrix}$，$\boldsymbol{D}=\begin{pmatrix}1&2&3\\0&2&3\\0&0&3\end{pmatrix}$，且三阶矩阵 $\boldsymbol{B}$ 满足 $\boldsymbol{ABC}=\boldsymbol{D}$，则 $|\boldsymbol{B}^{-1}|=$________。

7. (2016 年数二第 14 题)设矩阵 $\begin{pmatrix}a&-1&-1\\-1&a&-1\\-1&-1&a\end{pmatrix}$ 与 $\begin{pmatrix}1&1&0\\0&-1&1\\1&0&1\end{pmatrix}$ 等价，则 $a=$________。

8. (2019 年数二第 14 题)已知矩阵 $\boldsymbol{A}=\begin{pmatrix}1&-1&0&0\\-2&1&-1&1\\3&-2&2&-1\\0&0&3&4\end{pmatrix}$，$A_{ij}$ 表示 $|\boldsymbol{A}|$ 中 (i,j) 的代数余子式，则 $A_{11}-A_{12}=$________。

三、判断题。

1. 两个零矩阵一定相等。(　　)

2. 矩阵 $\boldsymbol{A}$ 可逆当且仅当 $|\boldsymbol{A}|\neq 0$。(　　)

3. 对于任意矩阵 $\boldsymbol{A}$ 和 $\boldsymbol{B}$，均有 $|\boldsymbol{A}+\boldsymbol{B}|=|\boldsymbol{A}|+|\boldsymbol{B}|$。(　　)

4. 设矩阵 $\boldsymbol{A},\boldsymbol{B},\boldsymbol{C}$ 均为 n 阶方阵，若 $\boldsymbol{AB}=\boldsymbol{AC}$，则有 $\boldsymbol{B}=\boldsymbol{C}$。(　　)

5. 设矩阵 $\boldsymbol{A},\boldsymbol{B}$ 均为 n 阶方阵，若 $\boldsymbol{AB}=\boldsymbol{O}$，则有 $\boldsymbol{A}=\boldsymbol{O}$ 或 $\boldsymbol{B}=\boldsymbol{O}$。(　　)

四、解答题。

1. 已知 $\boldsymbol{A}=\begin{pmatrix}1&0&3\\0&2&1\\0&0&1\end{pmatrix}$，$\boldsymbol{B}=\begin{pmatrix}1&0&0\\0&2&1\\3&0&1\end{pmatrix}$。

(1) 求 $\boldsymbol{A}+\boldsymbol{B},\boldsymbol{A}-\boldsymbol{B},\boldsymbol{A}^2,\boldsymbol{B}^2$；

(2) 求 $(\boldsymbol{A}+\boldsymbol{B})(\boldsymbol{A}-\boldsymbol{B})$；

(3) 求 $\boldsymbol{A}^2-\boldsymbol{B}^2$，比较 $(\boldsymbol{A}+\boldsymbol{B})(\boldsymbol{A}-\boldsymbol{B})$ 与 $\boldsymbol{A}^2-\boldsymbol{B}^2$ 的结果，可得出什么结论？

2. 设 $\boldsymbol{A}=\begin{pmatrix}0&1&2\\2&1&3\\1&-1&0\end{pmatrix}$，$\boldsymbol{B}=\begin{pmatrix}0&1\\1&0\\0&1\end{pmatrix}$，求 $\boldsymbol{AB}$。

3. 判断下列矩阵是否是满秩矩阵，如果是，试用初等变换求其逆矩阵。

(1) $\boldsymbol{A}=\begin{pmatrix}2&3&3\\1&-1&0\\-1&2&1\end{pmatrix}$；　(2) $\boldsymbol{A}=\begin{pmatrix}1&2&3\\2&2&1\\3&4&3\end{pmatrix}$；　(3) $\boldsymbol{A}=\begin{pmatrix}2&0&0\\0&1&-1\\0&2&3\end{pmatrix}$。

4. 求下列矩阵的秩：

(1) $\boldsymbol{A}=\begin{pmatrix}2&1&-1&1&4\\0&3&1&8&0\\0&0&0&1&2\\0&0&0&0&0\end{pmatrix}$；　(2) $\boldsymbol{A}=\begin{pmatrix}1&-1&1&2\\1&1&2&1\\2&0&3&2\end{pmatrix}$；

(3) $\boldsymbol{A}=\begin{pmatrix}1&2&3&4&5\\-1&-2&-3&-3&-4\\1&3&3&3&4\\2&2&7&9&11\end{pmatrix}$。

5. 用初等行变换将矩阵 $\boldsymbol{A}=\begin{pmatrix}1&-1&-1&1&2\\3&1&-5&3&10\\2&0&-3&2&6\\0&2&-1&0&3\end{pmatrix}$ 化为行最简形矩阵。

6. 已知 n 阶矩阵 $\boldsymbol{A}$ 满足 $\boldsymbol{A}^2-3\boldsymbol{A}-2\boldsymbol{E}=\boldsymbol{O}$，试证 $\boldsymbol{A}$ 可逆，并求 $\boldsymbol{A}^{-1}$。

7. 已知矩阵 $\boldsymbol{A}=\begin{pmatrix}2&1&-3\\1&2&-2\\-1&3&2\end{pmatrix}$，$\boldsymbol{B}=\begin{pmatrix}1&-1\\2&0\\-2&5\end{pmatrix}$，求矩阵 $\boldsymbol{X}$，使 $\boldsymbol{AX}=\boldsymbol{B}$。

8. 设 $\boldsymbol{A}=\begin{pmatrix}1&2&3\\2&2&1\\3&4&3\end{pmatrix}$，$\boldsymbol{B}=\begin{pmatrix}2&1\\5&3\end{pmatrix}$，$\boldsymbol{C}=\begin{pmatrix}1&3\\2&0\\3&1\end{pmatrix}$。

(1) 求矩阵 $\boldsymbol{X}$，使其满足 $\boldsymbol{AX}=\boldsymbol{C}$；

(2) 求矩阵 $\boldsymbol{X}$，使其满足 $\boldsymbol{XB}=\boldsymbol{C}$；

(3) 求矩阵 $\boldsymbol{X}$，使其满足 $\boldsymbol{AXB}=\boldsymbol{C}$。

9. 设 $\boldsymbol{A}=\begin{pmatrix}2&1&1\\1&3&1\\1&1&4\end{pmatrix}$，且三阶方阵 $\boldsymbol{B}$ 满足 $\boldsymbol{A}+\boldsymbol{B}=\boldsymbol{AB}$，求 $\boldsymbol{B}$。

10. k 取什么值时，矩阵 $\boldsymbol{A}=\begin{pmatrix}1&0&0\\0&k&0\\1&-1&1\end{pmatrix}$ 可逆？并求其逆矩阵。

11. 设 $\boldsymbol{A}=\begin{pmatrix}x&1&1\\1&x&1\\1&1&x\end{pmatrix}$，试问：

(1) x 取什么值时，$r(\boldsymbol{A})=1$？

(2) x 取什么值时，$r(\boldsymbol{A})=2$？

(3) x 取什么值时，$r(\boldsymbol{A})=3$？

12. 设矩阵 $\boldsymbol{A}=\begin{pmatrix}1&0&0&0&0&0&0\\2&3&0&0&0&0&0\\0&0&2&1&0&0&0\\0&0&3&4&0&0&0\\0&0&0&0&5&3&2\\0&0&0&0&0&1&0\\0&0&0&0&0&0&2\end{pmatrix}$，利用分块矩阵求 $\boldsymbol{A}^{-1}$。

13. 设 $\boldsymbol{P}=\begin{pmatrix}2&-2\\0&1\end{pmatrix}$，$\boldsymbol{\Lambda}=\begin{pmatrix}1&1\\0&1\end{pmatrix}$，且 $\boldsymbol{AP}=\boldsymbol{P\Lambda}$ 求 $\boldsymbol{A}^n$。

五、证明题。

1. $\boldsymbol{A}$ 为 n 阶可逆矩阵，$\boldsymbol{A}^*$ 为 $\boldsymbol{A}$ 的伴随矩阵，证明：

(1) $(\boldsymbol{A}^*)^{\mathrm{T}}=(\boldsymbol{A}^{\mathrm{T}})^*$；

(2) $(\boldsymbol{A}^*)^*=|\boldsymbol{A}|^{n-2}\boldsymbol{A}$；

(3) 若 $|\boldsymbol{A}|=0$，则 $|\boldsymbol{A}^*|=0$；

(4) $|\boldsymbol{A}^*|=|\boldsymbol{A}|^{n-1}$。

2. 假设 $\boldsymbol{A}$ 是反对称矩阵，$\boldsymbol{B}$ 是对称矩阵，证明：

(1) $\boldsymbol{A}^2$ 是对称矩阵；

(2) $\boldsymbol{AB}-\boldsymbol{BA}$ 是对称矩阵；

(3) 当且仅当 $\boldsymbol{AB}=\boldsymbol{BA}$ 时，$\boldsymbol{AB}$ 是反对称矩阵。

3. 证明：

(1) 若矩阵 $\boldsymbol{A}_1,\boldsymbol{A}_2$ 都可与 $\boldsymbol{B}$ 交换，则 $k\boldsymbol{A}_1+l\boldsymbol{A}_2$，$\boldsymbol{A}_1\boldsymbol{A}_2$ 也都与 $\boldsymbol{B}$ 可交换；

(2) 若矩阵 $\boldsymbol{A}$ 与 $\boldsymbol{B}$ 可交换，则 $\boldsymbol{A}$ 的任一多项式 $f(\boldsymbol{A})$ 也与 $\boldsymbol{B}$ 可交换；

(3) 若 $\boldsymbol{A}^2=\boldsymbol{B}^2=\boldsymbol{E}$，则 $(\boldsymbol{AB})^2=\boldsymbol{E}$ 的充分必要条件是 $\boldsymbol{A}$ 与 $\boldsymbol{B}$ 可交换。

扫码查看习题参考答案

第 3 章　向量组的线性相关性

在平面直角坐标系中，平面上的几何向量$\overrightarrow{OP}$可用它的终点的坐标(x,y)表示，其中x,y都是实数。向量$\overrightarrow{OP}$是实数域上的二维向量。

在空间直角坐标系中，几何向量$\overrightarrow{OP}$建立了与实数有序数组(x,y,z)一一对应的关系。因此几何向量$\overrightarrow{OP}$可看成是实数域上的三维向量。n维向量是二维、三维向量的推广。

在实际问题中，研究有序数组之间的关系显得十分重要。为了进一步研究这种关系，本章将着重讨论向量组的线性关系。

3.1　n 维向量

3.1.1　向量的概念

定义 3.1　由数域 P 中的 n 个数 $a_1,a_2,\cdots,a_n$ 组成的有序数组$(a_1,a_2,\cdots,a_n)$称为一个 **n 维向量**。通常用希腊字母$\boldsymbol{\alpha},\boldsymbol{\beta},\boldsymbol{\gamma},\cdots$表示向量，如$\boldsymbol{\alpha}=(a_1,a_2,\cdots,a_n)$，其中，$a_i$ 称为向量$\boldsymbol{\alpha}$ 的第 i 个分量$(i=1,2,\cdots,n)$。当向量里面的元素不会混淆时，也可以将向量记为$\boldsymbol{\alpha}=(a_1\quad a_2\quad \cdots\quad a_n)$。

经常也用拉丁字母 $a,b,c,\cdots$表示分量。当数域 P 为实数域时，即由 n 个实数构成的向量称为实向量。通常也称向量 $\boldsymbol{\alpha}$ 为**行向量**，而将 $\boldsymbol{\beta}=\begin{pmatrix} b_1\\ b_2\\ \vdots\\ b_n\end{pmatrix}=(b_1,b_2,\cdots,b_n)^{\mathrm{T}}$ 称为**列向量**。

所有分量都是 0 的向量称为**零向量**，零向量记作 $\mathbf{0}=(0,0,\cdots,0)$。

设 n 维向量$\boldsymbol{\alpha}=(a_1,a_2,\cdots,a_n)$，$\boldsymbol{\beta}=(b_1,b_2,\cdots,b_n)$，称$(-a_1,-a_2,\cdots,-a_n)$为 $\boldsymbol{\alpha}$ 的负向量，记作$-\boldsymbol{\alpha}$。

若$\boldsymbol{\alpha},\boldsymbol{\beta}$的对应分量相等，即 $a_i=b_i(i=1,2,\cdots,n)$，则称这两个**向量相等**，记作 $\boldsymbol{\alpha}=\boldsymbol{\beta}$。

其实行向量、列向量分别就是 2.1 节中的行矩阵和列矩阵。根据矩阵的加减法、数乘运算，我们也可以得到向量的线性运算法则。

3.1.2　向量的线性运算

1. 向量的加减法

设 n 维向量$\boldsymbol{\alpha}=(a_1,a_2,\cdots,a_n)$，$\boldsymbol{\beta}=(b_1,b_2,\cdots,b_n)$，规定向量 $\boldsymbol{\alpha}$ 与 $\boldsymbol{\beta}$ 的和为

$$\boldsymbol{\alpha}+\boldsymbol{\beta}=(a_1+b_1,a_2+b_2,\cdots,a_n+b_n)。$$

规定向量 $\boldsymbol{\alpha}$ 与 $\boldsymbol{\beta}$ 的减法为

$$\boldsymbol{\alpha}-\boldsymbol{\beta}=\boldsymbol{\alpha}+(-\boldsymbol{\beta})=(a_1-b_1,a_2-b_2,\cdots,a_n-b_n)。$$

2. 向量的数乘

设 n 维向量 $\boldsymbol{\alpha}=(a_1,a_2,\cdots,a_n)$，各分量乘以数 k 所构成的向量称为数 k 与向量 $\boldsymbol{\alpha}$ 的数量乘积，简称**数乘**，记作 $k\boldsymbol{\alpha}$，即

$$k\boldsymbol{\alpha}=(ka_1,ka_2,\cdots,ka_n)。$$

向量的加法和数乘运算，统称为**向量的线性运算**。

向量的线性运算满足以下性质：

(1) $\boldsymbol{\alpha}+\boldsymbol{\beta}=\boldsymbol{\beta}+\boldsymbol{\alpha}$(加法交换律)。

(2) $(\boldsymbol{\alpha}+\boldsymbol{\beta})+\boldsymbol{\gamma}=\boldsymbol{\alpha}+(\boldsymbol{\beta}+\boldsymbol{\gamma})$(加法结合律)。

(3) $\boldsymbol{\alpha}+\mathbf{0}=\boldsymbol{\alpha}$。

(4) $\boldsymbol{\alpha}+(-\boldsymbol{\alpha})=\mathbf{0}$。

(5) $k(\boldsymbol{\alpha}+\boldsymbol{\beta})=k\boldsymbol{\alpha}+k\boldsymbol{\beta}$(数乘分配律)。

(6) $(k+l)\boldsymbol{\alpha}=k\boldsymbol{\alpha}+l\boldsymbol{\alpha}$(数乘分配律)。

(7) $(kl)\boldsymbol{\alpha}=k(l\boldsymbol{\alpha})$(数乘结合律)。

(8) $1\cdot\boldsymbol{\alpha}=\boldsymbol{\alpha}$。

根据以上性质，容易得到：$0\boldsymbol{\alpha}=\mathbf{0}$，$k\mathbf{0}=\mathbf{0}$，$-k\boldsymbol{\alpha}=k(-\boldsymbol{\alpha})=(-k)\boldsymbol{\alpha}$，若 $k\neq0$，$\boldsymbol{\alpha}\neq\mathbf{0}\Rightarrow k\boldsymbol{\alpha}\neq\mathbf{0}$，其中 $\boldsymbol{\alpha},\boldsymbol{\beta},\boldsymbol{\gamma}$ 是 n 维向量，$\mathbf{0}$ 是 n 维零向量，k 和 l 为任意实数。

上述运算与性质是针对行向量给出的，当 $\boldsymbol{\alpha},\boldsymbol{\beta}$ 为列向量时，也有类似结论。

例 1 设向量 $\boldsymbol{\alpha}=(-3,1,2)$，$-\boldsymbol{\alpha}=(a-2,b+2c,a+c)$，求 a,b,c 的值。

解 因为 $-\boldsymbol{\alpha}=(3,-1,-2)=(a-2,b+2c,a+c)$，可得到

$$\begin{cases}a-2=3,\\ b+2c=-1,\\ a+c=-2,\end{cases}$$

故 $a=5,b=13,c=-7$。

例 2 设向量 $\boldsymbol{\alpha}=(3,0,2,-1)$，$\boldsymbol{\beta}=(-2,2,5,0)$，若 $\boldsymbol{\alpha}-3\boldsymbol{\beta}+2\boldsymbol{\gamma}=\mathbf{0}$，求向量 $\boldsymbol{\gamma}$。

解 由 $\boldsymbol{\alpha}-3\boldsymbol{\beta}+2\boldsymbol{\gamma}=\mathbf{0}$ 可得 $\boldsymbol{\gamma}=\frac{1}{2}(3\boldsymbol{\beta}-\boldsymbol{\alpha})$，即

$$\begin{aligned}\boldsymbol{\gamma}&=\frac{1}{2}[3(-2,2,5,0)-(3,0,2,-1)]\\&=\frac{1}{2}[(-6,6,15,0)-(3,0,2,-1)]\\&=\left(\frac{-9}{2},3,\frac{13}{2},\frac{1}{2}\right)。\end{aligned}$$

例 3 设 $\boldsymbol{A}=(\boldsymbol{\alpha}_1,\boldsymbol{\alpha}_2,\boldsymbol{\gamma}_1)$，$\boldsymbol{B}=(\boldsymbol{\alpha}_1,\boldsymbol{\alpha}_2,\boldsymbol{\gamma}_2)$ 皆为三阶矩阵，且 $|\boldsymbol{A}|=2$，$|\boldsymbol{B}|=3$，求 $|3\boldsymbol{A}-\boldsymbol{B}|$。

解
$$\begin{aligned}|3\boldsymbol{A}-\boldsymbol{B}|&=|3(\boldsymbol{\alpha}_1,\boldsymbol{\alpha}_2,\boldsymbol{\gamma}_1)-(\boldsymbol{\alpha}_1,\boldsymbol{\alpha}_2,\boldsymbol{\gamma}_2)|\\&=|2\boldsymbol{\alpha}_1,2\boldsymbol{\alpha}_2,3\boldsymbol{\gamma}_1-\boldsymbol{\gamma}_2|\end{aligned}$$

$$=|2\boldsymbol{\alpha}_1,2\boldsymbol{\alpha}_2,3\boldsymbol{\gamma}_1|+|2\boldsymbol{\alpha}_1,2\boldsymbol{\alpha}_2,-\boldsymbol{\gamma}_2|$$
$$=12|\boldsymbol{\alpha}_1,\boldsymbol{\alpha}_2,\boldsymbol{\gamma}_1|-4|\boldsymbol{\alpha}_1,\boldsymbol{\alpha}_2,\boldsymbol{\gamma}_2|$$
$$=12|\boldsymbol{A}|-4|\boldsymbol{B}|=12。$$

3.1.3　线性方程组的向量形式

设线性方程组

$$\begin{cases} a_{11}x_1+a_{12}x_2+\cdots+a_{1n}x_n=b_1, \\ a_{21}x_1+a_{22}x_2+\cdots+a_{2n}x_n=b_2, \\ \cdots\cdots\cdots\cdots\cdots\cdots \\ a_{m1}x_1+a_{m2}x_2+\cdots+a_{mn}x_n=b_m, \end{cases} \tag{3-1}$$

若令

$$\boldsymbol{\alpha}_1=\begin{pmatrix} a_{11} \\ a_{21} \\ \vdots \\ a_{m1} \end{pmatrix},\boldsymbol{\alpha}_2=\begin{pmatrix} a_{12} \\ a_{22} \\ \vdots \\ a_{m2} \end{pmatrix},\cdots,\boldsymbol{\alpha}_n=\begin{pmatrix} a_{1n} \\ a_{2n} \\ \vdots \\ a_{mn} \end{pmatrix},\boldsymbol{\beta}=\begin{pmatrix} b_1 \\ b_2 \\ \vdots \\ b_m \end{pmatrix},$$

则线性方程组(3-1)可以简写成

$$\boldsymbol{\alpha}_1x_1+\boldsymbol{\alpha}_2x_2+\cdots+\boldsymbol{\alpha}_nx_n=\boldsymbol{\beta}。 \tag{3-2}$$

称上式为线性方程组的向量形式。这样，我们就可以借助于向量讨论线性方程组。

习题 3.1

1. 设向量 $\boldsymbol{\alpha},\boldsymbol{\beta}$ 满足 $\boldsymbol{\alpha}+2\boldsymbol{\beta}=\begin{pmatrix} 6 \\ -1 \\ 1 \end{pmatrix}$，$\boldsymbol{\alpha}-2\boldsymbol{\beta}=\begin{pmatrix} 2 \\ -1 \\ -5 \end{pmatrix}$，求 $\boldsymbol{\alpha},\boldsymbol{\beta}$。

2. 已知向量 $\boldsymbol{\alpha},\boldsymbol{\beta},\boldsymbol{\gamma}$ 满足 $3\boldsymbol{\gamma}+\boldsymbol{\alpha}=2\boldsymbol{\gamma}+3\boldsymbol{\beta}$，其中 $\boldsymbol{\alpha}=(3,0,-1)$，$\boldsymbol{\beta}=(0,3,-1)$，求向量 $\boldsymbol{\gamma}$。

3. 设向量 $\boldsymbol{\alpha}=(2,-5,1,-3)$，$\boldsymbol{\beta}=(-10,1,-3,2)$，$\boldsymbol{\gamma}=(-4,1,1,-2)$，如果向量 $\boldsymbol{\alpha},\boldsymbol{\beta},\boldsymbol{\gamma},\boldsymbol{\eta}$ 满足 $3(\boldsymbol{\alpha}-\boldsymbol{\eta})+2(\boldsymbol{\beta}+\boldsymbol{\eta})=5(\boldsymbol{\gamma}+\boldsymbol{\eta})$，求向量 $\boldsymbol{\eta}$。

扫码查看习题参考答案

3.2　向量组的线性关系

相同维数的向量之间是否存在某种联系呢？例如，向量 $\boldsymbol{\alpha}=(2,1)$ 与 $\boldsymbol{\beta}=(4,2)$，显然有 $\boldsymbol{\beta}=2\boldsymbol{\alpha}$，可见两个向量之间最简单的关系是元素对应成比例，即 $\exists k\in\mathbf{R}$，使得 $\boldsymbol{\beta}=k\boldsymbol{\alpha}$。也就是说，向量 $\boldsymbol{\beta}$ 可由向量 $\boldsymbol{\alpha}$ 经过线性运算得到。

那么，多个相同维数的向量之间，是否也存在类似的比例关系呢？这就是本节我们要讨论的内容——线性组合和线性相关性。

为了叙述方便，我们给出如下定义：

定义 3.2　相同维数的向量的集合，称为**向量组**。

一般将向量组记为 T 或向量组(Ⅰ)、向量组(Ⅱ)等。例如,设有向量

$$\boldsymbol{\alpha}_1=(1,2,-1)^{\mathrm{T}},\boldsymbol{\alpha}_2=(2,1,0)^{\mathrm{T}},\boldsymbol{\alpha}_3=(2,-3,1)^{\mathrm{T}},$$

我们可以将它们记成向量组(Ⅰ):$\boldsymbol{\alpha}_1,\boldsymbol{\alpha}_2,\boldsymbol{\alpha}_3$。而向量 $\boldsymbol{\alpha}_1=(1,2,3),\boldsymbol{\alpha}_2=(-1,1),\boldsymbol{\alpha}_3=(0,-3,1)$不能形成一个向量组,因为它们的维数不同。

3.2.1　线性组合与线性表示

引例　设向量 $\boldsymbol{\alpha}=(-1,-2,1,-1),\boldsymbol{\beta}=(-2,3,-1,0),\boldsymbol{\gamma}=(-4,-1,1,-2)$,经计算,3 个向量存在 $\boldsymbol{\gamma}=2\boldsymbol{\alpha}+\boldsymbol{\beta}$ 的线性关系。说明向量 $\boldsymbol{\gamma}$ 可由向量 $\boldsymbol{\alpha},\boldsymbol{\beta}$ 经过线性运算得到。

我们给出如下定义。

定义 3.3　设有 n 维向量组 $\boldsymbol{\alpha}_1,\boldsymbol{\alpha}_2,\cdots,\boldsymbol{\alpha}_s,\boldsymbol{\beta}$。

(1) 若 $k_1,k_2,\cdots,k_s$ 是一组任意常数,称 $k_1\boldsymbol{\alpha}_1+k_2\boldsymbol{\alpha}_2+\cdots+k_s\boldsymbol{\alpha}_s$ 为向量组 $\boldsymbol{\alpha}_1,\boldsymbol{\alpha}_2,\cdots,\boldsymbol{\alpha}_s$ 的一个**线性组合**。

(2) 若存在一组数 $k_1,k_2,\cdots,k_s$,使得

$$\boldsymbol{\beta}=k_1\boldsymbol{\alpha}_1+k_2\boldsymbol{\alpha}_2+\cdots+k_s\boldsymbol{\alpha}_s \tag{3-3}$$

成立,则称向量 $\boldsymbol{\beta}$ 可由向量组 $\boldsymbol{\alpha}_1,\boldsymbol{\alpha}_2,\cdots,\boldsymbol{\alpha}_s$ **线性表示**(或**线性表出**),或称 $\boldsymbol{\beta}$ 是 $\boldsymbol{\alpha}_1,\boldsymbol{\alpha}_2,\cdots,\boldsymbol{\alpha}_s$ 的一个线性组合,称数 $k_1,k_2,\cdots,k_s$ 为**表出系数**或**组合系数**。

在引例中,因为 $\boldsymbol{\gamma}=2\boldsymbol{\alpha}+\boldsymbol{\beta}$,所以 $\boldsymbol{\gamma}$ 是向量组 $\boldsymbol{\alpha},\boldsymbol{\beta}$ 的一个线性组合。

例 1　证明:任意一个 n 维向量 $\boldsymbol{\alpha}=(a_1,a_2,\cdots,a_n)$都可由 n 维向量 $\boldsymbol{\varepsilon}_1=(1,0,\cdots,0),\boldsymbol{\varepsilon}_2=(0,1,\cdots,0),\cdots,\boldsymbol{\varepsilon}_n=(0,0,\cdots,1)$线性表出。

证明　若向量 $\boldsymbol{\alpha}=(a_1,a_2,\cdots,a_n)$已知,则存在数 $a_1,a_2,\cdots,a_n$,使得

$$\boldsymbol{\alpha}=a_1\boldsymbol{\varepsilon}_1+a_2\boldsymbol{\varepsilon}_2+\cdots+a_n\boldsymbol{\varepsilon}_n$$

成立。所以 $\boldsymbol{\alpha}$ 可以由 $\boldsymbol{\varepsilon}_1,\boldsymbol{\varepsilon}_2,\cdots,\boldsymbol{\varepsilon}_n$ 线性表出。

我们称 $\boldsymbol{\varepsilon}_1,\boldsymbol{\varepsilon}_2,\cdots,\boldsymbol{\varepsilon}_n$ 为 n **维基本单位向量组**。

例 2　设 $\boldsymbol{\beta}=\begin{pmatrix}0\\4\\2\end{pmatrix},\boldsymbol{\alpha}_1=\begin{pmatrix}1\\2\\3\end{pmatrix},\boldsymbol{\alpha}_2=\begin{pmatrix}2\\3\\1\end{pmatrix},\boldsymbol{\alpha}_3=\begin{pmatrix}3\\1\\2\end{pmatrix}$,问 $\boldsymbol{\beta}$ 是否能由 $\boldsymbol{\alpha}_1,\boldsymbol{\alpha}_2,\boldsymbol{\alpha}_3$ 线性表出?

解　设 $\boldsymbol{\beta}=k_1\boldsymbol{\alpha}_1+k_2\boldsymbol{\alpha}_2+k_3\boldsymbol{\alpha}_3$,则有

$$\begin{cases}k_1+2k_2+3k_3=0,\\2k_1+3k_2+k_3=4,\\3k_1+k_2+2k_3=2,\end{cases}$$

解得 $k_1=1,k_2=1,k_3=-1$,所以 $\boldsymbol{\beta}$ 能由 $\boldsymbol{\alpha}_1,\boldsymbol{\alpha}_2,\boldsymbol{\alpha}_3$ 唯一地线性表出,且

$$\boldsymbol{\beta}=\boldsymbol{\alpha}_1+\boldsymbol{\alpha}_2-\boldsymbol{\alpha}_3。$$

例 2 其实给出了一个对于给定向量 $\boldsymbol{\beta}$ 与向量组 $\boldsymbol{\alpha}_1,\boldsymbol{\alpha}_2,\cdots,\boldsymbol{\alpha}_s$,如何判断 $\boldsymbol{\beta}$ 能否由 $\boldsymbol{\alpha}_1,\boldsymbol{\alpha}_2,\cdots,\boldsymbol{\alpha}_s$ 线性表出的方法。

定理 3.1　向量 $\boldsymbol{\beta}$ 可由 $\boldsymbol{\alpha}_1,\boldsymbol{\alpha}_2,\cdots,\boldsymbol{\alpha}_s$ 线性表示的充要条件是线性方程 $x_1\boldsymbol{\alpha}_1+x_2\boldsymbol{\alpha}_2+\cdots+x_s\boldsymbol{\alpha}_s=\boldsymbol{\beta}$ 有解。

显然，向量 $\boldsymbol{\beta}$ 不能由 $\boldsymbol{\alpha}_1,\boldsymbol{\alpha}_2,\cdots,\boldsymbol{\alpha}_s$ 线性表示的充要条件是 $x_1\boldsymbol{\alpha}_1+x_2\boldsymbol{\alpha}_2+\cdots+x_s\boldsymbol{\alpha}_s=\boldsymbol{\beta}$ 无解。

3.2.2 线性相关与线性无关

1. 定义

下面我们给出向量组线性相关、线性无关的定义。

定义 3.4　设 n 维向量组 $\boldsymbol{\alpha}_1,\boldsymbol{\alpha}_2,\cdots,\boldsymbol{\alpha}_s$，常数 $k_1,k_2,\cdots,k_s\in\mathbf{R}$，如果

$$k_1\boldsymbol{\alpha}_1+k_2\boldsymbol{\alpha}_2+\cdots+k_s\boldsymbol{\alpha}_s=\mathbf{0}。\tag{3-4}$$

(1) 若存在一组不全为 0 的数 $k_1,k_2,\cdots,k_s$，使得(3-4)式成立，则称向量组 $\boldsymbol{\alpha}_1,\boldsymbol{\alpha}_2,\cdots,\boldsymbol{\alpha}_s$ 是**线性相关**的。

(2) 若当且仅当 $k_1=k_2=\cdots=k_s=0$ 时，(3-4)式才成立，则称向量组 $\boldsymbol{\alpha}_1,\boldsymbol{\alpha}_2,\cdots,\boldsymbol{\alpha}_s$ 是**线性无关**的。

例如，向量组 $\boldsymbol{\alpha}_1=(1\quad -1\quad 2)$，$\boldsymbol{\alpha}_2=(3\quad -3\quad 6)$，$\boldsymbol{\alpha}_3=(7\quad -2\quad 0)$，容易看出 $\boldsymbol{\alpha}_2=3\boldsymbol{\alpha}_1$，于是有 $3\boldsymbol{\alpha}_1-\boldsymbol{\alpha}_2+0\boldsymbol{\alpha}_3=\mathbf{0}$，所以向量组 $\boldsymbol{\alpha}_1,\boldsymbol{\alpha}_2,\boldsymbol{\alpha}_3$ 是线性相关的。

又例如向量组 $\boldsymbol{\alpha}_1=(1\quad 0\quad 0)$，$\boldsymbol{\alpha}_2=(2\quad 0\quad 1)$，$\boldsymbol{\alpha}_3=(3\quad 1\quad 0)$，要使 $k_1\boldsymbol{\alpha}_1+k_2\boldsymbol{\alpha}_2+k_3\boldsymbol{\alpha}_3=\mathbf{0}$ 成立，只有 $k_1=k_2=k_3=0$，所以向量组 $\boldsymbol{\alpha}_1,\boldsymbol{\alpha}_2,\boldsymbol{\alpha}_3$ 是线性无关的。

2. 几何解释

(1) 设 $\boldsymbol{\alpha}=\begin{pmatrix}x_1\\y_1\end{pmatrix}$，$\boldsymbol{\beta}=\begin{pmatrix}x_2\\y_2\end{pmatrix}$，在几何上，如果将这两个向量的起点均放在原点，则：

当 $\boldsymbol{\alpha},\boldsymbol{\beta}$ 线性相关，即 $\boldsymbol{\beta}=k\boldsymbol{\alpha}$（$\exists k\in\mathbf{R}$）时，它们落在同一直线上，如图 3-1(a)所示。

当 $\boldsymbol{\alpha},\boldsymbol{\beta}$ 线性无关时，它们不会落在同一直线上，如图 3-1(b)所示。

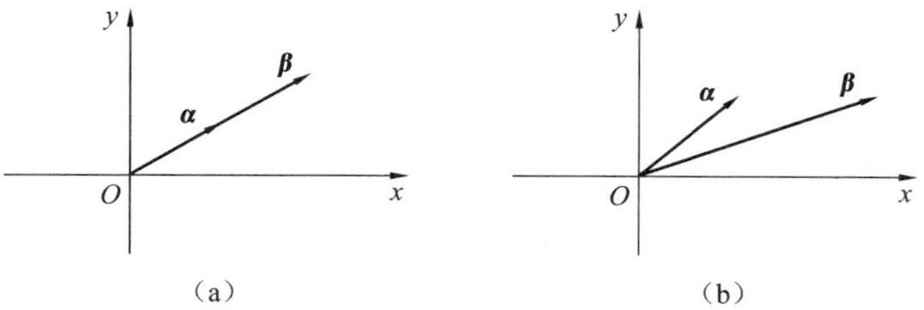

图 3-1

(2) 设 $\boldsymbol{\alpha}=\begin{pmatrix}x_1\\y_1\\z_1\end{pmatrix}$，$\boldsymbol{\beta}=\begin{pmatrix}x_2\\y_2\\z_2\end{pmatrix}$，在几何上，如果将这两个向量的起点均放在原点，则：

当 $\boldsymbol{\alpha},\boldsymbol{\beta}$ 线性相关时，它们落在同一直线上；

当 $\boldsymbol{\alpha},\boldsymbol{\beta}$ 线性无关时，它们不会落在同一直线上，即点 $O(0,0,0)$、$A(x_1,y_1,z_1)$、$B(x_2,y_2,z_2)$不共线，故它们确定了一个平面 π。

① 若点 $C(x_3,y_3,z_3)$在平面 π 上，则向量 $\boldsymbol{\gamma}=\begin{pmatrix}x_3\\y_3\\z_3\end{pmatrix}$ 是向量 $\boldsymbol{\alpha},\boldsymbol{\beta}$ 的线性组合，因此 $\boldsymbol{\alpha},\boldsymbol{\beta}$

和 $\boldsymbol{\gamma}$ 线性相关,如图 3-2(a)所示。

② 若点 $C(x_3,y_3,z_3)$不在平面 π 上,则向量 $\boldsymbol{\gamma}=\begin{pmatrix}x_3\\y_3\\z_3\end{pmatrix}$ 与向量 $\boldsymbol{\alpha},\boldsymbol{\beta}$ 线性无关,如图 3-2(b)所示。

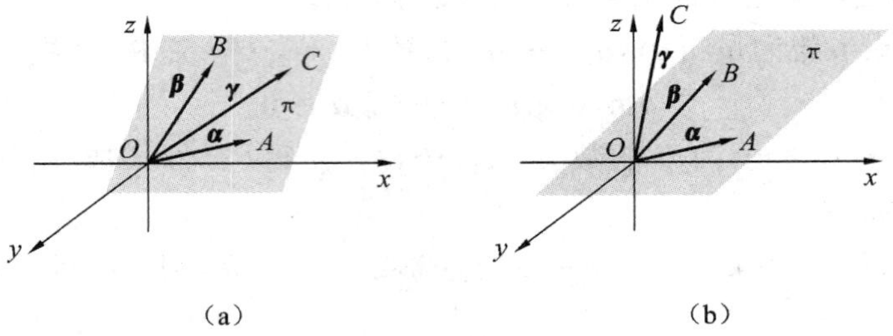

图 3-2

由线性相关和线性无关的定义,我们容易得到下面结论。

定理 3.2 向量组 $\boldsymbol{\alpha}_1,\boldsymbol{\alpha}_2,\cdots,\boldsymbol{\alpha}_m(m\geqslant 2)$线性相关的充分必要条件是其中至少有一个向量可由其余 $m-1$ 个向量线性表示。

推论 3.1 向量组 $\boldsymbol{\alpha}_1,\boldsymbol{\alpha}_2,\cdots,\boldsymbol{\alpha}_m(m\geqslant 2)$线性无关的充分必要条件是其中每一个向量都不能由其余 $m-1$ 个向量线性表示。

例 3 证明:

(1) 一个零向量必线性相关,而一个非零向量必线性无关。

(2) 含有零向量的任意一个向量组必线性相关。

(3) n 维基本单位向量组 $\boldsymbol{\varepsilon}_1,\boldsymbol{\varepsilon}_2,\cdots,\boldsymbol{\varepsilon}_n$ 线性无关。

证明 (1) 若 $\boldsymbol{\alpha}=\mathbf{0}$,那么对任意 $k\neq 0$,都有 $k\boldsymbol{\alpha}=\mathbf{0}$ 成立,即一个零向量线性相关;而当 $\boldsymbol{\alpha}\neq\mathbf{0}$ 时,当且仅当 $k=0$ 时,$k\boldsymbol{\alpha}=\mathbf{0}$ 才成立,故一个非零向量必线性无关。

(2) 设向量组 $\boldsymbol{\alpha}_1,\boldsymbol{\alpha}_2,\cdots,\boldsymbol{\alpha}_s$ 中,$\boldsymbol{\alpha}_i=\mathbf{0}$,显然有

$$0\boldsymbol{\alpha}_1+0\boldsymbol{\alpha}_2+\cdots+k\boldsymbol{\alpha}_i+\cdots+0\boldsymbol{\alpha}_s=\mathbf{0}\quad(k\neq 0),$$

系数不全为零,故含有零向量的向量组必线性相关。

(3) 若 $k_1\boldsymbol{\varepsilon}_1+k_2\boldsymbol{\varepsilon}_2+\cdots+k_n\boldsymbol{\varepsilon}_n=\mathbf{0}$,即

$$k_1(1,0,\cdots,0)+k_2(0,1,\cdots,0)+\cdots+k_n(0,0,\cdots,1)=(0,0,\cdots,0),$$

得 $k_1=k_2=\cdots=k_s=0$,故 n 维基本单位向量组 $\boldsymbol{\varepsilon}_1,\boldsymbol{\varepsilon}_2,\cdots,\boldsymbol{\varepsilon}_n$ 线性无关。

例 4 判断向量组 $\boldsymbol{\alpha}_1=(1,1,1),\boldsymbol{\alpha}_2=(0,2,5),\boldsymbol{\alpha}_3=(1,3,6)$的线性相关性。

解 令 $k_1\boldsymbol{\alpha}_1+k_2\boldsymbol{\alpha}_2+k_3\boldsymbol{\alpha}_3=\mathbf{0}$,即

$$k_1(1,1,1)+k_2(0,2,5)+k_3(1,3,6)=\mathbf{0},$$

得
$$\begin{cases}k_1+k_3=0,\\k_1+2k_2+3k_3=0,\\k_1+5k_2+6k_3=0\end{cases}\Rightarrow\begin{cases}k_1=k_2,\\k_3=-k_2。\end{cases}$$

若令 $k_2=1$，则 $k_1=1$，$k_3=-1$，即存在不全为零的数 $k_1,k_2,\cdots,k_s$，使得 $k_1\boldsymbol{\alpha}_1+k_2\boldsymbol{\alpha}_2+k_3\boldsymbol{\alpha}_3=\mathbf{0}$，故向量组 $\boldsymbol{\alpha}_1,\boldsymbol{\alpha}_2,\boldsymbol{\alpha}_3$ 是线性相关的。

3.2.3　线性相关性的重要结论

由上面的例 4 可以看出，可以从定义 3.4 中的(3-4)式出发，通过求出 $k_1,k_2,\cdots,k_s$ 是否全为 0 来判断一个向量组的线性相关性。随着向量的维数和个数的增加，计算量会很大，为了找到一些简洁的判别方法，下面我们做如下讨论：

设有 s 个 n 维向量组

$$\boldsymbol{\alpha}_1=\begin{pmatrix}a_{11}\\a_{21}\\\vdots\\a_{n1}\end{pmatrix},\boldsymbol{\alpha}_2=\begin{pmatrix}a_{12}\\a_{22}\\\vdots\\a_{n2}\end{pmatrix},\cdots,\boldsymbol{\alpha}_s=\begin{pmatrix}a_{1s}\\a_{2s}\\\vdots\\a_{ns}\end{pmatrix},$$

根据向量的线性运算[或利用 3.1 节中的(3-1)式和(3-2)式]知 $k_1\boldsymbol{\alpha}_1+k_2\boldsymbol{\alpha}_2+\cdots+k_s\boldsymbol{\alpha}_s=\mathbf{0}$ 等价于齐次线性方程组

$$\begin{cases}a_{11}k_1+a_{12}k_2+\cdots+a_{1s}k_s=0,\\a_{21}k_1+a_{22}k_2+\cdots+a_{2s}k_s=0,\\\cdots\cdots\cdots\cdots\\a_{n1}k_1+a_{n2}k_2+\cdots+a_{ns}k_s=0。\end{cases}\tag{3-5}$$

求解齐次线性方程组(3-5)，得到 n 维向量组 $\boldsymbol{\alpha}_i=\begin{pmatrix}a_{1i}\\a_{2i}\\\vdots\\a_{ni}\end{pmatrix}(i=1,2,\cdots,s)$ 的线性相关性。

定理 3.3　s 个 n 维向量组 $\boldsymbol{\alpha}_i=\begin{pmatrix}a_{1i}\\a_{2i}\\\vdots\\a_{ni}\end{pmatrix}(i=1,2,\cdots,s)$ 线性相关的充要条件是齐次线性方程组(3-5)有非零解；线性无关的充要条件是该齐次线性方程组只有零解。

当向量组中所含向量个数与维数相同，即 $s=n$ 时，齐次线性方程组(3-5)的方程个数与未知数个数相等，结合 1.6 节克莱姆法则中的定理 1.7 和推论 1.6，可得如下重要结论。

推论 3.2　n 个 n 维向量组 $\boldsymbol{\alpha}_i=\begin{pmatrix}a_{1i}\\a_{2i}\\\vdots\\a_{ni}\end{pmatrix}(i=1,2,\cdots,n)$ 线性相关的充要条件是行列式 $D=|\alpha_1,\alpha_2,\cdots,\alpha_n|=0$；线性无关的充要条件是行列式 $D\neq0$。

推论 3.3　当向量组中所含向量个数大于维数时，向量组一定线性相关。

例 5　证明:向量组 $\boldsymbol{\alpha}_1=\begin{pmatrix}1\\a\\a^2\\a^3\end{pmatrix},\boldsymbol{\alpha}_2=\begin{pmatrix}1\\b\\b^2\\b^3\end{pmatrix},\boldsymbol{\alpha}_3=\begin{pmatrix}1\\c\\c^2\\c^3\end{pmatrix},\boldsymbol{\alpha}_4=\begin{pmatrix}1\\d\\d^2\\d^3\end{pmatrix}$ 线性无关,其中 a,b,c,d 各不相同。

证明　向量组是由 4 个 4 维向量组成,根据推论 3.2,可得

$$D=\begin{vmatrix}1&1&1&1\\a&b&c&d\\a^2&b^2&c^2&d^2\\a^3&b^3&c^3&d^3\end{vmatrix}=(b-a)(c-a)(d-a)(c-b)(d-b)(d-c),$$

因为 a,b,c,d 各不相同,所以 $D\neq0$,故 $\boldsymbol{\alpha}_1,\boldsymbol{\alpha}_2,\boldsymbol{\alpha}_3,\boldsymbol{\alpha}_4$ 线性无关。

下面给出向量组线性相关性的其他结论。

定理 3.4　若向量组 $\boldsymbol{\alpha}_1,\boldsymbol{\alpha}_2,\cdots,\boldsymbol{\alpha}_m$ 线性无关,而向量组 $\boldsymbol{\alpha}_1,\boldsymbol{\alpha}_2,\cdots,\boldsymbol{\alpha}_m,\boldsymbol{\beta}$ 线性相关,则 $\boldsymbol{\beta}$ 可由 $\boldsymbol{\alpha}_1,\boldsymbol{\alpha}_2,\cdots,\boldsymbol{\alpha}_m$ 线性表示,且表达式唯一。

证明　因向量组 $\boldsymbol{\alpha}_1,\boldsymbol{\alpha}_2,\cdots,\boldsymbol{\alpha}_m,\boldsymbol{\beta}$ 线性相关,所以存在不全为零的数 $k_1,k_2,\cdots,k_m,l$ 使得 $k_1\boldsymbol{\alpha}_1+k_2\boldsymbol{\alpha}_2+\cdots+k_m\boldsymbol{\alpha}_m+l\boldsymbol{\beta}=\mathbf{0}$ 成立。

若 $l=0$,上式即为 $k_1\boldsymbol{\alpha}_1+k_2\boldsymbol{\alpha}_2+\cdots+k_m\boldsymbol{\alpha}_m=\mathbf{0}$,且 $k_1,k_2,\cdots,k_m$ 不全为 0,这与 $\boldsymbol{\alpha}_1,\boldsymbol{\alpha}_2,\cdots,\boldsymbol{\alpha}_m$ 线性无关矛盾,故 $l\neq0$。于是

$$\boldsymbol{\beta}=-\frac{1}{l}(k_1\boldsymbol{\alpha}_1+k_2\boldsymbol{\alpha}_2+\cdots+k_m\boldsymbol{\alpha}_m)。$$

表示法唯一可用反证法证明,留给读者解决。

定理 3.5　设 n 维向量组 $\boldsymbol{\alpha}_1,\boldsymbol{\alpha}_2,\cdots,\boldsymbol{\alpha}_s$ 线性相关,则向量组 $\boldsymbol{\alpha}_1,\boldsymbol{\alpha}_2,\cdots,\boldsymbol{\alpha}_s,\cdots,\boldsymbol{\alpha}_m$ $(m>s)$ 也线性相关。

即若向量组中有一部分向量组(称为部分组)线性相关,则整个向量组线性相关。

证明　因为 $\boldsymbol{\alpha}_1,\boldsymbol{\alpha}_2,\cdots,\boldsymbol{\alpha}_s$ 线性相关,所以存在一组不全为零的数 $k_1,k_2,\cdots,k_s$,使得

$$k_1\boldsymbol{\alpha}_1+k_2\boldsymbol{\alpha}_2+\cdots+k_s\boldsymbol{\alpha}_s=\mathbf{0},$$

于是

$$k_1\boldsymbol{\alpha}_1+k_2\boldsymbol{\alpha}_2+\cdots+k_s\boldsymbol{\alpha}_s+0\boldsymbol{\alpha}_{s+1}+\cdots+0\boldsymbol{\alpha}_m=\mathbf{0},$$

因此,$\boldsymbol{\alpha}_1,\boldsymbol{\alpha}_2,\cdots,\boldsymbol{\alpha}_s,\cdots,\boldsymbol{\alpha}_m(m>s)$ 线性相关。

推论 3.4　若向量组线性无关,则它的任意一个部分组线性无关。

定理 3.5 和推论 3.4 可以简记为:**部分组线性相关,则整体也线性相关;整体线性无关,则部分组也线性无关。**

定理 3.6　如果 n 维向量组 $\boldsymbol{\alpha}_1,\boldsymbol{\alpha}_2,\cdots,\boldsymbol{\alpha}_s$ 线性无关,则在每个向量上都添加 m 个分量,所得到的 $n+m$ 维接长向量组也线性无关。

推论 3.5　如果 n 维向量组 $\boldsymbol{\alpha}_1,\boldsymbol{\alpha}_2,\cdots,\boldsymbol{\alpha}_s$ 线性相关,则在每一个向量上都去掉 m $(m<n)$ 个分量,所得的 $n-m$ 维截短向量组也线性相关。

定理 3.6 和推论 3.5 可以简记为:**接长向量组线性相关,则截短组也线性相关;截短向量组线性无关,则接长组也线性无关。**

例 6　当 t 为何值时,向量 $\boldsymbol{\alpha}_1=(1\quad1\quad0),\boldsymbol{\alpha}_2=(1\quad3\quad-1),\boldsymbol{\alpha}_3=(5\quad3\quad t)$ 线性

相关?

解　根据推论 3.2,当行列式 $|\boldsymbol{\alpha}_1^{\mathrm{T}} \quad \boldsymbol{\alpha}_2^{\mathrm{T}} \quad \boldsymbol{\alpha}_3^{\mathrm{T}}|=0$ 时,$\boldsymbol{\alpha}_1,\boldsymbol{\alpha}_2,\boldsymbol{\alpha}_3$ 线性相关。

$$|\boldsymbol{\alpha}_1^{\mathrm{T}} \quad \boldsymbol{\alpha}_2^{\mathrm{T}} \quad \boldsymbol{\alpha}_3^{\mathrm{T}}|=\begin{vmatrix} 1 & 1 & 5 \\ 1 & 3 & 3 \\ 0 & -1 & t \end{vmatrix}=2(t-1)=0,$$

即当 $t=1$ 时,$\boldsymbol{\alpha}_1,\boldsymbol{\alpha}_2,\boldsymbol{\alpha}_3$ 线性相关。

例 7　若向量组 $\boldsymbol{\alpha}_1,\boldsymbol{\alpha}_2,\boldsymbol{\alpha}_3$ 线性无关,证明:向量 $\boldsymbol{\beta}_1=2\boldsymbol{\alpha}_1+\boldsymbol{\alpha}_2,\boldsymbol{\beta}_2=\boldsymbol{\alpha}_2+5\boldsymbol{\alpha}_3,\boldsymbol{\beta}_3=3\boldsymbol{\alpha}_1+4\boldsymbol{\alpha}_3$ 也线性无关。

证明　设有数 k_1,k_2,k_3,使得 $k_1\boldsymbol{\beta}_1+k_2\boldsymbol{\beta}_2+k_3\boldsymbol{\beta}_3=\mathbf{0}$ 成立,即

$$k_1(2\boldsymbol{\alpha}_1+\boldsymbol{\alpha}_2)+k_2(\boldsymbol{\alpha}_2+5\boldsymbol{\alpha}_3)+k_3(3\boldsymbol{\alpha}_1+4\boldsymbol{\alpha}_3)=\mathbf{0}。$$

因为 $\boldsymbol{\alpha}_1,\boldsymbol{\alpha}_2,\boldsymbol{\alpha}_3$ 线性无关,则

$$\begin{cases} 2k_1+3k_3=0, \\ k_1+k_2=0, \\ 5k_2+4k_3=0, \end{cases}$$

方程组的系数行列式

$$D=\begin{vmatrix} 2 & 0 & 3 \\ 1 & 1 & 0 \\ 0 & 5 & 4 \end{vmatrix}=23\neq 0,$$

方程组只有零解 $k_1=k_2=k_3=0$,故向量组 $\boldsymbol{\beta}_1,\boldsymbol{\beta}_2,\boldsymbol{\beta}_3$ 线性无关。

习题 3.2

1. 在三维空间中,向量组 $\boldsymbol{\alpha}_1,\boldsymbol{\alpha}_2$ 线性相关表示向量 $\boldsymbol{\alpha}_1$ 与 $\boldsymbol{\alpha}_2$ 共线,向量组 $\boldsymbol{\alpha}_1,\boldsymbol{\alpha}_2,\boldsymbol{\alpha}_3$ 线性相关表示这三个向量共面。请作出解释。

2. 设 $\boldsymbol{\beta}=\begin{pmatrix} 1 \\ 1 \end{pmatrix},\boldsymbol{\alpha}_1=\begin{pmatrix} 1 \\ -2 \end{pmatrix},\boldsymbol{\alpha}_2=\begin{pmatrix} -2 \\ 4 \end{pmatrix}$,问 $\boldsymbol{\beta}$ 能否由 $\boldsymbol{\alpha}_1,\boldsymbol{\alpha}_2$ 线性表示?

3. 判断下列向量组的线性相关性:

(1) $\boldsymbol{\alpha}_1=(-2,1,-3,-1),\boldsymbol{\alpha}_2=(-4,2,-5,-4),\boldsymbol{\alpha}_3=(-2,1,-4,1)$;

(2) $\boldsymbol{\alpha}_1=\begin{pmatrix} 1 \\ 0 \\ -1 \end{pmatrix},\boldsymbol{\alpha}_2=\begin{pmatrix} -1 \\ -1 \\ 2 \end{pmatrix},\boldsymbol{\alpha}_3=\begin{pmatrix} 2 \\ 3 \\ -5 \end{pmatrix}$。

4. 设向量组 $\boldsymbol{\alpha}_1,\boldsymbol{\alpha}_2,\boldsymbol{\alpha}_3$ 线性无关,$\boldsymbol{\beta}_1=\boldsymbol{\alpha}_1+2\boldsymbol{\alpha}_2+\boldsymbol{\alpha}_3,\boldsymbol{\beta}_2=2\boldsymbol{\alpha}_1+\boldsymbol{\alpha}_2+\boldsymbol{\alpha}_3,\boldsymbol{\beta}_3=\boldsymbol{\alpha}_1+\boldsymbol{\alpha}_2+2\boldsymbol{\alpha}_3$,证明:$\boldsymbol{\beta}_1,\boldsymbol{\beta}_2,\boldsymbol{\beta}_3$ 线性无关。

5. 设向量组 $\boldsymbol{\alpha}_1=(1 \quad -2 \quad 4),\boldsymbol{\alpha}_2=(0 \quad 1 \quad 2),\boldsymbol{\alpha}_3=(-2 \quad 3 \quad a)$,试问:

(1) a 取何值时,$\boldsymbol{\alpha}_1,\boldsymbol{\alpha}_2,\boldsymbol{\alpha}_3$ 线性相关?

(2) a 取何值时,$\boldsymbol{\alpha}_1,\boldsymbol{\alpha}_2,\boldsymbol{\alpha}_3$ 线性无关?

扫码查看
习题参考答案

3.3 向量组的秩和极大无关组

3.3.1 向量组的极大无关组

引例 设向量组 T：

$$\boldsymbol{\alpha}_1=\begin{pmatrix}1\\0\end{pmatrix},\boldsymbol{\alpha}_2=\begin{pmatrix}0\\1\end{pmatrix},\boldsymbol{\alpha}_3=\begin{pmatrix}2\\0\end{pmatrix},\boldsymbol{\alpha}_4=\begin{pmatrix}-3\\4\end{pmatrix},$$

由 3.2 节推论 3.3 可知，向量组 T 线性相关。它的部分组 $\boldsymbol{\alpha}_1,\boldsymbol{\alpha}_2$ 是线性无关的，如果再添加一个向量进去，部分组就变成线性相关了。同样的，向量组 T 的部分组 $\boldsymbol{\alpha}_2,\boldsymbol{\alpha}_3$ 是线性无关的，如果再添加一个向量进去，部分组也会变成线性相关。可以验证向量组 T 中线性无关的部分组中最多含有两个向量。

为了确切地说明这一问题，我们引入极大线性无关组和向量组的秩的概念。

定义 3.5 设向量组 T：$\boldsymbol{\alpha}_1,\boldsymbol{\alpha}_2,\cdots,\boldsymbol{\alpha}_m$ 中有一部分向量组 $\boldsymbol{\alpha}_1,\boldsymbol{\alpha}_2,\cdots,\boldsymbol{\alpha}_r$，满足：

(1) $\boldsymbol{\alpha}_1,\boldsymbol{\alpha}_2,\cdots,\boldsymbol{\alpha}_r$ 线性无关；

(2) 在向量组 T 中任取一个向量 $\boldsymbol{\alpha}_i(i\neq 1,2,\cdots,r)$，$\boldsymbol{\alpha}_1,\boldsymbol{\alpha}_2,\cdots,\boldsymbol{\alpha}_r,\boldsymbol{\alpha}_i$ 线性相关；

则称 $\boldsymbol{\alpha}_1,\boldsymbol{\alpha}_2,\cdots,\boldsymbol{\alpha}_r$ 是向量组 T 的一个**极大线性无关组**，简称为**极大无关组**。极大无关组中所含向量的个数，称为**该向量组的秩**，记作 $r(T)$ 或 $r(\boldsymbol{\alpha}_1,\boldsymbol{\alpha}_2,\cdots,\boldsymbol{\alpha}_m)$。

根据 3.2 节定理 3.4 可知，定义 3.5 中第二个条件等价于：向量组 T 中任意向量 $\boldsymbol{\alpha}_i$ 都可由 $\boldsymbol{\alpha}_1,\boldsymbol{\alpha}_2,\cdots,\boldsymbol{\alpha}_r$ 线性表示。

从定义 3.5 可看出，**一个线性无关的向量组的极大无关组就是这个向量组本身。**

显然，只含零向量的向量组没有极大无关组。**任何非零向量组必存在极大无关组。**

引例中向量组 T 的部分组 $\boldsymbol{\alpha}_1,\boldsymbol{\alpha}_2$ 和 $\boldsymbol{\alpha}_2,\boldsymbol{\alpha}_3$ 都是它的极大无关组，可见，向量组的极大无关组可能不是唯一的，但每一个极大无关组所含向量的个数是唯一的，这反映了向量组本身的性质。

我们规定：**只含零向量的向量组的秩为 0。**

n 维基本单位向量组 $\boldsymbol{\varepsilon}_1,\boldsymbol{\varepsilon}_2,\cdots,\boldsymbol{\varepsilon}_n$ 是线性无关的，它的极大无关组就是它本身，因此，$r(\boldsymbol{\varepsilon}_1,\boldsymbol{\varepsilon}_2,\cdots,\boldsymbol{\varepsilon}_n)=n$。

为了更深入地讨论向量组的极大无关组的性质，我们先来介绍两个向量组之间的关系。

定义 3.6 设有两个同维向量组：

$$(\text{Ⅰ})\boldsymbol{\alpha}_1,\boldsymbol{\alpha}_2,\cdots,\boldsymbol{\alpha}_s;\qquad(\text{Ⅱ})\boldsymbol{\beta}_1,\boldsymbol{\beta}_2,\cdots,\boldsymbol{\beta}_t。$$

若向量组(Ⅱ)中每个 $\boldsymbol{\beta}_i(i=1,2,\cdots,t)$ 都可以由 $\boldsymbol{\alpha}_1,\boldsymbol{\alpha}_2,\cdots,\boldsymbol{\alpha}_s$ 线性表示，则称向量组(Ⅱ)可由向量组(Ⅰ)线性表示。否则，则称向量组(Ⅱ)不能由向量组(Ⅰ)线性表示。

若向量组(Ⅰ)和(Ⅱ)可以互相线性表示，则称这两个**向量组等价**。容易证明，等价向量组有如下性质：

(1) 反身性：任一向量组与它自身等价；

(2) 对称性:若向量组(Ⅰ)与(Ⅱ)等价,则(Ⅱ)与(Ⅰ)也等价;

(3) 传递性:若向量组(Ⅰ)与(Ⅱ)等价,(Ⅱ)与(Ⅲ)等价,则(Ⅰ)与(Ⅲ)也等价。

向量组之间的线性表示与向量组的线性相关性有如下联系:

定理 3.7　若向量组(Ⅰ)$\boldsymbol{\alpha}_1,\boldsymbol{\alpha}_2,\cdots,\boldsymbol{\alpha}_s$ 可以由向量组(Ⅱ)$\boldsymbol{\beta}_1,\boldsymbol{\beta}_2,\cdots,\boldsymbol{\beta}_t$ 线性表示,且 $s>t$,则向量组 $\boldsymbol{\alpha}_1,\boldsymbol{\alpha}_2,\cdots,\boldsymbol{\alpha}_s$ 线性相关。

定理 3.7 也可等价地叙述为:

推论 3.6　若向量组 $\boldsymbol{\alpha}_1,\boldsymbol{\alpha}_2,\cdots,\boldsymbol{\alpha}_s$ 线性无关且可由向量组 $\boldsymbol{\beta}_1,\boldsymbol{\beta}_2,\cdots,\boldsymbol{\beta}_t$ 线性表示,则 $s\leqslant t$。

推论 3.7　若向量组(Ⅰ)$\boldsymbol{\alpha}_1,\boldsymbol{\alpha}_2,\cdots,\boldsymbol{\alpha}_s$ 和(Ⅱ)$\boldsymbol{\beta}_1,\boldsymbol{\beta}_2,\cdots,\boldsymbol{\beta}_t$ 等价且都线性无关,则 $s=t$。

定理 3.7 表明:若一个向量组(Ⅰ)可用含较少个数的向量组线性表示,则向量组(Ⅰ)必线性相关。推论 3.7 表明:两个等价的线性无关的向量组所含向量的个数相同。

由向量组等价的定义和上面的结论,可以得到极大线性无关组有以下性质:

(1) 向量组与它自己的极大无关组是等价的。

(2) 向量组的任意两个极大无关组等价。

(3) 向量组的任意两个极大无关组所含向量的个数相同。

极大无关组的意义在于:一个向量组可以用它的极大无关组来代表,掌握了极大无关组,就掌握了向量组的全体。

特别地,当向量组为无限向量组时,知道了它的极大无关组后,该向量组就能用有限向量组来代表。凡是对有限向量组成立的结论,用极大无关组作过渡,立即可推广到无限向量组的情形中去。

3.3.2　向量组的秩

在 2.5 节中用非零子式的最高阶数定义过矩阵的秩,这里我们给出矩阵的秩的另一种定义。

设矩阵 $\boldsymbol{A}=\begin{pmatrix} a_{11} & a_{12} & \cdots & a_{1n} \\ a_{21} & a_{22} & \cdots & a_{2n} \\ \vdots & \vdots & & \vdots \\ a_{m1} & a_{m2} & \cdots & a_{mn} \end{pmatrix}$,按行分块,记为 $\boldsymbol{A}=\begin{pmatrix} \boldsymbol{\alpha}_1 \\ \boldsymbol{\alpha}_2 \\ \vdots \\ \boldsymbol{\alpha}_m \end{pmatrix}$,其中 $\boldsymbol{\alpha}_i=(a_{i1},a_{i2},\cdots,a_{in})(i=1,2,\cdots,m)$,称 $\boldsymbol{\alpha}_1,\boldsymbol{\alpha}_2,\cdots,\boldsymbol{\alpha}_m$ 为矩阵 $\boldsymbol{A}$ 的**行向量组**;

矩阵 $\boldsymbol{A}$ 也可按列分块,记为 $\boldsymbol{A}=(\boldsymbol{\beta}_1,\boldsymbol{\beta}_2,\cdots,\boldsymbol{\beta}_n)$,其中 $\boldsymbol{\beta}_j=(a_{1j},a_{2j},\cdots,a_{mj})^{\mathrm{T}}(j=1,2,\cdots,n)$,称 $\boldsymbol{\beta}_1,\boldsymbol{\beta}_2,\cdots,\boldsymbol{\beta}_n$ 为矩阵 $\boldsymbol{A}$ 的**列向量组**。

定义 3.7　矩阵 $\boldsymbol{A}$ 的行向量组的秩称为矩阵 $\boldsymbol{A}$ 的**行秩**,而矩阵 $\boldsymbol{A}$ 的列向量组的秩称为矩阵 $\boldsymbol{A}$ 的**列秩**。

定理 3.8　任一矩阵的行秩与列秩相等,都等于该矩阵的秩。

定理 3.8 建立了向量组(无论是行向量组还是列向量组)的秩与矩阵的秩之间的联

系,即向量组的秩可通过相应的矩阵的秩求得,其常用的方法是:

若 $\boldsymbol{\alpha}_1,\boldsymbol{\alpha}_2,\cdots,\boldsymbol{\alpha}_n$ 是列向量组,将它们构成矩阵 $\mathbf{A}=(\boldsymbol{\alpha}_1,\boldsymbol{\alpha}_2,\cdots,\boldsymbol{\alpha}_n)$,则矩阵 $\mathbf{A}$ 的秩 $r(\mathbf{A})$ 就是列向量组 $\boldsymbol{\alpha}_1,\boldsymbol{\alpha}_2,\cdots,\boldsymbol{\alpha}_n$ 的秩。

同理,若 $\boldsymbol{\alpha}_1,\boldsymbol{\alpha}_2,\cdots,\boldsymbol{\alpha}_n$ 是行向量组,将它们构成矩阵 $\mathbf{A}=(\boldsymbol{\alpha}_1^{\mathrm{T}},\boldsymbol{\alpha}_2^{\mathrm{T}},\cdots,\boldsymbol{\alpha}_n^{\mathrm{T}})$,则矩阵 $\mathbf{A}$ 的秩 $r(\mathbf{A})$ 就是行向量组 $\boldsymbol{\alpha}_1,\boldsymbol{\alpha}_2,\cdots,\boldsymbol{\alpha}_n$ 的秩。

而矩阵 $\mathbf{A}$ 的秩的计算方法在 2.5 节已学,用初等行变换把 $\mathbf{A}$ 化为阶梯形矩阵,则

$$r(\mathbf{A})=\text{阶梯形矩阵非零行的行数或首非零元的个数。}$$

例 1 设向量组 T:$\boldsymbol{\alpha}_1=\begin{pmatrix}1\\2\\4\\3\end{pmatrix},\boldsymbol{\alpha}_2=\begin{pmatrix}1\\-1\\-6\\6\end{pmatrix},\boldsymbol{\alpha}_3=\begin{pmatrix}-2\\-1\\2\\-9\end{pmatrix},\boldsymbol{\alpha}_4=\begin{pmatrix}1\\1\\-2\\7\end{pmatrix},\boldsymbol{\alpha}_5=\begin{pmatrix}4\\2\\4\\9\end{pmatrix}$,求向量组的秩 $r(T)$。

解

$$\mathbf{A}=(\boldsymbol{\alpha}_1,\boldsymbol{\alpha}_2,\boldsymbol{\alpha}_3,\boldsymbol{\alpha}_4,\boldsymbol{\alpha}_5)=\begin{pmatrix}1&1&-2&1&4\\2&-1&-1&1&2\\4&-6&2&-2&4\\3&6&-9&7&9\end{pmatrix}\xrightarrow[\substack{r_3-4r_1\\r_4-3r_1}]{r_2-2r_1}\begin{pmatrix}1&1&-2&1&4\\0&-3&3&-1&-6\\0&-10&10&-6&-12\\0&3&-3&4&-3\end{pmatrix}$$

$$\xrightarrow[r_4+r_2]{r_3+\left(-\frac{10}{3}\right)r_2}\begin{pmatrix}1&1&-2&1&4\\0&-3&3&-1&-6\\0&0&0&-\frac{8}{3}&8\\0&0&0&3&-9\end{pmatrix}\xrightarrow{r_4+\frac{9}{8}r_3}\begin{pmatrix}1&1&-2&1&4\\0&-3&3&-1&-6\\0&0&0&-\frac{8}{3}&8\\0&0&0&0&0\end{pmatrix},$$

因为 $r(\mathbf{A})=3$,所以 $r(T)=3$。

3.3.3 向量组的极大无关组的求法

如何计算一个向量组的极大无关组呢?向量组的秩可以通过对应矩阵的秩得到,那么向量组的极大无关组也可以通过寻找对应矩阵中各列向量(或行向量)之间的线性相关性得到。

普通矩阵中各列向量之间的线性相关性不是很容易观察,而行最简形矩阵中各列向量之间的线性关系是容易得到的,所以我们的初步想法是先将向量组作为列向量组构成矩阵 $\mathbf{A}$,然后对 $\mathbf{A}$ 实行初等行变换,把 $\mathbf{A}$ 化为行最简形矩阵,则由行最简形矩阵中各列向量之间的线性关系,就可以确定原向量组中各向量之间的线性关系,从而确定其极大无关组。下面举例进行说明。

例 2 设向量组 T:

$$\boldsymbol{\alpha}_1=(1\quad -1\quad 0\quad 1\quad 2)^{\mathrm{T}},\quad \boldsymbol{\alpha}_2=(2\quad -2\quad 0\quad -2\quad 4)^{\mathrm{T}},$$

$$\boldsymbol{\alpha}_3=(3\quad 0\quad 1\quad -1\quad 6)^{\mathrm{T}},\quad \boldsymbol{\alpha}_4=(0\quad 3\quad 1\quad 0\quad 0)^{\mathrm{T}},$$

求向量组 T 的秩及一个极大无关组,并把其余向量用此极大无关组线性表示。

解　以 $\boldsymbol{\alpha}_1,\boldsymbol{\alpha}_2,\boldsymbol{\alpha}_3,\boldsymbol{\alpha}_4$ 为列向量构造矩阵 $\boldsymbol{A}$,用初等行变换把 $\boldsymbol{A}$ 化为行最简形矩阵,

$$\boldsymbol{A}=(\boldsymbol{\alpha}_1,\boldsymbol{\alpha}_2,\boldsymbol{\alpha}_3,\boldsymbol{\alpha}_4)=\begin{pmatrix}1&2&3&0\\-1&-2&0&3\\0&0&1&1\\1&-2&-1&0\\2&4&6&0\end{pmatrix}\xrightarrow[\substack{r_4-r_1\\r_5-2r_1}]{r_2+r_1}\begin{pmatrix}1&2&3&0\\0&0&3&3\\0&0&1&1\\0&-4&-4&0\\0&0&0&0\end{pmatrix}$$

$$\xrightarrow[-\frac{1}{4}r_4]{r_2-3r_3}\begin{pmatrix}1&2&3&0\\0&0&0&0\\0&0&1&1\\0&1&1&0\\0&0&0&0\end{pmatrix}\xrightarrow{r_2\leftrightarrow r_4}\begin{pmatrix}1&2&3&0\\0&1&1&0\\0&0&1&1\\0&0&0&0\\0&0&0&0\end{pmatrix}$$

$$\xrightarrow[\substack{r_2-r_3\\r_1-r_3}]{r_1-2r_2}\begin{pmatrix}1&0&0&-1\\0&1&0&-1\\0&0&1&1\\0&0&0&0\\0&0&0&0\end{pmatrix}=(\boldsymbol{\beta}_1,\boldsymbol{\beta}_2,\boldsymbol{\beta}_3,\boldsymbol{\beta}_4),$$

因为 $r(\boldsymbol{A})=3$,所以 $r(\boldsymbol{T})=3$。

在向量组 $\boldsymbol{\beta}_1,\boldsymbol{\beta}_2,\boldsymbol{\beta}_3,\boldsymbol{\beta}_4$ 中,$r(\boldsymbol{\beta}_1,\boldsymbol{\beta}_2,\boldsymbol{\beta}_3)=3=$ 向量个数,则 $\boldsymbol{\beta}_1,\boldsymbol{\beta}_2,\boldsymbol{\beta}_3$ 线性无关,而 $\boldsymbol{\beta}_1,\boldsymbol{\beta}_2,\boldsymbol{\beta}_3,\boldsymbol{\beta}_4$ 线性相关,所以 $\boldsymbol{\beta}_1,\boldsymbol{\beta}_2,\boldsymbol{\beta}_3$ 是 $\boldsymbol{\beta}_1,\boldsymbol{\beta}_2,\boldsymbol{\beta}_3,\boldsymbol{\beta}_4$ 的一个极大无关组,且 $\boldsymbol{\beta}_4=-\boldsymbol{\beta}_1-\boldsymbol{\beta}_2+\boldsymbol{\beta}_3$。

$\boldsymbol{\beta}_1,\boldsymbol{\beta}_2,\boldsymbol{\beta}_3,\boldsymbol{\beta}_4$ 是由 $\boldsymbol{\alpha}_1,\boldsymbol{\alpha}_2,\boldsymbol{\alpha}_3,\boldsymbol{\alpha}_4$ 对应矩阵做初等行变换得到的,所以相应地 $\boldsymbol{\alpha}_1,\boldsymbol{\alpha}_2,\boldsymbol{\alpha}_3$ 是向量组 T:$\boldsymbol{\alpha}_1,\boldsymbol{\alpha}_2,\boldsymbol{\alpha}_3,\boldsymbol{\alpha}_4$ 的一个极大无关组,且 $\boldsymbol{\alpha}_4=-\boldsymbol{\alpha}_1-\boldsymbol{\alpha}_2+\boldsymbol{\alpha}_3$。

通过上面的例题可以知道,**行最简形矩阵中首非零元所在列对应的向量构成的向量组就是一个极大无关组**。在以后的解题中,可以将上面例题的解答过程稍微简化。

例 3　设向量组 T:$\boldsymbol{\alpha}_1=(1\quad 1\quad 2\quad 3)^{\mathrm{T}}$,$\boldsymbol{\alpha}_2=(-1\quad 0\quad 2\quad 1)^{\mathrm{T}}$,$\boldsymbol{\alpha}_3=(2\quad 1\quad 0\quad 2)^{\mathrm{T}}$,$\boldsymbol{\alpha}_4=(0\quad 1\quad 2\quad 2)^{\mathrm{T}}$,$\boldsymbol{\alpha}_5=(1\quad 2\quad 4\quad 5)^{\mathrm{T}}$,求向量组 T 的秩及一个极大无关组,并把其余向量用此极大无关组线性表示。

解　$$\boldsymbol{A}=(\alpha_1,\alpha_2,\alpha_3,\alpha_4,\alpha_5)=\begin{pmatrix}1&-1&2&0&1\\1&0&1&1&2\\2&2&0&2&4\\3&1&2&2&5\end{pmatrix}\xrightarrow[\substack{r_3-2r_1\\r_4-3r_1}]{r_2-r_1}\begin{pmatrix}1&-1&2&0&1\\0&1&-1&1&1\\0&4&-4&2&2\\0&4&-4&2&2\end{pmatrix}$$

$$\xrightarrow[\substack{r_3-4r_2\\r_1+r_2}]{r_4-r_3}\begin{pmatrix}1&0&1&1&2\\0&1&-1&1&1\\0&0&0&-2&-2\\0&0&0&0&0\end{pmatrix}\xrightarrow[\substack{r_2+\frac{1}{2}r_3\\-\frac{1}{2}r_3}]{r_1+\frac{1}{2}r_3}\begin{pmatrix}1&0&1&0&1\\0&1&-1&0&0\\0&0&0&1&1\\0&0&0&0&0\end{pmatrix},$$

因为 $r(\boldsymbol{A})=3$,所以 $r(T)=3$。$\boldsymbol{\alpha}_1,\boldsymbol{\alpha}_2,\boldsymbol{\alpha}_4$ 为向量组 T 的一个极大无关组,且

$$\boldsymbol{\alpha}_3=1\cdot\boldsymbol{\alpha}_1+(-1)\boldsymbol{\alpha}_2+0\cdot\boldsymbol{\alpha}_4,\boldsymbol{\alpha}_5=1\cdot\boldsymbol{\alpha}_1+0\cdot\boldsymbol{\alpha}_2+1\cdot\boldsymbol{\alpha}_4。$$

说明 （1）要用极大无关组表示向量 $\boldsymbol{\alpha}_3$，就是要求解线性方程组 $x_1\boldsymbol{\alpha}_1+x_2\boldsymbol{\alpha}_2+x_3\boldsymbol{\alpha}_4=\boldsymbol{\alpha}_3$。通过观察可以发现，上面例题中线性表示的系数，取的是行最简形矩阵的第 3 列中的前三个元素；表示向量 $\boldsymbol{\alpha}_5$ 的系数，取的是行最简形矩阵的第 5 列中的前三个元素。为什么这样取？在学完第 4 章线性方程组后就能理解了。

（2）例 3 中的向量组 T 的极大无关组，也可以取 $\boldsymbol{\alpha}_1,\boldsymbol{\alpha}_2,\boldsymbol{\alpha}_5$，因为在矩阵 $\boldsymbol{A}$ 中，如果交换 $\boldsymbol{\alpha}_4$ 和 $\boldsymbol{\alpha}_5$ 的位置，最后行最简形矩阵的首非零元对应的向量就是 $\boldsymbol{\alpha}_1,\boldsymbol{\alpha}_2,\boldsymbol{\alpha}_5$。同理，向量组 T 的极大无关组也可以取 $\boldsymbol{\alpha}_1,\boldsymbol{\alpha}_3,\boldsymbol{\alpha}_4$ 或者 $\boldsymbol{\alpha}_1,\boldsymbol{\alpha}_3,\boldsymbol{\alpha}_5$。但是需要注意的是，当取的极大无关组变化后，线性表示的系数就不能直接用现有的行最简形矩阵中的元素了，需要交换向量后重新计算。读者可以自行检验。

例 4 设向量组 T：

$$\boldsymbol{\alpha}_1=\begin{pmatrix}3\\3\\2\\1\end{pmatrix},\boldsymbol{\alpha}_2=\begin{pmatrix}2\\-2\\0\\6\end{pmatrix},\boldsymbol{\alpha}_3=\begin{pmatrix}0\\3\\1\\-4\end{pmatrix},\boldsymbol{\alpha}_4=\begin{pmatrix}5\\6\\5\\-1\end{pmatrix},\boldsymbol{\alpha}_5=\begin{pmatrix}0\\-1\\-3\\4\end{pmatrix},$$

求向量组 T 的秩及一个极大无关组，并把其余向量用此极大无关组线性表示。

解

$$\boldsymbol{A}=(\boldsymbol{\alpha}_1,\boldsymbol{\alpha}_2,\boldsymbol{\alpha}_3,\boldsymbol{\alpha}_4,\boldsymbol{\alpha}_5)=\begin{pmatrix}3&2&0&5&0\\3&-2&3&6&-1\\2&0&1&5&-3\\1&6&-4&-1&4\end{pmatrix}\xrightarrow{\text{初等行变换}}\begin{pmatrix}1&0&\frac{1}{2}&0&\frac{7}{2}\\0&1&-\frac{3}{4}&0&-\frac{1}{4}\\0&0&0&1&-2\\0&0&0&0&0\end{pmatrix},$$

因为 $r(\boldsymbol{A})=3$，所以 $r(T)=3$。$\boldsymbol{\alpha}_1,\boldsymbol{\alpha}_2,\boldsymbol{\alpha}_4$ 为向量组 T 的一个极大无关组，且

$$\boldsymbol{\alpha}_3=\frac{1}{2}\cdot\boldsymbol{\alpha}_1+\left(-\frac{3}{4}\right)\cdot\boldsymbol{\alpha}_2+0\cdot\boldsymbol{\alpha}_4,$$

$$\boldsymbol{\alpha}_5=\frac{7}{2}\cdot\boldsymbol{\alpha}_1+\left(-\frac{1}{4}\right)\cdot\boldsymbol{\alpha}_2+(-2)\cdot\boldsymbol{\alpha}_4。$$

3.3.4 通过向量组的秩判别向量之间的线性关系

向量组的秩也可以用来判别两个向量组之间的关系，也可以用来判别一组向量的线性相关性，结论如下：

定理 3.9 相互等价的向量组的秩相等。

定理 3.9 的逆命题不成立，即两个向量组的秩相等时，它们未必等价。

定理 3.10 如果两个向量组的秩相等且其中一个向量组可由另一个线性表出，则这两个向量组等价。

定理 3.11 向量组 $T:\boldsymbol{\alpha}_1,\boldsymbol{\alpha}_2,\cdots,\boldsymbol{\alpha}_n$ 线性无关的充要条件是 $r(T)=n$（n 为向量个数），即它的秩等于它所含向量的个数。

定理 3.12　向量组 $T:\boldsymbol{\alpha}_1,\boldsymbol{\alpha}_2,\cdots,\boldsymbol{\alpha}_n$ 线性相关的充要条件是 $r(T)<n$（n 为向量个数），即它的秩小于它所含向量的个数。

定理 3.13　向量 $\boldsymbol{\beta}$ 能由向量组 $A:\boldsymbol{\alpha}_1,\boldsymbol{\alpha}_2,\cdots,\boldsymbol{\alpha}_n$ 线性表示的充要条件是 $r(\boldsymbol{\alpha}_1,\boldsymbol{\alpha}_2,\cdots,\boldsymbol{\alpha}_n)=r(\boldsymbol{\alpha}_1,\boldsymbol{\alpha}_2,\cdots,\boldsymbol{\alpha}_n,\boldsymbol{\beta})=r$，且：当 $r=n$ 时，向量 $\boldsymbol{\beta}$ 由向量组 A 线性表示的表达式是唯一的；当 $r<n$ 时，向量 $\boldsymbol{\beta}$ 由向量组 A 线性表示的表达式不唯一。

定理 3.14　向量 $\boldsymbol{\beta}$ 不能由向量组 $A:\boldsymbol{\alpha}_1,\boldsymbol{\alpha}_2,\cdots,\boldsymbol{\alpha}_n$ 线性表示的充要条件是 $r(\boldsymbol{\alpha}_1,\boldsymbol{\alpha}_2,\cdots,\boldsymbol{\alpha}_n)\neq r(\boldsymbol{\alpha}_1,\boldsymbol{\alpha}_2,\cdots,\boldsymbol{\alpha}_n,\boldsymbol{\beta})$。

定理 3.11 至定理 3.14 成立的原因，涉及线性方程组的知识，在第 4 章中，会在 4.4 节中结合线性方程组的知识再进行阐述。

例 5　讨论向量组 $\boldsymbol{\alpha}_1=\begin{pmatrix}2\\3\\1\end{pmatrix},\boldsymbol{\alpha}_2=\begin{pmatrix}1\\2\\1\end{pmatrix},\boldsymbol{\alpha}_3=\begin{pmatrix}3\\2\\-1\end{pmatrix}$ 的线性相关性。

解　$$(\boldsymbol{\alpha}_1,\boldsymbol{\alpha}_2,\boldsymbol{\alpha}_3)=\begin{pmatrix}2&1&3\\3&2&2\\1&1&-1\end{pmatrix}\xrightarrow[r_2-3r_3]{r_1-2r_3}\begin{pmatrix}0&-1&5\\0&-1&5\\1&1&-1\end{pmatrix}\xrightarrow[r_1\leftrightarrow r_3]{r_1-r_2}\begin{pmatrix}1&1&-1\\0&-1&5\\0&0&0\end{pmatrix},$$

因为 $r(T)=2<3$，所以向量组 $\boldsymbol{\alpha}_1,\boldsymbol{\alpha}_2,\boldsymbol{\alpha}_3$ 线性相关。

例 6　已知向量 $\boldsymbol{\alpha}_1=(1\quad 2\quad 3)^{\mathrm{T}}$，$\boldsymbol{\alpha}_2=(2\quad 3\quad 1)^{\mathrm{T}}$，$\boldsymbol{\alpha}_3=(3\quad 1\quad 2)^{\mathrm{T}}$，$\boldsymbol{\beta}=(0\quad 4\quad 2)^{\mathrm{T}}$，试问 $\boldsymbol{\beta}$ 能否由 $\boldsymbol{\alpha}_1,\boldsymbol{\alpha}_2,\boldsymbol{\alpha}_3$ 线性表示？若能，写出具体表达式。

解　$$(\boldsymbol{\alpha}_1,\boldsymbol{\alpha}_2,\boldsymbol{\alpha}_3,\boldsymbol{\beta})=\begin{pmatrix}1&2&3&0\\2&3&1&4\\3&1&2&2\end{pmatrix}\xrightarrow[r_3-3r_1]{r_2-2r_1}\begin{pmatrix}1&2&3&0\\0&-1&-5&4\\0&-5&-7&2\end{pmatrix}$$

$$\xrightarrow[\substack{r_3-5r_2\\-r_2}]{r_1+2r_2}\begin{pmatrix}1&0&-7&8\\0&1&5&-4\\0&0&18&-18\end{pmatrix}\xrightarrow{\frac{1}{18}r_3}\begin{pmatrix}1&0&-7&8\\0&1&5&-4\\0&0&1&-1\end{pmatrix}\xrightarrow[r_2-5r_3]{r_1+7r_3}\begin{pmatrix}1&0&0&1\\0&1&0&1\\0&0&1&-1\end{pmatrix},$$

得 $r(\boldsymbol{\alpha}_1,\boldsymbol{\alpha}_2,\boldsymbol{\alpha}_3)=r(\boldsymbol{\alpha}_1,\boldsymbol{\alpha}_2,\boldsymbol{\alpha}_3,\boldsymbol{\beta})=3$，所以 $\boldsymbol{\beta}$ 能由 $\boldsymbol{\alpha}_1,\boldsymbol{\alpha}_2,\boldsymbol{\alpha}_3$ 唯一的线性表示，且

$$\boldsymbol{\beta}=\boldsymbol{\alpha}_1+\boldsymbol{\alpha}_2-\boldsymbol{\alpha}_3。$$

例 7　已知向量 $\boldsymbol{\alpha}=(2\quad 3\quad 0)$，$\boldsymbol{\beta}=(0\quad -1\quad 2)$，$\boldsymbol{\gamma}=(0\quad -7\quad -4)$，试问 $\boldsymbol{\gamma}$ 能否由 $\boldsymbol{\alpha},\boldsymbol{\beta}$ 线性表示？若能，写出具体表达式。

解

$$(\boldsymbol{\alpha}^{\mathrm{T}},\boldsymbol{\beta}^{\mathrm{T}},\boldsymbol{\gamma}^{\mathrm{T}})=\begin{pmatrix}2&0&0\\3&-1&-7\\0&2&-4\end{pmatrix}\xrightarrow[\frac{1}{2}r_1]{r_2-\frac{3}{2}r_1}\begin{pmatrix}1&0&0\\0&-1&-7\\0&2&-4\end{pmatrix}\xrightarrow[-r_2]{r_3+2r_2}\begin{pmatrix}1&0&0\\0&1&7\\0&0&-18\end{pmatrix},$$

则 $r(\boldsymbol{\alpha}^{\mathrm{T}},\boldsymbol{\beta}^{\mathrm{T}},\boldsymbol{\gamma}^{\mathrm{T}})=3$，故 $\boldsymbol{\alpha},\boldsymbol{\beta},\boldsymbol{\gamma}$ 线性无关，所以 $\boldsymbol{\gamma}$ 不能由 $\boldsymbol{\alpha},\boldsymbol{\beta}$ 线性表示。

习题 3.3

1. 设向量组 $(2,1,1,1)^{\mathrm{T}},(2,1,a,a)^{\mathrm{T}},(3,2,1,a)^{\mathrm{T}},(4,3,2,1)^{\mathrm{T}}$ 线性相关，求 a。

2. 求参数 k 的值，使得矩阵 $\boldsymbol{A}=\begin{pmatrix}1 & 2 & 1 & 0\\ 3 & -1 & 0 & 2\\ -1 & k & 2 & -2\end{pmatrix}$ 的秩为 2。

3. 求向量组 $\boldsymbol{\alpha}_1=\begin{pmatrix}1\\2\\-1\\4\end{pmatrix},\boldsymbol{\alpha}_2=\begin{pmatrix}0\\1\\3\\2\end{pmatrix},\boldsymbol{\alpha}_3=\begin{pmatrix}3\\7\\0\\14\end{pmatrix},\boldsymbol{\alpha}_4=\begin{pmatrix}-1\\2\\-2\\0\end{pmatrix},\boldsymbol{\alpha}_5=\begin{pmatrix}5\\-1\\7\\10\end{pmatrix}$ 的秩及一个极大线性无关组，并把其余向量用该极大线性无关组线性表示。

4. 求下列矩阵的秩。

(1) $\begin{pmatrix}2 & -1 & 4 & -1\\ 4 & -2 & 5 & 4\\ 2 & -1 & 3 & 1\end{pmatrix}$；　　(2) $\begin{pmatrix}2 & 3 & 5 & 4 & 6\\ 1 & 2 & 2 & 3 & 2\\ 3 & 5 & 7 & 7 & 8\\ 1 & 1 & 3 & 1 & 4\end{pmatrix}$。

5. 判断下列向量组的线性相关性；如果线性相关，写出其中一个向量由其余向量线性表示的表达式。

(1) $\boldsymbol{\alpha}_1=(3\quad 4\quad -2\quad 5)^{\mathrm{T}}$，$\boldsymbol{\alpha}_2=(2\quad -5\quad 0\quad -3)^{\mathrm{T}}$，$\boldsymbol{\alpha}_3=(5\quad 0\quad -1\quad 2)^{\mathrm{T}}$，$\boldsymbol{\alpha}_4=(3\quad 3\quad -1\quad 5)^{\mathrm{T}}$；

(2) $\boldsymbol{\alpha}_1=(1\quad -2\quad 0\quad 3)^{\mathrm{T}}$，$\boldsymbol{\alpha}_2=(2\quad 5\quad -1\quad 0)^{\mathrm{T}}$，$\boldsymbol{\alpha}_3=(3\quad 4\quad -1\quad 2)^{\mathrm{T}}$；

(3) $\boldsymbol{\alpha}_1=\begin{pmatrix}2\\1\\-1\\1\end{pmatrix},\boldsymbol{\alpha}_2=\begin{pmatrix}0\\3\\1\\0\end{pmatrix},\boldsymbol{\alpha}_3=\begin{pmatrix}5\\3\\2\\1\end{pmatrix},\boldsymbol{\alpha}_4=\begin{pmatrix}6\\6\\1\\3\end{pmatrix}$。

6. 求下列向量组的秩及其一个极大线性无关组，并将其余向量用极大线性无关组线性表示。

(1) $\boldsymbol{\alpha}_1=\begin{pmatrix}1\\-1\\2\\4\end{pmatrix},\boldsymbol{\alpha}_2=\begin{pmatrix}0\\3\\1\\2\end{pmatrix},\boldsymbol{\alpha}_3=\begin{pmatrix}3\\0\\7\\14\end{pmatrix},\boldsymbol{\alpha}_4=\begin{pmatrix}1\\-1\\2\\0\end{pmatrix}$；

(2) $\boldsymbol{\alpha}_1=\begin{pmatrix}1\\1\\1\end{pmatrix},\boldsymbol{\alpha}_2=\begin{pmatrix}1\\1\\0\end{pmatrix},\boldsymbol{\alpha}_3=\begin{pmatrix}1\\0\\0\end{pmatrix},\boldsymbol{\alpha}_4=\begin{pmatrix}1\\-2\\-3\end{pmatrix}$；

(3) $\boldsymbol{\alpha}_1=\begin{pmatrix}1\\4\\1\\0\\2\end{pmatrix},\boldsymbol{\alpha}_2=\begin{pmatrix}2\\5\\-1\\-3\\2\end{pmatrix},\boldsymbol{\alpha}_3=\begin{pmatrix}-1\\2\\5\\6\\2\end{pmatrix},\boldsymbol{\alpha}_4=\begin{pmatrix}0\\2\\2\\-1\\0\end{pmatrix}$。

扫码查看习题参考答案

7. 设向量 $\boldsymbol{\beta}=\begin{pmatrix}1\\2\\1\\1\end{pmatrix}$，$\boldsymbol{\alpha}_1=\begin{pmatrix}1\\1\\1\\1\end{pmatrix}$，$\boldsymbol{\alpha}_2=\begin{pmatrix}1\\1\\-1\\-1\end{pmatrix}$，$\boldsymbol{\alpha}_3=\begin{pmatrix}1\\-1\\1\\-1\end{pmatrix}$，$\boldsymbol{\alpha}_4=\begin{pmatrix}1\\-1\\-1\\1\end{pmatrix}$，试把 $\boldsymbol{\beta}$ 表示成其他向量的线性组合。

3.4 向量空间

空间的概念在数学中起着重要的作用，所谓空间就是在其元素之间以公理形式给出了某些关系的集合。在解析几何里，我们已经见到平面或空间的向量。两个向量的加法以及数乘满足一定的运算规律。向量空间正是解析几何里向量概念的一般化。向量空间是线性代数中一个较为抽象的概念。本节我们介绍向量空间、子空间、基底、维数、坐标等内容。

3.4.1 向量空间的概念

定义 3.8 设 V 是一个非空集合，P 是一个数域。如果在集合 V 中定义了两种运算：对于 $\forall \boldsymbol{\alpha},\boldsymbol{\beta}\in V$，有 $\boldsymbol{\alpha}+\boldsymbol{\beta}\in V$；对于 $\forall \boldsymbol{\alpha}\in V, k\in P$，有 $k\boldsymbol{\alpha}\in V$，则称集合 V 对于加法及数乘两种运算封闭。

定义 3.9 设 P 是一个数域，若非空集合 V 对于加法及数乘两种运算封闭，且这些运算满足下面 8 条公理，则称集合 V 是数域 P 上的向量空间。

对于 $\forall \boldsymbol{\alpha},\boldsymbol{\beta},\boldsymbol{\gamma}\in V$，$\forall k\in P$，有：

(1) $(\boldsymbol{\alpha}+\boldsymbol{\beta})+\boldsymbol{\gamma}=\boldsymbol{\alpha}+(\boldsymbol{\beta}+\boldsymbol{\gamma})$；

(2) $\boldsymbol{\alpha}+\boldsymbol{\beta}=\boldsymbol{\beta}+\boldsymbol{\alpha}$；

(3) 在 V 中存在这样的元素 $\mathbf{0}$，使得对于 $\forall \boldsymbol{\alpha}\in V$，均有 $\boldsymbol{\alpha}+\mathbf{0}=\boldsymbol{\alpha}$，我们称 $\mathbf{0}$ 为 V 的零元素；

(4) 对于 $\forall \boldsymbol{\alpha}\in V$，$\exists \boldsymbol{\alpha}'\in V$，使得 $\boldsymbol{\alpha}+\boldsymbol{\alpha}'=\mathbf{0}$，我们称 $\boldsymbol{\alpha}'$ 为 $\boldsymbol{\alpha}$ 的负元素；

(5) $(k+l)\boldsymbol{\alpha}=k\boldsymbol{\alpha}+l\boldsymbol{\alpha}$；

(6) $k(\boldsymbol{\alpha}+\boldsymbol{\beta})=k\boldsymbol{\alpha}+k\boldsymbol{\beta}$；

(7) $(kl)\boldsymbol{\alpha}=k(l\boldsymbol{\alpha})$；

(8) $1\cdot\boldsymbol{\alpha}=\boldsymbol{\alpha}$。

向量空间的元素也称为向量。通常我们用小写的希腊字母 $\boldsymbol{\alpha},\boldsymbol{\beta},\boldsymbol{\gamma},\cdots$ 代表向量空间中的向量。

例 1 全体 $m\times n$ 矩阵的集合 V 构成数域 P 上的一个向量空间。

按照矩阵的加法和数乘运算，容易验证，集合 V 对于加法及数乘两种运算封闭，且这些运算满足上面的 8 条公理。

例 2 全体 n 维向量构成一个向量空间，记为 $\mathbf{R}^n$。由此可知，向量空间 $\mathbf{R}^1$ 指数轴，$\mathbf{R}^2$ 指平面，$\mathbf{R}^3$ 指几何空间。

定义 3.10 设集合 W 是数域 P 上向量空间 V 的一个非空子集合，若集合 W 对于 V 的加法及数乘运算封闭，且满足定义 3.9 中的 8 条公理，则称 W 为向量空间 V 的一个子空间。

例 3 在向量空间 V 中，由单个的零向量所组成的子集合是一个子空间，它叫作**零子空间**。

例 4 在向量空间 $\mathbf{R}^n$ 中，齐次线性方程组

$$\begin{cases} a_{11}x_1+a_{12}x_2+\cdots+a_{1n}x_n=0, \\ a_{21}x_1+a_{22}x_2+\cdots+a_{2n}x_n=0, \\ \cdots\cdots\cdots\cdots \\ a_{s1}x_1+a_{s2}x_2+\cdots+a_{sn}x_n=0 \end{cases}$$

的全部解向量组成 $\mathbf{R}^n$ 的一个子空间。这个子空间称为齐次线性方程组的**解空间**。

3.4.2 向量空间的基底与维数

在三维几何空间$\mathbf{R}^3$ 中，三维基本单位向量 $\boldsymbol{\varepsilon}_1=\begin{pmatrix}1\\0\\0\end{pmatrix}$，$\boldsymbol{\varepsilon}_2=\begin{pmatrix}0\\1\\0\end{pmatrix}$，$\boldsymbol{\varepsilon}_3=\begin{pmatrix}0\\0\\1\end{pmatrix}$是线性无关的，而对于任一个向量 $\boldsymbol{\alpha}=\begin{pmatrix}a_1\\a_2\\a_3\end{pmatrix}$，均有 $\boldsymbol{\alpha}=a_1\boldsymbol{\varepsilon}_1+a_2\boldsymbol{\varepsilon}_2+a_3\boldsymbol{\varepsilon}_3$，$\boldsymbol{\varepsilon}_1,\boldsymbol{\varepsilon}_2,\boldsymbol{\varepsilon}_3$ 称为$\mathbf{R}^3$ 的坐标系或基底，而(a_1,a_2,a_3)称为向量 $\boldsymbol{\alpha}$ 在基底$\boldsymbol{\varepsilon}_1,\boldsymbol{\varepsilon}_2,\boldsymbol{\varepsilon}_3$ 下的坐标。

一般地，我们有如下的定义：

定义 3.11 设向量空间 V 中的 r 个向量$\boldsymbol{\alpha}_1,\boldsymbol{\alpha}_2,\cdots,\boldsymbol{\alpha}_r$ 满足：

(1) $\boldsymbol{\alpha}_1,\boldsymbol{\alpha}_2,\cdots,\boldsymbol{\alpha}_r$ 线性无关；

(2) V 中任何一个向量都可以由 $\boldsymbol{\alpha}_1,\boldsymbol{\alpha}_2,\cdots,\boldsymbol{\alpha}_r$ 线性表示；

则称向量组 $\boldsymbol{\alpha}_1,\boldsymbol{\alpha}_2,\cdots,\boldsymbol{\alpha}_r$ 是向量空间 V 的一个**基底**，r 称为向量空间 V 的**维数**，记为 $\dim V=r$。

若向量空间 V 没有基，则 V 的维数为 0，0 维向量空间只含一个零向量 $\mathbf{0}$。

请读者将向量空间 V 的基底(维数)与向量组的极大无关组(秩)的定义进行比较。

例 5 设向量空间$\mathbf{R}^n$ 为全体 n 维列向量$\begin{pmatrix}a_1\\a_2\\\vdots\\a_n\end{pmatrix}$$(a_i\in\mathbf{R})$构成的集合，证明：在$\mathbf{R}^n$ 中，n 维基本单位向量组$\boldsymbol{\varepsilon}_1=\begin{pmatrix}1\\0\\0\\\vdots\\0\end{pmatrix}$，$\boldsymbol{\varepsilon}_2=\begin{pmatrix}0\\1\\0\\\vdots\\0\end{pmatrix}$，$\cdots$，$\boldsymbol{\varepsilon}_n=\begin{pmatrix}0\\0\\0\\\vdots\\1\end{pmatrix}$是$\mathbf{R}^n$ 的一个基。

证明　因为 $\boldsymbol{\varepsilon}_1,\boldsymbol{\varepsilon}_2,\cdots,\boldsymbol{\varepsilon}_n$ 线性无关，且对任一向量 $\boldsymbol{\alpha}=(a_1,a_2,\cdots,a_n)^{\mathrm{T}}$，均有 $\boldsymbol{\alpha}=a_1\boldsymbol{\varepsilon}_1+a_2\boldsymbol{\varepsilon}_2+\cdots+a_n\boldsymbol{\varepsilon}_n$，故 $\boldsymbol{\varepsilon}_1,\boldsymbol{\varepsilon}_2,\cdots,\boldsymbol{\varepsilon}_n$ 是 $\mathbf{R}^n$ 的基底。$\dim\mathbf{R}^n=n$，即 $\mathbf{R}^n$ 是 n 维向量空间。

例 6　证明：$\mathbf{R}^n$ 中向量组 $\boldsymbol{e}_1=\begin{pmatrix}1\\0\\0\\\vdots\\0\end{pmatrix},\boldsymbol{e}_2=\begin{pmatrix}1\\1\\0\\\vdots\\0\end{pmatrix},\cdots,\boldsymbol{e}_n=\begin{pmatrix}1\\1\\1\\\vdots\\1\end{pmatrix}$ 也是 $\mathbf{R}^n$ 的基底。

证明　因为 $|\boldsymbol{e}_1,\boldsymbol{e}_2,\cdots,\boldsymbol{e}_n|=1\neq0$，所以 $\boldsymbol{e}_1,\boldsymbol{e}_2,\cdots,\boldsymbol{e}_n$ 线性无关，而对任一向量 $\boldsymbol{\alpha}=(a_1,a_2,\cdots,a_n)^{\mathrm{T}}$，均有

$$\boldsymbol{\alpha}=(a_1-a_2)\boldsymbol{e}_1+(a_2-a_3)\boldsymbol{e}_2+\cdots+(a_{n-1}-a_n)\boldsymbol{e}_{n-1}+a_n\boldsymbol{e}_n,$$

故 $\boldsymbol{e}_1,\boldsymbol{e}_2,\cdots,\boldsymbol{e}_n$ 也为 $\mathbf{R}^n$ 的基底。

例 7　$\mathbf{R}^n$ 中任意 n 个线性无关的向量都是 $\mathbf{R}^n$ 的基。

证明　设 $\boldsymbol{\alpha}_1,\boldsymbol{\alpha}_2,\cdots,\boldsymbol{\alpha}_n$ 是 $\mathbf{R}^n$ 中 n 个线性无关的向量，对任意的 $\boldsymbol{\alpha}\in\mathbf{R}^n$，$n+1$ 个 n 维向量 $\boldsymbol{\alpha}_1,\boldsymbol{\alpha}_2,\cdots,\boldsymbol{\alpha}_n,\boldsymbol{\alpha}$ 线性相关，根据 3.2 节中定理 3.4，$\boldsymbol{\alpha}$ 可由 $\boldsymbol{\alpha}_1,\boldsymbol{\alpha}_2,\cdots,\boldsymbol{\alpha}_n$ 线性表示，由定义 3.11 知，$\boldsymbol{\alpha}_1,\boldsymbol{\alpha}_2,\cdots,\boldsymbol{\alpha}_n$ 是 $\mathbf{R}^n$ 的一个基。

3.4.3　向量空间中向量的坐标

定义 3.12　设 $\boldsymbol{\alpha}_1,\boldsymbol{\alpha}_2,\cdots,\boldsymbol{\alpha}_r$ 是向量空间 V 的一个基底，向量空间 V 中任一向量 $\boldsymbol{\alpha}$ 可唯一线性表示为 $\boldsymbol{\alpha}=x_1\boldsymbol{\alpha}_1+x_2\boldsymbol{\alpha}_2+\cdots+x_r\boldsymbol{\alpha}_r$，则 $\boldsymbol{\alpha}_1,\boldsymbol{\alpha}_2,\cdots,\boldsymbol{\alpha}_r$ 的系数构成的有序数组 $(x_1,x_2,\cdots,x_r)$ 称为 $\boldsymbol{\alpha}$ 关于基底 $\boldsymbol{\alpha}_1,\boldsymbol{\alpha}_2,\cdots,\boldsymbol{\alpha}_r$ 的坐标。

显然，向量空间 V 中的同一个向量可以由不同的基底来线性表示，不过该向量在不同基底下的坐标是不同的。在例 5、例 6 中，$\boldsymbol{\alpha}$ 在 $\boldsymbol{\varepsilon}_1,\boldsymbol{\varepsilon}_2,\cdots,\boldsymbol{\varepsilon}_n$ 下的坐标是 $(a_1,a_2,\cdots,a_n)$，在 $\boldsymbol{e}_1,\boldsymbol{e}_2,\cdots,\boldsymbol{e}_n$ 下的坐标是 $(a_1-a_2,a_2-a_3,\cdots,a_{n-1}-a_n,a_n)$。

同一向量在不同基底下的坐标有内在的联系，这涉及过渡矩阵的知识，在此不做叙述。

例 8　证明 $\boldsymbol{\alpha}_1=\begin{pmatrix}1\\1\\1\\1\end{pmatrix},\boldsymbol{\alpha}_2=\begin{pmatrix}1\\1\\-1\\-1\end{pmatrix},\boldsymbol{\alpha}_3=\begin{pmatrix}1\\-1\\1\\-1\end{pmatrix},\boldsymbol{\alpha}_4=\begin{pmatrix}1\\-1\\-1\\1\end{pmatrix}$ 是 $\mathbf{R}^4$ 的一组基，并求 $\boldsymbol{\beta}=\begin{pmatrix}10\\-4\\-2\\0\end{pmatrix}$ 在这组基下的坐标。

解　要证明 $\boldsymbol{\alpha}_1,\boldsymbol{\alpha}_2,\boldsymbol{\alpha}_3,\boldsymbol{\alpha}_4$ 是 $\mathbf{R}^4$ 的一组基，只需要证明它们线性无关。求 $\boldsymbol{\beta}$ 在这组基下的坐标，即用 $\boldsymbol{\alpha}_1,\boldsymbol{\alpha}_2,\boldsymbol{\alpha}_3,\boldsymbol{\alpha}_4$ 线性表示 $\boldsymbol{\beta}$，求得表出系数。

$$(\boldsymbol{\alpha}_1,\boldsymbol{\alpha}_2,\boldsymbol{\alpha}_3,\boldsymbol{\alpha}_4,\boldsymbol{\beta})=\begin{pmatrix}1&1&1&1&10\\1&1&-1&-1&-4\\1&-1&1&-1&-2\\1&-1&-1&1&0\end{pmatrix}\xrightarrow[i=2,3,4]{r_i+(-1)r_1}\begin{pmatrix}1&1&1&1&10\\0&0&-2&-2&-14\\0&-2&0&-2&-12\\0&-2&-2&0&-10\end{pmatrix}$$

$$\xrightarrow[r_4+(-1)r_3]{r_4+(-1)r_2}\begin{pmatrix}1&1&1&1&10\\0&0&-2&-2&-14\\0&-2&0&-2&-12\\0&0&0&4&16\end{pmatrix}\xrightarrow[r_4\div 4]{r_2\leftrightarrow r_3}\begin{pmatrix}1&1&1&1&10\\0&-2&0&-2&-12\\0&0&-2&-2&-14\\0&0&0&1&4\end{pmatrix}$$

$$\xrightarrow[\substack{r_2\div(-2)\\r_3\div(-2)}]{r_1+\frac{1}{2}r_2}\begin{pmatrix}1&0&1&0&4\\0&1&0&1&6\\0&0&1&1&7\\0&0&0&1&4\end{pmatrix}\xrightarrow[\substack{r_3+(-1)r_4\\r_1+r_4}]{\substack{r_1+(-1)r_3\\r_2+(-1)r_4}}\begin{pmatrix}1&0&0&0&1\\0&1&0&0&2\\0&0&1&0&3\\0&0&0&1&4\end{pmatrix},$$

由此可知 $r(\boldsymbol{\alpha}_1,\boldsymbol{\alpha}_2,\boldsymbol{\alpha}_3,\boldsymbol{\alpha}_4)=4$，故 $\boldsymbol{\alpha}_1,\boldsymbol{\alpha}_2,\boldsymbol{\alpha}_3,\boldsymbol{\alpha}_4$ 线性无关，它们是 $\mathbf{R}^4$ 的一组基，且 $\boldsymbol{\beta}=\boldsymbol{\alpha}_1+2\boldsymbol{\alpha}_2+3\boldsymbol{\alpha}_3+4\boldsymbol{\alpha}_4$，所以 $\boldsymbol{\beta}$ 在这组基下的坐标是(1,2,3,4)。

例 9 设 $\boldsymbol{A}=(\boldsymbol{\alpha}_1,\boldsymbol{\alpha}_2,\boldsymbol{\alpha}_3)=\begin{pmatrix}1&0&1\\0&1&2\\1&0&2\end{pmatrix}$，$\boldsymbol{B}=(\boldsymbol{\beta}_1,\boldsymbol{\beta}_2)=\begin{pmatrix}1&-1\\3&0\\0&3\end{pmatrix}$，验证 $\boldsymbol{\alpha}_1,\boldsymbol{\alpha}_2,\boldsymbol{\alpha}_3$ 是 $\mathbf{R}^3$ 的一个基，并把 $\boldsymbol{\beta}_1,\boldsymbol{\beta}_2$ 用这个基表示。

解 要证明 $\boldsymbol{\alpha}_1,\boldsymbol{\alpha}_2,\boldsymbol{\alpha}_3$ 是 $\mathbf{R}^3$ 的一个基，只要证明 $\boldsymbol{\alpha}_1,\boldsymbol{\alpha}_2,\boldsymbol{\alpha}_3$ 线性无关，即证 $\boldsymbol{A}\to\boldsymbol{E}$。

设 $\boldsymbol{\beta}_1=x_{11}\boldsymbol{\alpha}_1+x_{21}\boldsymbol{\alpha}_2+x_{31}\boldsymbol{\alpha}_3$，$\boldsymbol{\beta}_2=x_{12}\boldsymbol{\alpha}_1+x_{22}\boldsymbol{\alpha}_2+x_{32}\boldsymbol{\alpha}_3$，即

$$(\boldsymbol{\beta}_1,\boldsymbol{\beta}_2)=(\boldsymbol{\alpha}_1,\boldsymbol{\alpha}_2,\boldsymbol{\alpha}_3)\begin{pmatrix}x_{11}&x_{12}\\x_{21}&x_{22}\\x_{31}&x_{32}\end{pmatrix},$$

记 $\boldsymbol{B}=\boldsymbol{AX}$。对矩阵 $(\boldsymbol{A}\,\vdots\,\boldsymbol{B})$ 进行初等变换，若 $\boldsymbol{A}$ 能变成 $\boldsymbol{E}$，则 $\boldsymbol{\alpha}_1,\boldsymbol{\alpha}_2,\boldsymbol{\alpha}_3$ 是 $\mathbf{R}^3$ 的一个基，且当 $\boldsymbol{A}$ 变成 $\boldsymbol{E}$ 时，$\boldsymbol{B}$ 变成 $\boldsymbol{X}=\boldsymbol{A}^{-1}\boldsymbol{B}$。

$$(\boldsymbol{A}\,\vdots\,\boldsymbol{B})=\left(\begin{array}{ccc:cc}1&0&1&1&-1\\0&1&2&3&0\\1&0&2&0&3\end{array}\right)\xrightarrow{r_3-r_1}\begin{pmatrix}1&0&1&1&-1\\0&1&2&3&0\\0&0&1&-1&4\end{pmatrix}$$

$$\xrightarrow[r_2-2r_3]{r_1-r_3}\left(\begin{array}{ccc:cc}1&0&0&2&-5\\0&1&0&5&-8\\0&0&1&-1&4\end{array}\right),$$

因为 $\boldsymbol{A}\to\boldsymbol{E}$，故 $\boldsymbol{\alpha}_1,\boldsymbol{\alpha}_2,\boldsymbol{\alpha}_3$ 是 $\mathbf{R}^3$ 的一个基，且

$$(\boldsymbol{\beta}_1,\boldsymbol{\beta}_2)=(\boldsymbol{\alpha}_1,\boldsymbol{\alpha}_2,\boldsymbol{\alpha}_3)\begin{pmatrix}2&-5\\5&-8\\-1&4\end{pmatrix},$$

$$\boldsymbol{\beta}_1=2\boldsymbol{\alpha}_1+5\boldsymbol{\alpha}_2-\boldsymbol{\alpha}_3,\ \boldsymbol{\beta}_2=-5\boldsymbol{\alpha}_1-8\boldsymbol{\alpha}_2+4\boldsymbol{\alpha}_3。$$

由上式可知，$\boldsymbol{\beta}_1$ 关于基 $\boldsymbol{\alpha}_1,\boldsymbol{\alpha}_2,\boldsymbol{\alpha}_3$ 的坐标为 $(2,5,-1)$，$\boldsymbol{\beta}_2$ 关于基 $\boldsymbol{\alpha}_1,\boldsymbol{\alpha}_2,\boldsymbol{\alpha}_3$ 的坐标为 $(-5,-8,4)$。

习题 3.4

1. 在三维几何空间中，所有通过原点的平面的集合能否形成向量空间？

2. 证明：集合 $V=\{x=(0,x_2,\cdots,x_n)^{\mathrm{T}}\mid x_2,\cdots,x_n\in\mathbf{R}\}$ 是一个向量空间。

3. 设 $\boldsymbol{\alpha},\boldsymbol{\beta}$ 是两个已知的 n 维向量，设集合 $V=\{x=\lambda\boldsymbol{\alpha}+\mu\boldsymbol{\beta}\mid\lambda,\mu\in\mathbf{R}\}$，证明：$V$ 是一个向量空间（一般称为由向量 $\boldsymbol{\alpha},\boldsymbol{\beta}$ 所生成的向量空间）。

4. 证明 $\boldsymbol{\alpha}_1=(1,1,1,1)^{\mathrm{T}}$，$\boldsymbol{\alpha}_2=(1,3,1,0)^{\mathrm{T}}$，$\boldsymbol{\alpha}_3=(1,0,1,0)^{\mathrm{T}}$，$\boldsymbol{\alpha}_4=(1,0,0,1)^{\mathrm{T}}$ 是 $\mathbf{R}^4$ 的一个基。

5. 证明 $\boldsymbol{\alpha}_1=(1,1,0)$，$\boldsymbol{\alpha}_2=(0,0,2)$，$\boldsymbol{\alpha}_3=(0,3,2)$ 为 $\mathbf{R}^3$ 的基，并求 $\boldsymbol{\beta}=(5,9,-2)$ 在此基下的坐标。

扫码查看
习题参考答案

3.5　应用实例——信号空间中的线性无关性

3.5.1　信号空间

设 S 是数的双向无穷序列空间：

$$\{y_k\}=(\cdots,y_{-2},y_{-1},y_0,y_1,y_2,\cdots),$$

若 $\{z_k\}$ 是 S 中的另一个元素，则 $\{y_k\}+\{z_k\}$ 是序列 $\{y_k+z_k\}$，它由 $\{y_k\}$ 与 $\{z_k\}$ 对应项之和构成；数乘 $c\{y_k\}$ 是序列 $\{cy_k\}$。用与 $\mathbf{R}^n$ 中相同的方法可以证明向量空间的 8 条公理。

S 中的元素来源于工程学，例如，每当一个信号在离散时间上被测量（或被简化）时，它就可以被看作是 S 中的一个元素。这样的信号可以是光的、电的、机械的等。为了方便，我们称 S 为（离散时间）信号空间。

3.5.2　信号空间中的线性无关性

为了简化符号，我们考虑一个仅包含三个信号 $\{u_k\},\{v_k\},\{w_k\}$ 的集合 S。

当且仅当 $c_1=c_2=c_3=0$ 时，方程

$$c_1u_k+c_2v_k+c_3w_k=0\quad(\forall k\in\mathbf{Z})\tag{3-6}$$

成立，称信号 $\{u_k\},\{v_k\},\{w_k\}$ 是线性无关的。

假设 c_1,c_2,c_3 满足(3-6)式，那么方程(3-6)对任意三个相邻的值 $k,k+1$ 和 $k+2$ 也成立，有

$$c_1u_{k+1}+c_2v_{k+1}+c_3w_{k+1}=0\quad(\forall k\in\mathbf{Z}),\tag{3-7}$$

$$c_1u_{k+2}+c_2v_{k+2}+c_3w_{k+2}=0\quad(\forall k\in\mathbf{Z}),\tag{3-8}$$

将方程(3-6)、(3-7)、(3-8)改写成方程组的矩阵形式

$$\begin{pmatrix} u_k & v_k & w_k \\ u_{k+1} & v_{k+1} & w_{k+1} \\ u_{k+2} & v_{k+2} & w_{k+2} \end{pmatrix}\begin{pmatrix} c_1 \\ c_2 \\ c_3 \end{pmatrix}=\begin{pmatrix} 0 \\ 0 \\ 0 \end{pmatrix} \quad (\forall k\in \mathbf{Z}), \tag{3-9}$$

这个方程组的系数矩阵称为信号$\{u_k\}$，$\{v_k\}$，$\{w_k\}$的库仑矩阵。库仑矩阵的行列式称为信号$\{u_k\}$，$\{v_k\}$，$\{w_k\}$的库仑行列式。

如果对至少一个k值，有库仑矩阵可逆，则$c_1=c_2=c_3=0$，从而得到信号$\{u_k\}$，$\{v_k\}$，$\{w_k\}$是线性无关的。

如果信号$\{u_k\}$，$\{v_k\}$，$\{w_k\}$是同一个齐次差分方程

$$a_0 y_{k+n}+a_1 y_{k+n-1}+\cdots+a_{n-1} y_{k+1}+a_n y_k=0$$

的所有解，则库仑矩阵对所有k都是可逆的，且这些信号是线性无关的。

若库仑矩阵不可逆，相应的信号通过检测，可能线性相关也可能线性无关。

例 1　证明信号$\{1^k\}$，$\{(-2)^k\}$和$\{3^k\}$($k\in\mathbf{Z}$)是线性无关的。

证明　信号$\{1^k\}$，$\{(-2)^k\}$和$\{3^k\}$的库仑矩阵是

$$\boldsymbol{A}=\begin{pmatrix} 1^k & (-2)^k & 3^k \\ 1^{k+1} & (-2)^{k+1} & 3^{k+1} \\ 1^{k+2} & (-2)^{k+2} & 3^{k+2} \end{pmatrix},$$

$$\boldsymbol{A}\xrightarrow[r_3-r_1]{r_2-r_1}\begin{pmatrix} 1^k & (-2)^k & 3^k \\ 0 & -3\cdot(-2)^k & 2\cdot 3^k \\ 0 & 3\cdot(-2)^k & 8\cdot 3^k \end{pmatrix}\xrightarrow{r_3+r_2}\begin{pmatrix} 1^k & (-2)^k & 3^k \\ 0 & -3\cdot(-2)^k & 2\cdot 3^k \\ 0 & 0 & 10\cdot 3^k \end{pmatrix},$$

因为$k\in\mathbf{Z}$，所以矩阵$\boldsymbol{A}$可逆。故信号$\{1^k\}$，$\{(-2)^k\}$和$\{3^k\}$($k\in\mathbf{Z}$)是线性无关的。

本章小结

1. 向量的概念及线性运算。

2. 向量的线性运算满足的性质：

(1) $\boldsymbol{\alpha}+\boldsymbol{\beta}=\boldsymbol{\beta}+\boldsymbol{\alpha}$；

(2) $(\boldsymbol{\alpha}+\boldsymbol{\beta})+\boldsymbol{\gamma}=\boldsymbol{\alpha}+(\boldsymbol{\beta}+\boldsymbol{\gamma})$；

(3) $\boldsymbol{\alpha}+\mathbf{0}=\boldsymbol{\alpha}$；

(4) $\boldsymbol{\alpha}+(-\boldsymbol{\alpha})=\mathbf{0}$；

(5) $k(\boldsymbol{\alpha}+\boldsymbol{\beta})=k\boldsymbol{\alpha}+k\boldsymbol{\beta}$；

(6) $(k+l)\boldsymbol{\alpha}=k\boldsymbol{\alpha}+l\boldsymbol{\alpha}$；

(7) $(kl)\boldsymbol{\alpha}=k(l\boldsymbol{\alpha})$；

(8) $1\cdot\boldsymbol{\alpha}=\boldsymbol{\alpha}$。

其中$\boldsymbol{\alpha},\boldsymbol{\beta},\boldsymbol{\gamma}$是$n$维向量，$\mathbf{0}$是$n$维零向量，$k$和$l$为任意实数。

3. 线性组合、线性表示的定义。

4. n维向量$\boldsymbol{\varepsilon}_1=(1,0,\cdots,0)$，$\boldsymbol{\varepsilon}_2=(0,1,\cdots,0)$，$\cdots$，$\boldsymbol{\varepsilon}_n=(0,0,\cdots,1)$称为$n$维基本单

位向量组。

5. 线性相关、线性无关的定义。

6. 线性相关性的结论：

$k_1\boldsymbol{\alpha}_1+k_2\boldsymbol{\alpha}_2+\cdots+k_s\boldsymbol{\alpha}_s=\mathbf{0}$ 等价于齐次线性方程组

$$\begin{cases}a_{11}k_1+a_{12}k_2+\cdots+a_{1s}k_s=0,\\a_{21}k_1+a_{22}k_2+\cdots+a_{2s}k_s=0,\\\cdots\cdots\cdots\cdots\\a_{n1}k_1+a_{n2}k_2+\cdots+a_{ns}k_s=0,\end{cases}$$

其中 $\boldsymbol{\alpha}_1=\begin{pmatrix}a_{11}\\a_{21}\\\vdots\\a_{n1}\end{pmatrix},\boldsymbol{\alpha}_2=\begin{pmatrix}a_{12}\\a_{22}\\\vdots\\a_{n2}\end{pmatrix},\cdots,\boldsymbol{\alpha}_n=\begin{pmatrix}a_{1s}\\a_{2s}\\\vdots\\a_{ns}\end{pmatrix}$。

(1) s 个 n 维向量组 $\boldsymbol{\alpha}_i=\begin{pmatrix}a_{1i}\\a_{2i}\\\vdots\\a_{ni}\end{pmatrix}(i=1,2,\cdots,s)$ 线性相关的充要条件是上面的齐次线性方程组有非零解；线性无关的充要条件是该齐次线性方程组只有零解。

(2) n 个 n 维向量组 $\boldsymbol{\alpha}_i=\begin{pmatrix}a_{1i}\\a_{2i}\\\vdots\\a_{ni}\end{pmatrix}(i=1,2,\cdots,n)$ 线性相关的充要条件是行列式 $D=|\boldsymbol{\alpha}_1,\boldsymbol{\alpha}_2,\cdots,\boldsymbol{\alpha}_n|=0$；线性无关的充要条件是行列式 $D\neq0$。

(3) 当向量组中所含向量个数大于维数时，向量组一定线性相关。

(4) 向量组 $\boldsymbol{\alpha}_1,\boldsymbol{\alpha}_2,\cdots,\boldsymbol{\alpha}_m(m\geqslant2)$ 线性相关的充分必要条件是其中至少有一个向量可由其余 $m-1$ 个向量线性表示。

(5) 向量组 $\boldsymbol{\alpha}_1,\boldsymbol{\alpha}_2,\cdots,\boldsymbol{\alpha}_m(m\geqslant2)$ 线性无关的充分必要条件是其中每一个向量都不能由其余 $m-1$ 个向量线性表示。

(6) 若向量组 $\boldsymbol{\alpha}_1,\boldsymbol{\alpha}_2,\cdots,\boldsymbol{\alpha}_m$ 线性无关，而向量组 $\boldsymbol{\alpha}_1,\boldsymbol{\alpha}_2,\cdots,\boldsymbol{\alpha}_m,\boldsymbol{\beta}$ 线性相关，则 $\boldsymbol{\beta}$ 可由 $\boldsymbol{\alpha}_1,\boldsymbol{\alpha}_2,\cdots,\boldsymbol{\alpha}_m$ 线性表示，且表达式唯一。

(7) 部分组线性相关，则整体也线性相关；整体线性无关，则部分组也线性无关。

接长向量组线性相关，则截短组也线性相关；截短向量组线性无关，则接长组也线性无关。

7. 向量组的秩和极大线性无关组的概念、两向量组等价的定义。

8. 相关结论。

(1) 若向量组(Ⅰ)$\boldsymbol{\alpha}_1,\boldsymbol{\alpha}_2,\cdots,\boldsymbol{\alpha}_s$ 可以由向量组(Ⅱ)$\boldsymbol{\beta}_1,\boldsymbol{\beta}_2,\cdots,\boldsymbol{\beta}_t$ 线性表示，且 $s>t$，则向量组 $\boldsymbol{\alpha}_1,\boldsymbol{\alpha}_2,\cdots,\boldsymbol{\alpha}_s$ 线性相关。

(2) 若向量组 $\boldsymbol{\alpha}_1,\boldsymbol{\alpha}_2,\cdots,\boldsymbol{\alpha}_s$ 线性无关且可由向量组 $\boldsymbol{\beta}_1,\boldsymbol{\beta}_2,\cdots,\boldsymbol{\beta}_t$ 线性表示，则 $s\leqslant t$。

(3) 若向量组(Ⅰ)$\boldsymbol{\alpha}_1,\boldsymbol{\alpha}_2,\cdots,\boldsymbol{\alpha}_s$ 和(Ⅱ)$\boldsymbol{\beta}_1,\boldsymbol{\beta}_2,\cdots,\boldsymbol{\beta}_t$ 等价且都线性无关，则 $s=t$。

(4) 向量组 $\boldsymbol{\alpha}_1,\boldsymbol{\alpha}_2,\cdots,\boldsymbol{\alpha}_s$ 线性无关的充要条件是 $r(\boldsymbol{\alpha}_1,\boldsymbol{\alpha}_2,\cdots,\boldsymbol{\alpha}_s)=s$，即它的秩等于它所含向量的个数。

(5) 相互等价的向量组的秩相等。

(6) 若两个向量组的秩相等且其中一个向量组可由另一个线性表出，则这两个向量组等价。

(7) 向量组 $T:\boldsymbol{\alpha}_1,\boldsymbol{\alpha}_2,\cdots,\boldsymbol{\alpha}_n$ 线性无关的充要条件是 $r(T)=n$(n 为向量个数)。

(8) 向量组 $T:\boldsymbol{\alpha}_1,\boldsymbol{\alpha}_2,\cdots,\boldsymbol{\alpha}_n$ 线性相关的充要条件是 $r(T)<n$(n 为向量个数)。

(9) 向量 $\boldsymbol{\beta}$ 能由向量组 $\boldsymbol{A}:\boldsymbol{\alpha}_1,\boldsymbol{\alpha}_2,\cdots,\boldsymbol{\alpha}_n$ 线性表示的充要条件是

$$r(\boldsymbol{\alpha}_1,\boldsymbol{\alpha}_2,\cdots,\boldsymbol{\alpha}_n)=r(\boldsymbol{\alpha}_1,\boldsymbol{\alpha}_2,\cdots,\boldsymbol{\alpha}_n,\boldsymbol{\beta})=r,$$

且当 $r=n$ 时，向量 $\boldsymbol{\beta}$ 由向量组 $\boldsymbol{A}$ 线性表示的表达式是唯一的；当 $r<n$ 时，向量 $\boldsymbol{\beta}$ 由向量组 $\boldsymbol{A}$ 线性表示的表达式不唯一。

(10) 向量 $\boldsymbol{\beta}$ 不能由向量组 $\boldsymbol{A}:\boldsymbol{\alpha}_1,\boldsymbol{\alpha}_2,\cdots,\boldsymbol{\alpha}_n$ 线性表示的充要条件是

$$r(\boldsymbol{\alpha}_1,\boldsymbol{\alpha}_2,\cdots,\boldsymbol{\alpha}_n)\neq r(\boldsymbol{\alpha}_1,\boldsymbol{\alpha}_2,\cdots,\boldsymbol{\alpha}_n,\boldsymbol{\beta})。$$

9. 矩阵的行秩和列秩的定义。

10. 任一矩阵的行秩与列秩相等，都等于该矩阵的秩。

11. 求向量组的极大无关组的方法：先将向量组作为列向量组构成矩阵 $\boldsymbol{A}$，然后对 $\boldsymbol{A}$ 实行初等行变换，把 $\boldsymbol{A}$ 化为行最简形矩阵，则由行最简形矩阵中各列向量之间的线性关系，就可以确定原向量组中各向量之间的线性关系，从而确定其极大无关组。

12. 向量空间及其子空间的概念；向量空间的基底和维数的概念；向量空间中向量的坐标的定义。

13. $\mathbf{R}^n$ 中任意 n 个线性无关的向量都是 $\mathbf{R}^n$ 的基。

第3章总习题

一、填空题。

1. 若 $\boldsymbol{\alpha}=(2,1,-2)^{\mathrm{T}},\boldsymbol{\beta}=(0,3,1)^{\mathrm{T}},\boldsymbol{\gamma}=(0,0,k-2)^{\mathrm{T}}$ 是 $\mathbf{R}^3$ 的基，则 k 需满足关系式________。

2. n 维向量组 $\boldsymbol{\alpha}_1=(1,1,\cdots,1),\boldsymbol{\alpha}_2=(2,2,\cdots,2),\cdots,\boldsymbol{\alpha}_m=(m,m,\cdots,m)$ 的秩为________。

3. 向量组 $\boldsymbol{\alpha}_1,\boldsymbol{\alpha}_2,\boldsymbol{\alpha}_3,\boldsymbol{\alpha}_4,\boldsymbol{\alpha}_5$ 中的向量都是四维的，则它们一定是________(填线性相关性)。

二、单项选择题。

1. 设向量组 $\boldsymbol{\alpha}_1=\begin{pmatrix}1+\lambda\\1\\1\end{pmatrix},\boldsymbol{\alpha}_2=\begin{pmatrix}1\\1+\lambda\\1\end{pmatrix},\boldsymbol{\alpha}_3=\begin{pmatrix}1\\1\\1+\lambda\end{pmatrix}$ 的秩为 2，则 $\lambda=$(　　)。

A. 0　　B. 3　　C. 0 或 -3　　D. -3

2. 设向量 $\boldsymbol{\alpha}_1=(-8,8,5)$，$\boldsymbol{\alpha}_2=(-4,2,3)$，$\boldsymbol{\alpha}_3=(2,1,-2)$，数 k 使得 $\boldsymbol{\alpha}_1-k\boldsymbol{\alpha}_2-2\boldsymbol{\alpha}_3=\boldsymbol{0}$，则 $k=$(　　)。

A. 1　　B. 2　　C. 3　　D. 4

3. (2022 数二第 10 题)设 $\boldsymbol{\alpha}_1=\begin{pmatrix}\lambda\\1\\1\end{pmatrix}$，$\boldsymbol{\alpha}_2=\begin{pmatrix}1\\\lambda\\1\end{pmatrix}$，$\boldsymbol{\alpha}_3=\begin{pmatrix}1\\1\\\lambda\end{pmatrix}$，$\boldsymbol{\alpha}_4=\begin{pmatrix}1\\\lambda\\\lambda^2\end{pmatrix}$，若 $\boldsymbol{\alpha}_1,\boldsymbol{\alpha}_2,\boldsymbol{\alpha}_3$ 与 $\boldsymbol{\alpha}_1,\boldsymbol{\alpha}_2,\boldsymbol{\alpha}_4$ 等价，则 $\lambda=$(　　)。

A. $\{0,1\}$　　B. $\{\lambda\mid\lambda\in\mathbf{R},\lambda\neq-2\}$

C. $\{\lambda\mid\lambda\in\mathbf{R},\lambda\neq-1,\lambda\neq-2\}$　　D. $\{\lambda\mid\lambda\in\mathbf{R},\lambda\neq-1\}$

三、解答题。

1. 求下列矩阵的秩。

(1) $\begin{pmatrix}1&2&1&3\\3&4&-3&2\\5&7&-1&9\\2&3&2&7\end{pmatrix}$；　(2) $\begin{pmatrix}1&-1&-1&1&2\\2&3&8&-3&-1\\2&1&2&1&2\\1&2&5&-2&8\end{pmatrix}$。

2. $\boldsymbol{A}=\begin{pmatrix}1&2&1&2\\1&3&-2&b\\2&5&a&3\\3&4&9&8\end{pmatrix}$，对不同的 a,b 值，求 $\boldsymbol{A}$ 的秩。

3. 已知向量组 $\boldsymbol{\beta}_1=(0,1,-1)^{\mathrm{T}}$，$\boldsymbol{\beta}_2=(a,2,1)^{\mathrm{T}}$，$\boldsymbol{\beta}_3=(b,1,0)^{\mathrm{T}}$，与向量组 $\boldsymbol{\alpha}_1=(1,2,-3)^{\mathrm{T}}$，$\boldsymbol{\alpha}_2=(3,0,1)^{\mathrm{T}}$，$\boldsymbol{\alpha}_3=(9,6,-7)^{\mathrm{T}}$ 具有相同的秩，且 $\boldsymbol{\beta}_3$ 可由 $\boldsymbol{\alpha}_1,\boldsymbol{\alpha}_2,\boldsymbol{\alpha}_3$ 线性表示，求 a,b 的值。

4. 判定下述向量组的线性相关性。

(1) $\boldsymbol{\alpha}=(1,1,0)$，$\boldsymbol{\beta}=(0,1,1)$，$\boldsymbol{\gamma}=(1,0,1)$；

(2) $\boldsymbol{\alpha}=(1,3,0)$，$\boldsymbol{\beta}=(1,1,2)$，$\boldsymbol{\gamma}=(3,-1,10)$；

(3) $\boldsymbol{\alpha}=(1,3,0)$，$\boldsymbol{\beta}=\left(-\dfrac{1}{3},-1,0\right)$。

5. 设向量组 $\boldsymbol{\alpha}_1,\boldsymbol{\alpha}_2,\boldsymbol{\alpha}_3$ 线性无关，判定以下向量组的线性相关性。

(1) $\boldsymbol{\beta}_1=\boldsymbol{\alpha}_1+2\boldsymbol{\alpha}_2+3\boldsymbol{\alpha}_3$，$\boldsymbol{\beta}_2=3\boldsymbol{\alpha}_1-\boldsymbol{\alpha}_2+4\boldsymbol{\alpha}_3$，$\boldsymbol{\beta}_3=\boldsymbol{\alpha}_2+\boldsymbol{\alpha}_3$；

(2) $\boldsymbol{\beta}_1=\boldsymbol{\alpha}_1+\boldsymbol{\alpha}_2$，$\boldsymbol{\beta}_2=\boldsymbol{\alpha}_2+\boldsymbol{\alpha}_3$，$\boldsymbol{\beta}_3=\boldsymbol{\alpha}_3+\boldsymbol{\alpha}_1$。

6. 设三维向量组 $\boldsymbol{\alpha}_1=\begin{pmatrix}1\\2\\1\end{pmatrix}$，$\boldsymbol{\alpha}_2=\begin{pmatrix}0\\-1\\1\end{pmatrix}$，$\boldsymbol{\alpha}_3=\begin{pmatrix}2\\-2\\3\end{pmatrix}$，$\boldsymbol{\beta}=\begin{pmatrix}4\\3\\4\end{pmatrix}$，问 $\boldsymbol{\beta}$ 是否为 $\boldsymbol{\alpha}_1,\boldsymbol{\alpha}_2,\boldsymbol{\alpha}_3$ 的线性组合？若是，求出表达式。

7. 判断下列集合是否为向量空间，并说明理由。

(1) $V_1=\{x=(x_1,x_2,\cdots,x_n)\mid x_1+x_2+\cdots+x_n=0,x_1,x_2,\cdots,x_n\in\mathbf{R}\}$；

(2) $V_2=\{x=(x_1,x_2,\cdots,x_n)\mid x_1+x_2+\cdots+x_n=1,x_1,x_2,\cdots,x_n\in\mathbf{R}\}$。

8. 设向量组 $\boldsymbol{\alpha}_1=(1,2,1)^{\mathrm{T}}$，$\boldsymbol{\alpha}_2=(1,3,2)^{\mathrm{T}}$，$\boldsymbol{\alpha}_3=(1,a,3)^{\mathrm{T}}$ 为 $\mathbf{R}^3$ 的一个基，$\boldsymbol{\beta}=(1,1,1)^{\mathrm{T}}$ 在基下的坐标为 $(b,c,1)^{\mathrm{T}}$。

(1) 求 a,b,c；　　(2) 证明：$\boldsymbol{\alpha}_1,\boldsymbol{\alpha}_2,\boldsymbol{\beta}$ 为 $\mathbf{R}^3$ 的一个基。

9. (2019 年数二第 22 题)已知向量组(Ⅰ)：$\boldsymbol{\alpha}_1=\begin{pmatrix}1\\1\\4\end{pmatrix}$，$\boldsymbol{\alpha}_2=\begin{pmatrix}1\\0\\4\end{pmatrix}$，$\boldsymbol{\alpha}_3=\begin{pmatrix}1\\2\\a^2+3\end{pmatrix}$，向量组(Ⅱ)：$\boldsymbol{\beta}_1=\begin{pmatrix}1\\1\\a+3\end{pmatrix}$，$\boldsymbol{\beta}_2=\begin{pmatrix}0\\2\\1-a\end{pmatrix}$，$\boldsymbol{\beta}_3=\begin{pmatrix}1\\3\\a^2+3\end{pmatrix}$，若向量组(Ⅰ)与(Ⅱ)等价，求 a 的值，并将 $\boldsymbol{\beta}_3$ 用 $\boldsymbol{\alpha}_1,\boldsymbol{\alpha}_2,\boldsymbol{\alpha}_3$ 线性表示。

扫码看微课视频

四、证明题。

1. 设 $\boldsymbol{A}$ 是秩为 r 的 $m\times n$ 矩阵，证明：$\boldsymbol{A}$ 必可表示成 r 个秩为 1 的 $m\times n$ 的矩阵之和。

2. 集合 $V=\{x=(1,x_2,\cdots,x_n)^{\mathrm{T}}\mid x_2,\cdots,x_n\in\mathbf{R}\}$ 不是向量空间。

3. 设向量组 $\boldsymbol{\alpha}_1,\boldsymbol{\alpha}_2,\cdots,\boldsymbol{\alpha}_m$ 与 $\boldsymbol{\beta}_1,\boldsymbol{\beta}_2,\cdots,\boldsymbol{\beta}_m$ 有如下关系式：

$$\begin{aligned}&\boldsymbol{\beta}_1=\boldsymbol{\alpha}_1,\\&\boldsymbol{\beta}_2=\boldsymbol{\alpha}_1+\boldsymbol{\alpha}_2,\\&\cdots\cdots\cdots\cdots\\&\boldsymbol{\beta}_m=\boldsymbol{\alpha}_1+\boldsymbol{\alpha}_2+\cdots+\boldsymbol{\alpha}_m,\end{aligned}$$

证明：向量组 $\boldsymbol{\alpha}_1,\boldsymbol{\alpha}_2,\cdots,\boldsymbol{\alpha}_m$ 与向量组 $\boldsymbol{\beta}_1,\boldsymbol{\beta}_2,\cdots,\boldsymbol{\beta}_m$ 等价。

扫码查看
习题参考答案

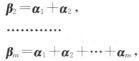

扫码获取本章PPT

第 4 章　线性方程组

在科学、工程和经济管理等方面的实际问题中，经常需要对线性方程组进行求解，所以，对一般线性方程组的理论与解法的研究显得极其重要。

在第 1 章 1.6 节已经学习了求解线性方程组的克莱姆法则，但利用克莱姆法则求解线性方程组时有一定的限制(方程的个数与未知量的个数要相等，方程组的系数行列式不能等于零)。即使能应用克莱姆法则解方程组，也需要计算 $n+1$ 个 n 阶行列式(n 为未知数个数)，当 n 的取值较大时，计算量也非常大，很不方便。

因此，本章我们将对一般的 n 元线性方程组的求解问题进行研究。并利用矩阵、向量的相关理论，对方程组解的判定定理、解的结构以及如何求解并得到通解等问题进行探讨。

扫码看微课视频

4.1　线性方程组的消元法及与矩阵初等变换的关系

在中学数学中，解二元、三元线性方程组时一般采用消元法。但当未知数个数增加时，消元法就不再快速有效了。如果将消元法的思想本质与矩阵知识相结合，能否找出一种快速求解 n 元线性方程组($n\geqslant 3$)的方法呢？实际上，这种思路是行得通的，本节将介绍消元法与矩阵初等变换之间的联系，从而总结出线性方程组的高效解法。

4.1.1　线性方程组的消元法

先通过用消元法解下列线性方程组的过程，得出消元法与矩阵初等变换之间的联系。

例 1　求解线性方程组
$$\begin{cases}2x_1-x_2+5x_3=2, & (1)\\ x_1-x_2+2x_3=2, & (2)\\ -x_1+2x_2+x_3=4。 & (3)\end{cases}$$

解　为解题表达方便，先做以下符号规定：

(ⅰ) (1)↔(2)表示交换方程(1)与(2)。

(ⅱ) $\frac{1}{2}$(3)表示方程(3)乘以$\frac{1}{2}$。

(ⅲ) (2)−2(1)表示方程(2)减去方程(1)的 2 倍。类似的，(3)+(1)表示方程(3)加方程(1)，(3)−(2)表示方程(3)减去方程(2)。

则用消元法解该方程组的过程表达如下：

$$\begin{cases}2x_1-x_2+5x_3=2, & (1)\\ x_1-x_2+2x_3=2, & (2)\\ -x_1+2x_2+x_3=4, & (3)\end{cases}\xrightarrow{(1)\leftrightarrow(2)}\begin{cases}x_1-x_2+2x_3=2, & (1)\\ 2x_1-x_2+5x_3=2, & (2)\\ -x_1+2x_2+x_3=4, & (3)\end{cases}$$

$$\xrightarrow[(3)+(1)]{(2)-2(1)}\begin{cases}x_1-x_2+2x_3=2, & (1)\\ x_2+x_3=-2, & (2)\\ x_2+3x_3=6, & (3)\end{cases}$$

$$\xrightarrow{(3)-(2)}\begin{cases}x_1-x_2+2x_3=2, & (1)\\ x_2+x_3=-2, & (2)\\ 2x_3=8, & (3)\end{cases}$$

$$\xrightarrow{\frac{1}{2}(3)}\begin{cases}x_1-x_2+2x_3=2, & (1)\\ x_2+x_3=-2, & (2)\\ x_3=4。 & (3)\end{cases}\tag{4-1}$$

解得 $x_3=4, x_2=-6, x_1=-12$。

系数矩阵是阶梯形矩阵的方程组称为**阶梯形方程组**。例如上面例题 1 中最后得到的方程组(4-1)就是阶梯形方程组，由下往上计算，很快就能得到方程组的解。

由例 1 容易发现，用消元法解线性方程组，实质上是反复地对方程组进行变换，得到阶梯形方程组，而所作的变换，一般也只有以下三种类型：

(1) 交换方程组中某两个方程的位置；

(2) 用一个非零数乘某一个方程；

(3) 用一个非零数乘以某一个方程后加到另一个方程上(即一个方程减去另一个方程的倍数)。

称以上三种变换为线性方程组的初等变换。

显然，线性方程组的初等变换不改变原方程组的解，且它的操作与矩阵的初等行变换极为相似，所以，消元法与矩阵必然是有联系的。

定义 4.1 如果两个方程组有相同的解集合，就称它们是**同解方程组**或**等价方程组**。

很明显，用消元法解线性方程组时，得到的阶梯形方程组与原方程组是同解的。

4.1.2 消元法与矩阵初等变换的关系

用消元法解线性方程组的过程中，未知数并未参与运算，只有未知数的系数和常数项参与了运算。对线性方程组的初等变换，实质上可理解为对由未知数系数与常数项构成的矩阵实施初等行变换，将其变成了阶梯形矩阵，从而得到方程组的解。

定义 4.2 设 n 元线性方程组为

$$\begin{cases}a_{11}x_1+a_{12}x_2+\cdots+a_{1n}x_n=b_1,\\ a_{21}x_1+a_{22}x_2+\cdots+a_{2n}x_n=b_2,\\ \cdots\cdots\cdots\cdots\\ a_{m1}x_1+a_{m2}x_2+\cdots+a_{mn}x_n=b_m,\end{cases}\tag{4-2}$$

由未知数的系数所组成的矩阵称为线性方程组的**系数矩阵**，记为

$$A=\begin{pmatrix} a_{11} & a_{12} & \cdots & a_{1n} \\ a_{21} & a_{22} & \cdots & a_{2n} \\ \vdots & \vdots & & \vdots \\ a_{m1} & a_{m2} & \cdots & a_{mn} \end{pmatrix}。$$

线性方程组的系数和常数项构成的矩阵称为线性方程组的**增广矩阵**，记为 $\widetilde{A}$ 或 $\overline{A}$，即

$$\widetilde{A}=\begin{pmatrix} a_{11} & a_{12} & \cdots & a_{1n} & b_1 \\ a_{21} & a_{22} & \cdots & a_{2n} & b_2 \\ \vdots & \vdots & & \vdots & \vdots \\ a_{m1} & a_{m2} & \cdots & a_{mn} & b_m \end{pmatrix}。$$

由未知数构成的矩阵称为**未知数向量**，记为 $\boldsymbol{x}=(x_1,x_2,\cdots,x_n)^{\mathrm{T}}$，由常数项构成的矩阵称为**常数项向量**，记为 $\boldsymbol{b}=(b_1,b_2,\cdots,b_m)^{\mathrm{T}}$，则增广矩阵按分块矩阵法可记为 $\widetilde{A}=(A\quad \boldsymbol{b})$ 或 $\widetilde{A}=(A,\boldsymbol{b})$ 或 $\widetilde{A}=(A\ \vdots\ \boldsymbol{b})$。

于是线性方程组(4-2)可用矩阵表示为

$$A\boldsymbol{x}=\boldsymbol{b}。\tag{4-3}$$

用消元法解线性方程组(4-2)的方法，实质上就是对方程组(4-2)的增广矩阵 $\widetilde{A}=(A\ \vdots\ \boldsymbol{b})$ 作初等行变换化为阶梯形矩阵，从而得到方程组的解。

例 2　求解线性方程组 $\begin{cases} x_1+x_2+x_3+x_4=1, \\ 3x_1+2x_2+x_3+x_4=-3, \\ x_2+3x_3+2x_4=5, \\ 5x_1+4x_2+3x_3+3x_4=-1。\end{cases}$

解　对方程组的增广矩阵作初等行变换，过程如下：

$$\widetilde{A}=(A\ \vdots\ \boldsymbol{b})=\begin{pmatrix} 1 & 1 & 1 & 1 & 1 \\ 3 & 2 & 1 & 1 & -3 \\ 0 & 1 & 3 & 2 & 5 \\ 5 & 4 & 3 & 3 & -1 \end{pmatrix} \xrightarrow[r_4+(-5)r_1]{r_2+(-3)r_1} \begin{pmatrix} 1 & 1 & 1 & 1 & 1 \\ 0 & -1 & -2 & -2 & -6 \\ 0 & 1 & 3 & 2 & 5 \\ 0 & -1 & -2 & -2 & -6 \end{pmatrix}$$

$$\xrightarrow[r_4+(-1)r_2]{r_3+r_2} \begin{pmatrix} 1 & 1 & 1 & 1 & 1 \\ 0 & -1 & -2 & -2 & -6 \\ 0 & 0 & 1 & 0 & -1 \\ 0 & 0 & 0 & 0 & 0 \end{pmatrix}=B,$$

最后得到阶梯形方程组(B 为阶梯形矩阵)：

$$\begin{cases} x_1+x_2+\ x_3+\ x_4=1, \\ \quad -x_2-2x_3-2x_4=-6, \\ \qquad\qquad x_3\qquad\ =-1, \end{cases}\tag{4-4}$$

从而得到方程组的一般解为

$$\begin{cases} x_1=-6+\ x_4, \\ x_2=\quad 8-2x_4, \\ x_3=-1 \end{cases}（当 x_4 自由取值时，方程组有无穷多解）。$$

不过，我们在第 2 章学习过阶梯形矩阵可用初等行变换化成行最简形矩阵，将矩阵 $\boldsymbol{B}$ 继续做如下变换

$$\boldsymbol{B}\xrightarrow[r_2+2r_3]{r_1+r_2}\begin{pmatrix}1&0&-1&-1&-5\\0&-1&0&-2&-8\\0&0&1&0&-1\\0&0&0&0&0\end{pmatrix}\xrightarrow[r_1+r_3]{-r_2}\begin{pmatrix}1&0&0&-1&-6\\0&1&0&2&8\\0&0&1&0&-1\\0&0&0&0&0\end{pmatrix},$$

它所表示的方程组为

$$\begin{cases}x_1 \quad - x_4=-6,\\ \quad x_2 \quad +2x_4=8,\\ \qquad x_3 \quad =-1,\end{cases}\tag{4-5}$$

于是也可得到方程组的一般解为

$$\begin{cases}x_1=-6+x_4,\\x_2=8-2x_4,\\x_3=-1。\end{cases}$$

通过观察，行最简形矩阵所表示的方程组(4-5)比行阶梯形矩阵表示的方程组(4-4)更容易求解。

所以，我们将消元法加以改进，得到解线性方程组更高效的方法，即对方程组的增广矩阵 $\widetilde{\boldsymbol{A}}=(\boldsymbol{A} \mid \boldsymbol{b})$ 作初等行变换，化为行最简形矩阵，从而得到方程组的解。

习题 4.1

1. 求下列线性方程组的系数矩阵及增广矩阵。

(1) $\begin{cases}x_1+2x_2-x_3=0,\\2x_1+3x_2+x_3=0,\\4x_1+7x_2-x_3=0;\end{cases}$　　(2) $\begin{cases}x_1+x_2+x_3-4x_4=0,\\2x_1+3x_2+x_3-x_4=0,\\3x_1+4x_2+2x_3-2x_4=0;\end{cases}$

(3) $\begin{cases}4x_1+2x_2-x_3=2,\\3x_1-x_2+2x_3=10,\\11x_1+3x_2=8。\end{cases}$

2. 求解下列线性方程组，要求使用矩阵初等行变换表示过程。

(1) $\begin{cases}3x_1-x_2+5x_3=2,\\x_1-x_2+2x_3=1,\\x_1-2x_2-x_3=5;\end{cases}$　　(2) $\begin{cases}2x_1-3x_2+x_3=6,\\x_1-x_2+2x_3=1,\\x_1-2x_2-x_3=5;\end{cases}$

(3) $\begin{cases}2x_1-3x_2+x_3=5,\\x_1-x_2+2x_3=1,\\x_1-2x_2-x_3=5。\end{cases}$

扫码查看
习题参考答案

4.2　线性方程组解的判定

在 4.1 节例 2 中，对线性方程组求解时，最后得到

$$\widetilde{\boldsymbol{A}}=(\boldsymbol{A},\boldsymbol{b})\rightarrow\begin{pmatrix}1&0&0&-1&-6\\0&1&0&2&8\\0&0&1&0&-1\\0&0&0&0&0\end{pmatrix},$$

方程组有无穷多解，此时 $r(\boldsymbol{A})=r(\widetilde{\boldsymbol{A}})=3<$未知量的个数。

方程组的解是否与系数矩阵和增广矩阵的秩之间的关系有关呢？我们通过下面的例题进行说明。

如果将 4.1 节例 2 中线性方程组的第 4 个方程进行修改，可得到下面例题。

例 1　求解线性方程组

$$\begin{cases}x_1+x_2+x_3+x_4=1,\\3x_1+2x_2+x_3+x_4=-3,\\x_2+3x_3+2x_4=5,\\5x_1+4x_2+3x_3+4x_4=0。\end{cases}$$

解　类似 4.1 节例 2 的解法，有

$$\widetilde{\boldsymbol{A}}=(\boldsymbol{A},\boldsymbol{b})=\begin{pmatrix}1&1&1&1&1\\3&2&1&1&-3\\0&1&3&2&5\\5&4&3&4&0\end{pmatrix}\rightarrow\begin{pmatrix}1&0&0&0&-5\\0&1&0&0&6\\0&0&1&0&-1\\0&0&0&1&1\end{pmatrix},$$

可得到方程组的唯一解为

$$\begin{cases}x_1=-5,\\x_2=6,\\x_3=-1,\\x_4=1。\end{cases}$$

方程组有唯一解。此时，$r(\boldsymbol{A})=r(\widetilde{\boldsymbol{A}})=4=$未知量的个数。

例 2　求解线性方程组

$$\begin{cases}x_1+x_2+x_3+x_4=1,\\3x_1+2x_2+x_3+x_4=-3,\\x_2+3x_3+2x_4=5,\\5x_1+4x_2+3x_3+3x_4=1。\end{cases}$$

解　同样，类似 4.1 节例 2 的方法，有

$$\widetilde{\boldsymbol{A}}=(\boldsymbol{A},\boldsymbol{b})=\begin{pmatrix}1&1&1&1&1\\3&2&1&1&-3\\0&1&3&2&5\\5&4&3&3&1\end{pmatrix}\rightarrow\begin{pmatrix}1&0&0&-1&-6\\0&1&0&2&8\\0&0&1&0&-1\\0&0&0&0&2\end{pmatrix},$$

矩阵最后一行对应的方程是：0＝2，很显然不成立，所以方程组无解，此时，$r(\mathbf{A})\neq r(\widetilde{\mathbf{A}})$。

4.2.1　非齐次线性方程组解的判定

对上面例1、例2和4.1节例2三个例题进行比较，容易发现，线性方程组解的情况是由方程组中方程之间的关系所决定的，而方程组中的方程又取决于未知数系数和常数项。

所以，线性方程组解的情况是由增广矩阵中每个行向量(按行分块)之间的关系决定的，更确切地说，是由增广矩阵的秩和系数矩阵的秩的关系决定的。具体分析如下：

设 n 元线性方程组

$$\begin{cases} a_{11}x_1+a_{12}x_2+\cdots+a_{1n}x_n=b_1, \\ a_{21}x_1+a_{22}x_2+\cdots+a_{2n}x_n=b_2, \\ \cdots\cdots\cdots\cdots \\ a_{m1}x_1+a_{m2}x_2+\cdots+a_{mn}x_n=b_m。 \end{cases} \tag{4-6}$$

求解过程中，增广矩阵可化为下面形式的行最简形矩阵(如有必要，可重新安排各方程中未知数的次序，得下面的形式)

$$\begin{pmatrix} 1 & 0 & \cdots & 0 & b_{11} & \cdots & b_{1,n-r} & d_1 \\ 0 & 1 & \cdots & 0 & b_{21} & \cdots & b_{2,n-r} & d_2 \\ \vdots & \vdots & & \vdots & \vdots & & \vdots & \vdots \\ 0 & 0 & \cdots & 1 & b_{r1} & \cdots & b_{r,n-r} & d_r \\ 0 & 0 & \cdots & 0 & 0 & \cdots & 0 & d_{r+1} \\ 0 & 0 & \cdots & 0 & 0 & \cdots & 0 & 0 \\ \vdots & \vdots & & \vdots & \vdots & & \vdots & \vdots \\ 0 & 0 & \cdots & 0 & 0 & \cdots & 0 & 0 \end{pmatrix},$$

其对应的线性方程组为

$$\begin{cases} x_1+b_{11}x_{r+1}+\cdots+b_{1,n-r}x_n=d_1, \\ x_2+b_{21}x_{r+1}+\cdots+b_{2,n-r}x_n=d_2, \\ \cdots\cdots\cdots\cdots \\ x_r+b_{r1}x_{r+1}+\cdots+b_{r,n-r}x_n=d_r, \\ 0=d_{r+1}, \\ 0=0, \\ \cdots\cdots\cdots\cdots \\ 0=0, \end{cases} \tag{4-7}$$

线性方程组(4-7)与要求解的线性方程组(4-6)$\mathbf{A}_{m\times n}\boldsymbol{x}=\boldsymbol{b}$ 同解，于是：

(1) 当 $d_{r+1}\neq 0$ 时，$r(\mathbf{A})=r$，$r(\mathbf{A},\boldsymbol{b})=r+1$，即 $r(\mathbf{A},\boldsymbol{b})\neq r(\mathbf{A})$。显然，线性方程组(4-7)无解，故原线性方程组 $\mathbf{A}_{m\times n}\boldsymbol{x}=\boldsymbol{b}$ 无解。

(2) 当 $d_{r+1}=0$ 时，有 $r(\mathbf{A},\boldsymbol{b})=r(\mathbf{A})=r$，这时线性方程组(4-7)有解，故原线性方程组 $\mathbf{A}_{m\times n}\boldsymbol{x}=\boldsymbol{b}$ 有解，此时又有以下两种情况：

① 若 $r=n$,则线性方程组(4-7)即为 $\begin{cases} x_1=d_1 \\ x_2=d_2 \\ \cdots\cdots\cdots\cdots \\ x_n=d_n \end{cases}$,故原线性方程组 $\boldsymbol{A}_{m\times n}\boldsymbol{x}=\boldsymbol{b}$ 有唯一解;

② 若 $r<n$,则线性方程组(4-7)可写为

$$\begin{cases} x_1=-b_{11}x_{r+1}-\cdots-b_{1,n-r}x_n+d_1, \\ x_2=-b_{21}x_{r+1}-\cdots-b_{2,n-r}x_n+d_2, \\ \cdots\cdots\cdots\cdots \\ x_r=-b_{r1}x_{r+1}-\cdots-b_{r,n-r}x_n+d_r, \end{cases}$$

其中未知量 $x_{r+1},x_{r+2},\cdots,x_n$ 可以取任意值,故线性方程组(4-7)有无穷多组解,故原线性方程组 $\boldsymbol{A}_{m\times n}\boldsymbol{x}=\boldsymbol{b}$ 有无穷多组解。

综上所述,得到以下定理:

定理 4.1 (非齐次线性方程组有解的判别定理)线性方程组 $\boldsymbol{A}_{m\times n}\boldsymbol{x}=\boldsymbol{b}$ 有解的充要条件是 $r(\boldsymbol{A},\boldsymbol{b})=r(\boldsymbol{A})$。

定理 4.2 当线性方程组 $\boldsymbol{A}_{m\times n}\boldsymbol{x}=\boldsymbol{b}$ 有解时,有以下结论成立。

(1) 若 $r(\boldsymbol{A},\boldsymbol{b})=r(\boldsymbol{A})=r=n$,则方程组有唯一解;

(2) 若 $r(\boldsymbol{A},\boldsymbol{b})=r(\boldsymbol{A})=r<n$,则方程组有无穷多解。

其中,n 为未知量个数。

推论 4.1 线性方程组 $\boldsymbol{A}_{m\times n}\boldsymbol{x}=\boldsymbol{b}$ 无解的充要条件是 $r(\boldsymbol{A},\boldsymbol{b})\neq r(\boldsymbol{A})$。

4.2.2 齐次线性方程组解的判定

设 n 元齐次线性方程组

$$\begin{cases} a_{11}x_1+a_{12}x_2+\cdots+a_{1n}x_n=0, \\ a_{21}x_1+a_{22}x_2+\cdots+a_{2n}x_n=0, \\ \cdots\cdots\cdots\cdots \\ a_{m1}x_1+a_{m2}x_2+\cdots+a_{mn}x_n=0, \end{cases} \tag{4-8}$$

由于它的系数矩阵与增广矩阵的秩总是相等的,即 $r(\boldsymbol{A},\boldsymbol{b})=r(\boldsymbol{A})$,根据定理 4.1 知,齐次线性方程组总是有解的,零解恒为它的解,再由定理 4.2,可得如下结论:

定理 4.3 齐次线性方程组 $\boldsymbol{A}_{m\times n}\boldsymbol{x}=\boldsymbol{O}$ 只有唯一零解的充要条件是 $r(\boldsymbol{A})=n$。

定理 4.4 齐次线性方程组 $\boldsymbol{A}_{m\times n}\boldsymbol{x}=\boldsymbol{O}$ 有非零解的充要条件是 $r(\boldsymbol{A})<n$。

注 齐次线性方程组有非零解是指有无穷多解。

例 3 判定线性方程组 $\begin{cases} x_1-2x_2+3x_3-x_4=1, \\ 3x_1-5x_2+5x_3-3x_4=2, \\ 2x_1-3x_2+2x_3-2x_4=1 \end{cases}$ 是否有解?

解 对增广矩阵 $\widetilde{\boldsymbol{A}}$ 作初等行变换,化为阶梯形矩阵,有

$$\widetilde{\boldsymbol{A}}=\begin{pmatrix}1&-2&3&-1&1\\3&-5&5&-3&2\\2&-3&2&-2&1\end{pmatrix}\xrightarrow[r_2+(-2)r_1]{r_2+(-3)r_1}\begin{pmatrix}1&-2&3&-1&1\\0&1&-4&0&-1\\0&1&-4&0&-1\end{pmatrix}$$

$$\xrightarrow[r_1+2r_2]{r_3+(-1)r_2}\begin{pmatrix}1&0&-5&-1&-1\\0&1&-4&0&-1\\0&0&0&0&0\end{pmatrix},$$

由于 $r(\boldsymbol{A},\boldsymbol{b})=r(\boldsymbol{A})=2<4$，所以方程组有无穷多解，且方程组的解可表示为

$$\begin{cases}x_1=-1+5x_3+x_4,\\x_2=-1+4x_3,\end{cases}\quad x_3,x_4\text{ 为自由未知量。}$$

例 4　判定线性方程组 $\begin{cases}4x_1+2x_2-x_3=2,\\3x_1-x_2+2x_3=3,\\11x_1+3x_2=-6\end{cases}$ 是否有解？

解　对增广矩阵 $\widetilde{\boldsymbol{A}}$ 作初等行变换，化为阶梯形矩阵，有

$$\widetilde{\boldsymbol{A}}=\begin{pmatrix}4&2&-1&2\\3&-1&2&3\\11&3&0&-6\end{pmatrix}\xrightarrow{r_1-r_2}\begin{pmatrix}1&3&-3&-1\\3&-1&2&3\\11&3&0&-6\end{pmatrix}$$

$$\xrightarrow[r_3-11r_1]{r_2-3r_1}\begin{pmatrix}1&3&-3&-1\\0&-10&11&6\\0&-30&33&5\end{pmatrix}\xrightarrow{r_3-3r_2}\begin{pmatrix}1&3&-3&-1\\0&-10&11&6\\0&0&0&-13\end{pmatrix},$$

$r(\boldsymbol{A})=2\neq r(\widetilde{\boldsymbol{A}})=3$，所以方程组无解。

例 5　λ 取何值时，方程组 $\begin{cases}(\lambda+3)x_1+x_2+2x_3=0,\\\lambda x_1+(\lambda-1)x_2+x_3=0,\\3(\lambda+1)x_1+\lambda x_2+(\lambda+3)x_3=0\end{cases}$ 有非零解？

解法 1　此方程组未知数个数与方程个数相等，可以利用 1.6 节克莱姆法则中的结论直接计算系数行列式：

$$D=\begin{vmatrix}\lambda+3&1&2\\\lambda&\lambda-1&1\\3(\lambda+1)&\lambda&\lambda+3\end{vmatrix}\underset{c_1+(-1)c_3}{\overset{c_1+(-1)c_2}{=\!=\!=}}\begin{vmatrix}\lambda&1&2\\0&\lambda-1&1\\\lambda&\lambda&\lambda+3\end{vmatrix}$$

$$\overset{r_3+(-1)r_1}{=\!=\!=}\begin{vmatrix}\lambda&1&2\\0&\lambda-1&1\\0&\lambda-1&\lambda+1\end{vmatrix}\overset{r_3+(-1)r_2}{=\!=\!=}\begin{vmatrix}\lambda&1&2\\0&\lambda-1&1\\0&0&\lambda\end{vmatrix}=\lambda^2(\lambda-1),$$

令 $D=0$，即 $\lambda=0$ 或 $\lambda=1$ 时，方程组有非零解。

解法 2　应用定理 4.4，求出系数矩阵的秩，有

$$\boldsymbol{A}=\begin{pmatrix}\lambda+3&1&2\\\lambda&\lambda-1&1\\3(\lambda+1)&\lambda&\lambda+3\end{pmatrix}\xrightarrow[r_3+(-3)r_2]{r_1+(-1)r_2}\begin{pmatrix}3&2-\lambda&1\\\lambda&\lambda-1&1\\3&3-2\lambda&\lambda\end{pmatrix}$$

$$\xrightarrow{r_3+(-1)r_1}\begin{pmatrix}3&2-\lambda&1\\\lambda&\lambda-1&1\\0&1-\lambda&\lambda-1\end{pmatrix}=\boldsymbol{B}。$$

当 $\lambda=1$ 时，$r(\boldsymbol{A})=2<3$，方程组有非零解。

当 $\lambda\neq1$ 时，矩阵 $\boldsymbol{B}$ 可化为

$$\boldsymbol{B}\xrightarrow{\frac{1}{1-\lambda}r_3}\begin{pmatrix}3&2-\lambda&1\\\lambda&\lambda-1&1\\0&1&-1\end{pmatrix}\xrightarrow[r_1+r_3]{r_2+r_3}\begin{pmatrix}3&3-\lambda&0\\\lambda&\lambda&0\\0&1&-1\end{pmatrix}。$$

当 $\lambda=0$ 时，$r(\boldsymbol{A})=2<3$，方程组有非零解。

例 6　设线性方程组 $\begin{cases}(1+\lambda)x_1+x_2+x_3=0,\\x_1+(1+\lambda)x_2+x_3=3,\\x_1+x_2+(1+\lambda)x_3=\lambda,\end{cases}$ 问 λ 取何值时，此方程组：(1) 有唯一解；(2) 无解；(3) 有无穷多解？

解　$$\widetilde{\boldsymbol{A}}=\begin{pmatrix}1+\lambda&1&1&0\\1&1+\lambda&1&3\\1&1&1+\lambda&\lambda\end{pmatrix}\xrightarrow{r_1\leftrightarrow r_3}\begin{pmatrix}1&1&1+\lambda&\lambda\\1&1+\lambda&1&3\\1+\lambda&1&1&0\end{pmatrix}$$

$$\xrightarrow[r_3-(1+\lambda)r_1]{r_2-r_1}\begin{pmatrix}1&1&1+\lambda&\lambda\\0&\lambda&-\lambda&3-\lambda\\0&-\lambda&-\lambda(\lambda+2)&-\lambda(\lambda+1)\end{pmatrix}$$

$$\xrightarrow{r_3+r_2}\begin{pmatrix}1&1&1+\lambda&\lambda\\0&\lambda&-\lambda&3-\lambda\\0&0&-\lambda(\lambda+3)&(1-\lambda)(\lambda+3)\end{pmatrix}=\boldsymbol{B}。$$

当 $\lambda=0$ 时，$\boldsymbol{B}\rightarrow\begin{pmatrix}1&1&1&0\\0&0&0&3\\0&0&0&0\end{pmatrix}$，$r(\boldsymbol{A})=1\neq r(\widetilde{\boldsymbol{A}})=2$，所以方程组无解；

当 $\lambda=-3$ 时，$\boldsymbol{B}\rightarrow\begin{pmatrix}1&1&-2&-3\\0&-3&3&6\\0&0&0&0\end{pmatrix}$，$r(\boldsymbol{A})=r(\widetilde{\boldsymbol{A}})=2$，所以方程组有无穷多解；

当 $\lambda\neq0$ 且 $\lambda\neq-3$ 时，$r(\boldsymbol{A})=r(\widetilde{\boldsymbol{A}})=3$，所以方程组有唯一解。

习题 4.2

1. 齐次线性方程组 $\boldsymbol{Ax}=\boldsymbol{0}$ 仅有零解的充要条件是(　　)。

A. 系数矩阵 $\boldsymbol{A}$ 的行向量组线性无关　　B. 系数矩阵 $\boldsymbol{A}$ 的列向量组线性无关

C. 系数矩阵 $\boldsymbol{A}$ 的行向量组线性相关　　D. 系数矩阵 $\boldsymbol{A}$ 的列向量组线性相关

2. 设齐次线性方程组 $\boldsymbol{Ax}=\boldsymbol{0}$ 有非零解，$\boldsymbol{A}=\begin{pmatrix}1&2&3\\2&t&1\\-1&3&2\\-2&1&-1\end{pmatrix}$，则 $t=$________。

3. 当 λ 为何值时，齐次线性方程组 $\begin{cases}(\lambda-2)x_1-3x_2-2x_3=0,\\-x_1+(\lambda-8)x_2-2x_3=0,\\2x_1+14x_2+(\lambda+3)x_3=0\end{cases}$ 有非零解？

4. 当 a,b 为何值时，线性方程组 $\begin{cases} x_1+2x_2+ax_3=4, \\ x_1+bx_2+x_3=3, \\ x_1+2x_2+x_3=3 \end{cases}$ 有唯一解？有无穷多解？无解。

5. 判断下列线性方程组的解的情况：

(1) $\begin{cases} x_1+x_2+x_3=1, \\ 3x_1+3x_2+3x_3=3, \\ 5x_1+5x_2+5x_3=0; \end{cases}$

(2) $\begin{cases} x_1+x_2+x_3=1, \\ 3x_1+3x_2+3x_3=3, \\ 5x_1+5x_2+5x_3=5; \end{cases}$

(3) $\begin{cases} x_1+3x_2+2x_3=0, \\ x_1+5x_2+x_3=0, \\ 3x_1+5x_2+8x_3=0; \end{cases}$

(4) $\begin{cases} x_1-x_2+5x_3-x_4=0, \\ x_1+x_2-2x_3+3x_4=0, \\ 3x_1-x_2+8x_3+x_4=0, \\ x_1+3x_2-9x_3+7x_4=0; \end{cases}$

(5) $\begin{cases} x_1-3x_2-6x_3+5x_4=0, \\ 2x_1+x_2+4x_3-2x_4=1, \\ 5x_1-x_2+2x_3+x_4=7。 \end{cases}$

6. 当 λ 为何值时，齐次线性方程组 $\begin{cases} \lambda x+y+z=0, \\ x+\lambda y-z=0, \\ 2x-y+z=0 \end{cases}$ 有非零解？

7. 设 $\boldsymbol{A},\boldsymbol{B}$ 均为 n 阶方阵，试证：若 $\boldsymbol{AB}=\boldsymbol{0}$，则 $r(\boldsymbol{A})+r(\boldsymbol{B})\leqslant n$。

扫码查看习题参考答案

4.3 齐次线性方程组的解法

在上一节学习了如何判定线性方程组解的情况，当线性方程组有解时，只有唯一解或无穷多解这两种可能。当方程组存在唯一解时，无须讨论解的结构。那么，当方程组有无穷多解时，解与解之间是什么关系呢？如何将这无穷多个解表示出来，这就是我们要讨论的解的结构问题。

本节先讨论齐次线性方程组解的结构，并介绍如何求解齐次线性方程组。

4.3.1 齐次线性方程组解的结构

为了研究齐次线性方程组解的结构，先讨论它的解的性质。

设齐次线性方程组为

$$\begin{cases} a_{11}x_1+a_{12}x_2+\cdots+a_{1n}x_n=0, \\ a_{21}x_1+a_{22}x_2+\cdots+a_{2n}x_n=0, \\ \cdots\cdots\cdots\cdots \\ a_{m1}x_1+a_{m2}x_2+\cdots+a_{mn}x_n=0。 \end{cases} \tag{4-9}$$

为了叙述的方便，将方程组(4-9)记为 $\boldsymbol{Ax}=\boldsymbol{0}$，其解 $x_1=k_1,x_2=k_2,\cdots,x_n=k_n$，记为 $\boldsymbol{x}=(k_1,k_2,\cdots,k_n)$，称 $\boldsymbol{x}$ 为**解向量**，简称为**解**。

性质 1 如果 ξ_1,ξ_2 是齐次线性方程组 $\boldsymbol{Ax}=\boldsymbol{0}$ 的解，则 $\xi_1+\xi_2$ 也是 $\boldsymbol{Ax}=\boldsymbol{0}$ 的解。

性质 2　如果 ξ_1 是齐次线性方程组 $\boldsymbol{Ax}=\boldsymbol{0}$ 的解，k 是任意常数，则 $k\boldsymbol{\xi}_1$ 也是 $\boldsymbol{Ax}=\boldsymbol{0}$ 的解。

性质 3　如果 $\boldsymbol{\xi}_1,\boldsymbol{\xi}_2,\cdots,\boldsymbol{\xi}_n$ 都是齐次线性方程组 $\boldsymbol{Ax}=\boldsymbol{0}$ 的解，$k_1,k_2,\cdots,k_n$ 是任意常数，则 $k_1\boldsymbol{\xi}_1+k_2\boldsymbol{\xi}_2+\cdots+k_n\boldsymbol{\xi}_n$ 也是 $\boldsymbol{Ax}=\boldsymbol{0}$ 的解。

由以上性质得知，若齐次线性方程组有非零解，则它会有无穷多解，这些解向量组成一个向量组。若能求出这个向量组的一个极大无关组，就能用极大无关组的线性组合来表示它的全部解。这个极大无关组在线性方程组的解的理论中，即为齐次线性方程组的基础解系。

定义 4.3　设 $\boldsymbol{\xi}_1,\boldsymbol{\xi}_2,\cdots,\boldsymbol{\xi}_t$ 是齐次线性方程组 $\boldsymbol{Ax}=\boldsymbol{0}$ 的解向量，且满足：

(1) $\boldsymbol{\xi}_1,\boldsymbol{\xi}_2,\cdots,\boldsymbol{\xi}_t$ 线性无关；

(2) 齐次线性方程组的任意一个解向量都可由 $\boldsymbol{\xi}_1,\boldsymbol{\xi}_2,\cdots,\boldsymbol{\xi}_t$ 线性表示；

则称 $\boldsymbol{\xi}_1,\boldsymbol{\xi}_2,\cdots,\boldsymbol{\xi}_t$ 是齐次线性方程组 $\boldsymbol{Ax}=\boldsymbol{0}$ 的一个**基础解系**。

结合向量组的极大无关组的概念，根据定义 4.3 知，齐次线性方程组的解集的极大无关组均为该齐次线性方程组的基础解系，且基础解系的表示法不唯一。显然，当齐次线性方程组有非零解时，它就一定有基础解系。

定理 4.5　如果齐次线性方程组 $\boldsymbol{A}_{m\times n}\boldsymbol{x}=\boldsymbol{0}$ 的系数矩阵 $\boldsymbol{A}$ 的秩 $r(\boldsymbol{A})=r<n$，则 $\boldsymbol{A}_{m\times n}\boldsymbol{x}=\boldsymbol{0}$ 的基础解系中含有 $n-r$ 个解向量。

证明　因齐次线性方程组 $\boldsymbol{A}_{m\times n}\boldsymbol{x}=\boldsymbol{0}$ 中，$r(\boldsymbol{A})=r<n$，则对增广矩阵实施初等行变换，可化为如下形式的行最简形矩阵

$$\begin{pmatrix} 1 & 0 & \cdots & 0 & b_{1r+1} & \cdots & b_{1n} & 0 \\ 0 & 1 & \cdots & 0 & b_{2r+1} & \cdots & b_{2n} & 0 \\ \vdots & \vdots & & \vdots & \vdots & & \vdots & \vdots \\ 0 & 0 & \cdots & 1 & b_{rr+1} & \cdots & b_{rn} & 0 \\ 0 & 0 & \cdots & 0 & 0 & \cdots & 0 & 0 \\ \vdots & \vdots & & \vdots & \vdots & & \vdots & \vdots \\ 0 & 0 & \cdots & 0 & 0 & \cdots & 0 & 0 \end{pmatrix}。$$

齐次线性方程组 $\boldsymbol{A}_{m\times n}\boldsymbol{x}=\boldsymbol{0}$ 与下面线性方程组同解，

$$\begin{cases} x_1=-b_{1r+1}x_{r+1}-b_{1r+2}x_{r+2}-\cdots-b_{1n}x_n, \\ x_2=-b_{2r+1}x_{r+1}-b_{2r+2}x_{r+2}-\cdots-b_{2n}x_n, \\ \cdots\cdots\cdots\cdots \\ x_r=-b_{rr+1}x_{r+1}-b_{rr+2}x_{r+2}-\cdots-b_{rn}x_n, \end{cases}$$

其中 $x_{r+1},x_{r+2},\cdots,x_n$ 为自由未知量，可以任意取值。

若对这 $n-r$ 个自由未知量分别取

$$\begin{pmatrix}1\\0\\\vdots\\0\end{pmatrix},\begin{pmatrix}0\\1\\\vdots\\0\end{pmatrix},\cdots,\begin{pmatrix}0\\0\\\vdots\\1\end{pmatrix},$$

则可得方程组 $\boldsymbol{A}_{m\times n}\boldsymbol{x}=\boldsymbol{0}$ 的 $n-r$ 个解，记为 $\boldsymbol{\xi}_1,\boldsymbol{\xi}_2,\cdots,\boldsymbol{\xi}_{n-r}$，具体如下：

$$\boldsymbol{\xi}_1=\begin{pmatrix}-b_{1,r+1}\\-b_{2,r+1}\\\vdots\\-b_{r,r+1}\\1\\0\\\vdots\\0\end{pmatrix},\boldsymbol{\xi}_2=\begin{pmatrix}-b_{1,r+2}\\-b_{2,r+2}\\\vdots\\-b_{r,r+2}\\0\\1\\\vdots\\0\end{pmatrix},\cdots,\boldsymbol{\xi}_{n-r}=\begin{pmatrix}-b_{1n}\\-b_{2n}\\\vdots\\-b_{rn}\\0\\0\\\vdots\\1\end{pmatrix}。$$

现证明 $\boldsymbol{\xi}_1,\boldsymbol{\xi}_2,\cdots,\boldsymbol{\xi}_{n-r}$ 是齐次线性方程组 $\boldsymbol{A}_{m\times n}\boldsymbol{x}=\boldsymbol{0}$ 的一个基础解系。

(1) 因为 $\begin{pmatrix}1\\0\\0\\\vdots\\0\end{pmatrix},\begin{pmatrix}0\\1\\0\\\vdots\\0\end{pmatrix},\cdots,\begin{pmatrix}0\\0\\0\\\vdots\\1\end{pmatrix}$ 线性无关,所以 $\boldsymbol{\xi}_1,\boldsymbol{\xi}_2,\cdots,\boldsymbol{\xi}_{n-r}$ 线性无关;

(2) 齐次线性方程组 $\boldsymbol{A}_{m\times n}\boldsymbol{x}=\boldsymbol{0}$ 任意一组解

$$\boldsymbol{x}=\begin{pmatrix}k_1\\k_2\\\vdots\\k_r\\k_{r+1}\\\vdots\\k_n\end{pmatrix}=\begin{pmatrix}-b_{1,r+1}k_{r+1}-\cdots-b_{1n}k_n\\-b_{r,r+1}k_{r+1}-\cdots-b_{2n}k_n\\\vdots\\-b_{r,r+1}k_{r+1}-\cdots-b_{rn}k_n\\k_{r+1}\\\vdots\\k_n\end{pmatrix}=k_{r+1}\boldsymbol{\xi}_1+k_{r+2}\boldsymbol{\xi}_2+\cdots+k_n\boldsymbol{\xi}_{n-r},$$

即方程组 $\boldsymbol{A}_{m\times n}\boldsymbol{x}=\boldsymbol{0}$ 任意一组解都可以由 $\boldsymbol{\xi}_1,\boldsymbol{\xi}_2,\cdots,\boldsymbol{\xi}_{n-r}$ 线性表示。故 $\boldsymbol{\xi}_1,\boldsymbol{\xi}_2,\cdots,\boldsymbol{\xi}_{n-r}$ 是齐次线性方程组 $\boldsymbol{A}_{m\times n}\boldsymbol{x}=\boldsymbol{0}$ 的一个基础解系,方程组的全部解可表示成

$$\boldsymbol{x}=k_1\boldsymbol{\xi}_1+k_2\boldsymbol{\xi}_2+\cdots+k_{n-r}\boldsymbol{\xi}_{n-r},\tag{4-10}$$

其中 $k_1,k_2,\cdots,k_{n-r}$ 是任意常数。上式称为齐次线性方程组 $\boldsymbol{A}_{m\times n}\boldsymbol{x}=\boldsymbol{0}$ 的通解。

由于自由未知量 $x_{r+1},x_{r+2},\cdots,x_n$ 可以任意取值,所以基础解系不唯一,但基础解系所含向量的个数都是 $n-r$ 个。可以证明:齐次线性方程组(4-9)的任意 $n-r$ 个线性无关的解向量均可以构成它的一个基础解系。

4.3.2　齐次线性方程组的求解方法

定理 4.5 的证明过程为我们提供了求齐次线性方程组 $\boldsymbol{A}_{m\times n}\boldsymbol{x}=\boldsymbol{0}$ 的基础解系及通解的具体方法。

例 1　求齐次线性方程组 $\begin{cases}x_1+2x_2-3x_3-x_4=0,\\2x_1+3x_2+x_3+2x_4=0,\\-x_1-2x_2+4x_3+3x_4=0,\\2x_1+3x_2+2x_3+4x_4=0\end{cases}$ 的通解。

解　对增广矩阵 $\widetilde{\mathbf{A}}$ 施行如下初等行变换，有

$$\widetilde{\mathbf{A}}=\begin{pmatrix}1&2&-3&-1&0\\2&3&1&2&0\\-1&-2&4&3&0\\2&3&2&4&0\end{pmatrix}\xrightarrow[\substack{r_3+r_1\\r_4+(-2)r_1}]{r_2+(-2)r_1}\begin{pmatrix}1&2&-3&-1&0\\0&-1&7&4&0\\0&0&1&2&0\\0&-1&8&6&0\end{pmatrix}$$

$$\xrightarrow[r_4-r_2]{r_1+2r_2}\begin{pmatrix}1&0&11&7&0\\0&-1&7&4&0\\0&0&1&2&0\\0&0&1&2&0\end{pmatrix}\xrightarrow[\substack{r_4-r_3\\r_1+(-11)r_3\\-r_2}]{r_2+(-7)r_3}\begin{pmatrix}1&0&0&-15&0\\0&1&0&10&0\\0&0&1&2&0\\0&0&0&0&0\end{pmatrix},$$

因为 $r(\mathbf{A})=r(\widetilde{\mathbf{A}})=3<4,n-r=1$，故原方程组有无穷多解，且基础解系中仅含一个解向量。原方程组的同解方程组为

$$\begin{cases}x_1=\ \ 15x_4\\x_2=-10x_4\\x_3=\ -2x_4,\end{cases}\text{其中 } x_4 \text{ 为自由未知量。}$$

令自由未知量 $x_4=1$，得到原方程组的一个基础解系 $\boldsymbol{\xi}=\begin{pmatrix}15\\-10\\-2\\1\end{pmatrix}$，故原方程组的通解为

$$x=k\boldsymbol{\xi}=k\begin{pmatrix}15\\-10\\-2\\1\end{pmatrix}，\text{其中 } k \text{ 为任意常数。}$$

例 2　求线性方程组 $\begin{cases}x_1-x_2-x_3+x_4=0,\\x_1-x_2+x_3-3x_4=0,\\x_1-x_2-2x_3+3x_4=0\end{cases}$ 的通解。

解　对增广矩阵 $\widetilde{\mathbf{A}}$ 施行如下初等行变换，有

$$\widetilde{\mathbf{A}}=\begin{pmatrix}1&-1&-1&1&0\\1&-1&1&-3&0\\1&-1&-2&3&0\end{pmatrix}\xrightarrow[r_3-r_1]{r_2-r_1}\begin{pmatrix}1&-1&-1&1&0\\0&0&2&-4&0\\0&0&-1&2&0\end{pmatrix}$$

$$\xrightarrow{\frac{1}{2}r_2}\begin{pmatrix}1&-1&-1&1&0\\0&0&1&-2&0\\0&0&-1&2&0\end{pmatrix}\xrightarrow[r_3+r_2]{r_1+r_2}\begin{pmatrix}1&-1&0&-1&0\\0&0&1&-2&0\\0&0&0&0&0\end{pmatrix},$$

因为 $r(\mathbf{A})=r(\widetilde{\mathbf{A}})=2<4,n-r=2$，故原方程组有无穷多解，且基础解系中含两个解向量，原方程组的同解方程组为

$$\begin{cases}x_1=x_2+\ x_4,\\x_3=\qquad 2x_4,\end{cases}\text{其中 } x_2,x_4 \text{ 为自由未知量。}$$

原线性方程组的通解有三种方法可以得到，具体如下：

方法一 令自由未知量$\begin{pmatrix}x_2\\x_4\end{pmatrix}=\begin{pmatrix}1\\0\end{pmatrix},\begin{pmatrix}0\\1\end{pmatrix}$,可求出对应的$\begin{cases}x_1=1\\x_3=0\end{cases}$,$\begin{cases}x_1=1\\x_3=2\end{cases}$,从而得到原方程组的一个基础解系$\boldsymbol{\xi}_1=\begin{pmatrix}1\\1\\0\\0\end{pmatrix}$,$\boldsymbol{\xi}_2=\begin{pmatrix}1\\0\\2\\1\end{pmatrix}$,故原方程组的通解为

$$\boldsymbol{x}=k_1\boldsymbol{\xi}_1+k_2\boldsymbol{\xi}_2=k_1\begin{pmatrix}1\\1\\0\\0\end{pmatrix}+k_2\begin{pmatrix}1\\0\\2\\1\end{pmatrix},\text{其中 } k_1,k_2 \text{ 为任意常数。}$$

方法二 令自由未知量$x_2=k_1$,$x_4=k_2$(k_1,k_2为任意常数),代入原方程组的同解方程组$\begin{cases}x_1=x_2+x_4,\\x_3=2x_4\end{cases}$中得$\begin{cases}x_1=k_1+k_2,\\x_3=2k_2,\end{cases}$所以$\begin{cases}x_1=k_1+k_2,\\x_2=k_1,\\x_3=2k_2,\\x_4=k_2,\end{cases}$上式可写成

$$\begin{pmatrix}x_1\\x_2\\x_3\\x_4\end{pmatrix}=\begin{pmatrix}k_1+k_2\\k_1\\2k_2\\k_2\end{pmatrix}=\begin{pmatrix}k_1\\k_1\\0\\0\end{pmatrix}+\begin{pmatrix}k_2\\0\\2k_2\\k_2\end{pmatrix}=k_1\begin{pmatrix}1\\1\\0\\0\end{pmatrix}+k_2\begin{pmatrix}1\\0\\2\\1\end{pmatrix}。$$

令$\boldsymbol{\xi}_1=\begin{pmatrix}1\\1\\0\\0\end{pmatrix}$,$\boldsymbol{\xi}_2=\begin{pmatrix}1\\0\\2\\1\end{pmatrix}$,显然$\boldsymbol{\xi}_1$与$\boldsymbol{\xi}_2$线性无关,故原方程组的通解为

$$\boldsymbol{x}=k_1\boldsymbol{\xi}_1+k_2\boldsymbol{\xi}_2=k_1\begin{pmatrix}1\\1\\0\\0\end{pmatrix}+k_2\begin{pmatrix}1\\0\\2\\1\end{pmatrix},\text{其中 } k_1,k_2 \text{ 为任意常数。}$$

方法三(补齐法) 将原方程组的同解方程组$\begin{cases}x_1=x_2+x_4,\\x_3=2x_4\end{cases}$左边未知量按照顺序补齐,得$\begin{cases}x_1=x_2+x_4,\\x_2=x_2,\\x_3=2x_4,\\x_4=x_4,\end{cases}$写出右边自由未知量$x_2,x_4$的系数对应的向量,得$\boldsymbol{\xi}_1=\begin{pmatrix}1\\1\\0\\0\end{pmatrix}$,$\boldsymbol{\xi}_2=\begin{pmatrix}1\\0\\2\\1\end{pmatrix}$,故原方程组的通解为

$$\boldsymbol{x}=k_1\boldsymbol{\xi}_1+k_2\boldsymbol{\xi}_2=k_1\begin{pmatrix}1\\1\\0\\0\end{pmatrix}+k_2\begin{pmatrix}1\\0\\2\\1\end{pmatrix},\text{其中 } k_1,k_2 \text{ 为任意常数。}$$

注　(1) 用补齐法写基础解系时，一定要注意方程组左边未知量的顺序，要按照由小到大排列；

(2) 解题时，选择上面三种方法中的一种即可。

例 3　求解线性方程组$\begin{cases}x_1+x_2+x_3+4x_4-3x_5=0,\\x_1-x_2+3x_3-2x_4-x_5=0,\\2x_1+x_2+3x_3+5x_4-5x_5=0,\\3x_1+x_2+5x_3+6x_4-7x_5=0。\end{cases}$

解　对增广矩阵 $\widetilde{\mathbf{A}}$ 施行如下初等行变换，有

$$\widetilde{\mathbf{A}}=\begin{pmatrix}1&1&1&4&-3&0\\1&-1&3&-2&-1&0\\2&1&3&5&-5&0\\3&1&5&6&-7&0\end{pmatrix}\xrightarrow[\substack{r_3-2r_1\\r_4-3r_2}]{r_2-r_1}\begin{pmatrix}1&1&1&4&-3&0\\0&-2&2&-6&2&0\\0&-1&1&-3&1&0\\0&-2&2&-6&2&0\end{pmatrix}$$

$$\xrightarrow[-r_2]{r_2\leftrightarrow r_3}\begin{pmatrix}1&1&1&4&-3&0\\0&1&-1&3&-1&0\\0&-2&2&-6&2&0\\0&-2&2&-6&2&0\end{pmatrix}\xrightarrow[r_4+2r_2]{r_3+2r_2}\begin{pmatrix}1&1&1&4&-3&0\\0&1&-1&3&-1&0\\0&0&0&0&0&0\\0&0&0&0&0&0\end{pmatrix}$$

$$\xrightarrow{r_1-r_2}\begin{pmatrix}1&0&2&1&-2&0\\0&1&-1&3&-1&0\\0&0&0&0&0&0\\0&0&0&0&0&0\end{pmatrix}。$$

因为 $r(\mathbf{A})=r(\widetilde{\mathbf{A}})=2<5$，$n-r=3$，故原方程组有无穷多解，且基础解系中含三个解向量。原方程组的同解方程组为

$$\begin{cases}x_1=-2x_3-\ x_4+2x_5,\\x_2=\quad\ x_3-3x_4+\ x_5,\end{cases}\text{其中 } x_3,x_4,x_5 \text{ 为自由未知量。}$$

令自由未知量 $\begin{pmatrix}x_3\\x_4\\x_5\end{pmatrix}=\begin{pmatrix}1\\0\\0\end{pmatrix},\begin{pmatrix}0\\1\\0\end{pmatrix},\begin{pmatrix}0\\0\\1\end{pmatrix}$，可求出对应的$\begin{cases}x_1=-2,\\x_2=1,\end{cases}\begin{cases}x_1=-1,\\x_2=-3,\end{cases}\begin{cases}x_1=2,\\x_2=1,\end{cases}$从而得到原方程组的一个基础解系

$$\boldsymbol{\xi}_1=\begin{pmatrix}-2\\1\\1\\0\\0\end{pmatrix},\boldsymbol{\xi}_2=\begin{pmatrix}-1\\-3\\0\\1\\0\end{pmatrix},\boldsymbol{\xi}_3=\begin{pmatrix}2\\1\\0\\0\\1\end{pmatrix},$$

故原方程组的通解为

$$\boldsymbol{x}=k_1\boldsymbol{\xi}_1+k_2\boldsymbol{\xi}_2+k_3\boldsymbol{\xi}_3\text{，其中 } k_1,k_2,k_3 \text{ 为任意常数。}$$

或者用补齐法，将同解方程组$\begin{cases}x_1=-2x_3-\ x_4+2x_5,\\x_2=\quad\ x_3-3x_4+\ x_5\end{cases}$左边的未知量按顺序补齐，得

$$\begin{cases} x_1 = -2x_3 - x_4 + 2x_5, \\ x_2 = x_3 - 3x_4 + x_5, \\ x_3 = x_3, \\ x_4 = x_4, \\ x_5 = x_5, \end{cases}$$

写出右边自由未知量 x_3, x_4, x_5 的系数对应的向量，得

$$\boldsymbol{\xi}_1 = \begin{pmatrix} -2 \\ 1 \\ 1 \\ 0 \\ 0 \end{pmatrix}, \boldsymbol{\xi}_2 = \begin{pmatrix} -1 \\ -3 \\ 0 \\ 1 \\ 0 \end{pmatrix}, \boldsymbol{\xi}_3 = \begin{pmatrix} 2 \\ 1 \\ 0 \\ 0 \\ 1 \end{pmatrix},$$

故原方程组的通解为

$$\boldsymbol{x} = k_1\boldsymbol{\xi}_1 + k_2\boldsymbol{\xi}_2 + k_3\boldsymbol{\xi}_3，其中 k_1, k_2, k_3 为任意常数。$$

习题 4.3

1. 如果五元线性方程组 $\boldsymbol{Ax}=\boldsymbol{0}$ 的同解方程组是 $\begin{cases} x_1 = -3x_3, \\ x_2 = 0, \end{cases}$ 则 $r(\boldsymbol{A})=$________，自由未知量的个数为________个，$\boldsymbol{Ax}=\boldsymbol{0}$ 的基础解系有________个解向量。

2. 若方程 $a_1x^{n-1}+a_2x^{n-1}+\cdots+a_{n-1}x+a_n=0$ 有 n 个不相等实根，则必有(　　)。

A. $a_1, a_2, \cdots, a_n$ 全为零　　B. $a_1, a_2, \cdots, a_n$ 不全为零

C. $a_1, a_2, \cdots, a_n$ 全不为零　　D. $a_1, a_2, \cdots, a_n$ 为任意常数

3. 判断下列线性方程组解的情况。

(1) $\begin{cases} 2x_1+2x_2-x_3=0, \\ x_1-2x_2+4x_3=0, \\ 5x_1+8x_2+2x_3=0; \end{cases}$　　(2) $\begin{cases} x_1+2x_2+x_3=0, \\ 4x_1+5x_2+2x_3=0, \\ 7x_1+8x_2+4x_3=0。 \end{cases}$

4. 求下列线性方程组的通解。

(1) $\begin{cases} x_1+x_2-x_3-x_4=0, \\ 2x_1-5x_2+3x_3+2x_4=0, \\ 7x_1-7x_2+3x_3+x_4=0; \end{cases}$　　(2) $\begin{cases} x_1+2x_2-2x_3+2x_4-x_5=0, \\ x_1+2x_2-x_3+3x_4-2x_5=0, \\ 2x_1+4x_2-7x_3+x_4+x_5=0; \end{cases}$

(3) $\begin{cases} x_1-2x_2+x_3-x_4+x_5=0, \\ 2x_1+x_2-x_3+2x_4-3x_5=0, \\ 3x_1-2x_2-x_3+x_4-2x_5=0, \\ 2x_1-5x_2+x_3-2x_4+2x_5=0; \end{cases}$　　(4) $\begin{cases} x_1+x_2+2x_3+x_4+x_5=0, \\ -x_1+x_2-2x_3+3x_4-3x_5=0, \\ 2x_1+3x_2+4x_3+x_4+x_5=0, \\ 2x_2+x_4-2x_5=0。 \end{cases}$

5. (2004 年数二第 22 题)设有齐次线性方程组

$$\begin{cases} (1+a)x_1+x_2+x_3+x_4=0, \\ 2x_1+(2+a)x_2+2x_3+2x_4=0, \\ 3x_1+3x_2+(3+a)x_3+3x_4=0, \\ 4x_1+4x_2+4x_3+(4+a)x_4=0, \end{cases}$$

试问 a 取何值时，该方程有非零解？并求其通解。

6. 设 $\boldsymbol{\alpha}_1, \boldsymbol{\alpha}_2, \boldsymbol{\alpha}_3$ 是 $\boldsymbol{Ax}=\boldsymbol{0}$ 的基础解系，问以下向量组是不是它的基础解系。

(1) $\boldsymbol{\alpha}_1, \boldsymbol{\alpha}_1-\boldsymbol{\alpha}_2, \boldsymbol{\alpha}_1-\boldsymbol{\alpha}_2-\boldsymbol{\alpha}_3$；

(2) $\boldsymbol{\alpha}_1-\boldsymbol{\alpha}_2, \boldsymbol{\alpha}_2-\boldsymbol{\alpha}_3, \boldsymbol{\alpha}_3-\boldsymbol{\alpha}_1$。

扫码查看习题参考答案

4.4　非齐次线性方程组的解法

上一节介绍了齐次线性方程组解的结构和解法，本节介绍非齐次线性方程组解的结构和解法。

4.4.1　非齐次线性方程组解的结构

为了研究非齐次线性方程组解的结构，先讨论它的解的性质。

设非齐次线性方程组为

$$\begin{cases} a_{11}x_1+a_{12}x_2+\cdots+a_{1n}x_n=b_1, \\ a_{21}x_1+a_{22}x_2+\cdots+a_{2n}x_n=b_2, \\ \cdots\cdots\cdots\cdots \\ a_{m1}x_1+a_{m2}x_2+\cdots+a_{mn}x_n=b_m, \end{cases} \tag{4-11}$$

当等号右边的常数项都等于 0 时，就得到 4.3 节的齐次线性方程组(4-9)，称它为非齐次线性方程组(4-11)的**导出组**。

非齐次线性方程组(4-11)的解与其导出组(4-9)的解之间有如下关系：

性质 1　若 $\boldsymbol{\xi}_1, \boldsymbol{\xi}_2$ 是非齐次线性方程组 $\boldsymbol{Ax}=\boldsymbol{b}$ 的解，则 $\boldsymbol{\xi}_1-\boldsymbol{\xi}_2$ 是其导出组 $\boldsymbol{Ax}=\boldsymbol{0}$ 的解。

性质 2　若 $\boldsymbol{\eta}$ 是非齐次线性方程组 $\boldsymbol{Ax}=\boldsymbol{b}$ 的解，$\boldsymbol{\xi}$ 是其导出组 $\boldsymbol{Ax}=\boldsymbol{0}$ 的解，则 $\boldsymbol{\eta}+\boldsymbol{\xi}$ 是非齐次线性方程组 $\boldsymbol{Ax}=\boldsymbol{b}$ 的解。

定理 4.6　设 $\boldsymbol{\eta}$ 是非齐次线性方程组 $\boldsymbol{Ax}=\boldsymbol{b}$ 的一个解（称为一个特解），$\boldsymbol{\xi}$ 是其导出组 $\boldsymbol{Ax}=\boldsymbol{0}$ 的通解，则 $\boldsymbol{\eta}+\boldsymbol{\xi}$ 是非齐次线性方程组的通解。

由定理 4.6 知，若非齐次线性方程组有无穷多解，则只需求出它的一个特解 $\boldsymbol{\eta}$，再求出其导出组的一个基础解系 $\boldsymbol{\xi}_1, \boldsymbol{\xi}_2, \cdots, \boldsymbol{\xi}_{n-r}$，则非齐次线性方程组的通解可表示为

$$\boldsymbol{x}=\boldsymbol{\eta}+k_1\boldsymbol{\xi}_1+k_2\boldsymbol{\xi}_2+\cdots+k_{n-r}\boldsymbol{\xi}_{n-r}，其中\ k_1, k_2, \cdots, k_{n-r} 是任意常数。$$

4.4.2　非齐次线性方程组的求解方法

根据上面提到的方法，下面对非齐次线性方程组的求解做举例说明。

例 1　求非齐次线性方程组 $\begin{cases} x_1-x_2-x_3-x_4=1, \\ x_1-2x_2+x_3+3x_3=-3, \\ 3x_1-4x_2-x_3+x_4=-1, \\ x_1-3x_2+3x_3+7x_4=-7 \end{cases}$ 的通解。

解　对增广矩阵 $\widetilde{\boldsymbol{A}}$ 施行如下初等行变换：

$$\widetilde{\mathbf{A}}=\begin{pmatrix}1&-1&-1&-1&1\\1&-2&1&3&-3\\3&-4&-1&1&-1\\1&-3&3&7&-7\end{pmatrix}\xrightarrow[\substack{r_3-3r_1\\r_4-r_1}]{r_2-r_1}\begin{pmatrix}1&-1&-1&-1&1\\0&-1&2&4&-4\\0&-1&2&4&-4\\0&-2&4&8&-8\end{pmatrix}$$

$$\xrightarrow[\substack{r_4-2r_2\\r_1-r_2}]{r_3-r_2}\begin{pmatrix}1&0&-3&-5&5\\0&-1&2&4&-4\\0&0&0&0&0\\0&0&0&0&0\end{pmatrix}\xrightarrow{-r_2}\begin{pmatrix}1&0&-3&-5&5\\0&1&-2&-4&4\\0&0&0&0&0\\0&0&0&0&0\end{pmatrix},$$

因为 $r(\mathbf{A})=r(\widetilde{\mathbf{A}})=2<4,n-r=2$,故原方程组有无穷多解,且导出组的基础解系中含两个解向量。

原方程组的同解方程组为$\begin{cases}x_1=3x_3+5x_4+5,\\x_2=2x_3+4x_4+4,\end{cases}$其中 x_3,x_4 为自由未知量。

原非齐次线性方程组的通解,有三种方法可以得到。具体如下:

方法一 ①令自由未知量$\begin{pmatrix}x_3\\x_4\end{pmatrix}=\begin{pmatrix}0\\0\end{pmatrix}$,得到原方程组的一个特解 $\boldsymbol{\eta}=\begin{pmatrix}5\\4\\0\\0\end{pmatrix}$。

②导出组的同解方程组为$\begin{cases}x_1=3x_3+5x_4,\\x_2=2x_3+4x_4,\end{cases}$其中 x_3,x_4 为自由未知量。

令自由未知量$\begin{pmatrix}x_3\\x_4\end{pmatrix}=\begin{pmatrix}1\\0\end{pmatrix},\begin{pmatrix}0\\1\end{pmatrix}$,可求出对应的$\begin{cases}x_1=3,\\x_2=2,\end{cases}\begin{cases}x_1=5,\\x_2=4,\end{cases}$从而得到导出组的一个基础解系 $\boldsymbol{\xi}_1=\begin{pmatrix}3\\2\\1\\0\end{pmatrix},\boldsymbol{\xi}_2=\begin{pmatrix}5\\4\\0\\1\end{pmatrix}$。

故原方程组的通解为

$$\boldsymbol{x}=k_1\boldsymbol{\xi}_1+k_2\boldsymbol{\xi}_2+\boldsymbol{\eta}=k_1\begin{pmatrix}3\\2\\1\\0\end{pmatrix}+k_2\begin{pmatrix}5\\4\\0\\1\end{pmatrix}+\begin{pmatrix}5\\4\\0\\0\end{pmatrix},\text{其中 }k_1,k_2\text{ 为任意常数。}$$

注 用此方法计算齐次线性方程组的通解时,不能计算原方程组的同解方程组中的常数项。

方法二 令自由未知量 $x_3=k_1,x_4=k_2$(其中 k_1,k_2 为任意常数),将其代入原方程组的同解方程组$\begin{cases}x_1=3x_3+5x_4+5,\\x_2=2x_3+4x_4+4\end{cases}$中,得$\begin{cases}x_1=3k_1+5k_2+5,\\x_2=2k_1+4k_2+4,\end{cases}$即

$$\begin{cases}x_1=3k_1+5k_2+5,\\x_2=2k_1+4k_2+4,\\x_3=k_1,\\x_4=\qquad k_2,\end{cases}$$

上式可写成

$$\begin{pmatrix}x_1\\x_2\\x_3\\x_4\end{pmatrix}=\begin{pmatrix}3k_1+5k_2+5\\2k_1+4k_2+4\\k_1\\k_2\end{pmatrix}=\begin{pmatrix}3k_1\\2k_1\\k_1\\0\end{pmatrix}+\begin{pmatrix}5k_2\\4k_2\\0\\k_2\end{pmatrix}+\begin{pmatrix}5\\4\\0\\0\end{pmatrix}=k_1\begin{pmatrix}3\\2\\1\\0\end{pmatrix}+k_2\begin{pmatrix}5\\4\\0\\1\end{pmatrix}+\begin{pmatrix}5\\4\\0\\0\end{pmatrix},$$

令 $\boldsymbol{\xi}_1=\begin{pmatrix}3\\2\\1\\0\end{pmatrix}$，$\boldsymbol{\xi}_2=\begin{pmatrix}5\\4\\0\\1\end{pmatrix}$，$\boldsymbol{\eta}=\begin{pmatrix}5\\4\\0\\0\end{pmatrix}$，显然 $\boldsymbol{\xi}_1$ 与 $\boldsymbol{\xi}_2$ 线性无关，故原方程组的通解为

$$\boldsymbol{x}=k_1\boldsymbol{\xi}_1+k_2\boldsymbol{\xi}_2+\boldsymbol{\eta}=k_1\begin{pmatrix}3\\2\\1\\0\end{pmatrix}+k_2\begin{pmatrix}5\\4\\0\\1\end{pmatrix}+\begin{pmatrix}5\\4\\0\\0\end{pmatrix}，其中 k_1,k_2 为任意常数。$$

方法三（补齐法）　将原方程组的同解方程组 $\begin{cases}x_1=3x_3+5x_4+5,\\x_2=2x_3+4x_4+4\end{cases}$ 的左边未知量，按照顺序补齐，得

$$\begin{cases}x_1=3x_3+5x_4+5,\\x_2=2x_3+4x_4+4,\\x_3=\ \ x_3,\\x_4=\qquad\quad x_4。\end{cases}$$

写出右边自由未知量 x_3,x_4 的系数对应的向量以及常数对应的向量，得

$$\boldsymbol{\xi}_1=\begin{pmatrix}3\\2\\1\\0\end{pmatrix},\boldsymbol{\xi}_2=\begin{pmatrix}5\\4\\0\\1\end{pmatrix},\boldsymbol{\eta}=\begin{pmatrix}5\\4\\0\\0\end{pmatrix},$$

故原方程组的通解为

$$\boldsymbol{x}=k_1\boldsymbol{\xi}_1+k_2\boldsymbol{\xi}_2+\boldsymbol{\eta}=k_1\begin{pmatrix}3\\2\\1\\0\end{pmatrix}+k_2\begin{pmatrix}5\\4\\0\\1\end{pmatrix}+\begin{pmatrix}5\\4\\0\\0\end{pmatrix}，其中 k_1,k_2 为任意常数。$$

读者解题时，选择上面三种方法中的一种即可。

例 2　求非齐次线性方程组 $\begin{cases}2x_1-x_2+x_3-x_4-2x_5=6,\\x_1-x_2+2x_3+x_4-x_5=3,\\x_1-3x_2+4x_3+3x_4-x_5=11\end{cases}$ 的通解。

解　对增广矩阵 $\widetilde{A}$ 施行如下初等行变换：

$$\widetilde{\boldsymbol{A}}=\begin{pmatrix}2&-1&1&-1&-2&6\\1&-1&2&1&-1&3\\1&-3&4&3&-1&11\end{pmatrix}\xrightarrow{r_2\leftrightarrow r_1}\begin{pmatrix}1&-1&2&1&-1&3\\2&-1&1&-1&-2&6\\1&-3&4&3&-1&11\end{pmatrix}$$

$$\xrightarrow[r_3-r_1]{r_2-2r_1}\begin{pmatrix}1&-1&2&1&-1&3\\0&1&-3&-3&0&0\\0&-2&2&2&0&8\end{pmatrix}\xrightarrow[r_1+r_2]{r_3+2r_2}\begin{pmatrix}1&0&-1&-2&-1&3\\0&1&-3&-3&0&0\\0&0&-4&-4&0&8\end{pmatrix}$$

$$\xrightarrow[\substack{r_1+r_3\\r_2+3r_3}]{-\frac{1}{4}r_3}\begin{pmatrix}1&0&0&-1&-1&1\\0&1&0&0&0&-6\\0&0&1&1&0&-2\end{pmatrix},$$

因为 $r(\boldsymbol{A})=r(\widetilde{\boldsymbol{A}})=3<5$，$n-r=2$，故原方程组有无穷多解，且导出组的基础解系中含两个解向量。

原方程组的同解方程组为 $\begin{cases}x_1=\ \ x_4+x_5+1,\\x_2=\qquad\qquad -6,\\x_3=-x_4\qquad -2,\end{cases}$ 其中 x_4,x_5 为自由未知量。

① 令自由未知量 $\begin{pmatrix}x_4\\x_5\end{pmatrix}=\begin{pmatrix}0\\0\end{pmatrix}$，得到原方程组的一个特解 $\boldsymbol{\eta}=\begin{pmatrix}1\\-6\\-2\\0\\0\end{pmatrix}$。

② 导出组的同解方程组为 $\begin{cases}x_1=\ \ x_4+x_5,\\x_2=0,\\x_3=-x_4,\end{cases}$ 其中 x_4,x_5 为自由未知量。

令自由未知量 $\begin{pmatrix}x_4\\x_5\end{pmatrix}=\begin{pmatrix}1\\0\end{pmatrix},\begin{pmatrix}0\\1\end{pmatrix}$，可求出对应的 $\begin{cases}x_1=1,\\x_2=0,\\x_3=-1,\end{cases}$ $\begin{cases}x_1=1,\\x_2=0,\\x_3=0,\end{cases}$ 从而得到导出组的一个基础解系 $\xi_1=\begin{pmatrix}1\\0\\-1\\1\\0\end{pmatrix}$，$\xi_2=\begin{pmatrix}1\\0\\0\\0\\1\end{pmatrix}$。故原方程组的通解为

$$\boldsymbol{x}=k_1\boldsymbol{\xi}_1+k_2\boldsymbol{\xi}_2+\boldsymbol{\eta}=k_1\begin{pmatrix}1\\0\\-1\\1\\0\end{pmatrix}+k_2\begin{pmatrix}1\\0\\0\\0\\1\end{pmatrix}+\begin{pmatrix}1\\-6\\-2\\0\\0\end{pmatrix}$$，其中 k_1,k_2 为任意常数。

也可以用补齐法得到通解，过程如下：

将原方程组的同解方程组$\begin{cases} x_1 = x_4 + x_5 + 1, \\ x_2 = -6, \\ x_3 = -x_4 - 2 \end{cases}$的左边未知量按顺序补齐，得

$$\begin{cases} x_1 = x_4 + x_5 + 1, \\ x_2 = -6, \\ x_3 = -x_4 - 2, \\ x_4 = x_4, \\ x_5 = x_5, \end{cases}$$

写出右边自由未知量 x_4, x_5 的系数对应的向量以及常数对应的向量，得

$$\boldsymbol{\xi}_1 = \begin{pmatrix} 1 \\ 0 \\ -1 \\ 1 \\ 0 \end{pmatrix}, \boldsymbol{\xi}_2 = \begin{pmatrix} 1 \\ 0 \\ 0 \\ 0 \\ 1 \end{pmatrix}, \boldsymbol{\eta} = \begin{pmatrix} 1 \\ -6 \\ -2 \\ 0 \\ 0 \end{pmatrix},$$

故原方程组的通解为：$\boldsymbol{x} = k_1\boldsymbol{\xi}_1 + k_2\boldsymbol{\xi}_2 + \boldsymbol{\eta}$，其中 k_1, k_2 为任意常数。

读者也可以试着用令自由未知量 $x_4 = k_1, x_5 = k_2$（其中 k_1, k_2 为任意常数）的方法，写出原方程组的通解。

例 3　讨论线性方程组$\begin{cases} x_1 + x_3 = \lambda, \\ 4x_1 + x_2 + 2x_3 = \lambda + 2, \\ 6x_1 + x_2 + 4x_3 = 2\lambda + 3 \end{cases}$的解的情况，当有解时，求出其通解。

解　对增广矩阵 $\widetilde{\boldsymbol{A}}$ 施行如下初等行变换：

$$\widetilde{\boldsymbol{A}} = \begin{pmatrix} 1 & 0 & 1 & \lambda \\ 4 & 1 & 2 & \lambda+2 \\ 6 & 1 & 4 & 2\lambda+3 \end{pmatrix} \xrightarrow[r_3 - 6r_1]{r_2 - 4r_1} \begin{pmatrix} 1 & 0 & 1 & \lambda \\ 0 & 1 & -2 & -3\lambda+2 \\ 0 & 1 & -2 & -4\lambda+3 \end{pmatrix} \xrightarrow{r_3 - r_2} \begin{pmatrix} 1 & 0 & 1 & \lambda \\ 0 & 1 & -2 & 2-3\lambda \\ 0 & 0 & 0 & 1-\lambda \end{pmatrix},$$

当 $\lambda = 1$ 时，$r(\boldsymbol{A}) = r(\widetilde{\boldsymbol{A}}) = 2 < 3$，方程组有无穷多解。

此时，原方程组为$\begin{cases} x_1 + x_3 = 1, \\ 4x_1 + x_2 + 2x_3 = 3, \\ 6x_1 + x_2 + 4x_3 = 5, \end{cases}$它的增广矩阵对应的行最简形矩阵为

$$\widetilde{\boldsymbol{A}} \longrightarrow \begin{pmatrix} 1 & 0 & 1 & 1 \\ 0 & 1 & -2 & -1 \\ 0 & 0 & 0 & 0 \end{pmatrix},$$

原方程组的同解方程组为$\begin{cases} x_1 = -x_3 + 1, \\ x_2 = 2x_3 - 1, \end{cases}$其中 x_3 为自由未知量。

令自由未知量 $x_3 = 1$，得到基础解系 $\boldsymbol{\xi} = (-1, 2, 1)^{\mathrm{T}}$；令自由未知量 $x_3 = 0$，得到特解 $\boldsymbol{\eta} = (1, -1, 0)^{\mathrm{T}}$。故原方程组的通解为

$$\boldsymbol{x} = k\boldsymbol{\xi} + \boldsymbol{\eta} = k(-1, 2, 1)^{\mathrm{T}} + (1, -1, 0)^{\mathrm{T}}，其中 k 为任意常数。$$

当 $\lambda \neq 1$ 时，$r(\boldsymbol{A}) = 2, r(\widetilde{\boldsymbol{A}}) = 3, r(\boldsymbol{A}) \neq r(\widetilde{\boldsymbol{A}})$，方程组无解。

4.4.3 利用线性方程组解的情况判断向量组的线性相关性

通过前面的学习，我们知道线性方程组是可以用向量来表示的，例如，$\begin{cases}x_1+2x_2-x_3=3,\\x_1-x_2+2x_3=1\end{cases}$可以表示成$x_1\begin{pmatrix}1\\1\end{pmatrix}+x_2\begin{pmatrix}2\\-1\end{pmatrix}+x_3\begin{pmatrix}-1\\2\end{pmatrix}=\begin{pmatrix}3\\1\end{pmatrix}$，若方程组有解，可理解为向量$\begin{pmatrix}3\\1\end{pmatrix}$能用$\begin{pmatrix}1\\1\end{pmatrix}$，$\begin{pmatrix}2\\-1\end{pmatrix}$，$\begin{pmatrix}-1\\2\end{pmatrix}$线性表示；反之，若方程组无解，则不能线性表示。结合第3章向量组的内容可知，线性方程组解的情况可以用来判断向量组的线性相关性。

下面对相关的结论进行介绍。

含有限个向量的有序向量组与矩阵、线性方程组都是一一对应的。

记向量组$\boldsymbol{A}:\boldsymbol{\alpha}_1=\begin{pmatrix}a_{11}\\a_{21}\\\vdots\\a_{m1}\end{pmatrix}$，$\boldsymbol{\alpha}_2=\begin{pmatrix}a_{12}\\a_{22}\\\vdots\\a_{m2}\end{pmatrix}$，$\cdots$，$\boldsymbol{\alpha}_n=\begin{pmatrix}a_{1n}\\a_{2n}\\\vdots\\a_{mn}\end{pmatrix}$，$m$维向量$\boldsymbol{b}=\begin{pmatrix}b_1\\b_2\\\vdots\\b_m\end{pmatrix}$，以及未知数向量$\boldsymbol{x}=\begin{pmatrix}x_1\\x_2\\\vdots\\x_n\end{pmatrix}$，则

$$x_1\boldsymbol{\alpha}_1+x_2\boldsymbol{\alpha}_2+\cdots+x_n\boldsymbol{\alpha}_n=\boldsymbol{b}\Leftrightarrow(\boldsymbol{\alpha}_1\quad\boldsymbol{\alpha}_2\quad\cdots\quad\boldsymbol{\alpha}_n)\begin{pmatrix}x_1\\x_2\\\vdots\\x_n\end{pmatrix}=\boldsymbol{b}$$

$$\Leftrightarrow\begin{pmatrix}a_{11}&a_{12}&\cdots&a_{1n}\\a_{21}&a_{22}&\cdots&a_{2n}\\\vdots&\vdots&&\vdots\\a_{m1}&a_{m2}&\cdots&a_{mn}\end{pmatrix}\begin{pmatrix}x_1\\x_2\\\vdots\\x_n\end{pmatrix}=\boldsymbol{b}$$

$$\Leftrightarrow\begin{cases}x_1a_{11}+x_2a_{12}+\cdots+x_na_{1n}=b_1\\x_1a_{21}+x_2a_{22}+\cdots+x_na_{2n}=b_1\\\cdots\cdots\cdots\cdots\\x_1a_{m1}+x_2a_{m2}+\cdots+x_na_{mn}=b_1\end{cases}\Leftrightarrow\boldsymbol{Ax}=\boldsymbol{b}。$$

向量$\boldsymbol{b}$能否由向量组$\boldsymbol{A}$线性表示等价于线性方程组$\boldsymbol{Ax}=\boldsymbol{b}$是否有解，故我们有以下结论：

定理4.7 向量$\boldsymbol{b}$能由向量组$\boldsymbol{A}:\boldsymbol{\alpha}_1,\boldsymbol{\alpha}_2,\cdots,\boldsymbol{\alpha}_n$线性表示的充要条件是线性方程组$\boldsymbol{Ax}=\boldsymbol{b}$有解，且当$r(\boldsymbol{A})=r(\boldsymbol{A},\boldsymbol{b})=n$时，向量$\boldsymbol{b}$由向量组$\boldsymbol{A}$线性表示的表达式是唯一的；当$r(\boldsymbol{A})=r(\boldsymbol{A},\boldsymbol{b})<n$时，向量$\boldsymbol{b}$由向量组$\boldsymbol{A}$线性表示的表达式不唯一。

定理4.8 向量$\boldsymbol{b}$不能由向量组$\boldsymbol{A}:\boldsymbol{\alpha}_1,\boldsymbol{\alpha}_2,\cdots,\boldsymbol{\alpha}_n$线性表示的充要条件是线性方程组$\boldsymbol{Ax}=\boldsymbol{b}$无解，即$r(\boldsymbol{A})\neq r(\boldsymbol{A},\boldsymbol{b})$。

类似的，我们可以用线性方程组的解的情况来判断两个向量组之间的关系。假设下面定理和推论中的向量组中的向量是同维数的。

定理 4.9　向量组 $\boldsymbol{B}$ 能由向量组 $\boldsymbol{A}$ 线性表示的充要条件是线性方程组 $\boldsymbol{Ax}=\boldsymbol{B}$ 有解，即 $r(\boldsymbol{A})=r(\boldsymbol{A},\boldsymbol{B})$。

推论 4.2　向量组 $\boldsymbol{A}$ 与向量组 $\boldsymbol{B}$ 等价的充要条件是 $r(\boldsymbol{A})=r(\boldsymbol{B})=r(\boldsymbol{A},\boldsymbol{B})$。

证明　向量组 $\boldsymbol{B}$ 能由向量组 $\boldsymbol{A}$ 线性表示 $\Leftrightarrow r(\boldsymbol{A})=r(\boldsymbol{A},\boldsymbol{B})$；

向量组 $\boldsymbol{A}$ 能由向量组 $\boldsymbol{B}$ 线性表示 $\Leftrightarrow r(\boldsymbol{B})=r(\boldsymbol{A},\boldsymbol{B})$；

向量组 $\boldsymbol{A}$ 与向量组 $\boldsymbol{B}$ 等价，即它们能相互线性表示，所以有 $r(\boldsymbol{A})=r(\boldsymbol{B})=r(\boldsymbol{A},\boldsymbol{B})$。

注　大家可以结合 3.3 节中向量组等价的定义(定义 3.6)来理解推论 4.2。

例 4　设向量组 $\boldsymbol{A}:\boldsymbol{\alpha}_1=\begin{pmatrix}1\\1\\2\\2\end{pmatrix},\boldsymbol{\alpha}_2=\begin{pmatrix}1\\2\\1\\3\end{pmatrix},\boldsymbol{\alpha}_3=\begin{pmatrix}1\\-1\\4\\0\end{pmatrix}$ 及向量 $\boldsymbol{b}=\begin{pmatrix}1\\0\\3\\1\end{pmatrix}$，证明向量 $\boldsymbol{b}$ 能由向量组 $\boldsymbol{\alpha}_1,\boldsymbol{\alpha}_2,\boldsymbol{\alpha}_3$ 线性表示，并求出表达式。

解　$$(\boldsymbol{A},\boldsymbol{b})=\begin{pmatrix}1&1&1&1\\1&2&-1&0\\2&1&4&3\\2&3&0&1\end{pmatrix}\xrightarrow[\substack{r_3-2r_1\\r_4-2r_1}]{r_2-r_1}\begin{pmatrix}1&1&1&1\\0&1&-2&-1\\0&-1&2&1\\0&1&-2&-1\end{pmatrix}\xrightarrow[\substack{r_4-r_2\\r_1-r_2}]{r_3+r_2}\begin{pmatrix}1&0&3&2\\0&1&-2&-1\\0&0&0&0\\0&0&0&0\end{pmatrix},$$

因为 $r(\boldsymbol{A})=r(\boldsymbol{A},\boldsymbol{b})=2<3$，向量 $\boldsymbol{b}$ 能由向量组 $\boldsymbol{\alpha}_1,\boldsymbol{\alpha}_2,\boldsymbol{\alpha}_3$ 线性表示，且表达式不唯一。

$x_1\boldsymbol{\alpha}_1+x_2\boldsymbol{\alpha}_2+x_3\boldsymbol{\alpha}_3=\boldsymbol{b}\Leftrightarrow\begin{cases}x_1=-3x_3+2,\\x_2=\ \ 2x_3-1,\end{cases}$ 令 $x_3=k$（其中 k 为任意常数），则 $\boldsymbol{x}=\begin{pmatrix}x_1\\x_2\\x_3\end{pmatrix}=\begin{pmatrix}-3k+2\\2k-1\\k\end{pmatrix}$，所以 $\boldsymbol{b}=(-3k+2)\boldsymbol{\alpha}_1+(2k-1)\boldsymbol{\alpha}_2+k\boldsymbol{\alpha}_3$，$k$ 为任意常数。

线性方程组解的情况，还可以用来判断一组向量的线性相关性。

设向量组 $\boldsymbol{A}:\boldsymbol{\alpha}_1=\begin{pmatrix}a_{11}\\a_{21}\\\vdots\\a_{m1}\end{pmatrix},\boldsymbol{\alpha}_2=\begin{pmatrix}a_{12}\\a_{22}\\\vdots\\a_{m2}\end{pmatrix},\cdots,\boldsymbol{\alpha}_n=\begin{pmatrix}a_{1n}\\a_{2n}\\\vdots\\a_{mn}\end{pmatrix}$，则有

$$x_1\boldsymbol{\alpha}_1+x_2\boldsymbol{\alpha}_2+\cdots+x_n\boldsymbol{\alpha}_n=\boldsymbol{0}\Leftrightarrow(\boldsymbol{\alpha}_1\quad\boldsymbol{\alpha}_2\quad\cdots\quad\boldsymbol{\alpha}_n)\begin{pmatrix}x_1\\x_2\\\vdots\\x_n\end{pmatrix}=\boldsymbol{0}\Leftrightarrow\boldsymbol{Ax}=\boldsymbol{0}。$$

定理 4.10　向量组 $\boldsymbol{A}:\boldsymbol{\alpha}_1,\boldsymbol{\alpha}_2,\cdots,\boldsymbol{\alpha}_n$ 线性相关的充要条件是齐次线性方程组 $\boldsymbol{Ax}=\boldsymbol{0}$ 有非零解，即 $r(\boldsymbol{A})<n$（n 为向量个数）。

定理 4.11　向量组 $\boldsymbol{A}:\boldsymbol{\alpha}_1,\boldsymbol{\alpha}_2,\cdots,\boldsymbol{\alpha}_n$ 线性无关的充要条件是齐次线性方程组 $\boldsymbol{Ax}=\boldsymbol{0}$ 只有零解，即 $r(\boldsymbol{A})=n$（n 为向量个数）。

例 5 已知向量 $\boldsymbol{\alpha}_1=\begin{pmatrix}1\\1\\1\end{pmatrix}$，$\boldsymbol{\alpha}_2=\begin{pmatrix}0\\2\\5\end{pmatrix}$，$\boldsymbol{\alpha}_3=\begin{pmatrix}2\\4\\7\end{pmatrix}$，试讨论向量组 $\boldsymbol{\alpha}_1,\boldsymbol{\alpha}_2,\boldsymbol{\alpha}_3$ 的线性相关性及向量组 $\boldsymbol{\alpha}_1,\boldsymbol{\alpha}_2$ 的线性相关性。

解 $(\boldsymbol{\alpha}_1\quad\boldsymbol{\alpha}_2\quad\boldsymbol{\alpha}_3)=\begin{pmatrix}1&0&2\\1&2&4\\1&5&7\end{pmatrix}\xrightarrow[r_3-r_1]{r_2-r_1}\begin{pmatrix}1&0&2\\0&2&2\\0&5&5\end{pmatrix}\xrightarrow{r_3-\frac{5}{2}r_2}\begin{pmatrix}1&0&2\\0&2&2\\0&0&0\end{pmatrix}$，

由 $r(\boldsymbol{\alpha}_1,\boldsymbol{\alpha}_2,\boldsymbol{\alpha}_3)=2<3$，可得向量组 $\boldsymbol{\alpha}_1,\boldsymbol{\alpha}_2,\boldsymbol{\alpha}_3$ 线性相关；同时，由 $r(\boldsymbol{\alpha}_1,\boldsymbol{\alpha}_2)=2$，可得向量组 $\boldsymbol{\alpha}_1,\boldsymbol{\alpha}_2$ 线性无关。

例 6 已知向量组 $\boldsymbol{A}:\boldsymbol{\alpha}_1,\boldsymbol{\alpha}_2,\boldsymbol{\alpha}_3$ 线性无关，且 $\boldsymbol{b}_1=\boldsymbol{\alpha}_1+\boldsymbol{\alpha}_2$，$\boldsymbol{b}_2=\boldsymbol{\alpha}_2+\boldsymbol{\alpha}_3$，$\boldsymbol{b}_3=\boldsymbol{\alpha}_3+\boldsymbol{\alpha}_1$，证明：向量组 $\boldsymbol{B}:\boldsymbol{b}_1,\boldsymbol{b}_2,\boldsymbol{b}_3$ 线性无关。

分析 要证明向量组 $\boldsymbol{B}$ 线性无关，即证 $\boldsymbol{Bx}=\boldsymbol{0}$ 只有零解。

证明 已知 $(\boldsymbol{b}_1\quad\boldsymbol{b}_2\quad\boldsymbol{b}_3)=(\boldsymbol{\alpha}_1\quad\boldsymbol{\alpha}_2\quad\boldsymbol{\alpha}_3)\begin{pmatrix}1&0&1\\1&1&0\\0&1&1\end{pmatrix}$，记作 $\boldsymbol{B}=\boldsymbol{AK}$。

设 $\boldsymbol{Bx}=\boldsymbol{0}$，则有 $\boldsymbol{AKx}=\boldsymbol{0}$，即 $\boldsymbol{A}(\boldsymbol{Kx})=\boldsymbol{0}$。

因为向量组 $\boldsymbol{A}:\boldsymbol{\alpha}_1,\boldsymbol{\alpha}_2,\boldsymbol{\alpha}_3$ 线性无关，所以 $\boldsymbol{Kx}=\boldsymbol{0}$，而 $|\boldsymbol{K}|=2\neq0$，齐次方程组 $\boldsymbol{Kx}=\boldsymbol{0}$ 只有零解 $\boldsymbol{x}=\boldsymbol{0}$，所以 $\boldsymbol{Bx}=\boldsymbol{0}$ 只有零解。故向量组 $\boldsymbol{B}:\boldsymbol{b}_1,\boldsymbol{b}_2,\boldsymbol{b}_3$ 线性无关。

习题 4.4

1. 解下列线性方程组。

(1) $\begin{cases}x_1+2x_2+2x_3=2,\\2x_1+5x_2+2x_3=4,\\x_1+2x_2+4x_3=6;\end{cases}$　　(2) $\begin{cases}x_1+4x_2-2x_3+3x_4=6,\\2x_1+2x_2+4x_4=2,\\3x_1+2x_2+2x_3-3x_4=1,\\x_1+2x_2+3x_3-3x_4=8。\end{cases}$

2. 设三阶矩阵 $\boldsymbol{A}=(\boldsymbol{\alpha}_1,\boldsymbol{\alpha}_2,\boldsymbol{\alpha}_3)$，$r(\boldsymbol{A})=r(\boldsymbol{\alpha}_1,\boldsymbol{\alpha}_2,\boldsymbol{\alpha}_3)=2$，且 $\boldsymbol{\alpha}_3=\boldsymbol{\alpha}_1+2\boldsymbol{\alpha}_2$，若 $\boldsymbol{\beta}=\boldsymbol{\alpha}_1+\boldsymbol{\alpha}_2+\boldsymbol{\alpha}_3$，求方程组 $\boldsymbol{Ax}=\boldsymbol{\beta}$ 的解。

3. 求下列线性方程组的通解。

(1) $\begin{cases}x_1+2x_2+3x_3+4x_4=5,\\x_1-2x_2+x_3+x_4=1;\end{cases}$　　(2) $\begin{cases}x_1+x_2-2x_4=-6,\\4x_1-x_2-x_3-x_4=1,\\3x_1-x_2-x_3=3;\end{cases}$

(3) $\begin{cases}x_1+x_2+x_3+x_4+x_5=7,\\3x_1+2x_2+x_3+x_4-3x_5=-2,\\x_2+2x_3+2x_4+6x_5=23,\\5x_1+4x_2+3x_3+3x_4-x_5=12;\end{cases}$　　(4) $\begin{cases}2x_1-x_2+4x_3-3x_4=-4,\\x_1+x_3-x_4=-3,\\3x_1+x_2+x_3=1,\\7x_1+7x_3-3x_4=3;\end{cases}$

(5) $\begin{cases} x_1+2x_2-x_3+3x_4+x_5=2, \\ -x_1-2x_2+x_3-x_4+3x_5=4, \\ 2x_1+4x_2-2x_3+6x_4+3x_5=6。 \end{cases}$

4. 已知线性方程组 $\begin{cases} x_1+x_2+x_3+x_4+x_5=a, \\ 3x_1+2x_2+x_3+x_4-3x_5=0, \\ x_2+2x_3+2x_4+6x_5=b, \\ 5x_1+4x_2+3x_3+3x_4-x_5=2。 \end{cases}$

(1) a,b 为何值时,方程组有解?

(2) 当方程组有解时,求出方程组导出组的一个基础解系;

(3) 当方程组有解时,求出方程组的全部解。

扫码查看
习题参考答案

4.5 应用实例

线性方程组在实际问题中有着广泛的应用,本节我们介绍交通流量和化学方程式配平中使用线性方程组的情况。

4.5.1 交通流量

设某城市的公路交通网络情况如图 4-1 所示。

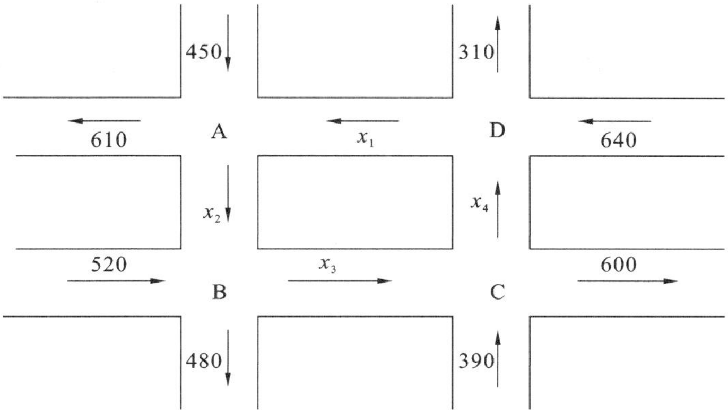

图 4-1

A,B,C,D 四个交叉路口都是由两条单向车道组成。图 4-1 给出了在交通高峰时段每小时进入或离开路口的车辆数。请计算在交叉路口间车辆的数量 x_1,x_2,x_3,x_4。

解　在每一路口,进入车辆与离开车辆肯定相等,所以得到非齐次线性方程组

$$\begin{cases} x_1+450=x_2+610, \\ x_2+520=x_3+480, \\ x_3+390=x_4+600, \\ x_4+640=x_1+310, \end{cases}$$

即
$$\begin{cases}x_1-x_2=160,\\x_2-x_3=-40,\\x_3-x_4=210,\\x_4-x_1=-330,\end{cases}$$

则有
$$\widetilde{\boldsymbol{A}}=\begin{pmatrix}1&-1&0&0&160\\0&1&-1&0&-40\\0&0&1&-1&210\\-1&0&0&1&-330\end{pmatrix}\to\begin{pmatrix}1&0&0&-1&330\\0&1&0&-1&170\\0&0&1&-1&210\\0&0&0&0&0\end{pmatrix},$$

得同解方程组
$$\begin{cases}x_1=x_4+330,\\x_2=x_4+170,\\x_3=x_4+210。\end{cases}$$

这样我们得到了交叉路口间车辆的数量 x_1,x_2,x_3,x_4 之间的关系。若知道C路口的车辆数量 x_4，则其他路口的车辆数量即可求得。

4.5.2　化学方程式

在光合作用下，植物利用太阳提供的辐射能，将二氧化碳和水转化为葡萄糖和氧气，该化学反应的方程式为

$$x_1CO_2+x_2H_2O\to x_3O_2+x_4C_6H_{12}O_6。$$

为平衡该方程式，请选择适当的 x_1,x_2,x_3,x_4，使得方程式两边的碳、氢和氧原子数量分别相等。

解　根据质量守恒定律，化学反应前后，原子种类和数量没有改变，我们可以得到如下方程组

$$\begin{cases}x_1=6x_4,\\2x_1+x_2=2x_3+6x_4,\\2x_2=12x_4,\end{cases}$$

即
$$\begin{cases}x_1-6x_4=0,\\2x_1+x_2-2x_3-6x_4=0,\\2x_2-12x_4=0,\end{cases}$$

得到 $x_1=x_2=x_3=6x_4$，若令 $x_4=1$，则 $x_1=x_2=x_3=6$，该化学方程式的形式为

$$6CO_2+6H_2O=6O_2+C_6H_{12}O_6。$$

注　(1) 采用化学方程式配平法的好处是，当记不清某些元素的化合价时，也能够用质量守恒定律进行配平。

(2) 在实际问题中，要考虑各变量的实际意义。如这两个应用实例中的各变量应为非负整数。

习题 4.5

1. 下面的化学反应可以在工业过程中应用，如砷(AsH_3)的生产。请配平下面化学方程式：$MnS+As_2Cr_{10}O_{35}+H_2SO_4\to HMnO_4+AsH_3+CrS_3O_{12}+H_2O$。

2. (1) 求图 4-2 中网络的交通流量的通解。

(2) 假设流量必须按标示的方向流动,求分支 x_2,x_3,x_4,x_5 的流量的最小值。

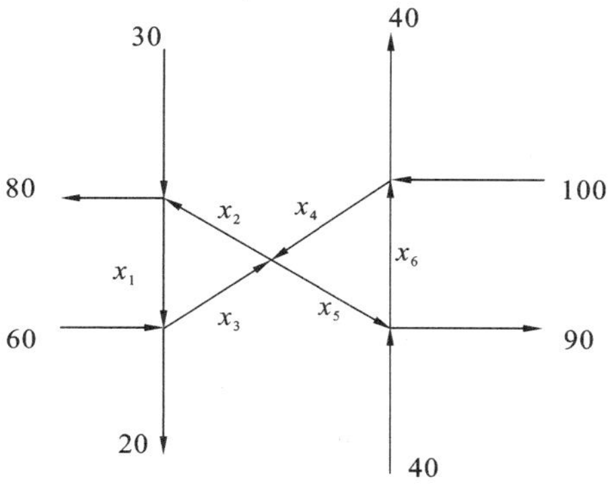

扫码查看习题参考答案

图 4-2

本章小结

1. 阶梯形方程组、线性方程组的初等变换、同解的或等价的方程组等概念。

2. 线性方程组的系数矩阵、增广矩阵等概念。

3. 线性方程组解的判定。

(1) 线性方程组 $\boldsymbol{A}_{m\times n}\boldsymbol{x}=\boldsymbol{b}$ 有解的充要条件是 $r(\boldsymbol{A},\boldsymbol{b})=r(\boldsymbol{A})$。

① 若 $r(\boldsymbol{A},\boldsymbol{b})=r(\boldsymbol{A})=r=n$,则方程组有唯一解。

② 若 $r(\boldsymbol{A},\boldsymbol{b})=r(\boldsymbol{A})=r<n$,则方程组有无穷多解。

(2) 线性方程组 $\boldsymbol{A}_{m\times n}\boldsymbol{x}=\boldsymbol{b}$ 无解的充要条件是 $r(\boldsymbol{A},\boldsymbol{b})\neq r(\boldsymbol{A})$。

(3) 齐次线性方程组 $\boldsymbol{A}_{m\times n}\boldsymbol{x}=\boldsymbol{0}$ 只有唯一零解的充要条件是 $r(\boldsymbol{A})=n$。

(4) 齐次线性方程组 $\boldsymbol{A}_{m\times n}\boldsymbol{x}=\boldsymbol{0}$ 有非零解的充要条件是 $r(\boldsymbol{A})<n$。

4. 齐次线性方程组 $\boldsymbol{Ax}=\boldsymbol{0}$ 的解的性质。

(1) 若 $\boldsymbol{\xi}_1,\boldsymbol{\xi}_2$ 是 $\boldsymbol{Ax}=\boldsymbol{0}$ 的解,则 $\boldsymbol{\xi}_1+\boldsymbol{\xi}_2$ 也是 $\boldsymbol{Ax}=\boldsymbol{0}$ 的解。

(2) 若 $\boldsymbol{\xi}_1$ 是 $\boldsymbol{Ax}=\boldsymbol{0}$ 的解,k 是任意常数,则 $k\boldsymbol{\xi}_1$ 也是 $\boldsymbol{Ax}=\boldsymbol{0}$ 的解。

(3) 若 $\boldsymbol{\xi}_1,\boldsymbol{\xi}_2,\cdots,\boldsymbol{\xi}_n$ 都是 $\boldsymbol{Ax}=\boldsymbol{0}$ 的解,$k_1,k_2,\cdots,k_n$ 是任意常数,则 $k_1\boldsymbol{\xi}_1+k_2\boldsymbol{\xi}_2+\cdots+k_n\boldsymbol{\xi}_n$ 也是 $\boldsymbol{Ax}=\boldsymbol{0}$ 的解。

5. 基础解系、通解等定义。

6. 若齐次线性方程组 $\boldsymbol{A}_{m\times n}\boldsymbol{x}=\boldsymbol{0}$ 的系数矩阵 $\boldsymbol{A}$ 的秩 $r(\boldsymbol{A})=r<n$,则 $\boldsymbol{A}_{m\times n}\boldsymbol{x}=\boldsymbol{0}$ 的基础解系中有 $n-r$ 个解向量。

7. 非齐次线性方程组 $\boldsymbol{Ax}=\boldsymbol{b}$ 的解与其导出组 $\boldsymbol{Ax}=\boldsymbol{0}$ 的解之间的关系。

(1) 若 $\boldsymbol{\xi}_1,\boldsymbol{\xi}_2$ 是非齐次线性方程组 $\boldsymbol{Ax}=\boldsymbol{b}$ 的解,则 $\boldsymbol{\xi}_1-\boldsymbol{\xi}_2$ 是其导出组 $\boldsymbol{Ax}=\boldsymbol{0}$ 的解。

(2) 若 $\boldsymbol{\eta}$ 是非齐次线性方程组 $\boldsymbol{Ax}=\boldsymbol{b}$ 的解,$\boldsymbol{\xi}$ 是导出组 $\boldsymbol{Ax}=\boldsymbol{0}$ 的解,则 $\boldsymbol{\eta}+\boldsymbol{\xi}$ 是非齐次线性方程组 $\boldsymbol{Ax}=\boldsymbol{b}$ 的解。

(3) 设 $\boldsymbol{\eta}$ 是非齐次线性方程组 $\boldsymbol{Ax}=\boldsymbol{b}$ 的一个解(称为一个特解),$\boldsymbol{\xi}$ 是导出组 $\boldsymbol{Ax}=\boldsymbol{0}$

的通解，则 $\boldsymbol{\eta}+\boldsymbol{\xi}$ 是非齐次线性方程组的通解。

8. 齐次线性方程组 $\boldsymbol{A}_{m\times n}\boldsymbol{x}=\boldsymbol{0}$ 与非齐次线性方程组的通解的求法。

9. 线性方程组解的情况与向量组的线性关系。

(1)

表 4-1

n 元线性方程组 $\boldsymbol{Ax}=\boldsymbol{b}$ 解的情况(其中 $\boldsymbol{A}$ 是 $m\times n$ 矩阵)	矩阵$(\boldsymbol{A},\boldsymbol{b})$的秩	向量 $\boldsymbol{b}$ 能否由向量组 $\boldsymbol{A}$：$\boldsymbol{\alpha}_1,\boldsymbol{\alpha}_2,\cdots,\boldsymbol{\alpha}_n$ 线性表示
无解	$r(\boldsymbol{A},\boldsymbol{b})\neq r(\boldsymbol{A})$	不能
有唯一解	$r(\boldsymbol{A},\boldsymbol{b})=r(\boldsymbol{A})=n$	能，且表达式唯一
有无穷多解	$r(\boldsymbol{A},\boldsymbol{b})=r(\boldsymbol{A})<n$	能，且表达式不唯一

(2) 向量组 $\boldsymbol{B}$ 能由向量组 $\boldsymbol{A}$ 线性表示$\Leftrightarrow$线性方程组 $\boldsymbol{Ax}=\boldsymbol{B}$ 有解，即 $r(\boldsymbol{A})=r(\boldsymbol{A},\boldsymbol{B})$。向量组 $\boldsymbol{A}$ 与向量组 $\boldsymbol{B}$ 等价的充要条件是 $r(\boldsymbol{A})=r(\boldsymbol{B})=r(\boldsymbol{A},\boldsymbol{B})$。

(3)

表 4-2

n 元线性方程组 $\boldsymbol{Ax}=\boldsymbol{0}$ 的解的情况(其中 $\boldsymbol{A}$ 是 $m\times n$ 矩阵)	矩阵 $\boldsymbol{A}$ 的秩	向量组 $\boldsymbol{A}$：$\boldsymbol{\alpha}_1,\boldsymbol{\alpha}_2,\cdots,\boldsymbol{\alpha}_n$ 的线性相关性
非零解	$r(\boldsymbol{A})<n$	线性相关
只有零解	$r(\boldsymbol{A})=n$	线性无关

第 4 章总习题

一、单项选择题。

1. 齐次线性方程组 $x_1+x_2+\cdots+x_n=0$ 的基础解系中解向量的个数为(　　)。

A. 0　　B. 1　　C. $n-1$　　D. n

2. 线性方程组 $\boldsymbol{Ax}=\boldsymbol{b}$，$\boldsymbol{A}$ 是 6×8 矩阵，若 $r(\boldsymbol{A})=r(\boldsymbol{A}\,\vdots\,\boldsymbol{b})=6$，则 $\boldsymbol{Ax}=\boldsymbol{b}$(　　)。

A. 有唯一解　　B. 有无穷多解　　C. 无解　　D. 无法确定其解的情况

3. 设 $\boldsymbol{A}$ 为 n 阶实矩阵，$\boldsymbol{A}^{\mathrm{T}}$ 是 $\boldsymbol{A}$ 的转置矩阵，则对于线性方程组(Ⅰ)：$\boldsymbol{Ax}=\boldsymbol{0}$ 和(Ⅱ)：$\boldsymbol{A}^{\mathrm{T}}\boldsymbol{Ax}=\boldsymbol{0}$，必有(　　)。

A. (Ⅰ)与(Ⅱ)同解

B. (Ⅱ)的解是(Ⅰ)的解，但(Ⅰ)的解不是(Ⅱ)的解

C. (Ⅰ)的解不是(Ⅱ)的解，(Ⅱ)的解也不是(Ⅰ)的解

D. (Ⅰ)的解是(Ⅱ)的解，但(Ⅱ)的解不是(Ⅰ)的解

4. (2022 年数二第 9 题)设矩阵 $\boldsymbol{A}=\begin{pmatrix}1&1&1\\1&a&a^2\\1&b&b^2\end{pmatrix}$，$\boldsymbol{b}=\begin{pmatrix}1\\2\\4\end{pmatrix}$，则线性方程组 $\boldsymbol{Ax}=\boldsymbol{b}$ 的解

的情况是(　　)。

A. 无解　　B. 有解

C. 有无穷多解或无解　　D. 有唯一解或无解

5. (2021年数二第9题)设三阶矩阵 $\boldsymbol{A}=(\boldsymbol{\alpha}_1,\boldsymbol{\alpha}_2,\boldsymbol{\alpha}_3)$,$\boldsymbol{B}=(\boldsymbol{\beta}_1,\boldsymbol{\beta}_2,\boldsymbol{\beta}_3)$,若向量组 $\boldsymbol{\alpha}_1,\boldsymbol{\alpha}_2,\boldsymbol{\alpha}_3$ 可以由向量组 $\boldsymbol{\beta}_1,\boldsymbol{\beta}_2,\boldsymbol{\beta}_3$ 线性表出,则(　　)。

A. $\boldsymbol{Ax}=\boldsymbol{0}$ 的解均为 $\boldsymbol{Bx}=\boldsymbol{0}$ 的解　　B. $\boldsymbol{A}^{\mathrm{T}}\boldsymbol{x}=\boldsymbol{0}$ 的解均为 $\boldsymbol{B}^{\mathrm{T}}\boldsymbol{x}=\boldsymbol{0}$ 的解

C. $\boldsymbol{Bx}=\boldsymbol{0}$ 的解均为 $\boldsymbol{Ax}=\boldsymbol{0}$ 的解　　D. $\boldsymbol{B}^{\mathrm{T}}\boldsymbol{x}=\boldsymbol{0}$ 的解均为 $\boldsymbol{A}^{\mathrm{T}}\boldsymbol{x}=\boldsymbol{0}$ 的解

6. (2020年数二第7题)设四阶矩阵 $\boldsymbol{A}=(a_{ij})$ 不可逆,a_{12} 的代数余子式 $A_{12}\neq 0$,$\boldsymbol{\alpha}_1,\boldsymbol{\alpha}_2,\boldsymbol{\alpha}_3,\boldsymbol{\alpha}_4$ 为矩阵 $\boldsymbol{A}$ 的列向量组,$\boldsymbol{A}^*$ 为 $\boldsymbol{A}$ 的伴随矩阵,则线性方程组 $\boldsymbol{A}^*\boldsymbol{x}=\boldsymbol{0}$ 的通解为(　　)。

A. $\boldsymbol{x}=k_1\boldsymbol{\alpha}_1+k_2\boldsymbol{\alpha}_2+k_3\boldsymbol{\alpha}_3$,其中 k_1,k_2,k_3 为任意常数

B. $\boldsymbol{x}=k_1\boldsymbol{\alpha}_1+k_2\boldsymbol{\alpha}_2+k_3\boldsymbol{\alpha}_4$,其中 k_1,k_2,k_3 为任意常数

C. $\boldsymbol{x}=k_1\boldsymbol{\alpha}_1+k_2\boldsymbol{\alpha}_3+k_3\boldsymbol{\alpha}_4$,其中 k_1,k_2,k_3 为任意常数

D. $\boldsymbol{x}=k_1\boldsymbol{\alpha}_2+k_2\boldsymbol{\alpha}_3+k_3\boldsymbol{\alpha}_4$,其中 k_1,k_2,k_3 为任意常数

7. (2019年数二第7题)设 A 是四阶矩阵,$\boldsymbol{A}^*$ 为其伴随矩阵,若线性方程组 $\boldsymbol{Ax}=\boldsymbol{0}$ 的基础解系中只有两个向量,则 $r(\boldsymbol{A}^*)=$(　　)。

A. 0　　B. 1　　C. 2　　D. 3

8. (2015年数二第7题)设矩阵 $\boldsymbol{A}=\begin{pmatrix}1&1&1\\1&2&a\\1&4&a^2\end{pmatrix}$,$\boldsymbol{b}=\begin{pmatrix}1\\d\\d^2\end{pmatrix}$,若集合 $\Omega=\{1,2\}$,则线性方程组 $\boldsymbol{Ax}=\boldsymbol{b}$ 有无穷多个解的充分必要条件为(　　)。

A. $a\notin\Omega,d\notin\Omega$　　B. $a\notin\Omega,d\in\Omega$

C. $a\in\Omega,d\notin\Omega$　　D. $a\in\Omega,d\in\Omega$

二、填空题。

1. 设 $\boldsymbol{A}$ 为 n 阶矩阵,则存在两个不相等的 n 阶矩阵 $\boldsymbol{B},\boldsymbol{C}$,使 $\boldsymbol{AB}=\boldsymbol{AC}$ 的充要条件为________。

2. 若 $\boldsymbol{\xi}_1,\boldsymbol{\xi}_2$ 是方程组 $\begin{cases}2x_1-x_2+x_3=1,\\-x_1+3x_2-x_3=2,\\x_1+2x_2+tx_3=3\end{cases}$ 的两个不同解,则 $t=$________。

3. 线性方程组 $\begin{cases}x_1-x_2=a_1,\\x_2-x_3=a_2,\\x_3-x_4=a_3,\\x_4-x_5=a_4,\\x_5-x_1=a_5\end{cases}$ 有解的充要条件是________。

4. 已知方程组 $\begin{pmatrix}1&2&1\\2&3&a+2\\1&a&-2\end{pmatrix}\begin{pmatrix}x_1\\x_2\\x_3\end{pmatrix}=\begin{pmatrix}1\\3\\0\end{pmatrix}$ 无解,则 $a=$________。

5. (2019 年数三第 13 题)已知矩阵 $\boldsymbol{A}=\begin{pmatrix}1&0&-1\\1&1&-1\\0&1&a^2-1\end{pmatrix}$，$\boldsymbol{b}=\begin{pmatrix}0\\1\\a\end{pmatrix}$，若线性方程组 $\boldsymbol{Ax}=\boldsymbol{b}$ 有无穷多解，则 $a=$________。

6. (2019 年数一第 13 题)设 $\boldsymbol{A}=(\boldsymbol{\alpha}_1,\boldsymbol{\alpha}_2,\boldsymbol{\alpha}_3)$ 为三阶矩阵，若 $\boldsymbol{\alpha}_1,\boldsymbol{\alpha}_2$ 线性无关，且 $\boldsymbol{\alpha}_3=-\boldsymbol{\alpha}_1+2\boldsymbol{\alpha}_2$，则线性方程组 $\boldsymbol{Ax}=\boldsymbol{0}$ 的通解为________。

三、解答题。

1. 当 a 与 b 取什么值时，线性方程组 $\begin{cases}x_1+x_2+x_3+x_4+x_5=1,\\3x_1+2x_2+x_3+x_4-3x_5=a,\\x_2+2x_3+2x_4+6x_5=3,\\5x_1+4x_2+3x_3+3x_4-x_5=b\end{cases}$ 有解？在有解的情况下，求它的一般解。

2. 设 $\boldsymbol{A}=\begin{pmatrix}1&1&2\\2&2&4\\3&3&6\end{pmatrix}$，求一个秩为 2 的三阶方阵 B，使 $\boldsymbol{AB}=\boldsymbol{O}$。

3. 求下列齐次线性方程组的基础解系，并求通解。

(1) $\begin{cases}x_1-8x_2+10x_3+2x_4=0,\\2x_1+4x_2+5x_3-x_4=0,\\3x_1+8x_2+6x_3-2x_4=0;\end{cases}$

(2) $\begin{cases}2x_1-3x_2-2x_3+x_4=0,\\3x_1+5x_2+4x_3-2x_4=0,\\8x_1+7x_2+6x_3-3x_4=0;\end{cases}$

(3) $\begin{cases}x_1+x_2+2x_3+2x_4+7x_5=0,\\2x_1+3x_2+4x_3+5x_4=0,\\3x_1+5x_2+6x_3+8x_4=0;\end{cases}$

(4) $\begin{cases}x_1-2x_2+4x_3-7x_4=0,\\2x_1+x_2-2x_3+x_4=0,\\3x_1-x_2+2x_3-4x_4=0。\end{cases}$

4. λ 取何值时，方程组 $\begin{cases}\lambda x_1+x_2+x_3=1,\\x_1+\lambda x_2+x_3=\lambda,\\x_1+x_2+\lambda x_3=\lambda^2\end{cases}$

(1)有唯一解？　(2)无解？　(3)有无穷多解？

5. a,b 取何值时，线性方程组 $\begin{cases}x_1+2x_2-2x_3+2x_4=2,\\x_2-x_3-x_4=1,\\x_1+x_2-x_3+3x_4=a,\\x_1-x_2+x_3+5x_4=b\end{cases}$ 有解，并求其解。

6. 求线性方程组 $\begin{cases}x_1+3x_2+5x_3-4x_4=1,\\x_1+3x_2+2x_3-2x_4+x_5=-1,\\x_1-2x_2+x_3-x_4-x_5=3,\\x_1-4x_2+x_3+x_4-x_5=3,\\x_1+2x_2+x_3-x_4+x_5=-1\end{cases}$ 的通解。

7. (2016 年数二第 22 题)设矩阵 $\boldsymbol{A}=\begin{pmatrix}1&1&1-a\\1&0&a\\a+1&1&a+1\end{pmatrix}$，$\boldsymbol{\beta}=\begin{pmatrix}0\\1\\2a-2\end{pmatrix}$，且方程组 $\boldsymbol{Ax}=\boldsymbol{\beta}$ 无解。

(1)求 a 的值；　(2)求方程组 $\boldsymbol{A}^{\mathrm{T}}\boldsymbol{Ax}=\boldsymbol{A}^{\mathrm{T}}\boldsymbol{\beta}$ 的通解。

8. (2018 年数二第 23 题)已知 a 是常数，且矩阵 $\boldsymbol{A}=\begin{pmatrix}1&2&a\\1&3&0\\2&7&-a\end{pmatrix}$ 可经初等列变换化为矩阵 $\boldsymbol{B}=\begin{pmatrix}1&a&2\\0&1&1\\-1&1&1\end{pmatrix}$。(1)求 a；(2)求满足 $\boldsymbol{AP}=\boldsymbol{B}$ 的可逆矩阵 $\boldsymbol{P}$。

扫码看微课视频

9. (2006 年数二第 22 题)已知非齐次线性方程组 $\begin{cases}x_1+x_2+x_3+x_4=-1,\\4x_1+3x_2+5x_3-x_4=-1,\\ax_1+x_2+3x_3+bx_4=1\end{cases}$ 有三个线性无关的解。(1)证明方程组系数矩阵 $\boldsymbol{A}$ 的秩 $r(\boldsymbol{A})=2$；(2)求 a,b 的值及方程组的通解。

扫码查看习题参考答案

第 5 章　特征值与特征向量

在本章,我们将结合第 4 章线性方程组的相关理论,介绍方阵的特征值和特征向量的相关内容,研讨方阵化成对角矩阵的问题,并具体应用到实对称矩阵的对角化问题上。同时我们将在本章的后面给出特征值与特征向量在实际问题中的应用案例。

5.1　特征值与特征向量

5.1.1　特征值与特征向量的定义

设 $\boldsymbol{A}$ 为 n 阶方阵,$\boldsymbol{p}$ 是某个 n 维非零列向量,一般来说,n 维列向量 $\boldsymbol{Ap}$ 未必与 $\boldsymbol{p}$ 线性相关,也就是说向量 $\boldsymbol{Ap}$ 未必正好是向量 $\boldsymbol{p}$ 的倍数。如果对于取定的 n 阶方阵 $\boldsymbol{A}$,存在某个 n 维非零列向量 $\boldsymbol{p}$,使得 $\boldsymbol{Ap}$ 正好是 $\boldsymbol{p}$ 的倍数,即存在某个数 λ,使得 $\boldsymbol{Ap}=\lambda\boldsymbol{p}$,那么我们对于具有这种特征的 n 维非零列向量 $\boldsymbol{p}$ 和对应的数 λ 特别感兴趣,因为它们在实际问题中有广泛的应用。下面我们先考察一个实例。

例 1　(工业增长模型)我们考察一个在第三世界可能出现的有关污染与工业发展的工业增长模型。设 P 是现在污染的程度,D 是现在的工业发展水平(二者都由各种适当指标来度量,例如,对于污染来说,空气中一氧化碳的含量及河流中的污染物含量等)。设 P' 和 D' 分别是五年后的污染程度和工业发展水平。假定根据其他发展中国家类似的经验,国际发展机构认为,以下简单的线性模型是随后五年污染和工业发展有用的预测公式

$$P'=P+2D,D'=2P+D,$$

或写成矩阵形式 $\begin{pmatrix}P'\\D'\end{pmatrix}=\boldsymbol{A}\begin{pmatrix}P\\D\end{pmatrix}$,其中 $\boldsymbol{A}=\begin{pmatrix}1&2\\2&1\end{pmatrix}$。

如果最初我们有 $P=1,D=1$,那么,我们就能算出

$$P'=1\times1+2\times1=3,D'=2\times1+1\times1=3。$$

若 $P=3,D=3$,可得

$$P'=1\times3+2\times3=9,D'=2\times3+1\times3=9。$$

推广这些计算,我们知道,对 $P=a,D=a$,我们可以得到 $P'=3a,D'=3a$,也就是说,若 $\begin{pmatrix}P\\D\end{pmatrix}=\begin{pmatrix}a\\a\end{pmatrix}$,那么

$$\begin{pmatrix}P'\\D'\end{pmatrix}=\begin{pmatrix}1&2\\2&1\end{pmatrix}\begin{pmatrix}a\\a\end{pmatrix}=\begin{pmatrix}3a\\3a\end{pmatrix}=3\begin{pmatrix}a\\a\end{pmatrix},a\neq0,$$

所以对矩阵 $\boldsymbol{A}$ 来说，数 $\lambda=3$ 具有特殊的意义，因为对任意一个形如 $\boldsymbol{p}=\begin{pmatrix}a\\a\end{pmatrix}(a\neq 0)$ 的向量来说，都有 $\boldsymbol{Ap}=3\boldsymbol{p}$。数 $\lambda=3$ 就称为矩阵 $\boldsymbol{A}$ 的一个特征值，而 $\boldsymbol{p}=\begin{pmatrix}a\\a\end{pmatrix}(a\neq 0)$ 则是矩阵 $\boldsymbol{A}$ 对应特征值 $\lambda=3$ 的特征向量。

下面给出方阵的特征值和特征向量的严格定义。

定义 5.1　设 $\boldsymbol{A}=(a_{ij})$ 为 n 阶实方阵，如果存在某个数 λ 和某个 n 维非零列向量 $\boldsymbol{p}$，满足 $\boldsymbol{Ap}=\lambda\boldsymbol{p}$，则称 λ 是方阵 $\boldsymbol{A}$ 的一个**特征值**，称 $\boldsymbol{p}$ 是方阵 $\boldsymbol{A}$ 属于这个特征值 λ 的一个**特征向量**。

为了给出具体求特征值和特征向量的方法，我们把 $\boldsymbol{Ap}=\lambda\boldsymbol{p}$ 改写成 $(\boldsymbol{A}-\lambda\boldsymbol{E})\boldsymbol{p}=\boldsymbol{0}$。再把 λ 看成待定参数，那么 $\boldsymbol{p}$ 就是齐次线性方程组 $(\boldsymbol{A}-\lambda\boldsymbol{E})\boldsymbol{x}=\boldsymbol{0}$ 的任意一个非零解。显然，它有非零解当且仅当它的系数矩阵行列式为零，即 $|\boldsymbol{A}-\lambda\boldsymbol{E}|=\boldsymbol{0}$。

注　(1) 上面的 $\boldsymbol{E}$ 是与方阵 $\boldsymbol{A}$ 同阶的单位矩阵。

(2) 本章讨论的特征值与特征向量，都是针对方阵而言的。

定义 5.2　带参数 λ 的 n 阶方阵 $\boldsymbol{A}-\lambda\boldsymbol{E}$ 称为 $\boldsymbol{A}$ 的特征方阵，它的行列式 $|\boldsymbol{A}-\lambda\boldsymbol{E}|$ 称为矩阵 $\boldsymbol{A}$ 的**特征多项式**，称 $|\boldsymbol{A}-\lambda\boldsymbol{E}|=0$ 为矩阵 $\boldsymbol{A}$ 的**特征方程**。

根据行列式的定义可得下面等式：

$$|\boldsymbol{A}-\lambda\boldsymbol{E}|=\begin{vmatrix}a_{11}-\lambda & a_{12} & \cdots & a_{1n}\\ a_{21} & a_{22}-\lambda & \cdots & a_{2n}\\ \vdots & \vdots & & \vdots\\ a_{n1} & a_{n2} & \cdots & a_{nn}-\lambda\end{vmatrix}=0。\tag{5-1}$$

显然，n 阶方阵 $\boldsymbol{A}$ 的特征多项式一定是 λ 的 n 次多项式。$\boldsymbol{A}$ 的特征方程的 n 个根（复根，包括实根或虚根，r 重根按 r 个计算）就是 $\boldsymbol{A}$ 的 n 个特征值。在复数范围内，n 阶方阵一定有 n 个特征值。

综上所述，对于给定的 n 阶实方阵 $\boldsymbol{A}=(a_{ij})$，求它的特征值就是求它的特征方程(5-1)的 n 个根。对于任意取定的一个特征值 λ_0 的特征向量，就是对应的齐次线性方程组 $(\boldsymbol{A}-\lambda_0\boldsymbol{E})\boldsymbol{x}=\boldsymbol{0}$ 的所有的非零解。

注　(1) 虽然零向量也是 $(\boldsymbol{A}-\lambda_0\boldsymbol{E})\boldsymbol{x}=\boldsymbol{0}$ 的解，但零向量 $\boldsymbol{0}$ 不是 $\boldsymbol{A}$ 的特征向量。

(2) 我们也可以把 $\boldsymbol{Ap}=\lambda\boldsymbol{p}$ 改写成 $(\lambda\boldsymbol{E}-\boldsymbol{A})\boldsymbol{p}=\boldsymbol{0}$，所以也可以通过计算 $|\lambda\boldsymbol{E}-\boldsymbol{A}|=0$ 得到特征值，通过解齐次线性方程组 $(\lambda\boldsymbol{E}-\boldsymbol{A})\boldsymbol{x}=\boldsymbol{0}$ 得到特征值 λ 对应的特征向量。

例 2　任意取定矩阵 $\boldsymbol{A}$ 的一个特征值 λ_0。如果 $\boldsymbol{p}_1$ 和 $\boldsymbol{p}_2$ 都是 $\boldsymbol{A}$ 的属于特征值 λ_0 的特征向量，则对任何使 $k_1\boldsymbol{p}_1+k_2\boldsymbol{p}_2\neq\boldsymbol{0}$ 的实数 k_1 和 k_2，$\boldsymbol{p}=k_1\boldsymbol{p}_1+k_2\boldsymbol{p}_2$ 必是矩阵 $\boldsymbol{A}$ 的属于特征值 λ_0 的特征向量。

证明　由题目条件知 $\boldsymbol{Ap}_1=\lambda_0\boldsymbol{p}_1$，$\boldsymbol{Ap}_2=\lambda_0\boldsymbol{p}_2$，要证 $\boldsymbol{Ap}=\lambda_0\boldsymbol{p}$。

$$\begin{aligned}\boldsymbol{Ap}&=\boldsymbol{A}(k_1\boldsymbol{p}_1+k_2\boldsymbol{p}_2)=k_1\boldsymbol{Ap}_1+k_2\boldsymbol{Ap}_2\\&=k_1\lambda_0\boldsymbol{p}_1+k_2\lambda_0\boldsymbol{p}_2=\lambda_0(k_1\boldsymbol{p}_1+k_2\boldsymbol{p}_2)=\lambda_0\boldsymbol{p}。\end{aligned}$$

由此可见，$\boldsymbol{A}$ 的属于同一个特征值 λ_0 的若干个特征向量的任意非零线性组合必是 $\boldsymbol{A}$

的属于特征值λ_0的特征向量。

任意取定矩阵$\boldsymbol{A}$的一个特征值λ_0。因为λ_0是$|\boldsymbol{A}-\lambda\boldsymbol{E}|=0$的根，$(\boldsymbol{A}-\lambda_0\boldsymbol{E})\boldsymbol{x}=\boldsymbol{0}$必有无穷多个解，所以矩阵$\boldsymbol{A}$的属于任意特征值$\lambda_0$的特征向量一定有无穷多个。那么属于取定特征值$\lambda_0$的线性无关的特征向量的最大个数是多少呢？

为此，考虑由特征值λ_0确定的齐次线性方程组$(\boldsymbol{A}-\lambda_0\boldsymbol{E})\boldsymbol{x}=\boldsymbol{0}$的解空间

$$V_{\lambda_0}=\{\boldsymbol{p}\,|\,\boldsymbol{A}\boldsymbol{p}=\lambda_0\boldsymbol{p}\},$$

它的任意一个基，也就是齐次线性方程组$(\boldsymbol{A}-\lambda_0\boldsymbol{E})\boldsymbol{x}=\boldsymbol{0}$的任意一个基础解集$\{\boldsymbol{\xi}_1,\boldsymbol{\xi}_2,\cdots,\boldsymbol{\xi}_s\}$，就是$\boldsymbol{A}$的属于这个特征值$\lambda_0$的最大个数的线性无关的特征向量组。其中的基向量个数为

$$s=n-r(\boldsymbol{A}-\lambda_0\boldsymbol{E})。$$

所以这个最大个数就是齐次线性方程组$(\boldsymbol{A}-\lambda_0\boldsymbol{E})\boldsymbol{x}=\boldsymbol{0}$的自由未知量个数，而$\boldsymbol{A}$的属于这个特征值$\lambda_0$的特征向量全体就是$\boldsymbol{i}=\sum_{n=1}^{s}k_1\boldsymbol{\xi}_i$，这里$k_1,k_2,\cdots,k_s$是任意的不全为零的实数。

例 3 设$\boldsymbol{A}=\begin{pmatrix}1&2\\2&4\end{pmatrix}$，求出$\boldsymbol{A}$的所有的特征值和特征向量。

解 $\boldsymbol{A}$的特征方程为

$$|\boldsymbol{A}-\lambda\boldsymbol{E}|=\begin{vmatrix}1-\lambda&2\\2&4-\lambda\end{vmatrix}=0,$$

得$\lambda(\lambda-5)=0$，它的两个根是$\lambda_1=0$，$\lambda_2=5$，这就是$\boldsymbol{A}$的两个特征值。

当$\lambda_1=0$时，解齐次线性方程组$(\boldsymbol{A}-\lambda_1\boldsymbol{E})\boldsymbol{x}=\boldsymbol{0}$，有

$$\boldsymbol{A}-\lambda_1\boldsymbol{E}=\begin{pmatrix}1&2\\2&4\end{pmatrix}\xrightarrow{r_2+(-2)r_1}\begin{pmatrix}1&2\\0&0\end{pmatrix},$$

即$x_1+2x_2=0$，用补齐法得$\begin{cases}x_1=-2x_2,\\x_2=x_2,\end{cases}$解向量为$\boldsymbol{\xi}_1=\begin{pmatrix}-2\\1\end{pmatrix}$，所以属于$\lambda_1=0$的特征向量为$\boldsymbol{\xi}_1=\begin{pmatrix}-2\\1\end{pmatrix}$。

同理，当$\lambda_2=5$时，解齐次线性方程组$(\boldsymbol{A}-\lambda_2\boldsymbol{E})\boldsymbol{x}=\boldsymbol{0}$，可得属于$\lambda_2=5$的特征向量为$\boldsymbol{\xi}_2=\begin{pmatrix}1\\2\end{pmatrix}$。

$\boldsymbol{\xi}_1$和$\boldsymbol{\xi}_2$就是$\boldsymbol{A}$的两个线性无关的特征向量，容易验证

$$\boldsymbol{A}\boldsymbol{\xi}_1=\begin{pmatrix}1&2\\2&4\end{pmatrix}\begin{pmatrix}-2\\1\end{pmatrix}=\begin{pmatrix}0\\0\end{pmatrix}=0\begin{pmatrix}-2\\1\end{pmatrix}=\lambda_1\boldsymbol{\xi}_1;$$

$$\boldsymbol{A}\boldsymbol{\xi}_2=\begin{pmatrix}1&2\\2&4\end{pmatrix}\begin{pmatrix}1\\2\end{pmatrix}=\begin{pmatrix}5\\10\end{pmatrix}=5\begin{pmatrix}1\\2\end{pmatrix}=\lambda_2\boldsymbol{\xi}_2。$$

属于$\lambda_1=0$的全体特征向量为$k_1\boldsymbol{\xi}_1$，k_1为任意非零常数；

属于$\lambda_2=5$的全体特征向量为$k_2\boldsymbol{\xi}_2$，k_2为任意非零常数。

例 4　设 $\boldsymbol{A}$ 为 n 阶方阵，但不是单位矩阵，$r(\boldsymbol{A}+\boldsymbol{E})+r(\boldsymbol{A}-\boldsymbol{E})=n$，其中 $\boldsymbol{E}$ 是 n 阶单位矩阵。问 -1 是不是 $\boldsymbol{A}$ 的特征值？

解　因为 $\boldsymbol{A}\neq\boldsymbol{E}$，所以必有 $\boldsymbol{A}-\boldsymbol{E}\neq\boldsymbol{O}$，$r(\boldsymbol{A}-\boldsymbol{E})\geqslant 1$。再根据

$$r(\boldsymbol{A}+\boldsymbol{E})+r(\boldsymbol{A}-\boldsymbol{E})=n$$

得 $r(\boldsymbol{A}+\boldsymbol{E})<n$，所以 $|\boldsymbol{A}+\boldsymbol{E}|=0$，即 $|\boldsymbol{A}-(-1)\boldsymbol{E}|=0$。故 -1 一定是 $\boldsymbol{A}$ 的特征值。

5.1.2　关于特征值和特征向量的重要结论

下面我们介绍特征值与特征向量的一些性质和结论。

性质 1　实方阵的特征值未必是实数，特征向量也未必是实向量。

例 5　求 $\boldsymbol{A}=\begin{pmatrix}0 & 1\\ -1 & 0\end{pmatrix}$ 的特征值和特征向量。

解　容易求出特征方程

$$|\boldsymbol{A}-\lambda\boldsymbol{E}|=\begin{vmatrix}-\lambda & 1\\ -1 & -\lambda\end{vmatrix}=\lambda^2+1=0,$$

特征根为 $\lambda_1=\mathrm{i}$，$\lambda_2=-\mathrm{i}$，这里，$\mathrm{i}=\sqrt{-1}$ 是纯虚数。

当 $\lambda_1=\mathrm{i}$ 时，解齐次线性方程组 $(\boldsymbol{A}-\mathrm{i}\boldsymbol{E})\boldsymbol{x}=\boldsymbol{0}$，有

$$\begin{pmatrix}-\mathrm{i} & 1\\ -1 & -\mathrm{i}\end{pmatrix}\xrightarrow{r_1-\mathrm{i}r_2}\begin{pmatrix}0 & 0\\ -1 & -\mathrm{i}\end{pmatrix}\xrightarrow[r_1\leftrightarrow r_2]{-r_2}\begin{pmatrix}1 & \mathrm{i}\\ 0 & 0\end{pmatrix}。$$

特征值 $\lambda_1=\mathrm{i}$ 的特征向量为 $\boldsymbol{\xi}_1=\begin{pmatrix}-\mathrm{i}\\ 1\end{pmatrix}$；

同理可得特征值 $\lambda_2=-\mathrm{i}$ 的特征向量为 $\boldsymbol{\xi}_2=\begin{pmatrix}\mathrm{i}\\ 1\end{pmatrix}$。

此例说明，虽然 $\boldsymbol{A}$ 是实方阵，但是它的特征值和特征向量都不是实的。

性质 2　上三角矩阵、下三角矩阵、对角矩阵的特征值就是它们的主对角线上的元素。

例如，设 $\boldsymbol{A}$ 是上三角矩阵：

$$\boldsymbol{A}=\begin{pmatrix}a_{11} & a_{12} & \cdots & a_{1n}\\ 0 & a_{22} & \cdots & a_{2n}\\ \vdots & \vdots & & \vdots\\ 0 & 0 & \cdots & a_{nn}\end{pmatrix},$$

则

$$|\boldsymbol{A}-\lambda\boldsymbol{E}|=\begin{vmatrix}a_{11}-\lambda & a_{12} & \cdots & a_{1n}\\ 0 & a_{22}-\lambda & \cdots & a_{2n}\\ \vdots & \vdots & & \vdots\\ 0 & 0 & \cdots & a_{nn}-\lambda\end{vmatrix}=\prod_{i=1}^{n}(a_{ii}-\lambda)=0,$$

所以 $\lambda_1=a_{11}$，$\lambda_2=a_{22}$，$\cdots$，$\lambda_n=a_{nn}$。

性质 3　一个非零向量 $\boldsymbol{p}$ 不可能是属于同一个方阵 $\boldsymbol{A}$ 的不同特征值的特征向量。

证明　（反证法）如果 $\lambda,\mu(\lambda\neq\mu)$ 是方阵 $\boldsymbol{A}$ 的特征值，假设 $\boldsymbol{p}$ 是 λ,μ 的特征向量，即

$\boldsymbol{A}\boldsymbol{p}=\lambda\boldsymbol{p}$，$\boldsymbol{A}\boldsymbol{p}=\mu\boldsymbol{p}$，则$(\lambda-\mu)\boldsymbol{p}=\boldsymbol{0}$。因为特征向量 $\boldsymbol{p}\neq\boldsymbol{0}$，所以必有 $\lambda=\mu$，与条件 $\lambda\neq\mu$ 矛盾，假设不成立。说明一个特征向量不可能对应两个不同的特征值。

性质 4 方阵 $\boldsymbol{A}$ 中，不同特征值对应的特征向量一定线性无关。

性质 5 n 阶方阵 $\boldsymbol{A}$ 和它的转置矩阵 $\boldsymbol{A}^{\mathrm{T}}$ 必有相同的特征值。

注 $\boldsymbol{A}$ 和 $\boldsymbol{A}^{\mathrm{T}}$ 未必有相同的特征向量，即 $\boldsymbol{A}\boldsymbol{p}=\lambda\boldsymbol{p}$ 时未必有 $\boldsymbol{A}^{\mathrm{T}}\boldsymbol{p}=\lambda\boldsymbol{p}$。

例如，取 $\boldsymbol{A}=\begin{pmatrix}1&1\\0&1\end{pmatrix}$，$\boldsymbol{p}=\begin{pmatrix}1\\0\end{pmatrix}$，$\lambda=1$，则有 $\begin{pmatrix}1&1\\0&1\end{pmatrix}\begin{pmatrix}1\\0\end{pmatrix}=1\times\begin{pmatrix}1\\0\end{pmatrix}$，但是 $\begin{pmatrix}1&0\\1&1\end{pmatrix}\begin{pmatrix}1\\0\end{pmatrix}=\begin{pmatrix}1\\1\end{pmatrix}\neq1\times\begin{pmatrix}1\\0\end{pmatrix}$，这说明 $\boldsymbol{A}$ 和 $\boldsymbol{A}^{\mathrm{T}}$ 的属于同一个特征值的特征向量可以是不相同的。

定理 5.1 设 $\lambda_1,\lambda_2,\cdots,\lambda_n$ 是 n 阶方阵 $\boldsymbol{A}=(a_{ij})_{n\times n}$ 的全体特征值，则必有

$$\lambda_1+\lambda_2+\cdots+\lambda_n=\sum_{i=1}^{n}\lambda_i=\sum_{i=1}^{n}a_{ii}=\mathrm{tr}(\boldsymbol{A}),$$

$$\lambda_1\lambda_2\cdots\lambda_n=\prod_{i=1}^{n}\lambda_i=|\boldsymbol{A}|。$$

这里，$\mathrm{tr}(\boldsymbol{A})$为 $\boldsymbol{A}=(a_{ij})_{n\times n}$ 中的 n 个主对角元素之和，称为 $\boldsymbol{A}$ 的迹。$|\boldsymbol{A}|$为 $\boldsymbol{A}$ 的行列式。

证明 在关于变量 λ 的恒等式

$$|\lambda\boldsymbol{E}-\boldsymbol{A}|=(\lambda-\lambda_1)(\lambda-\lambda_2)\cdots(\lambda-\lambda_n)=\lambda^n-\left(\sum_{i=1}^{n}\lambda_i\right)\lambda^{n-1}+\cdots+(-1)^n\prod_{i=1}^{n}\lambda_i$$

中取 $\lambda=0$，可得 $|-\boldsymbol{A}|=(-1)^n\prod_{i=1}^{n}\lambda_i$，所以必有 $|\boldsymbol{A}|=\prod_{i=1}^{n}\lambda_i$。

再根据行列式定义可得

$$|\lambda\boldsymbol{E}-\boldsymbol{A}|=(\lambda-a_{11})(\lambda-a_{22})\cdots(\lambda-a_{nn})+\{(n!-1)\text{ 个不含 }\lambda^n\text{ 和 }\lambda^{n-1}\text{ 的项}\}$$

$$=\lambda^n-\left(\sum_{i=1}^{n}a_{ii}\right)\lambda^{n-1}+\cdots+\{(n!-1)\text{ 个不含 }\lambda^n\text{ 和 }\lambda^{n-1}\text{ 的项}\}。$$

比较上面 $|\boldsymbol{A}-\lambda\boldsymbol{E}|$ 的两个展开式中的 λ^{n-1} 项的系数，即得 $\sum_{i=1}^{n}\lambda_i=\sum_{i=1}^{n}a_{ii}$。

我们将上述证明思路以二阶方阵为例说明如下。

设 $\boldsymbol{A}=\begin{pmatrix}a_{11}&a_{12}\\a_{21}&a_{22}\end{pmatrix}$，它的特征方程为

$$|\boldsymbol{A}-\lambda\boldsymbol{E}|=\begin{vmatrix}a_{11}-\lambda&a_{12}\\a_{21}&a_{22}-\lambda\end{vmatrix}=\lambda^2-(a_{11}+a_{22})\lambda+(a_{11}a_{22}-a_{12}a_{21})=0。$$

又 $\boldsymbol{A}$ 的两个特征值 λ_1,λ_2 满足

$$|\boldsymbol{A}-\lambda\boldsymbol{E}|=(\lambda-\lambda_1)(\lambda-\lambda_2)=\lambda^2-(\lambda_1+\lambda_2)\lambda+\lambda_1\lambda_2=0,$$

比较这两个方程的系数，即得

$$\lambda_1+\lambda_2=a_{11}+a_{22}=\mathrm{tr}(\boldsymbol{A}),\lambda_1\lambda_2=a_{11}a_{22}-a_{12}a_{21}=|\boldsymbol{A}|。$$

定理 5.2 设 $\boldsymbol{A}$ 为 n 阶方阵，$f(\boldsymbol{A})=a_m\boldsymbol{A}^m+a_{m-1}\boldsymbol{A}^{m-1}+\cdots+a_1\boldsymbol{A}+a_0\boldsymbol{E}$ 为 $\boldsymbol{A}$ 的方阵多项式。如果 $\boldsymbol{A}\boldsymbol{p}=\lambda\boldsymbol{p}$，则必有 $f(\boldsymbol{A})\boldsymbol{p}=f(\lambda)\boldsymbol{p}$（这说明 $f(\lambda)$是 $f(\boldsymbol{A})$的特征值）。特别地，当 $f(\boldsymbol{A})=\boldsymbol{0}$ 时，必有 $f(\lambda)=0$，即当 $f(\boldsymbol{A})=\boldsymbol{0}$ 时，$\boldsymbol{A}$ 的特征值是 m 次多项式

$f(x)=a_mx^m+a_{m-1}x^{m-1}+\cdots+a_1x+a_0$ 对应的方程 $f(x)=0$ 的根。

证明　先用归纳法证明，对于任何自然数 k，都有 $\boldsymbol{A}^k\boldsymbol{p}=\lambda^k\boldsymbol{p}$。

当 $k=1$ 时，显然有 $\boldsymbol{A}\boldsymbol{p}=\lambda\boldsymbol{p}$。假设 $\boldsymbol{A}^k\boldsymbol{p}=\lambda^k\boldsymbol{p}$ 成立，则必有

$$\boldsymbol{A}^{k+1}\boldsymbol{p}=\boldsymbol{A}(\boldsymbol{A}^k\boldsymbol{p})=\boldsymbol{A}(\lambda^k\boldsymbol{p})=\lambda^k\boldsymbol{A}\boldsymbol{p}=\lambda^k\lambda\boldsymbol{p}=\lambda^{k+1}\boldsymbol{p}。$$

因此，对于任何自然数 k，都有 $\boldsymbol{A}^k\boldsymbol{p}=\lambda^k\boldsymbol{p}$。于是，必有

$$\begin{aligned}f(\boldsymbol{A})\boldsymbol{p}&=(a_m\boldsymbol{A}^m+a_{m-1}\boldsymbol{A}^{m-1}+\cdots+a_1\boldsymbol{A}+a_0\boldsymbol{E})\boldsymbol{p}\\&=a_m(\boldsymbol{A}^m\boldsymbol{p})+a_{m-1}(\boldsymbol{A}^{m-1}\boldsymbol{p})+\cdots+a_1(\boldsymbol{A}\boldsymbol{p})+a_0(\boldsymbol{E}\boldsymbol{p})\\&=a_m(\lambda^m\boldsymbol{p})+a_{m-1}(\lambda^{m-1}\boldsymbol{p})+\cdots+a_1(\lambda\boldsymbol{p})+a_0(1\cdot\boldsymbol{p})\\&=(a_m\lambda^m+a_{m-1}\lambda^{m-1}+\cdots+a_1\lambda+a_0)\boldsymbol{p}\\&=f(\lambda)\boldsymbol{p}。\end{aligned}$$

当 $f(\boldsymbol{A})=\boldsymbol{0}$ 时，因为 $f(\boldsymbol{A})\boldsymbol{p}=f(\lambda)\boldsymbol{p}$，且 $\boldsymbol{p}\neq\boldsymbol{0}$，所以 $f(\lambda)=0$。

定理 5.2 给出了求方阵多项式的特征值非常简便的计算方法：只要 λ 是 $\boldsymbol{A}$ 的一个特征值，那么 $f(\lambda)$ 一定是 $f(\boldsymbol{A})$ 的特征值。

推论 5.1　设 $\boldsymbol{A}$ 为 n 阶可逆方阵，如果 $\boldsymbol{A}$ 的特征值为 $\lambda_1,\lambda_2,\cdots,\lambda_n$，则 $\boldsymbol{A}^{-1}$ 的特征值为

$$\frac{1}{\lambda_1},\frac{1}{\lambda_2},\cdots,\frac{1}{\lambda_n}。$$

推论 5.2　设 $\boldsymbol{A}$ 为 n 阶可逆方阵，$\boldsymbol{A}^*$ 是 $\boldsymbol{A}$ 的伴随矩阵。若 $\boldsymbol{A}$ 的特征值为 $\lambda_1,\lambda_2,\cdots,\lambda_n$，则 $\boldsymbol{A}^*$ 的特征值 λ_i^* 为

$$\lambda_i^*=\frac{1}{\lambda_i}\lambda_1\cdot\lambda_2\cdot\lambda_3\cdot\cdots\cdot\lambda_n(i=1,2,3,\cdots,n-1,n)。$$

即

$$\begin{aligned}\lambda_1^*&=\lambda_2\cdot\lambda_3\cdot\cdots\cdot\lambda_{n-1}\cdot\lambda_n,\\\lambda_2^*&=\lambda_1\cdot\lambda_3\cdot\cdots\cdot\lambda_{n-1}\cdot\lambda_n,\\\lambda_3^*&=\lambda_1\cdot\lambda_2\cdot\lambda_4\cdot\cdots\cdot\lambda_{n-1}\cdot\lambda_n,\\&\cdots\cdots\\\lambda_n^*&=\lambda_1\cdot\lambda_2\cdot\lambda_3\cdot\cdots\cdot\lambda_{n-1}。\end{aligned}$$

对于推论 5.2，我们以三阶矩阵为例进行说明。设 $\boldsymbol{A}$ 为三阶方阵，它的特征值为 $\lambda_1,\lambda_2,\lambda_3$。根据推论 5.1 可知 $\boldsymbol{A}^{-1}$ 的特征值为 $\frac{1}{\lambda_1},\frac{1}{\lambda_2},\frac{1}{\lambda_3}$。由 $\boldsymbol{A}^{-1}=\frac{1}{|\boldsymbol{A}|}\boldsymbol{A}^*$ 得 $\boldsymbol{A}^*=|\boldsymbol{A}|\boldsymbol{A}^{-1}=\lambda_1\lambda_2\lambda_3\boldsymbol{A}^{-1}$，根据定理 5.2 可得 $\boldsymbol{A}^*$ 的特征值为

$$\lambda_1^*=\lambda_1\lambda_2\lambda_3\cdot\frac{1}{\lambda_1}=\lambda_2\lambda_3;\lambda_2^*=\lambda_1\lambda_2\lambda_3\cdot\frac{1}{\lambda_2}=\lambda_1\lambda_3;\lambda_3^*=\lambda_1\lambda_2\lambda_3\cdot\frac{1}{\lambda_3}=\lambda_1\lambda_2。$$

根据伴随矩阵的定义，由推论 5.2 可得

$$\operatorname{tr}(\boldsymbol{A}^*)=A_{11}+A_{22}+A_{33}=\lambda_1^*+\lambda_2^*+\lambda_3^*=\lambda_1\lambda_3+\lambda_2\lambda_3+\lambda_1\lambda_2,$$

其中 $A_{ii}(i=1,2,3)$ 是矩阵 $\boldsymbol{A}$ 中元素 $a_{ii}(i=1,2,3)$ 的代数余子式。

例 6　设 $\boldsymbol{A}=\begin{pmatrix}1&2\\0&3\end{pmatrix}$，求 $\boldsymbol{B}=\boldsymbol{A}^2-2\boldsymbol{A}+3\boldsymbol{E}$ 的所有特征值，其中 $\boldsymbol{E}$ 是二阶单位矩阵。

解　因为 $\boldsymbol{A}$ 是上三角矩阵，所以它的特征值就是它的主对角元 1 和 3。

由 $\boldsymbol{B}=\boldsymbol{A}^2-2\boldsymbol{A}+3\boldsymbol{E}$ 得到对应的多项式为 $f(x)=x^2-2x+3$，所以 $\boldsymbol{B}$ 的特征值就是

$$f(1)=1^2-2\cdot1+3=2, f(3)=3^2-2\cdot3+3=6。$$

本题也可以先根据 $\boldsymbol{B}=\boldsymbol{A}^2-2\boldsymbol{A}+3\boldsymbol{E}$ 求出 $\boldsymbol{B}=\begin{pmatrix}2&4\\0&6\end{pmatrix}$，再由 $|\boldsymbol{B}-\lambda\boldsymbol{E}|=0$ 计算得到 $\boldsymbol{B}$ 的特征值。但是对于更高阶的方阵 $\boldsymbol{A}$ 来说，求出 $\boldsymbol{B}=f(\boldsymbol{A})$ 并非易事！所以定理 5.2 的好处还是显而易见的。

例 7 求出以下特殊的 n 阶方阵 $\boldsymbol{A}$ 的所有可能的特征值（m 是某个正整数）：

(1) $\boldsymbol{A}^m=\boldsymbol{0}$； (2) $\boldsymbol{A}^2=\boldsymbol{E}$（$\boldsymbol{E}$ 是 n 阶单位矩阵）。

解 设 $\boldsymbol{A}\boldsymbol{p}=\lambda\boldsymbol{p}$，则 $\boldsymbol{A}^m\boldsymbol{p}=\lambda^m\boldsymbol{p}$，$\boldsymbol{p}\neq\boldsymbol{0}$。

(1) 由 $\lambda^m\boldsymbol{p}=\boldsymbol{A}^m\boldsymbol{p}=\boldsymbol{0}\boldsymbol{p}=\boldsymbol{0}$ 和 $\boldsymbol{p}\neq\boldsymbol{0}$，可得 $\lambda=0$。

(2) 由 $\lambda^2\boldsymbol{p}=\boldsymbol{A}^2\boldsymbol{p}=\boldsymbol{E}\boldsymbol{p}=\boldsymbol{p}=1\cdot\boldsymbol{p}$ 和 $\boldsymbol{p}\neq\boldsymbol{0}$，可得 $\lambda^2=1$，即 $\lambda=\pm1$。

上述两个特殊的方阵分别称为**幂零矩阵**与**对合矩阵**。因此，幂零矩阵的特征值必为 0，对合矩阵的特征值必为 ±1。

5.1.3 计算特征值和特征向量的一般方法

下面我们介绍求方阵的特征值和特征向量的一般方法。

例 8 求出 $\boldsymbol{A}=\begin{pmatrix}6&2&4\\2&3&2\\4&2&6\end{pmatrix}$ 的特征值及与之相应的特征向量。

解 先求出 $\boldsymbol{A}$ 的特征多项式

$$|\boldsymbol{A}-\lambda\boldsymbol{E}|=\begin{vmatrix}6-\lambda&2&4\\2&3-\lambda&2\\4&2&6-\lambda\end{vmatrix}\xlongequal{c_1+(-1)c_3}\begin{vmatrix}2-\lambda&2&4\\0&3-\lambda&2\\\lambda-2&2&6-\lambda\end{vmatrix}$$

$$\xlongequal{r_3+r_1}\begin{vmatrix}2-\lambda&2&4\\0&3-\lambda&2\\0&4&10-\lambda\end{vmatrix}=(2-\lambda)[(3-\lambda)(10-\lambda)-2\times4]$$

$$=(2-\lambda)(\lambda^2-13\lambda+22)=-(\lambda-2)^2(\lambda-11),$$

因此 $\boldsymbol{A}$ 的特征值为 $\lambda_1=\lambda_2=2$，$\lambda_3=11$。

当 $\lambda_1=\lambda_2=2$ 时，解齐次线性方程组 $(\boldsymbol{A}-2\boldsymbol{E})\boldsymbol{x}=\boldsymbol{0}$，得

$$\boldsymbol{A}-2\boldsymbol{E}=\begin{pmatrix}4&2&4\\2&1&2\\4&2&4\end{pmatrix}\to\begin{pmatrix}2&1&2\\0&0&0\\0&0&0\end{pmatrix},$$

即 $2x_1+x_2+2x_3=0$，用补齐法得 $\begin{cases}x_1=-\frac{1}{2}x_2-x_3\\x_2=x_2\\x_3=x_3\end{cases}$，解向量为 $\boldsymbol{\xi}_1=\begin{pmatrix}-\frac{1}{2}\\1\\0\end{pmatrix}$，$\boldsymbol{\xi}_2=\begin{pmatrix}-1\\0\\1\end{pmatrix}$；

属于 $\lambda_1=\lambda_2=2$ 的特征向量为 $\boldsymbol{\xi}_1,\boldsymbol{\xi}_2$；

同理，当 $\lambda_3=11$ 时，解齐次线性方程组 $(\boldsymbol{A}-11\boldsymbol{E})\boldsymbol{x}=\boldsymbol{0}$，可得属于 $\lambda_3=11$ 的特征向量

为 $\boldsymbol{\xi}_3=\begin{pmatrix}1\\ \frac{1}{2}\\ 0\end{pmatrix}$。

属于 $\lambda_1=\lambda_2=2$ 的全体特征向量为 $k_1\boldsymbol{\xi}_1+k_2\boldsymbol{\xi}_2$，$k_1,k_2$ 为不全为零的任意常数；

属于 $\lambda_3=11$ 的全体特征向量为 $k_3\boldsymbol{\xi}_3$，k_3 为任意非零常数。

注 （1）在计算 $\lambda_1=\lambda_2=2$ 的特征向量时，方程 $2x_1+x_2+2x_3=0$ 等价于 $x_2=-2x_1-2x_3$，据此可求出两个线性无关的特征向量

$$\boldsymbol{\eta}_1=\begin{pmatrix}1\\-2\\0\end{pmatrix},\boldsymbol{\eta}_2=\begin{pmatrix}0\\-2\\1\end{pmatrix}。$$

由此可以看出，特征向量的写法不是唯一的。

(2) 解题时，求出三个特征值以后，应检验一下它们的和是否等于方阵的迹？它们的积是否等于方阵的行列式的值？如果不成立，则应重新计算特征值，否则求出的是错误的特征向量。例 8 中，$\lambda_1+\lambda_2+\lambda_3=2+2+11=15$，$\mathrm{tr}(\boldsymbol{A})=a_{11}+a_{22}+a_{33}=6+3+6=15$，$\lambda_1\lambda_2\lambda_3=2\times2\times11=44=|\boldsymbol{A}|$。

(3) 求特征向量时，齐次线性方程组 $(\boldsymbol{A}-\lambda\boldsymbol{E})\boldsymbol{x}=\boldsymbol{0}$ 的系数矩阵可以通过特征多项式 $|\boldsymbol{A}-\lambda\boldsymbol{E}|$ 直接将 λ 的值代入 $|\boldsymbol{A}-\lambda\boldsymbol{E}|$ 中，再将行列式改成矩阵即可。

例 9 设 n 阶方阵 $\boldsymbol{A}=(a_{ij})_{n\times n}$ 的每一行中的元素之和同为 a，证明：a 必为 $\boldsymbol{A}$ 的特征值，并求出 $\boldsymbol{A}$ 的属于这个特征值 a 的特征向量 $\boldsymbol{p}$。

证明 取 $\boldsymbol{p}=\begin{pmatrix}1\\1\\\vdots\\1\end{pmatrix}$，显然有

$$\boldsymbol{A}\boldsymbol{p}=\begin{pmatrix}a_{11}&a_{12}&\cdots&a_{1n}\\a_{21}&a_{22}&\cdots&a_{2n}\\\vdots&\vdots&&\vdots\\a_{n1}&a_{n2}&\cdots&a_{nn}\end{pmatrix}\begin{pmatrix}1\\1\\\vdots\\1\end{pmatrix}=\begin{pmatrix}a_{11}+a_{12}+\cdots+a_{1n}\\a_{21}+a_{22}+\cdots+a_{2n}\\\vdots\\a_{n1}+a_{n2}+\cdots+a_{n2}\end{pmatrix}=\begin{pmatrix}a\\a\\\vdots\\a\end{pmatrix}=a\begin{pmatrix}1\\1\\\vdots\\1\end{pmatrix}=a\boldsymbol{p},$$

因此 a 是矩阵 $\boldsymbol{A}$ 的一个特征值，而 $\boldsymbol{p}$ 是 $\boldsymbol{A}$ 的属于特征值 a 的特征向量。

习题 5.1

1. 证明：方阵 $\boldsymbol{A}$ 有特征值 0 当且仅当 $\boldsymbol{A}$ 为不可逆矩阵。

2. 已知三阶矩阵 $\boldsymbol{A}$ 的特征值为 1，1 和 -2，$\boldsymbol{E}$ 是三阶单位矩阵，求出下面行列式的值：

$$|\boldsymbol{A}-\boldsymbol{E}|,|\boldsymbol{A}+2\boldsymbol{E}|,|\boldsymbol{A}^2+3\boldsymbol{A}-4\boldsymbol{E}|。$$

3. 设 $\boldsymbol{A}$ 是三阶方阵，$\boldsymbol{E}$ 是三阶单位矩阵，如果已知 $|\boldsymbol{E}+\boldsymbol{A}|=0$，$|2\boldsymbol{E}+\boldsymbol{A}|=0$，$|\boldsymbol{E}-\boldsymbol{A}|=0$，求行列式 $|\boldsymbol{A}^2+\boldsymbol{A}+\boldsymbol{E}|$ 的值。

4. 设 n 阶矩阵 $\boldsymbol{A}$ 满足 $\boldsymbol{A}^2=\boldsymbol{A}$，求出 $\boldsymbol{A}$ 的所有可能的特征值。

5. 求出以下方阵的特征值和线性无关的特征向量：

(1) $\boldsymbol{A}=\begin{pmatrix}1 & -3 & 3\\ 3 & -5 & 3\\ 6 & -6 & 4\end{pmatrix}$；　　(2) $\boldsymbol{A}=\begin{pmatrix}1 & 1 & 1 & 1\\ 1 & 1 & -1 & -1\\ 1 & -1 & 1 & -1\\ 1 & -1 & -1 & 1\end{pmatrix}$。

6. 如果 n 阶矩阵 $\boldsymbol{A}$ 中的所有元素都是 1，求出 $\boldsymbol{A}$ 的所有特征值，并求出 $\boldsymbol{A}$ 的属于特征值 $\lambda=n$ 的特征向量。

7. 设 n 阶特征矩阵 $\boldsymbol{A}$ 满足 $\boldsymbol{A}^2+4\boldsymbol{A}+4\boldsymbol{E}=0$，求出 $\boldsymbol{A}$ 的所有特征值。

8. 求出 k 的值，使得 $\boldsymbol{p}=\begin{pmatrix}1\\ k\\ 1\end{pmatrix}$ 是 $\boldsymbol{A}=\begin{pmatrix}2 & 1 & 1\\ 1 & 2 & 2\\ 1 & 1 & 2\end{pmatrix}$ 的逆矩阵的特征向量。

9. 求出 a 和 b 的值，使得 $\boldsymbol{p}=\begin{pmatrix}1\\ -2\\ 3\end{pmatrix}$ 是 $\boldsymbol{A}=\begin{pmatrix}3 & 2 & -1\\ a & -2 & 2\\ 3 & b & -1\end{pmatrix}$ 的特征向量，并求出对应的特征值。

10. 已知 12 是 $\boldsymbol{A}=\begin{pmatrix}7 & 4 & -1\\ 4 & 7 & -1\\ -4 & a & 4\end{pmatrix}$ 的一个特征值，求出 a 的值和另外两个特征值。

扫码查看
习题参考答案

5.2　相似矩阵与矩阵可对角化的条件

对角矩阵是最简单的一类矩阵。对于任意一个 n 阶方阵 $\boldsymbol{A}$，如果能将它化为对角矩阵，并保持 $\boldsymbol{A}$ 的许多原有性质，那么在理论和应用方面都具有重要意义。在本节中，我们将深入讨论如何把方阵化成对角矩阵的问题。

5.2.1　相似矩阵及其性质

定义 5.3　设 $\boldsymbol{A},\boldsymbol{B}$ 为 n 阶方阵，如果存在一个 n 阶可逆矩阵 $\boldsymbol{P}$，使得

$$\boldsymbol{P}^{-1}\boldsymbol{A}\boldsymbol{P}=\boldsymbol{B}, \tag{5-2}$$

则称**矩阵 $\boldsymbol{A}$ 与 $\boldsymbol{B}$ 相似**，记作 $\boldsymbol{A}\sim\boldsymbol{B}$。

例 1　设 $\boldsymbol{A}=\begin{pmatrix}3 & 4\\ 5 & 2\end{pmatrix}$，$\boldsymbol{P}=\begin{pmatrix}1 & -1\\ -1 & 2\end{pmatrix}$，$\boldsymbol{Q}=\begin{pmatrix}4 & 1\\ -5 & 1\end{pmatrix}$，则矩阵 $\boldsymbol{P},\boldsymbol{Q}$ 都可逆。由

$$\boldsymbol{P}^{-1}\boldsymbol{A}\boldsymbol{P}=\begin{pmatrix}1 & -1\\ -1 & 2\end{pmatrix}^{-1}\begin{pmatrix}3 & 4\\ 5 & 2\end{pmatrix}\begin{pmatrix}1 & -1\\ -1 & 2\end{pmatrix}=\begin{pmatrix}1 & 9\\ 2 & 4\end{pmatrix}$$

可得 $\boldsymbol{A}\sim\begin{pmatrix}1 & 9\\ 2 & 4\end{pmatrix}$。

又因为 $\boldsymbol{Q}^{-1}\boldsymbol{A}\boldsymbol{Q}=\begin{pmatrix}4 & 1\\ -5 & 1\end{pmatrix}^{-1}\begin{pmatrix}3 & 4\\ 5 & 2\end{pmatrix}\begin{pmatrix}4 & 1\\ -5 & 1\end{pmatrix}=\begin{pmatrix}-2 & 0\\ 0 & 7\end{pmatrix}$，所以 $\boldsymbol{A}\sim\begin{pmatrix}-2 & 0\\ 0 & 7\end{pmatrix}$。

由此可见，与 $\boldsymbol{A}$ 相似的矩阵不是唯一的，也未必是对角矩阵。然而，对某些矩阵，如果选取适当的可逆矩阵 $\boldsymbol{P}$，就有可能使 $\boldsymbol{P}^{-1}\boldsymbol{AP}$ 成为对角矩阵。

相似是同阶矩阵之间的一种重要关系，且具有下述基本性质：设 $\boldsymbol{A},\boldsymbol{B},\boldsymbol{C}$ 为 n 阶矩阵，则

(1) **反身性**　$\boldsymbol{A}\sim\boldsymbol{A}$。

证明　$\boldsymbol{E}^{-1}\boldsymbol{AE}=\boldsymbol{A}$，可以直接得到这一结论。

(2) **对称性**　如果 $\boldsymbol{A}\sim\boldsymbol{B}$，则 $\boldsymbol{B}\sim\boldsymbol{A}$。

证明　由 $\boldsymbol{A}\sim\boldsymbol{B}$ 可知，存在可逆矩阵 $\boldsymbol{P}$，$\boldsymbol{P}^{-1}\boldsymbol{AP}=\boldsymbol{B}$，则 $\boldsymbol{A}=\boldsymbol{PBP}^{-1}=(\boldsymbol{P}^{-1})^{-1}\boldsymbol{BP}^{-1}$，所以 $\boldsymbol{B}\sim\boldsymbol{A}$。

(3) **传递性**　如果 $\boldsymbol{A}\sim\boldsymbol{B}$，$\boldsymbol{B}\sim\boldsymbol{C}$，则 $\boldsymbol{A}\sim\boldsymbol{C}$。

证明　由 $\boldsymbol{A}\sim\boldsymbol{B}$，$\boldsymbol{B}\sim\boldsymbol{C}$，必存在 n 阶可逆矩阵 $\boldsymbol{P},\boldsymbol{Q}$，有 $\boldsymbol{P}^{-1}\boldsymbol{AP}=\boldsymbol{B}$，$\boldsymbol{Q}^{-1}\boldsymbol{BQ}=\boldsymbol{C}$，于是 $\boldsymbol{Q}^{-1}(\boldsymbol{P}^{-1}\boldsymbol{AP})\boldsymbol{Q}=\boldsymbol{C}$，即 $(\boldsymbol{PQ})^{-1}\boldsymbol{A}(\boldsymbol{PQ})=\boldsymbol{C}$，由此可得 $\boldsymbol{A}\sim\boldsymbol{C}$。

相似的两个矩阵之间，还存在着许多共同的性质。

定理 5.3　设矩阵 $\boldsymbol{A}\sim\boldsymbol{B}$，则 $\boldsymbol{A},\boldsymbol{B}$ 具有相同的特征值。

证明　只需证明 $\boldsymbol{A},\boldsymbol{B}$ 具有相同的特征多项式。实际上，由 $\boldsymbol{A}\sim\boldsymbol{B}$，必存在可逆矩阵 $\boldsymbol{P}$，有 $\boldsymbol{P}^{-1}\boldsymbol{AP}=\boldsymbol{B}$，于是

$$|\boldsymbol{B}-\lambda\boldsymbol{E}|=|\boldsymbol{P}^{-1}\boldsymbol{AP}-\lambda\boldsymbol{E}|=|\boldsymbol{P}^{-1}(\boldsymbol{A}-\lambda\boldsymbol{E})\boldsymbol{P}|=|\boldsymbol{P}^{-1}|\,|\boldsymbol{A}-\lambda\boldsymbol{E}|\,|\boldsymbol{P}|=|\boldsymbol{A}-\lambda\boldsymbol{E}|,$$

所以 $\boldsymbol{A},\boldsymbol{B}$ 有相同的特征值。

定理 5.4　设矩阵 $\boldsymbol{A}\sim\boldsymbol{B}$，则 $\boldsymbol{A}^m\sim\boldsymbol{B}^m$，其中 m 为正整数。

证明　由 $\boldsymbol{A}\sim\boldsymbol{B}$，则存在可逆矩阵 $\boldsymbol{P}$，有 $\boldsymbol{P}^{-1}\boldsymbol{AP}=\boldsymbol{B}$，于是

$$\begin{aligned}\boldsymbol{B}^m&=(\boldsymbol{P}^{-1}\boldsymbol{AP})^m=\underbrace{(\boldsymbol{P}^{-1}\boldsymbol{AP})(\boldsymbol{P}^{-1}\boldsymbol{AP})(\boldsymbol{P}^{-1}\boldsymbol{AP})\cdots(\boldsymbol{P}^{-1}\boldsymbol{AP})}_{m\text{个}}\\&=\boldsymbol{P}^{-1}\boldsymbol{A}(\boldsymbol{PP}^{-1})\boldsymbol{A}(\boldsymbol{PP}^{-1})\boldsymbol{A}(\boldsymbol{P}\cdots\boldsymbol{P}^{-1})\boldsymbol{AP}\\&=\boldsymbol{P}^{-1}\boldsymbol{AEAEAE}\cdots\boldsymbol{EAP}\\&=\boldsymbol{P}^{-1}\boldsymbol{A}^m\boldsymbol{P},\end{aligned}$$

所以 $\boldsymbol{A}^m\sim\boldsymbol{B}^m$。

对于相似矩阵，还具有下述性质（证明留给读者）。

以下性质中 $\boldsymbol{A},\boldsymbol{B}$ 均为 n 阶方阵。

性质 1　如果 $\boldsymbol{A}\sim\boldsymbol{B}$，则 $|\boldsymbol{A}|=|\boldsymbol{B}|$，即相似矩阵的行列式相等。

性质 2　如果 $\boldsymbol{A}\sim\boldsymbol{B}$，则 $r(\boldsymbol{A})=r(\boldsymbol{B})$，即相似矩阵的秩相等。

性质 3　如果 $\boldsymbol{A}\sim\boldsymbol{B}$，则 $\boldsymbol{A}^{\mathrm{T}}\sim\boldsymbol{B}^{\mathrm{T}}$，即相似矩阵的转置矩阵也相似。

性质 4　如果 $\boldsymbol{A}\sim\boldsymbol{B}$，且 $\boldsymbol{A},\boldsymbol{B}$ 都可逆，则 $\boldsymbol{A}^{-1}\sim\boldsymbol{B}^{-1}$，即相似矩阵或都可逆或都不可逆；当它们都可逆时，它们的逆矩阵也相似。

性质 5　如果 $\boldsymbol{A}\sim\boldsymbol{B}$，则 $\boldsymbol{A}$ 的多项式 $f(\boldsymbol{A})$ 与 $\boldsymbol{B}$ 的多项式 $f(\boldsymbol{B})$ 也相似，即 $f(\boldsymbol{A})\sim f(\boldsymbol{B})$。

5.2.2　矩阵可对角化的条件

定义 5.4　如果 n 阶矩阵 $\boldsymbol{A}$ 可以相似于一个 n 阶对角矩阵 $\boldsymbol{\Lambda}$，则称 $\boldsymbol{A}$ 可对角化，$\boldsymbol{\Lambda}$ 称为方阵 $\boldsymbol{A}$ 的相似标准形矩阵。

例 1 说明，如果适当选取可逆矩阵 $\boldsymbol{P}$，则可以使 $\boldsymbol{P}^{-1}\boldsymbol{A}\boldsymbol{P}$ 成为对角矩阵。然而，并非所有的 n 阶矩阵都能对角化。下面我们将讨论矩阵可对角化的充分必要条件。

定理 5.5 n 阶矩阵 $\boldsymbol{A}$ 相似于 n 阶对角矩阵的充要条件是 $\boldsymbol{A}$ 有 n 个线性无关的特征向量。

证明 先证必要性。设 $\boldsymbol{A}\sim\boldsymbol{\Lambda}$，其中 $\boldsymbol{\Lambda}=\mathrm{diag}(\lambda_1,\lambda_2,\cdots,\lambda_n)$，则存在可逆矩阵 $\boldsymbol{P}$，使得

$$\boldsymbol{P}^{-1}\boldsymbol{A}\boldsymbol{P}=\boldsymbol{\Lambda} \text{ 或 } \boldsymbol{A}\boldsymbol{P}=\boldsymbol{P}\boldsymbol{\Lambda}。\tag{5-3}$$

把矩阵 $\boldsymbol{P}$ 按列分块，记 $\boldsymbol{P}=(\boldsymbol{p}_1,\boldsymbol{p}_2,\cdots,\boldsymbol{p}_n)$，其中 $\boldsymbol{p}_i$ 是矩阵 $\boldsymbol{P}$ 的第 i 列（$i=1,2,3,\cdots,n$），则(5-3)式可写成

$$\boldsymbol{A}(\boldsymbol{p}_1,\boldsymbol{p}_2,\cdots,\boldsymbol{p}_n)=(\boldsymbol{p}_1,\boldsymbol{p}_2,\cdots,\boldsymbol{p}_n)\begin{pmatrix}\lambda_1 & & & \\ & \lambda_2 & & \\ & & \ddots & \\ & & & \lambda_n\end{pmatrix},$$

由此可得 $\boldsymbol{A}\boldsymbol{p}_i=\lambda_i\boldsymbol{p}_i$（$i=1,2,3,\cdots,n$）。因为 $\boldsymbol{P}$ 可逆，$\boldsymbol{P}$ 必不含零列，即 $\boldsymbol{p}_i\neq\mathbf{0}$（$i=1,2,3,\cdots,n$）。因此，$\boldsymbol{p}_i$ 是 $\boldsymbol{A}$ 的属于特征值 λ_i 的特征向量，并且 $\boldsymbol{p}_1,\boldsymbol{p}_2,\cdots,\boldsymbol{p}_n$ 线性无关。

再证充分性。设 $\boldsymbol{p}_1,\boldsymbol{p}_2,\cdots,\boldsymbol{p}_n$ 是 $\boldsymbol{A}$ 的 n 个线性无关向量，它们对应的特征值依次为 $\lambda_1,\lambda_2,\cdots,\lambda_n$。记矩阵 $\boldsymbol{P}=(\boldsymbol{p}_1,\boldsymbol{p}_2,\cdots,\boldsymbol{p}_n)$，则 $\boldsymbol{P}$ 可逆。而

$$\begin{aligned}\boldsymbol{A}\boldsymbol{P}=\boldsymbol{A}(\boldsymbol{p}_1,\boldsymbol{p}_2,\cdots,\boldsymbol{p}_n)&=(\boldsymbol{A}\boldsymbol{p}_1,\boldsymbol{A}\boldsymbol{p}_2,\cdots,\boldsymbol{A}\boldsymbol{p}_n)=(\lambda_1\boldsymbol{p}_1,\lambda_2\boldsymbol{p}_2,\cdots,\lambda_n\boldsymbol{p}_n),\\ &=(\boldsymbol{p}_1,\boldsymbol{p}_2,\cdots,\boldsymbol{p}_n)\begin{pmatrix}\lambda_1 & & & \\ & \lambda_2 & & \\ & & \ddots & \\ & & & \lambda_n\end{pmatrix},\end{aligned}$$

两边左乘 $\boldsymbol{P}^{-1}$，得 $\boldsymbol{P}^{-1}\boldsymbol{A}\boldsymbol{P}=\boldsymbol{\Lambda}$，即矩阵 $\boldsymbol{A}$ 与对角矩阵 $\boldsymbol{\Lambda}$ 相似。

推论 5.3 如果 n 阶矩阵 $\boldsymbol{A}$ 有 n 个互不相同的特征值 $\lambda_1,\lambda_2,\cdots,\lambda_n$，则 $\boldsymbol{A}$ 与对角矩阵 $\boldsymbol{\Lambda}$ 相似，其中 $\boldsymbol{\Lambda}$ 的主对角线的元素依次为 $\lambda_1,\lambda_2,\cdots,\lambda_n$。

注 由 n 阶矩阵 $\boldsymbol{A}$ 可对角化，并不能断定 $\boldsymbol{A}$ 必有 n 个互不相同的特征值。例如，数量矩阵 $a\boldsymbol{E}$ 是可对角化的，但它只有特征值 a（n 重根）。

在矩阵 $\boldsymbol{A}$ 的特征值中有重根的情形，可设 $\boldsymbol{A}$ 的所有互不相同的特征值为 $\lambda_1,\lambda_2,\cdots,\lambda_m$（$m\leqslant n$）。而 λ_i 是 $\boldsymbol{A}$ 的 n_i 重特征值，于是 $n_1+n_2+\cdots+n_m=n$。

如果对于每一个相异特征值 λ_i（$i=1,2,3,\cdots,m$），特征矩阵 $\boldsymbol{A}-\lambda_i\boldsymbol{E}$ 的秩等于 $n-n_i$，则齐次线性方程组 $(\boldsymbol{A}-\lambda_i\boldsymbol{E})\boldsymbol{x}=\mathbf{0}$ 的基础解系一定含有 n_i 个线性无关的特征向量。矩阵 $\boldsymbol{A}$ 就有 n 个线性无关的特征向量。根据定理 5.5，矩阵 $\boldsymbol{A}$ 一定可对角化。

反之，如果矩阵 $\boldsymbol{A}$ 相似于对角矩阵 $\boldsymbol{\Lambda}$，则可以证明：对矩阵 $\boldsymbol{A}$ 的 n_i 重特征值 λ_i（$i=1,2,3,\cdots,m$），特征矩阵 $\boldsymbol{A}-\lambda_i\boldsymbol{E}$ 的秩恰为 $n-n_i$。所以有如下结论：

定理 5.6 n 阶矩阵 $\boldsymbol{A}$ 与对角矩阵 $\boldsymbol{\Lambda}$ 相似的充分必要条件是对于 $\boldsymbol{A}$ 的每一个 n_i 重特征值 λ_i，特征矩阵 $\boldsymbol{A}-\lambda_i\boldsymbol{E}$ 的秩为 $n-n_i$。

定理 5.6 也可以叙述为：n 阶矩阵 $\boldsymbol{A}$ 与对角矩阵相似的充分必要条件是对于 $\boldsymbol{A}$ 的每一个 n_i 重特征值 λ_i，齐次线性方程组 $(\boldsymbol{A}-\lambda_i\boldsymbol{E})\boldsymbol{x}=\mathbf{0}$ 的基础解系中恰含 n_i 个向量。

例 2　判断矩阵 $\boldsymbol{A}=\begin{pmatrix}3&2&4\\2&0&2\\4&2&3\end{pmatrix}$ 能否相似对角化。

解　$$|\boldsymbol{A}-\lambda\boldsymbol{E}|=\begin{vmatrix}3-\lambda&2&4\\2&-\lambda&2\\4&2&3-\lambda\end{vmatrix}\xlongequal{r_3-2r_2}\begin{vmatrix}3-\lambda&2&4\\2&-\lambda&2\\0&2+2\lambda&-1-\lambda\end{vmatrix}$$

$$\xlongequal{c_2+2c_3}\begin{vmatrix}3-\lambda&10&4\\2&4-\lambda&2\\0&0&-1-\lambda\end{vmatrix}=-(1+\lambda)^2(\lambda-8)=0,$$

则矩阵 $\boldsymbol{A}$ 的特征值为 $\lambda_1=\lambda_2=-1$（二重根）和 $\lambda_3=8$。

当 $\lambda_1=\lambda_2=-1$ 时，解 $(\boldsymbol{A}+\boldsymbol{E})\boldsymbol{x}=\boldsymbol{0}$，得线性无关特征向量 $\boldsymbol{p}_1=(-1,2,0)^{\mathrm{T}}$，$\boldsymbol{p}_2=(-1,0,1)^{\mathrm{T}}$。

当 $\lambda_3=8$ 时，解 $(\boldsymbol{A}-8\boldsymbol{E})\boldsymbol{x}=\boldsymbol{0}$，得特征向量 $\boldsymbol{p}_3=(2,1,2)^{\mathrm{T}}$。

根据定理 5.5，矩阵 $\boldsymbol{A}$ 可对角化。实际上，设

$$\boldsymbol{P}=(\boldsymbol{p}_1,\boldsymbol{p}_2,\boldsymbol{p}_3)=\begin{pmatrix}-1&-1&2\\2&0&1\\0&1&2\end{pmatrix},\boldsymbol{\Lambda}=\begin{pmatrix}-1&&\\&-1&\\&&8\end{pmatrix},$$

则 $\boldsymbol{P}^{-1}\boldsymbol{A}\boldsymbol{P}=\boldsymbol{\Lambda}$。

例 3　判断矩阵 $\boldsymbol{A}=\begin{pmatrix}1&-1&1\\0&2&-3\\0&0&1\end{pmatrix}$ 能否相似对角化。

解　$$|\boldsymbol{A}-\lambda\boldsymbol{E}|=\begin{vmatrix}1-\lambda&-1&1\\0&2-\lambda&-3\\0&0&1-\lambda\end{vmatrix}=(1-\lambda)^2(2-\lambda)=0,$$

则矩阵 $\boldsymbol{A}$ 的特征值为 $\lambda_1=\lambda_2=1$（二重根）和 $\lambda_3=2$。

当 $\lambda_1=\lambda_2=1$ 时，解 $(\boldsymbol{A}-\boldsymbol{E})\boldsymbol{x}=\boldsymbol{0}$，得线性无关特征向量 $\boldsymbol{p}_1=(1,0,0)^{\mathrm{T}}$，显然矩阵 $\boldsymbol{A}$ 的线性无关的特征向量个数小于 3。由定理 5.5 可知，矩阵 $\boldsymbol{A}$ 不能对角化。

例 4　设矩阵 $\boldsymbol{A}=\begin{pmatrix}0&0&1\\x&1&y\\1&0&0\end{pmatrix}$ 可相似于一个对角矩阵，试讨论 x,y 应满足的条件。

解　矩阵 $\boldsymbol{A}$ 的特征多项式

$$|\boldsymbol{A}-\lambda\boldsymbol{E}|=\begin{vmatrix}-\lambda&0&1\\x&1-\lambda&y\\1&0&-\lambda\end{vmatrix}=(1-\lambda)\begin{vmatrix}-\lambda&1\\1&-\lambda\end{vmatrix}=(1-\lambda)(\lambda^2-1)=0,$$

所以，矩阵 $\boldsymbol{A}$ 的特征值为 $\lambda_1=\lambda_2=1$（二重根）和 $\lambda_3=-1$。根据定理 5.5，对于二重特征值 $\lambda_1=\lambda_2=1$，矩阵 $\boldsymbol{A}$ 应该有两个线性无关的特征向量，故对应齐次线性方程组 $(\boldsymbol{A}-\boldsymbol{E})\boldsymbol{x}=\boldsymbol{0}$ 的基础解系中应有两个向量，即系数矩阵 $\boldsymbol{A}-\boldsymbol{E}$ 的秩 $r(\boldsymbol{A}-\boldsymbol{E})=1$。

又 $\boldsymbol{A}-\boldsymbol{E}=\begin{pmatrix}-1&0&1\\x&0&y\\1&0&-1\end{pmatrix}\xrightarrow[\substack{r_2+xr_1\\-r_1}]{r_3+r_1}\begin{pmatrix}1&0&-1\\0&0&x+y\\0&0&0\end{pmatrix}$，所以 $x+y=0$。

例 5　设矩阵 $\boldsymbol{A}=\begin{pmatrix}1&1&-1\\-2&4&-2\\-2&2&0\end{pmatrix}$，判断 $\boldsymbol{A}$ 是否可相似于一个对角矩阵，并求 $\boldsymbol{A}^5$。

解　$|\boldsymbol{A}-\lambda\boldsymbol{E}|=\begin{vmatrix}1-\lambda&1&-1\\-2&4-\lambda&-2\\-2&2&-\lambda\end{vmatrix}\overset{r_3+(-1)r_2}{=\!=\!=}\begin{vmatrix}1-\lambda&1&-1\\-2&4-\lambda&-2\\0&\lambda-2&2-\lambda\end{vmatrix}$

$$\overset{c_2+c_3}{=\!=\!=}\begin{vmatrix}1-\lambda&0&-1\\-2&2-\lambda&-2\\0&0&2-\lambda\end{vmatrix}=(2-\lambda)^2(1-\lambda)=0,$$

所以，矩阵 $\boldsymbol{A}$ 的特征值为 $\lambda_1=1,\lambda_2=\lambda_3=2$（二重根）。

对于 $\lambda_1=1$，解对应的齐次线性方程组 $(\boldsymbol{A}-\boldsymbol{E})\boldsymbol{x}=\boldsymbol{0}$，可得基础解系 $\boldsymbol{p}_1=(1,2,2)^{\mathrm{T}}$；

对于 $\lambda_2=\lambda_3=2$，解对应的齐次线性方程组 $(\boldsymbol{A}-2\boldsymbol{E})\boldsymbol{x}=\boldsymbol{0}$，可得基础解系

$$\boldsymbol{p}_2=(1,1,0)^{\mathrm{T}},\boldsymbol{p}_3=(-1,0,1)^{\mathrm{T}}。$$

由于矩阵 $\boldsymbol{A}$ 有三个线性无关的特征向量，故 $\boldsymbol{A}$ 可与对角矩阵相似。令

$$\boldsymbol{P}=(\boldsymbol{p}_1,\boldsymbol{p}_2,\boldsymbol{p}_3)=\begin{pmatrix}1&1&-1\\2&1&0\\2&0&1\end{pmatrix},\boldsymbol{\Lambda}=\begin{pmatrix}1&&\\&2&\\&&2\end{pmatrix},$$

则 $\boldsymbol{P}^{-1}\boldsymbol{A}\boldsymbol{P}=\boldsymbol{\Lambda}$，于是 $\boldsymbol{A}=\boldsymbol{P}\boldsymbol{\Lambda}\boldsymbol{P}^{-1}$，所以

$$\boldsymbol{A}^5=\underbrace{\boldsymbol{P\Lambda P}^{-1}\boldsymbol{P\Lambda P}^{-1}\boldsymbol{P\Lambda P}^{-1}\boldsymbol{P\Lambda P}^{-1}\boldsymbol{P\Lambda P}^{-1}}_{5个}=\boldsymbol{P}\boldsymbol{\Lambda}^5\boldsymbol{P}^{-1}。$$

由于　　$\boldsymbol{P}^{-1}=\begin{pmatrix}1&-1&1\\-2&3&-2\\-2&2&-1\end{pmatrix},\boldsymbol{\Lambda}^5=\begin{pmatrix}1&&\\&2^5&\\&&2^5\end{pmatrix},$

所以　$\boldsymbol{A}^5=\begin{pmatrix}1&1&-1\\2&1&0\\2&0&1\end{pmatrix}\begin{pmatrix}1&&\\&2^5&\\&&2^5\end{pmatrix}\begin{pmatrix}1&-1&1\\-2&3&-2\\-2&2&-1\end{pmatrix}=\begin{pmatrix}1&31&-31\\-62&94&-62\\-62&62&-30\end{pmatrix}$。

习题 5.2

1. 证明相似矩阵的下述性质。

(1) 如果矩阵 $\boldsymbol{A}$ 与 $\boldsymbol{B}$ 相似，则 $|\boldsymbol{A}|=|\boldsymbol{B}|$；

(2) 如果矩阵 $\boldsymbol{A}$ 与 $\boldsymbol{B}$ 相似，则 $r(\boldsymbol{A})=r(\boldsymbol{B})$；

(3) 如果矩阵 $\boldsymbol{A}$ 与 $\boldsymbol{B}$ 相似，则 $\boldsymbol{A}^{\mathrm{T}}\sim\boldsymbol{B}^{\mathrm{T}}$；

(4) 如果矩阵 $\boldsymbol{A}$ 与 $\boldsymbol{B}$ 相似，且 $\boldsymbol{A},\boldsymbol{B}$ 都可逆，则 $\boldsymbol{A}^{-1}\sim\boldsymbol{B}^{-1}$。

2. 设 n 阶矩阵 $\boldsymbol{A}$ 与 $\boldsymbol{B}$ 相似，m 阶矩阵 $\boldsymbol{C}$ 与 $\boldsymbol{D}$ 相似，证明分块矩阵 $\begin{pmatrix}\boldsymbol{A}&\boldsymbol{O}\\\boldsymbol{O}&\boldsymbol{C}\end{pmatrix}$ 与 $\begin{pmatrix}\boldsymbol{B}&\boldsymbol{O}\\\boldsymbol{O}&\boldsymbol{D}\end{pmatrix}$

相似。

3. 下列矩阵是否可对角化？若可对角化，试求可逆矩阵 $\boldsymbol{P}$，使 $\boldsymbol{P}^{-1}\boldsymbol{A}\boldsymbol{P}$ 为对角矩阵。

(1) $\boldsymbol{A}=\begin{pmatrix}1 & 1\\ -1 & 3\end{pmatrix}$；　　(2) $\boldsymbol{A}=\begin{pmatrix}4 & 2 & 3\\ 2 & 1 & 2\\ -1 & -2 & 0\end{pmatrix}$；

(3) $\boldsymbol{A}=\begin{pmatrix}1 & -1 & 1\\ 2 & 4 & -2\\ -3 & -3 & 5\end{pmatrix}$；　　(4) $\boldsymbol{A}=\begin{pmatrix}3 & -1 & 0 & 0\\ 1 & 1 & 0 & 0\\ -2 & 4 & 5 & -3\\ 7 & 5 & 3 & -1\end{pmatrix}$。

4. 设矩阵 $\boldsymbol{\Lambda}=\begin{pmatrix}2 & & \\ & 2 & \\ & & 3\end{pmatrix}$（未写出的元素都是0），判断下列矩阵是否与 $\boldsymbol{\Lambda}$ 相似。

(1) $\boldsymbol{A}=\begin{pmatrix}3 & & \\ & 2 & \\ & & 3\end{pmatrix}$；　　(2) $\boldsymbol{A}=\begin{pmatrix}2 & 1 & 0\\ 0 & 2 & 0\\ 0 & 0 & 3\end{pmatrix}$；

(3) $\boldsymbol{A}=\begin{pmatrix}2 & 0 & 1\\ 0 & 2 & 0\\ 0 & 0 & 3\end{pmatrix}$；　　(4) $\boldsymbol{A}=\begin{pmatrix}2 & 1 & 0\\ 0 & 2 & 1\\ 0 & 0 & 3\end{pmatrix}$。

5. 已知矩阵 $\boldsymbol{A}=\begin{pmatrix}2 & 0 & 0\\ 0 & 0 & 1\\ 0 & 1 & x\end{pmatrix}$ 与 $\boldsymbol{B}=\begin{pmatrix}2 & 0 & 0\\ 0 & y & 0\\ 0 & 0 & -1\end{pmatrix}$ 相似。

(1) 求 x,y 的值；　　(2) 求矩阵 $\boldsymbol{P}$，使得 $\boldsymbol{P}^{-1}\boldsymbol{A}\boldsymbol{P}=\boldsymbol{B}$。

6. 设三阶矩阵 $\boldsymbol{A}=\begin{pmatrix}2 & 1 & 1\\ 0 & 2 & 0\\ 0 & -1 & 1\end{pmatrix}$，求 $\boldsymbol{A}^n$（n 为正整数）。

7. 设三阶矩阵 $\boldsymbol{A}$ 的特征值1，2，3对应的特征向量分别为 $\boldsymbol{\alpha}_1=(1,1,1)^{\mathrm{T}}$，$\boldsymbol{\alpha}_2=(1,0,1)^{\mathrm{T}}$，$\boldsymbol{\alpha}_3=(0,1,1)^{\mathrm{T}}$，求矩阵 $\boldsymbol{A}$ 和 $\boldsymbol{A}^3$。

8. 设 $\boldsymbol{A}$ 为三阶矩阵，$\boldsymbol{\alpha}_1,\boldsymbol{\alpha}_2,\boldsymbol{\alpha}_3$ 是线性无关的三维列向量，且满足 $\boldsymbol{A}\boldsymbol{\alpha}_1=2\boldsymbol{\alpha}_1+\boldsymbol{\alpha}_2+\boldsymbol{\alpha}_3$，$\boldsymbol{A}\boldsymbol{\alpha}_2=2\boldsymbol{\alpha}_2$，$\boldsymbol{A}\boldsymbol{\alpha}_3=\boldsymbol{\alpha}_1-\boldsymbol{\alpha}_2$，

(1) 求矩阵 $\boldsymbol{B}$，使得 $\boldsymbol{A}(\boldsymbol{\alpha}_1,\boldsymbol{\alpha}_2,\boldsymbol{\alpha}_3)=(\boldsymbol{\alpha}_1,\boldsymbol{\alpha}_2,\boldsymbol{\alpha}_3)\boldsymbol{B}$；

(2) 求矩阵 $\boldsymbol{A}$ 的特征值；

(3) 求可逆矩阵 $\boldsymbol{P}$ 和对角矩阵 $\boldsymbol{\Lambda}$，使得 $\boldsymbol{P}^{-1}\boldsymbol{A}\boldsymbol{P}=\boldsymbol{\Lambda}$。

扫码查看习题参考答案

5.3 向量的内积与正交矩阵

在解析几何中，定义了两个向量的数量积（内积）：

$$\boldsymbol{a}\cdot\boldsymbol{b}=|\boldsymbol{a}|\,|\boldsymbol{b}|\cos(\widehat{\boldsymbol{a},\boldsymbol{b}})。$$

在空间直角坐标系中，用坐标计算两向量的数量积为

$$(x_1,y_1,z_1)\cdot(x_2,y_2,z_2)=x_1x_2+y_1y_2+z_1z_2\text{。}$$

本节将在$\mathbf{R}^n$中引入向量的内积、长度、夹角等概念，并讨论正交向量组和正交矩阵等内容。

5.3.1 向量的内积

定义 5.5 设 n 维向量 $\boldsymbol{\alpha}=\begin{pmatrix}a_1\\a_2\\\vdots\\a_n\end{pmatrix}$，$\boldsymbol{\beta}=\begin{pmatrix}b_1\\b_2\\\vdots\\b_n\end{pmatrix}$，称数 $a_1b_1+a_2b_2+\cdots+a_nb_n$ 为向量 $\boldsymbol{\alpha}$ 与 $\boldsymbol{\beta}$ 的**内积**，记为$(\boldsymbol{\alpha},\boldsymbol{\beta})$或$[\boldsymbol{\alpha},\boldsymbol{\beta}]$，即$[\boldsymbol{\alpha},\boldsymbol{\beta}]=a_1b_1+a_2b_2+\cdots+a_nb_n=\boldsymbol{\alpha}^{\mathrm{T}}\boldsymbol{\beta}$。

若 $\boldsymbol{\alpha},\boldsymbol{\beta},\boldsymbol{\gamma}$ 均为 n 维向量，则由定义 5.5 可得下列性质：

性质 1 $[\boldsymbol{\alpha},\boldsymbol{\beta}]=[\boldsymbol{\beta},\boldsymbol{\alpha}]$；

性质 2 $[\lambda\boldsymbol{\alpha},\boldsymbol{\beta}]=\lambda[\boldsymbol{\alpha},\boldsymbol{\beta}]$（$\lambda$ 为常数）；

性质 3 $[\boldsymbol{\alpha}+\boldsymbol{\beta},\boldsymbol{\gamma}]=[\boldsymbol{\alpha},\boldsymbol{\gamma}]+[\boldsymbol{\beta},\boldsymbol{\gamma}]$；

性质 4 当 $\boldsymbol{\alpha}=\mathbf{0}$ 时，$[\boldsymbol{\alpha},\boldsymbol{\alpha}]=0$，当 $\boldsymbol{\alpha}\neq\mathbf{0}$ 时，$[\boldsymbol{\alpha},\boldsymbol{\alpha}]>0$。

定理 5.7 （施瓦茨不等式）设 $\boldsymbol{\alpha},\boldsymbol{\beta}$ 为任意的 n 维向量，则$[\boldsymbol{\alpha},\boldsymbol{\beta}]^2\leqslant[\boldsymbol{\alpha},\boldsymbol{\alpha}]\cdot[\boldsymbol{\beta},\boldsymbol{\beta}]$。

证明 作辅助向量 $\boldsymbol{x}=[\boldsymbol{\beta},\boldsymbol{\beta}]\boldsymbol{\alpha}-[\boldsymbol{\alpha},\boldsymbol{\beta}]\boldsymbol{\beta}$，由上述性质 4，知$[\boldsymbol{x},\boldsymbol{x}]\geqslant0$，即

$$\begin{aligned}[\boldsymbol{x},\boldsymbol{x}]&=[([\boldsymbol{\beta},\boldsymbol{\beta}]\boldsymbol{\alpha}-[\boldsymbol{\alpha},\boldsymbol{\beta}]\boldsymbol{\beta}),([\boldsymbol{\beta},\boldsymbol{\beta}]\boldsymbol{\alpha}-[\boldsymbol{\alpha},\boldsymbol{\beta}]\boldsymbol{\beta})]\\&=[\boldsymbol{\beta},\boldsymbol{\beta}]^2[\boldsymbol{\alpha},\boldsymbol{\alpha}]-[\boldsymbol{\beta},\boldsymbol{\beta}][\boldsymbol{\alpha},\boldsymbol{\beta}]^2-[\boldsymbol{\alpha},\boldsymbol{\beta}]^2[\boldsymbol{\beta},\boldsymbol{\beta}]+[\boldsymbol{\alpha},\boldsymbol{\beta}]^2[\boldsymbol{\beta},\boldsymbol{\beta}]\\&=[\boldsymbol{\beta},\boldsymbol{\beta}]^2[\boldsymbol{\alpha},\boldsymbol{\alpha}]-[\boldsymbol{\beta},\boldsymbol{\beta}][\boldsymbol{\alpha},\boldsymbol{\beta}]^2\geqslant0,\end{aligned}$$

所以当 $\boldsymbol{\beta}\neq\mathbf{0}$ 时，$[\boldsymbol{\beta},\boldsymbol{\beta}]>0$，则$[\boldsymbol{\alpha},\boldsymbol{\beta}]^2\leqslant[\boldsymbol{\alpha},\boldsymbol{\alpha}]\cdot[\boldsymbol{\beta},\boldsymbol{\beta}]$；当 $\boldsymbol{\beta}=\mathbf{0}$，取等号。

定义 5.6 设向量 $\boldsymbol{\alpha}=(a_1,a_2,\cdots,a_n)^{\mathrm{T}}$，称$\sqrt{[\boldsymbol{\alpha},\boldsymbol{\alpha}]}$为**向量 $\boldsymbol{\alpha}$ 的长度**（或**范数**），记为$\|\boldsymbol{\alpha}\|$，

即
$$\|\boldsymbol{\alpha}\|=\sqrt{[\boldsymbol{\alpha},\boldsymbol{\alpha}]}=\sqrt{\boldsymbol{\alpha}^{\mathrm{T}}\boldsymbol{\alpha}}=\sqrt{a_1^2+a_2^2+\cdots+a_n^2}\text{。}$$

向量的长度有下列性质（留给读者自己证明）：

(1) $\boldsymbol{\alpha}\neq\mathbf{0}$ 时，$\|\boldsymbol{\alpha}\|>0$。$\|\boldsymbol{\alpha}\|=0$ 的充分必要条件是 $\boldsymbol{\alpha}=\mathbf{0}$；

(2) $\|\lambda\boldsymbol{\alpha}\|=|\lambda|\,\|\boldsymbol{\alpha}\|$；

(3) $\|\boldsymbol{\alpha}+\boldsymbol{\beta}\|\leqslant\|\boldsymbol{\alpha}\|+\|\boldsymbol{\beta}\|$（称为**三角不等式**）。

若$\|\boldsymbol{\alpha}\|=1$，则称 $\boldsymbol{\alpha}$ 为单位向量；一般地，若 $\boldsymbol{\alpha}\neq\mathbf{0}$，则称$\dfrac{\boldsymbol{\alpha}}{\|\boldsymbol{\alpha}\|}$为把向量 $\boldsymbol{\alpha}$ **单位化**（或**标准化**）。

定理 5.7 中的结论$[\boldsymbol{\alpha},\boldsymbol{\beta}]^2\leqslant[\boldsymbol{\alpha},\boldsymbol{\alpha}]\cdot[\boldsymbol{\beta},\boldsymbol{\beta}]$，可以改写为$[\boldsymbol{\alpha},\boldsymbol{\beta}]^2\leqslant\|\boldsymbol{\alpha}\|^2\cdot\|\boldsymbol{\beta}\|^2$，若 $\boldsymbol{\alpha},\boldsymbol{\beta}$ 均为非零向量，则有$\left|\dfrac{[\boldsymbol{\alpha},\boldsymbol{\beta}]}{\|\boldsymbol{\alpha}\|\cdot\|\boldsymbol{\beta}\|}\right|\leqslant1$。

5.3.2 向量组的正交化方法

下面先给出两向量夹角的定义。

定义 5.7　设 $\boldsymbol{\alpha},\boldsymbol{\beta}$ 为两个非零的 n 维向量，称 $\theta=\arccos\dfrac{[\boldsymbol{\alpha},\boldsymbol{\beta}]}{\|\boldsymbol{\alpha}\|\cdot\|\boldsymbol{\beta}\|}$ 为向量 $\boldsymbol{\alpha}$ 与 $\boldsymbol{\beta}$ 的夹角。

例 1　设 $\boldsymbol{\alpha}=\begin{pmatrix}1\\1\\0\\2\end{pmatrix},\boldsymbol{\beta}=\begin{pmatrix}2\\1\\1\\0\end{pmatrix}$，求向量 $\boldsymbol{\alpha}$ 与 $\boldsymbol{\beta}$ 的夹角。

解　$[\boldsymbol{\alpha},\boldsymbol{\beta}]=3$，$\|\boldsymbol{\alpha}\|=\sqrt{6}$，$\|\boldsymbol{\beta}\|=\sqrt{6}$，所以 $\boldsymbol{\alpha}$ 与 $\boldsymbol{\beta}$ 的夹角为

$$\theta=\arccos\frac{3}{\sqrt{6}\cdot\sqrt{6}}=\arccos\frac{1}{2}=\frac{\pi}{3}。$$

定义 5.8　若 $[\boldsymbol{\alpha},\boldsymbol{\beta}]=0$，则称**向量 $\boldsymbol{\alpha}$ 与 $\boldsymbol{\beta}$ 正交**。

显然，若 $\boldsymbol{\alpha}=\mathbf{0}$，则 $\boldsymbol{\alpha}$ 与任何向量都正交。

定义 5.9　由非零向量组成的两两正交的向量组称为**正交向量组**。

定理 5.8　若向量组 $\boldsymbol{\alpha}_1,\boldsymbol{\alpha}_2,\cdots,\boldsymbol{\alpha}_r$ 是正交向量组，则 $\boldsymbol{\alpha}_1,\boldsymbol{\alpha}_2,\cdots,\boldsymbol{\alpha}_r$ 线性无关。

证明　设有 $k_1,k_2,\cdots,k_r$ 使 $k_1\boldsymbol{\alpha}_1+k_2\boldsymbol{\alpha}_2+\cdots+k_r\boldsymbol{\alpha}_r=\mathbf{0}$。

把此式两边与 $\boldsymbol{\alpha}_1$ 作内积，

$$k_1[\boldsymbol{\alpha}_1,\boldsymbol{\alpha}_1]+k_2[\boldsymbol{\alpha}_1,\boldsymbol{\alpha}_2]+\cdots+k_r[\boldsymbol{\alpha}_1,\boldsymbol{\alpha}_r]=[\boldsymbol{\alpha}_1,\mathbf{0}]=0。$$

因为 $\boldsymbol{\alpha}_1$ 与 $\boldsymbol{\alpha}_2,\cdots,\boldsymbol{\alpha}_r$ 正交，所以 $[\boldsymbol{\alpha}_1,\boldsymbol{\alpha}_i]=0(i=2,3,\cdots,r)$，因此

$$k_1[\boldsymbol{\alpha}_1,\boldsymbol{\alpha}_1]=k_1\|\boldsymbol{\alpha}_1\|^2=0,$$

又因 $\boldsymbol{\alpha}_1\neq 0$，故得 $k_1=0$。类似可得 $k_2=k_3=\cdots=k_r=0$，所以，$\boldsymbol{\alpha}_1,\boldsymbol{\alpha}_2,\cdots,\boldsymbol{\alpha}_r$ 线性无关。

定义 5.10　若单位向量 $\boldsymbol{e}_1,\boldsymbol{e}_2,\cdots,\boldsymbol{e}_r$ 是向量空间 V 的一个基，且 $\boldsymbol{e}_1,\boldsymbol{e}_2,\cdots,\boldsymbol{e}_r$ 两两正交，则称 $\boldsymbol{e}_1,\boldsymbol{e}_2,\cdots,\boldsymbol{e}_r$ 是 V 的一个**规范正交基**(或单位正交基)。

例如，$\boldsymbol{e}_1=\begin{pmatrix}1\\0\\0\\0\end{pmatrix},\boldsymbol{e}_2=\begin{pmatrix}0\\1\\0\\0\end{pmatrix},\boldsymbol{e}_3=\begin{pmatrix}0\\0\\1\\0\end{pmatrix},\boldsymbol{e}_4=\begin{pmatrix}0\\0\\0\\1\end{pmatrix}$ 是 $\mathbf{R}^4$ 的一个规范正交基。$\boldsymbol{\varepsilon}_1=\begin{pmatrix}\frac{1}{\sqrt{2}}\\0\\\frac{1}{\sqrt{2}}\\0\end{pmatrix}$，

$\boldsymbol{\varepsilon}_2=\begin{pmatrix}0\\\frac{1}{\sqrt{2}}\\0\\\frac{1}{\sqrt{2}}\end{pmatrix},\boldsymbol{\varepsilon}_3=\begin{pmatrix}\frac{1}{\sqrt{2}}\\0\\-\frac{1}{\sqrt{2}}\\0\end{pmatrix},\boldsymbol{\varepsilon}_4=\begin{pmatrix}0\\\frac{1}{\sqrt{2}}\\0\\-\frac{1}{\sqrt{2}}\end{pmatrix}$ 也是 $\mathbf{R}^4$ 的一个规范正交基。

定理 5.9　向量空间 V 中任何线性无关向量组 $\boldsymbol{\alpha}_1,\boldsymbol{\alpha}_2,\cdots,\boldsymbol{\alpha}_r$ 都可以找到一个正交向量组 $\boldsymbol{\beta}_1,\boldsymbol{\beta}_2,\cdots,\boldsymbol{\beta}_r$ 与之等价，其中

$$\boldsymbol{\beta}_1=\boldsymbol{\alpha}_1,$$

$$\boldsymbol{\beta}_2=\boldsymbol{\alpha}_2-\frac{(\boldsymbol{\alpha}_2,\boldsymbol{\beta}_1)}{(\boldsymbol{\beta}_1,\boldsymbol{\beta}_1)}\boldsymbol{\beta}_1,$$

$$\boldsymbol{\beta}_3=\boldsymbol{\alpha}_3-\frac{(\boldsymbol{\alpha}_3,\boldsymbol{\beta}_1)}{(\boldsymbol{\beta}_1,\boldsymbol{\beta}_1)}\boldsymbol{\beta}_1-\frac{(\boldsymbol{\alpha}_3,\boldsymbol{\beta}_2)}{(\boldsymbol{\beta}_2,\boldsymbol{\beta}_2)}\boldsymbol{\beta}_2,$$

…………

$$\boldsymbol{\beta}_r=\boldsymbol{\alpha}_r-\frac{(\boldsymbol{\alpha}_r,\boldsymbol{\beta}_1)}{(\boldsymbol{\beta}_1,\boldsymbol{\beta}_1)}\boldsymbol{\beta}_1-\frac{(\boldsymbol{\alpha}_r,\boldsymbol{\beta}_2)}{(\boldsymbol{\beta}_2,\boldsymbol{\beta}_2)}\boldsymbol{\beta}_2-\cdots-\frac{(\boldsymbol{\alpha}_r,\boldsymbol{\beta}_{r-1})}{(\boldsymbol{\beta}_{r-1},\boldsymbol{\beta}_{r-1})}\boldsymbol{\beta}_{r-1}。$$

证明 用数学归纳法证明 $\boldsymbol{\beta}_1,\boldsymbol{\beta}_2,\cdots,\boldsymbol{\beta}_r$ 两两正交。由

$$[\boldsymbol{\beta}_1,\boldsymbol{\beta}_2]=\left[\boldsymbol{\beta}_1,\boldsymbol{\alpha}_2-\frac{(\boldsymbol{\alpha}_2,\boldsymbol{\beta}_1)}{(\boldsymbol{\beta}_1,\boldsymbol{\beta}_1)}\boldsymbol{\beta}_1\right]=[\boldsymbol{\beta}_1,\boldsymbol{\alpha}_2]-\frac{(\boldsymbol{\alpha}_2,\boldsymbol{\beta}_1)}{(\boldsymbol{\beta}_1,\boldsymbol{\beta}_1)}[\boldsymbol{\beta}_1,\boldsymbol{\beta}_1]$$
$$=[\boldsymbol{\beta}_1,\boldsymbol{\alpha}_2]-(\boldsymbol{\alpha}_2,\boldsymbol{\beta}_1)=0$$

即得 $\boldsymbol{\beta}_1$ 与 $\boldsymbol{\beta}_2$ 正交。

假设 $\boldsymbol{\beta}_1,\boldsymbol{\beta}_2,\cdots,\boldsymbol{\beta}_{r-1}$ 两两正交。

下面只需验证 $\boldsymbol{\beta}_1,\boldsymbol{\beta}_2,\cdots,\boldsymbol{\beta}_{r-1}$ 均与 $\boldsymbol{\beta}_r$ 正交，即可得 $\boldsymbol{\beta}_1,\boldsymbol{\beta}_2,\cdots,\boldsymbol{\beta}_r$ 是正交向量组。由

$$[\boldsymbol{\beta}_1,\boldsymbol{\beta}_r]=\left[\boldsymbol{\beta}_1,\boldsymbol{\alpha}_r-\frac{(\boldsymbol{\alpha}_r,\boldsymbol{\beta}_1)}{(\boldsymbol{\beta}_1,\boldsymbol{\beta}_1)}\boldsymbol{\beta}_1-\frac{(\boldsymbol{\alpha}_r,\boldsymbol{\beta}_2)}{(\boldsymbol{\beta}_2,\boldsymbol{\beta}_2)}\boldsymbol{\beta}_2-\cdots-\frac{(\boldsymbol{\alpha}_r,\boldsymbol{\beta}_{r-1})}{(\boldsymbol{\beta}_{r-1},\boldsymbol{\beta}_{r-1})}\boldsymbol{\beta}_{r-1}\right]$$
$$=[\boldsymbol{\beta}_1,\boldsymbol{\alpha}_r]-\frac{(\boldsymbol{\alpha}_r,\boldsymbol{\beta}_1)}{(\boldsymbol{\beta}_1,\boldsymbol{\beta}_1)}[\boldsymbol{\beta}_1,\boldsymbol{\beta}_1]-\frac{(\boldsymbol{\alpha}_r,\boldsymbol{\beta}_2)}{(\boldsymbol{\beta}_2,\boldsymbol{\beta}_2)}[\boldsymbol{\beta}_1,\boldsymbol{\beta}_2]-\cdots-\frac{(\boldsymbol{\alpha}_r,\boldsymbol{\beta}_{r-1})}{(\boldsymbol{\beta}_{r-1},\boldsymbol{\beta}_{r-1})}[\boldsymbol{\beta}_1,\boldsymbol{\beta}_{r-1}]$$
$$=-\frac{(\boldsymbol{\alpha}_r,\boldsymbol{\beta}_2)}{(\boldsymbol{\beta}_2,\boldsymbol{\beta}_2)}[\boldsymbol{\beta}_1,\boldsymbol{\beta}_2]-\cdots-\frac{(\boldsymbol{\alpha}_r,\boldsymbol{\beta}_{r-1})}{(\boldsymbol{\beta}_{r-1},\boldsymbol{\beta}_{r-1})}[\boldsymbol{\beta}_1,\boldsymbol{\beta}_{r-1}],$$

由归纳假设知 $\boldsymbol{\beta}_1,\boldsymbol{\beta}_2,\cdots,\boldsymbol{\beta}_{r-1}$ 两两正交，即

$$[\boldsymbol{\beta}_1,\boldsymbol{\beta}_2]=0,[\boldsymbol{\beta}_1,\boldsymbol{\beta}_3]=0,\cdots,[\boldsymbol{\beta}_1,\boldsymbol{\beta}_{r-1}]=0,$$

故 $[\boldsymbol{\beta}_1,\boldsymbol{\beta}_r]=0$，即 $\boldsymbol{\beta}_1$ 与 $\boldsymbol{\beta}_r$ 正交。

类似可证 $\boldsymbol{\beta}_2,\boldsymbol{\beta}_3,\cdots,\boldsymbol{\beta}_{r-1}$ 均与 $\boldsymbol{\beta}_r$ 正交，所以 $\boldsymbol{\beta}_1,\boldsymbol{\beta}_2,\cdots,\boldsymbol{\beta}_r$ 是正交向量组。

由 $\boldsymbol{\beta}_1,\boldsymbol{\beta}_2,\cdots,\boldsymbol{\beta}_r$ 的表达式知，$\boldsymbol{\beta}_1,\boldsymbol{\beta}_2,\cdots,\boldsymbol{\beta}_r$ 可由 $\boldsymbol{\alpha}_1,\boldsymbol{\alpha}_2,\cdots,\boldsymbol{\alpha}_r$ 线性表示，同时也可导出

$$\boldsymbol{\alpha}_1=\boldsymbol{\beta}_1,$$

$$\boldsymbol{\alpha}_2=\boldsymbol{\beta}_2+\frac{(\boldsymbol{\alpha}_2,\boldsymbol{\beta}_1)}{(\boldsymbol{\beta}_1,\boldsymbol{\beta}_1)}\boldsymbol{\beta}_1,$$

…………

$$\boldsymbol{\alpha}_r=\boldsymbol{\beta}_r+\frac{(\boldsymbol{\alpha}_r,\boldsymbol{\beta}_1)}{(\boldsymbol{\beta}_1,\boldsymbol{\beta}_1)}\boldsymbol{\beta}_1+\frac{(\boldsymbol{\alpha}_r,\boldsymbol{\beta}_2)}{(\boldsymbol{\beta}_2,\boldsymbol{\beta}_2)}\boldsymbol{\beta}_2+\cdots+\frac{(\boldsymbol{\alpha}_r,\boldsymbol{\beta}_{r-1})}{(\boldsymbol{\beta}_{r-1},\boldsymbol{\beta}_{r-1})}\boldsymbol{\beta}_{r-1},$$

于是得 $\boldsymbol{\alpha}_1,\boldsymbol{\alpha}_2,\cdots,\boldsymbol{\alpha}_r$ 与 $\boldsymbol{\beta}_1,\boldsymbol{\beta}_2,\cdots,\boldsymbol{\beta}_r$ 等价。

若再将 $\boldsymbol{\beta}_1,\boldsymbol{\beta}_2,\cdots,\boldsymbol{\beta}_r$ 单位化，并记 $\boldsymbol{p}_i=\dfrac{\boldsymbol{\beta}_i}{\|\boldsymbol{\beta}_i\|}(i=1,2,\cdots,r)$，则又可得 $\boldsymbol{\alpha}_1,\boldsymbol{\alpha}_2,\cdots,\boldsymbol{\alpha}_r$ 与 $\boldsymbol{p}_1,\boldsymbol{p}_2,\cdots,\boldsymbol{p}_r$ 等价。

定理 5.9 中，由线性无关组 $\boldsymbol{\alpha}_1,\boldsymbol{\alpha}_2,\cdots,\boldsymbol{\alpha}_r$ 确定正交向量组 $\boldsymbol{\beta}_1,\boldsymbol{\beta}_2,\cdots,\boldsymbol{\beta}_r$ 的方法，称为**施密特正交化方法**。

定理 5.9 还告诉我们，向量空间 V 的任何一个基均可用施密特正交化方法把它正交

化。若再将正交向量组 $\boldsymbol{\beta}_1,\boldsymbol{\beta}_2,\cdots,\boldsymbol{\beta}_r$ 单位化可得向量空间 V 的一个规范正交基。

例 2　已知 $\boldsymbol{\alpha}_1=\begin{pmatrix}-1\\0\\1\end{pmatrix},\boldsymbol{\alpha}_2=\begin{pmatrix}2\\1\\0\end{pmatrix},\boldsymbol{\alpha}_3=\begin{pmatrix}1\\-1\\0\end{pmatrix}$是 $\mathbf{R}^3$ 的一个基,求 $\mathbf{R}^3$ 的一个规范正交基。

解　正交化:令

$$\boldsymbol{\beta}_1=\boldsymbol{\alpha}_1=\begin{pmatrix}-1\\0\\1\end{pmatrix},$$

$$\boldsymbol{\beta}_2=\boldsymbol{\alpha}_2-\frac{(\boldsymbol{\alpha}_2,\boldsymbol{\beta}_1)}{(\boldsymbol{\beta}_1,\boldsymbol{\beta}_1)}\boldsymbol{\beta}_1=\begin{pmatrix}2\\1\\0\end{pmatrix}-\frac{-2}{2}\begin{pmatrix}-1\\0\\1\end{pmatrix}=\begin{pmatrix}1\\1\\1\end{pmatrix},$$

$$\boldsymbol{\beta}_3=\boldsymbol{\alpha}_3-\frac{(\boldsymbol{\alpha}_3,\boldsymbol{\beta}_1)}{(\boldsymbol{\beta}_1,\boldsymbol{\beta}_1)}\boldsymbol{\beta}_1-\frac{(\boldsymbol{\alpha}_3,\boldsymbol{\beta}_2)}{(\boldsymbol{\beta}_2,\boldsymbol{\beta}_2)}\boldsymbol{\beta}_2=\begin{pmatrix}1\\-1\\0\end{pmatrix}-\frac{-1}{2}\begin{pmatrix}-1\\0\\1\end{pmatrix}-\frac{0}{3}\begin{pmatrix}1\\1\\1\end{pmatrix}=\begin{pmatrix}\frac{1}{2}\\-1\\\frac{1}{2}\end{pmatrix}。$$

单位化:记

$$\boldsymbol{p}_1=\frac{\boldsymbol{\beta}_1}{\|\boldsymbol{\beta}_1\|}=\frac{1}{\sqrt{2}}\begin{pmatrix}-1\\0\\1\end{pmatrix},\boldsymbol{p}_2=\frac{\boldsymbol{\beta}_2}{\|\boldsymbol{\beta}_2\|}=\frac{1}{\sqrt{3}}\begin{pmatrix}1\\1\\1\end{pmatrix},\boldsymbol{p}_3=\frac{\boldsymbol{\beta}_3}{\|\boldsymbol{\beta}_3\|}=\frac{1}{\sqrt{6}}\begin{pmatrix}1\\-2\\1\end{pmatrix},$$

则 $\boldsymbol{p}_1,\boldsymbol{p}_2,\boldsymbol{p}_3$ 为所求 $\mathbf{R}^3$ 的一个规范正交基。

例 3　设 $\boldsymbol{\alpha}_1=\begin{pmatrix}1\\-1\\1\\-1\end{pmatrix},\boldsymbol{\alpha}_2=\begin{pmatrix}1\\0\\0\\1\end{pmatrix}$,求 $\boldsymbol{\alpha}_3,\boldsymbol{\alpha}_4$ 使 $\boldsymbol{\alpha}_1,\boldsymbol{\alpha}_2,\boldsymbol{\alpha}_3,\boldsymbol{\alpha}_4$ 为正交向量组。

解　由$[\boldsymbol{\alpha}_1,\boldsymbol{\alpha}_2]=0$ 知 $\boldsymbol{\alpha}_1$ 与 $\boldsymbol{\alpha}_2$ 正交。

设 $\boldsymbol{x}=\begin{pmatrix}x_1\\x_2\\x_3\\x_4\end{pmatrix}$与 $\boldsymbol{\alpha}_1,\boldsymbol{\alpha}_2$ 正交,则有$[\boldsymbol{x},\boldsymbol{\alpha}_1]=0,[\boldsymbol{x},\boldsymbol{\alpha}_2]=0$,也即$\begin{cases}x_1-x_2+x_3-x_4=0,\\x_1+x_4=0,\end{cases}$所以要求的 $\boldsymbol{\alpha}_3,\boldsymbol{\alpha}_4$ 应是该方程组的解,而方程组的基础解系为 $\boldsymbol{\xi}_1=\begin{pmatrix}0\\1\\1\\0\end{pmatrix},\boldsymbol{\xi}_2=\begin{pmatrix}-1\\-2\\0\\1\end{pmatrix}$,将 $\boldsymbol{\xi}_1$ 与 $\boldsymbol{\xi}_2$ 正交化,得

$$\boldsymbol{\alpha}_3=\boldsymbol{\xi}_1=\begin{pmatrix}0\\1\\1\\0\end{pmatrix},$$

$$\boldsymbol{\alpha}_4=\boldsymbol{\xi}_2-\frac{(\boldsymbol{\xi}_2,\boldsymbol{\alpha}_3)}{(\boldsymbol{\alpha}_3,\boldsymbol{\alpha}_3)}\boldsymbol{\alpha}_3=\begin{pmatrix}-1\\-2\\0\\1\end{pmatrix}-\frac{-2}{2}\begin{pmatrix}0\\1\\1\\0\end{pmatrix}=\begin{pmatrix}-1\\-1\\1\\1\end{pmatrix},$$

因为 $\boldsymbol{\alpha}_3,\boldsymbol{\alpha}_4$ 与 $\boldsymbol{\xi}_1,\boldsymbol{\xi}_2$ 等价，所以 $\boldsymbol{\alpha}_3,\boldsymbol{\alpha}_4$ 是上述方程组的解，且都与 $\boldsymbol{\alpha}_1,\boldsymbol{\alpha}_2$ 正交，故 $\boldsymbol{\alpha}_1,\boldsymbol{\alpha}_2,\boldsymbol{\alpha}_3,\boldsymbol{\alpha}_4$ 为正交向量组。

5.3.3 正交矩阵

定义 5.11 若 n 阶方阵 $\boldsymbol{A}$ 满足 $\boldsymbol{A}^{\mathrm{T}}\boldsymbol{A}=\boldsymbol{E}$，则称 $\boldsymbol{A}$ 为**正交矩阵**，简称**正交阵**。

例如，$\boldsymbol{A}=\begin{pmatrix}\frac{1}{\sqrt{2}}&-\frac{1}{\sqrt{2}}\\\frac{1}{\sqrt{2}}&\frac{1}{\sqrt{2}}\end{pmatrix}$，有 $\boldsymbol{A}^{\mathrm{T}}\boldsymbol{A}=\begin{pmatrix}\frac{1}{\sqrt{2}}&\frac{1}{\sqrt{2}}\\-\frac{1}{\sqrt{2}}&\frac{1}{\sqrt{2}}\end{pmatrix}\begin{pmatrix}\frac{1}{\sqrt{2}}&-\frac{1}{\sqrt{2}}\\\frac{1}{\sqrt{2}}&\frac{1}{\sqrt{2}}\end{pmatrix}=\begin{pmatrix}1&0\\0&1\end{pmatrix}=\boldsymbol{E}$，所以 $\boldsymbol{A}$ 为正交阵。

定理 5.10 正交阵具有下列性质：

(1) 若 $\boldsymbol{A}$ 为正交阵，则 $\boldsymbol{A}^{-1},\boldsymbol{A}^{\mathrm{T}}$ 也都为正交阵；

(2) 若 $\boldsymbol{A},\boldsymbol{B}$ 都为正交阵，则 $\boldsymbol{AB}$ 也为正交阵；

(3) 若 $\boldsymbol{A}$ 为正交阵，则 $|\boldsymbol{A}|=1$ 或 -1；

(4) 若 $\boldsymbol{A}$ 为正交阵，则 $\boldsymbol{A}$ 的列(或行)向量都是单位向量，且两两正交，反之也成立。

例如，$\boldsymbol{A}=\begin{pmatrix}\frac{1}{\sqrt{2}}&-\frac{1}{\sqrt{2}}&0\\\frac{1}{\sqrt{2}}&\frac{1}{\sqrt{2}}&0\\0&0&1\end{pmatrix}$ 的列向量或行向量都是单位向量，且两两正交，所以 $\boldsymbol{A}$ 是正交阵。

定义 5.12 若 $\boldsymbol{P}$ 为正交矩阵，则称线性变换 $\boldsymbol{y}=\boldsymbol{Px}$ 为**正交变换**。

正交变换具有保持向量长度不变的特性。事实上，若 $\boldsymbol{y}=\boldsymbol{Px}$ 为正交变换，则

$$\|\boldsymbol{y}\|=\sqrt{\boldsymbol{y}^{\mathrm{T}}\boldsymbol{y}}=\sqrt{(\boldsymbol{Px})^{\mathrm{T}}\boldsymbol{Px}}=\sqrt{\boldsymbol{x}^{\mathrm{T}}\boldsymbol{P}^{\mathrm{T}}\boldsymbol{Px}}=\sqrt{\boldsymbol{x}^{\mathrm{T}}\boldsymbol{x}}=\|\boldsymbol{x}\|。$$

习题 5.3

1. 设 $\boldsymbol{\alpha}=(-1,1)$，$\boldsymbol{\beta}=(4,2)$，求 $\left[[(\boldsymbol{\alpha},\boldsymbol{\alpha})\boldsymbol{\beta}-\frac{1}{3}(\boldsymbol{\alpha},\boldsymbol{\beta})\boldsymbol{\alpha}],6\boldsymbol{\alpha}\right]$。

2. 求出参数 k 的值，使得 $\boldsymbol{\alpha}=\left(\frac{1}{3}k,\frac{1}{2}k,k\right)$ 是单位向量。

3. 设 $\boldsymbol{\alpha}$ 与 $\boldsymbol{\beta}$ 是两个 n 维向量，证明向量长度公式：

$$\|\boldsymbol{\alpha}+\boldsymbol{\beta}\|^2+\|\boldsymbol{\alpha}-\boldsymbol{\beta}\|^2=2\|\boldsymbol{\alpha}\|^2+2\|\boldsymbol{\beta}\|^2。$$

4. 求出 $\boldsymbol{\alpha}=\left(0,x,-\frac{1}{\sqrt{2}}\right)$ 与 $\boldsymbol{\beta}=\left(y,\frac{1}{2},\frac{1}{2}\right)$ 构成标准正交向量组的充分必要条件。

5. (1) 在 $\mathbf{R}^3$ 中求出与 $\boldsymbol{\alpha}=(1,-1,0)$ 正交的向量组。

(2) 在 $\mathbf{R}^n$ 中求出以原点为始点的单位向量的终点轨迹。

6. 在 $\mathbf{R}^4$ 中求出一个单位向量，使它与向量：$\boldsymbol{\alpha}_1=(1,1,-1,1)$，$\boldsymbol{\alpha}_2=(1,-1,-1,1)$，$\boldsymbol{\alpha}_3=(2,1,1,3)$ 都正交。

7. 已知有某个非零向量同时垂直于三个向量：$\boldsymbol{\alpha}_1=(1,0,2)$，$\boldsymbol{\alpha}_2=(-1,1,-3)$，$\boldsymbol{\alpha}_3=(2,-1,\lambda)$，试求出其中参数 λ 的值。

8. 判定以下方阵是否为正交矩阵。

(1) $\boldsymbol{A}=\dfrac{1}{\sqrt{2}}\begin{pmatrix}1 & 0 & 1\\ -1 & 0 & 1\\ 0 & \sqrt{2} & 0\end{pmatrix}$；　(2) $\boldsymbol{A}=\dfrac{1}{9}\begin{pmatrix}1 & -8 & -4\\ -8 & 1 & -4\\ -4 & -4 & 7\end{pmatrix}$；

(3) $\boldsymbol{A}=\begin{pmatrix}1 & -\dfrac{1}{2} & \dfrac{1}{3}\\ -\dfrac{1}{2} & 1 & \dfrac{1}{2}\\ \dfrac{1}{3} & \dfrac{1}{2} & -1\end{pmatrix}$。

扫码查看习题参考答案

9. 设 $\boldsymbol{A},\boldsymbol{B}$ 和 $\boldsymbol{A}+\boldsymbol{B}$ 都是 n 阶正交矩阵，证明：$(\boldsymbol{A}+\boldsymbol{B})^{-1}=\boldsymbol{A}^{-1}+\boldsymbol{B}^{-1}$。

5.4　实对称矩阵的相似标准形

在第 2 章矩阵中已经介绍过对称矩阵，即

n 阶实矩阵 $\boldsymbol{A}=(a_{ij})_{n\times n}$ 是对称矩阵 $\Leftrightarrow \boldsymbol{A}^{\mathrm{T}}=\boldsymbol{A}$，即 $a_{ij}=a_{ji}$，$\forall\, i,j=1,2,\cdots,n$。

本节我们主要介绍实对称矩阵的相似标准形问题。首先介绍一个重要的结论。

定理 5.11　实对称矩阵的特征值一定是实数，其特征向量一定是实向量。

证明略。

定理 5.12　实对称矩阵 $\boldsymbol{A}$ 的属于不同特征值的特征向量一定是正交向量。

证明　设 $\boldsymbol{A}\boldsymbol{p}_1=\lambda_1\boldsymbol{p}_1$，$\boldsymbol{A}\boldsymbol{p}_2=\lambda_2\boldsymbol{p}_2$，$\lambda_1\neq\lambda_2$。分别计算以下两个式子：

$$\boldsymbol{p}_1^{\mathrm{T}}(\boldsymbol{A}\boldsymbol{p}_2)=\boldsymbol{p}_1^{\mathrm{T}}(\lambda_2\boldsymbol{p}_2)=\lambda_2\boldsymbol{p}_1^{\mathrm{T}}\boldsymbol{p}_2,$$

$$(\boldsymbol{p}_1^{\mathrm{T}}\boldsymbol{A})\boldsymbol{p}_2=(\boldsymbol{p}_1^{\mathrm{T}}\boldsymbol{A}^{\mathrm{T}})\boldsymbol{p}_2=(\boldsymbol{A}\boldsymbol{p}_1)^{\mathrm{T}}\boldsymbol{p}_2=(\lambda_1\boldsymbol{p}_1)^{\mathrm{T}}\boldsymbol{p}_2=\lambda_1\boldsymbol{p}_1^{\mathrm{T}}\boldsymbol{p}_2,$$

因为 $\boldsymbol{p}_1^{\mathrm{T}}(\boldsymbol{A}\boldsymbol{p}_2)=(\boldsymbol{p}_1^{\mathrm{T}}\boldsymbol{A})\boldsymbol{p}_2$，所以 $\lambda_2\boldsymbol{p}_1^{\mathrm{T}}\boldsymbol{p}_2=\lambda_1\boldsymbol{p}_1^{\mathrm{T}}\boldsymbol{p}_2$，即 $(\lambda_1-\lambda_2)\boldsymbol{p}_1^{\mathrm{T}}\boldsymbol{p}_2=0$。

再根据 $\lambda_1\neq\lambda_2$，即可得 $\boldsymbol{p}_1^{\mathrm{T}}\boldsymbol{p}_2=0$，即 $(\boldsymbol{p}_1,\boldsymbol{p}_2)=0$，故 $\boldsymbol{p}_1\perp\boldsymbol{p}_2$。

若存在正交矩阵 $\boldsymbol{P}$，使得 $\boldsymbol{P}^{-1}\boldsymbol{A}\boldsymbol{P}=\boldsymbol{B}$，则称矩阵 $\boldsymbol{A}$ **正交相似于矩阵** $\boldsymbol{B}$。

定理 5.13　(对称矩阵基本定理)对于任意一个 n 阶实对称矩阵 $\boldsymbol{A}$，一定存在 n 阶正交矩阵 $\boldsymbol{P}$，使得

$$\boldsymbol{P}^{-1}\boldsymbol{A}\boldsymbol{P}=\boldsymbol{P}^{\mathrm{T}}\boldsymbol{A}\boldsymbol{P}=\begin{pmatrix}\lambda_1 & & & \\ & \lambda_2 & & \\ & & \ddots & \\ & & & \lambda_n\end{pmatrix}=\boldsymbol{\Lambda}\text{(空白未写出的元素都是 0)。}$$

对角矩阵 $\boldsymbol{\Lambda}$ 中的 n 个对角元 $\lambda_1,\lambda_2,\cdots,\lambda_n$ 就是 $\boldsymbol{A}$ 的 n 个特征值。反之，凡是正交相似于对角矩阵的实方阵一定是对称矩阵。

定理 5.13 说明，n 阶矩阵 $\boldsymbol{A}$ 正交相似于对角矩阵当且仅当 $\boldsymbol{A}$ 是对称矩阵。

定理 5.13 中所得到的对角矩阵 $\boldsymbol{\Lambda}$ 称为对称矩阵 $\boldsymbol{A}$ 的**正交相似标准形**。

我们略去定理 5.13 的严格证明，而仅仅做以下说明：

(1) 当 $\boldsymbol{P}$ 是可逆矩阵时，称 $\boldsymbol{B}=\boldsymbol{P}^{-1}\boldsymbol{AP}$ 与 $\boldsymbol{A}$ 相似。当 $\boldsymbol{P}$ 是正交矩阵时，称 $\boldsymbol{B}=\boldsymbol{P}^{-1}\boldsymbol{AP}$ 与 $\boldsymbol{A}$ 正交相似。

(2) 因为对角矩阵 $\boldsymbol{\Lambda}$ 必是对称矩阵，所以，当 $\boldsymbol{A}$ 正交相似于对角矩阵 $\boldsymbol{\Lambda}$ 时，根据 $\boldsymbol{P}^{\mathrm{T}}\boldsymbol{AP}=\boldsymbol{\Lambda}$ 就可推出 $\boldsymbol{A}=(\boldsymbol{P}^{\mathrm{T}})^{-1}\boldsymbol{\Lambda}\boldsymbol{P}^{-1}=(\boldsymbol{P}^{-1})^{\mathrm{T}}\boldsymbol{\Lambda}\boldsymbol{P}^{-1}$，于是必有

$$\boldsymbol{A}^{\mathrm{T}}=[(\boldsymbol{P}^{-1})^{\mathrm{T}}\boldsymbol{\Lambda}\boldsymbol{P}^{-1}]^{\mathrm{T}}=(\boldsymbol{P}^{-1})^{\mathrm{T}}\boldsymbol{\Lambda}^{\mathrm{T}}[(\boldsymbol{P}^{-1})^{\mathrm{T}}]^{\mathrm{T}}=(\boldsymbol{P}^{-1})^{\mathrm{T}}\boldsymbol{\Lambda}^{\mathrm{T}}\boldsymbol{P}^{-1}=\boldsymbol{A}。$$

这就证明了 $\boldsymbol{A}$ 必是对称矩阵。

(3) 既然 n 阶实对称矩阵 $\boldsymbol{A}$ 一定相似于对角矩阵，这说明 $\boldsymbol{A}$ 一定有 n 个线性无关的特征向量，属于每一个特征值的线性无关的特征向量个数一定与此特征值的重数相等，它就是用来求特征向量的齐次线性方程组的自由未知量个数的。这一事实在求线性无关的特征向量时，必须随时检查。例如，当 λ 是 $\boldsymbol{A}$ 的三重特征值时，一定要找出三个线性无关的属于 λ 的特征向量。

我们知道两个相似的矩阵一定有相同的特征值，而有相同的特征值的两个同阶矩阵却未必相似。可是，对于对称矩阵来说，有相同特征值的两个同阶矩阵一定相似，而且进一步可以证明它们一定正交相似。

定理 5.14　两个有相同特征值的同阶对称矩阵一定是正交相似矩阵。

证明　设 n 阶对称矩阵 $\boldsymbol{A},\boldsymbol{B}$ 有相同的特征值 $\lambda_1,\lambda_2,\cdots,\lambda_n$，则根据定理 5.13，一定存在 n 阶正交矩阵 $\boldsymbol{P}$ 和 $\boldsymbol{Q}$，使

$$\boldsymbol{P}^{-1}\boldsymbol{AP}=\begin{pmatrix}\lambda_1 & & & \\ & \lambda_2 & & \\ & & \ddots & \\ & & & \lambda_n\end{pmatrix},\quad \boldsymbol{Q}^{-1}\boldsymbol{BQ}=\begin{pmatrix}\lambda_1 & & & \\ & \lambda_2 & & \\ & & \ddots & \\ & & & \lambda_n\end{pmatrix},$$

于是必有

$$\boldsymbol{P}^{-1}\boldsymbol{AP}=\boldsymbol{Q}^{-1}\boldsymbol{BQ},\quad \boldsymbol{B}=\boldsymbol{QP}^{-1}\boldsymbol{APQ}^{-1}=(\boldsymbol{PQ}^{-1})^{-1}\boldsymbol{A}(\boldsymbol{PQ}^{-1}),$$

因为 $\boldsymbol{P},\boldsymbol{Q},\boldsymbol{Q}^{-1}$ 都是正交矩阵，所以 $\boldsymbol{PQ}^{-1}$ 也是正交矩阵，这就证明了 $\boldsymbol{A}$ 与 $\boldsymbol{B}$ 正交相似。

以下，我们将用实例说明如何求出所需要的正交矩阵 $\boldsymbol{P}$。

例 1　求出 $\boldsymbol{A}=\begin{pmatrix}\frac{3}{2} & -\frac{1}{2} & 0\\ -\frac{1}{2} & \frac{3}{2} & 0\\ 0 & 0 & 3\end{pmatrix}$ 的正交相似标准形。

解　容易计算出 $\mathrm{tr}(\boldsymbol{A})=|\boldsymbol{A}|=6$，先简化特征方程，有

$$|\boldsymbol{A}-\lambda\boldsymbol{E}|=\begin{vmatrix}\frac{3}{2}-\lambda & -\frac{1}{2} & 0\\ -\frac{1}{2} & \frac{3}{2}-\lambda & 0\\ 0 & 0 & 3-\lambda\end{vmatrix}=(3-\lambda)(\lambda-1)(\lambda-2)=0,$$

它的三个根为 $\lambda_1=1,\lambda_2=2,\lambda_3=3$。

当 $\lambda_1=1$ 时，解 $(\boldsymbol{A}-\boldsymbol{E})\boldsymbol{x}=\boldsymbol{0}$，得 $\begin{pmatrix}\frac{1}{2} & -\frac{1}{2} & 0\\ -\frac{1}{2} & \frac{1}{2} & 0\\ 0 & 0 & 2\end{pmatrix}\rightarrow\begin{pmatrix}1 & -1 & 0\\ 0 & 0 & 1\\ 0 & 0 & 0\end{pmatrix}$，得特征向量 $\boldsymbol{\xi}_1=\begin{pmatrix}1\\1\\0\end{pmatrix}$，单位化得 $\boldsymbol{p}_1=\frac{1}{\sqrt{2}}\begin{pmatrix}1\\1\\0\end{pmatrix}$。

同理可得：

$\lambda_2=2$ 的特征向量为 $\boldsymbol{\xi}_2=\begin{pmatrix}1\\-1\\0\end{pmatrix}$，单位化得 $\boldsymbol{p}_2=\frac{1}{\sqrt{2}}\begin{pmatrix}1\\-1\\0\end{pmatrix}$。

$\lambda_3=3$ 的特征向量为 $\boldsymbol{\xi}_3=\begin{pmatrix}0\\0\\1\end{pmatrix}$，取 $\boldsymbol{p}_3=\begin{pmatrix}0\\0\\1\end{pmatrix}$。

令
$$\boldsymbol{P}=(\boldsymbol{p}_1,\boldsymbol{p}_2,\boldsymbol{p}_3)=\begin{pmatrix}\frac{1}{\sqrt{2}} & \frac{1}{\sqrt{2}} & 0\\ \frac{1}{\sqrt{2}} & -\frac{1}{\sqrt{2}} & 0\\ 0 & 0 & 1\end{pmatrix},$$

因为三个特征值两两互异，所以根据定理 5.12 和定理 5.13 可知 $\boldsymbol{P}$ 必为正交矩阵，而且有

$$\boldsymbol{P}^{-1}\boldsymbol{A}\boldsymbol{P}=\boldsymbol{P}^{\mathrm{T}}\boldsymbol{A}\boldsymbol{P}=\begin{pmatrix}1 & & \\ & 2 & \\ & & 3\end{pmatrix}=\boldsymbol{\Lambda}。$$

我们可以验证：

$$\boldsymbol{A}\boldsymbol{P}=\begin{pmatrix}\frac{3}{2} & -\frac{1}{2} & 0\\ -\frac{1}{2} & \frac{3}{2} & 0\\ 0 & 0 & 3\end{pmatrix}\begin{pmatrix}\frac{1}{\sqrt{2}} & \frac{1}{\sqrt{2}} & 0\\ \frac{1}{\sqrt{2}} & -\frac{1}{\sqrt{2}} & 0\\ 0 & 0 & 1\end{pmatrix}=\begin{pmatrix}\frac{1}{\sqrt{2}} & \frac{2}{\sqrt{2}} & 0\\ \frac{1}{\sqrt{2}} & -\frac{2}{\sqrt{2}} & 0\\ 0 & 0 & 3\end{pmatrix}=\boldsymbol{P}\boldsymbol{\Lambda}。$$

在求矩阵的正交相似标准形时，在正交矩阵 $\boldsymbol{P}$ 中的特征向量 $\boldsymbol{p}_i$ 的排列次序和对角矩阵 $\boldsymbol{\Lambda}$ 中的特征值 λ_i 的排列次序一致，其排列方法不是唯一的，但是 $\boldsymbol{p}_i$ 必须与 λ_i 互相对应，即 $\boldsymbol{P}$ 的各列的排列次序与特征值的排列次序必须一致。

因为例 1 中给出的三阶对称矩阵的三个特征值都是单根，所以，分别求出的三个特征向量一定是正交向量组。只要把它们逐个单位化，就可拼成所需的正交矩阵。如果某个对称矩阵的特征值有一些是重根，需要先用施密特正交化公式将特征向量变成两两正交，再单位化。

例 2　求出 $\boldsymbol{A}=\begin{pmatrix}4&2&2\\2&4&2\\2&2&4\end{pmatrix}$ 的相似标准形。

解　先化简特征方程：

$$|\boldsymbol{A}-\lambda\boldsymbol{E}|=\begin{vmatrix}4-\lambda&2&2\\2&4-\lambda&2\\2&2&4-\lambda\end{vmatrix}=(8-\lambda)\begin{vmatrix}1&2&2\\1&4-\lambda&2\\1&2&4-\lambda\end{vmatrix}$$

$$=(8-\lambda)\begin{vmatrix}1&2&2\\0&2-\lambda&0\\0&0&2-\lambda\end{vmatrix}=(2-\lambda)^2(8-\lambda)=0。$$

它的三个根为 $\lambda_1=8,\lambda_2=\lambda_3=2$。

当 $\lambda_1=8$ 时，解 $(\boldsymbol{A}-8\boldsymbol{E})x=\boldsymbol{0}$，得

$$\begin{pmatrix}-4&2&2\\2&-4&2\\2&2&-4\end{pmatrix}\xrightarrow[r_2-r_3]{r_1+2r_3}\begin{pmatrix}0&6&-6\\0&-6&6\\2&2&-4\end{pmatrix}\xrightarrow[\substack{r_1\div 6\\ r_3\div 2}]{r_2+r_1}\begin{pmatrix}0&1&-1\\0&0&0\\1&1&-2\end{pmatrix}\xrightarrow[\substack{r_1\leftrightarrow r_3\\ r_2\leftrightarrow r_3}]{r_3-r_1}\begin{pmatrix}1&0&-1\\0&1&-1\\0&0&0\end{pmatrix},$$

得特征向量 $\boldsymbol{p}_1=\begin{pmatrix}1\\1\\1\end{pmatrix}$；

同理，可得 $\lambda_2=\lambda_3=2$ 的特征向量 $\boldsymbol{p}_2=\begin{pmatrix}1\\0\\-1\end{pmatrix},\boldsymbol{p}_3=\begin{pmatrix}0\\1\\-1\end{pmatrix}$；

将特征向量拼成可逆矩阵

$$\boldsymbol{P}=(\boldsymbol{p}_1,\boldsymbol{p}_2,\boldsymbol{p}_3)=\begin{pmatrix}1&1&0\\1&0&1\\1&-1&-1\end{pmatrix},$$

则

$$\boldsymbol{P}^{-1}\boldsymbol{A}\boldsymbol{P}=\boldsymbol{\Lambda}=\begin{pmatrix}8&&\\&2&\\&&2\end{pmatrix}。$$

如此产生的 $\boldsymbol{P}$ 是可逆矩阵，它未必是正交矩阵，即未必有 $\boldsymbol{P}^{-1}\boldsymbol{A}\boldsymbol{P}=\boldsymbol{P}^{\mathrm{T}}\boldsymbol{A}\boldsymbol{P}$。

例 3　求出 $\boldsymbol{A}=\begin{pmatrix}4&2&2\\2&4&2\\2&2&4\end{pmatrix}$ 的正交相似标准形。

解　此题与例 2 中的矩阵相同，只是问题不一样。我们只需要将例 2 中的特征向量进行标准正交化，即可得正交相似标准形。下面介绍三种求所需要的正交矩阵的方法。

方法一　根据定理 5.12,属于不同特征值的特征向量一定是正交向量。根据例 2 的结论可知,$\boldsymbol{p}_1$ 与 $\boldsymbol{p}_2$、$\boldsymbol{p}_1$ 与 $\boldsymbol{p}_3$ 是正交的。我们只需用施密特正交化公式将 $\boldsymbol{p}_2,\boldsymbol{p}_3$ 进行正交化,再将它们单位化,即可组成正交矩阵。

① 正交化

令
$$\boldsymbol{\beta}_1=\boldsymbol{p}_2=\begin{pmatrix}1\\0\\-1\end{pmatrix},$$

$$\boldsymbol{\beta}_2=\boldsymbol{p}_3-\frac{(\boldsymbol{p}_3,\boldsymbol{\beta}_1)}{(\boldsymbol{\beta}_1,\boldsymbol{\beta}_1)}\boldsymbol{\beta}_1=\begin{pmatrix}0\\1\\-1\end{pmatrix}-\frac{1}{2}\begin{pmatrix}1\\0\\-1\end{pmatrix}=-\frac{1}{2}\begin{pmatrix}1\\-2\\1\end{pmatrix}。$$

② 单位化

将 $\boldsymbol{p}_1=\begin{pmatrix}1\\1\\1\end{pmatrix}$ 单位化得 $\boldsymbol{\eta}_1=\frac{1}{\sqrt{3}}\begin{pmatrix}1\\1\\1\end{pmatrix}$;将 $\boldsymbol{\beta}_1=\boldsymbol{p}_2=\begin{pmatrix}1\\0\\-1\end{pmatrix}$ 单位化得 $\boldsymbol{\eta}_2=\frac{1}{\sqrt{2}}\begin{pmatrix}1\\0\\-1\end{pmatrix}$;将 $\boldsymbol{\beta}_2=-\frac{1}{2}\begin{pmatrix}1\\-2\\1\end{pmatrix}$ 单位化得 $\boldsymbol{\eta}_3=\frac{-1}{\sqrt{6}}\begin{pmatrix}1\\-2\\1\end{pmatrix}$。于是得到正交矩阵

$$\boldsymbol{P}=(\boldsymbol{\eta}_1,\boldsymbol{\eta}_2,\boldsymbol{\eta}_3)=\begin{pmatrix}\frac{1}{\sqrt{3}} & \frac{1}{\sqrt{2}} & -\frac{1}{\sqrt{6}}\\ \frac{1}{\sqrt{3}} & 0 & \frac{2}{\sqrt{6}}\\ \frac{1}{\sqrt{3}} & -\frac{1}{\sqrt{2}} & -\frac{1}{\sqrt{6}}\end{pmatrix},$$

使得

$$\boldsymbol{P}^{-1}\boldsymbol{A}\boldsymbol{P}=\boldsymbol{\Lambda}=\begin{pmatrix}8 & & \\ & 2 & \\ & & 2\end{pmatrix}。$$

方法二　把在例 2 中已求出的三个线性无关的特征向量 $\boldsymbol{p}_1,\boldsymbol{p}_2,\boldsymbol{p}_3$ 全部用施密特正交化公式进行正交化,再标准化。

① 正交化

令
$$\boldsymbol{\beta}_1=\boldsymbol{p}_1=\begin{pmatrix}1\\1\\1\end{pmatrix},$$

$$\boldsymbol{\beta}_2=\boldsymbol{p}_2-\frac{(\boldsymbol{p}_2,\boldsymbol{\beta}_1)}{(\boldsymbol{\beta}_1,\boldsymbol{\beta}_1)}\boldsymbol{\beta}_1=\boldsymbol{p}_2=\begin{pmatrix}1\\0\\-1\end{pmatrix},$$

$$\boldsymbol{\beta}_3=\boldsymbol{p}_3-\frac{(\boldsymbol{p}_3,\boldsymbol{\beta}_1)}{(\boldsymbol{\beta}_1,\boldsymbol{\beta}_1)}\boldsymbol{\beta}_1-\frac{(\boldsymbol{p}_3,\boldsymbol{\beta}_2)}{(\boldsymbol{\beta}_2,\boldsymbol{\beta}_2)}\boldsymbol{\beta}_2=\begin{pmatrix}0\\1\\-1\end{pmatrix}-\frac{1}{2}\begin{pmatrix}1\\0\\-1\end{pmatrix}=-\frac{1}{2}\begin{pmatrix}1\\-2\\1\end{pmatrix}。$$

② 单位化

将 $\boldsymbol{\beta}_1=\begin{pmatrix}1\\1\\1\end{pmatrix}$ 单位化得 $\boldsymbol{\eta}_1=\frac{1}{\sqrt{3}}\begin{pmatrix}1\\1\\1\end{pmatrix}$；将 $\boldsymbol{\beta}_2=\begin{pmatrix}1\\0\\-1\end{pmatrix}$ 单位化得 $\boldsymbol{\eta}_2=\frac{1}{\sqrt{2}}\begin{pmatrix}1\\0\\-1\end{pmatrix}$；将 $\boldsymbol{\beta}_3=-\frac{1}{2}\begin{pmatrix}1\\-2\\1\end{pmatrix}$ 单位化得 $\boldsymbol{\eta}_3=\frac{-1}{\sqrt{6}}\begin{pmatrix}1\\-2\\1\end{pmatrix}$。于是得到正交矩阵

$$\boldsymbol{P}=(\boldsymbol{\eta}_1,\boldsymbol{\eta}_2,\boldsymbol{\eta}_3)=\begin{pmatrix}\frac{1}{\sqrt{3}} & \frac{1}{\sqrt{2}} & -\frac{1}{\sqrt{6}}\\ \frac{1}{\sqrt{3}} & 0 & \frac{2}{\sqrt{6}}\\ \frac{1}{\sqrt{3}} & -\frac{1}{\sqrt{2}} & -\frac{1}{\sqrt{6}}\end{pmatrix},$$

使得

$$\boldsymbol{P}^{-1}\boldsymbol{A}\boldsymbol{P}=\boldsymbol{\Lambda}=\begin{pmatrix}8 & & \\ & 2 & \\ & & 2\end{pmatrix}。$$

方法二与方法一本质上是一样的，因为在方法二使用施密特正交化公式过程中，虽然是将三个特征向量一起正交化，但因为$(\boldsymbol{p}_2,\boldsymbol{\beta}_1)=0$，$(\boldsymbol{p}_3,\boldsymbol{\beta}_1)=0$，所以实质上只是将 $\boldsymbol{p}_2,\boldsymbol{p}_3$ 进行了正交化。

方法三 由例 2 知 $\boldsymbol{p}_1$ 与 $\boldsymbol{p}_2$、$\boldsymbol{p}_1$ 与 $\boldsymbol{p}_3$ 是正交的。在计算特征向量 $\boldsymbol{p}_2,\boldsymbol{p}_3$ 时，为了保证特征向量之间正交，可以直观地进行取值。由例 2 的结论知，当 $\lambda_1=8$ 时，特征向量为 $\boldsymbol{p}_1=\begin{pmatrix}1\\1\\1\end{pmatrix}$；现计算特征值 $\lambda_2=\lambda_3=2$ 的特征向量 $\boldsymbol{p}_2$、$\boldsymbol{p}_3$。

解线性方程组$(\boldsymbol{A}-2\boldsymbol{E})\boldsymbol{x}=\boldsymbol{0}$，得

$$\begin{pmatrix}2&2&2\\2&2&2\\2&2&2\end{pmatrix}\xrightarrow[\substack{r_3-r_1\\ r_1\div 2}]{r_2-r_1}\begin{pmatrix}1&1&1\\0&0&0\\0&0&0\end{pmatrix},$$

即 $x_1+x_2+x_3=0$，可用直观法，取两个正交的特征向量

$$\boldsymbol{p}_2=\begin{pmatrix}1\\0\\-1\end{pmatrix},\boldsymbol{p}_3=\begin{pmatrix}1\\-2\\1\end{pmatrix}。$$

其取法如下：先在 $\boldsymbol{p}_2$ 中任意取定一个分量 0，例如取 $x_2=0$，再根据 $x_1+x_2+x_3=0$，可以取 $x_1=1,x_3=-1$。现在要求出 $\boldsymbol{p}_3=(y_1,y_2,y_3)^{\mathrm{T}}$ 与 $\boldsymbol{p}_2$ 正交，由于在 $\boldsymbol{p}_2$ 中已经有 $x_1=1,x_2=0,x_3=-1$，所以为了保证正交性，只需要取 $y_1=y_3=1$ 就可以了。再根据 $y_1+y_2+y_3=0$就可以确定 $y_2=-2$。而 0 与任何数的乘积都为 0。

再将这三个两两正交的特征向量 $\boldsymbol{p}_1,\boldsymbol{p}_2,\boldsymbol{p}_3$ 单位化，即可得到拼成所需的正交矩阵

$$
\boldsymbol{P}=(\boldsymbol{\eta}_1,\boldsymbol{\eta}_2,\boldsymbol{\eta}_3)=\begin{pmatrix} \frac{1}{\sqrt{3}} & \frac{1}{\sqrt{2}} & \frac{1}{\sqrt{6}} \\ \frac{1}{\sqrt{3}} & 0 & \frac{-2}{\sqrt{6}} \\ \frac{1}{\sqrt{3}} & -\frac{1}{\sqrt{2}} & \frac{1}{\sqrt{6}} \end{pmatrix},
$$

使得

$$
\boldsymbol{P}^{-1}\boldsymbol{A}\boldsymbol{P}=\boldsymbol{P}^{\mathrm{T}}\boldsymbol{A}\boldsymbol{P}=\boldsymbol{\Lambda}=\begin{pmatrix} 8 & & \\ & 2 & \\ & & 2 \end{pmatrix}。
$$

用直观方法取得的特征向量不是唯一的，例如此题也可以取

$$
\boldsymbol{p}_2=\begin{pmatrix}1\\-1\\0\end{pmatrix},\boldsymbol{p}_3=\begin{pmatrix}1\\1\\-2\end{pmatrix} 或 \boldsymbol{p}_2=\begin{pmatrix}0\\1\\-1\end{pmatrix},\boldsymbol{p}_3=\begin{pmatrix}-2\\1\\1\end{pmatrix},
$$

把它们单位化以后，连同属于 $\lambda_1=8$ 的特征向量 $\boldsymbol{p}_1$，就可以得到另外两个所需要的正交矩阵。

说明　(1) 在不计对角矩阵中主对角元的排列次序情况下，对称矩阵的正交相似标准形是唯一的，但是所用的正交矩阵却不是唯一的。

(2) 用施密特正交化方法把属于 $\lambda_2=\lambda_3=2$ 的两个线性无关的特征向量 $\boldsymbol{p}_2$ 和 $\boldsymbol{p}_3$，改造成两个正交的向量 $\boldsymbol{\beta}_2$ 和 $\boldsymbol{\beta}_3$，由于 $\boldsymbol{\beta}_2$ 和 $\boldsymbol{\beta}_3$ 都是 $\boldsymbol{p}_2$ 和 $\boldsymbol{p}_3$ 的线性组合，而 $\boldsymbol{p}_2$ 和 $\boldsymbol{p}_3$ 是属于同一个特征值的特征向量，所以，$\boldsymbol{\beta}_2$ 和 $\boldsymbol{\beta}_3$ 仍然是属于 $\lambda_2=\lambda_3=2$ 的特征向量。

(3) 对于一般的齐次线性方程，很容易直接验证以下公式的正确性。

当 $abc\neq 0$ 时，$ax+by+cz=0$ 的两个正交解为 $(-b,a,0)^{\mathrm{T}}$，$(ac,bc,-a^2-b^2)^{\mathrm{T}}$；

当 $abcd\neq 0$ 时，$ax+by+cz+dw=0$ 的三个两两正交解为

$$
(-b,a,0,0)^{\mathrm{T}},(0,0,-d,c)^{\mathrm{T}},
$$
$$
(a(c^2+d^2),b(c^2+d^2),-c(a^2+b^2),-d(a^2+b^2))^{\mathrm{T}}。
$$

例 4　求出 $x_1-x_2-x_3+x_4=0$ 的两两正交的非零解向量组。

解　方法一：(直观方法)　根据上面介绍的方法，可立即求出两两正交解

$$
\boldsymbol{p}_1=\begin{pmatrix}1\\1\\0\\0\end{pmatrix},\boldsymbol{p}_2=\begin{pmatrix}0\\0\\1\\1\end{pmatrix},\boldsymbol{p}_3=\begin{pmatrix}1\\-1\\1\\-1\end{pmatrix}。
$$

取法如下：在 $\boldsymbol{p}_1$ 中任意取定两个分量为 0，例如取 $x_3=x_4=0$，$x_1=x_2=1$；在 $\boldsymbol{p}_2$ 中取定剩下的两个分量为 0，即 $x_1=x_2=0$，$x_3=x_4=1$。再根据向量的正交性和必须满足的方程式很容易求出第三个解向量 $\boldsymbol{p}_3$。

方法二：(施密特正交化方法)　取 x_2,x_3,x_4 为自由未知量，先求出三个线性无关解

$$
\boldsymbol{\alpha}_1=\begin{pmatrix}1\\1\\0\\0\end{pmatrix},\boldsymbol{\alpha}_2=\begin{pmatrix}1\\0\\1\\0\end{pmatrix},\boldsymbol{\alpha}_3=\begin{pmatrix}-1\\0\\0\\1\end{pmatrix},
$$

正交化(用施密特正交化公式)：

$$\boldsymbol{\beta}_1=\boldsymbol{\alpha}_1=\begin{pmatrix}1\\1\\0\\0\end{pmatrix};$$

$$\boldsymbol{\beta}_2=\boldsymbol{\alpha}_2-\frac{(\boldsymbol{\alpha}_2,\boldsymbol{\beta}_1)}{(\boldsymbol{\beta}_1,\boldsymbol{\beta}_1)}\boldsymbol{\beta}_1=\begin{pmatrix}1\\0\\1\\0\end{pmatrix}-\frac{1}{2}\begin{pmatrix}1\\1\\0\\0\end{pmatrix}=\frac{1}{2}\begin{pmatrix}1\\-1\\2\\0\end{pmatrix};$$

$$\boldsymbol{\beta}_3=\boldsymbol{\alpha}_3-\frac{(\boldsymbol{\alpha}_3,\boldsymbol{\beta}_1)}{(\boldsymbol{\beta}_1,\boldsymbol{\beta}_1)}\boldsymbol{\beta}_1-\frac{(\boldsymbol{\alpha}_3,\boldsymbol{\beta}_2)}{(\boldsymbol{\beta}_2,\boldsymbol{\beta}_2)}\boldsymbol{\beta}_2=\begin{pmatrix}-1\\0\\0\\1\end{pmatrix}-\frac{-1}{2}\begin{pmatrix}1\\1\\0\\0\end{pmatrix}-\frac{-\frac{1}{2}}{\frac{6}{4}}\times\frac{1}{2}\begin{pmatrix}1\\-1\\2\\0\end{pmatrix}=\frac{1}{3}\begin{pmatrix}-1\\1\\1\\3\end{pmatrix}。$$

这里所介绍的用直观方法求单个方程的两两正交解，毕竟有它的局限性，基本方法仍是施密特正交化方法。

例 5 设三阶实对称矩阵 $\boldsymbol{A}$ 的特征值为 $\lambda_1=-1,\lambda_2=\lambda_3=1$。已知 $\boldsymbol{A}$ 的属于 $\lambda_1=-1$ 的特征向量为 $\boldsymbol{p}_1=\begin{pmatrix}0\\1\\1\end{pmatrix}$，求出矩阵 $\boldsymbol{A}$ 的属于特征值 $\lambda_2=\lambda_3=1$ 的特征向量，并求出对称矩阵 $\boldsymbol{A}$。

解 因为属于对称矩阵的不同特征值的特征向量必互相正交，所以，属于 $\lambda_2=\lambda_3=1$ 的特征向量 $\boldsymbol{x}=\begin{pmatrix}x_1\\x_2\\x_3\end{pmatrix}$ 必定与 $\boldsymbol{p}_1$ 正交，即它们一定满足 $x_2+x_3=0$，x_1 可以取任何值。

对此可取线性无关的解向量 $\boldsymbol{p}_2=\begin{pmatrix}1\\0\\0\end{pmatrix}$，$\boldsymbol{p}_3=\begin{pmatrix}0\\1\\-1\end{pmatrix}$，令 $\boldsymbol{P}=\begin{pmatrix}0&1&0\\1&0&1\\1&0&-1\end{pmatrix}$，使得

$$\boldsymbol{P}^{-1}\boldsymbol{AP}=\boldsymbol{\Lambda}=\begin{pmatrix}-1&&\\&1&\\&&1\end{pmatrix}。$$

由此可计算出 $\boldsymbol{A}=\boldsymbol{P\Lambda P}^{-1}$，求出

$$\boldsymbol{P}^{-1}=\frac{1}{|\boldsymbol{P}|}\boldsymbol{P}^*=\frac{1}{2}\begin{pmatrix}0&1&1\\2&0&0\\0&1&-1\end{pmatrix},$$

于是

$$\boldsymbol{A}=\begin{pmatrix}0&1&0\\1&0&1\\1&0&-1\end{pmatrix}\begin{pmatrix}-1&&\\&1&\\&&1\end{pmatrix}\begin{pmatrix}0&1&1\\2&0&0\\0&1&-1\end{pmatrix}\frac{1}{2}=\begin{pmatrix}1&0&0\\0&0&-1\\0&-1&0\end{pmatrix}。$$

这里不要求变换矩阵 $\boldsymbol{P}$ 是正交矩阵，所以没有必要把求出的特征向量组标准正交化。

习题 5.4

1. 设 $\boldsymbol{A}=\begin{pmatrix}2&0&0\\0&3&2\\0&2&3\end{pmatrix}$，求出正交矩阵 $\boldsymbol{P}$，使得 $\boldsymbol{P}^{-1}\boldsymbol{AP}$ 为对角矩阵。

2. 已知 $\boldsymbol{A}=\begin{pmatrix}1&-2&-4\\-2&x&-2\\-4&-2&1\end{pmatrix}$ 与 $\boldsymbol{\Lambda}=\begin{pmatrix}5&&\\&y&\\&&-4\end{pmatrix}$ 相似，求出参数 x,y 的值，并求出可逆矩阵 $\boldsymbol{P}$，使得 $\boldsymbol{P}^{-1}\boldsymbol{AP}=\boldsymbol{\Lambda}$。

3. 求出下面矩阵 $\boldsymbol{A}$ 的正交相似标准形：

$$\boldsymbol{A}=\begin{pmatrix}5&-2&0&0\\-2&2&0&0\\0&0&5&-2\\0&0&-2&2\end{pmatrix}。$$

4. 用施密特正交化方法把下列向量组标准正交化。

(1) $\boldsymbol{\alpha}_1=\begin{pmatrix}2\\0\end{pmatrix},\boldsymbol{\alpha}_2=\begin{pmatrix}1\\1\end{pmatrix}$；　　(2) $\boldsymbol{\alpha}_1=\begin{pmatrix}2\\0\\0\end{pmatrix},\boldsymbol{\alpha}_2=\begin{pmatrix}0\\1\\-1\end{pmatrix},\boldsymbol{\alpha}_3=\begin{pmatrix}3\\4\\0\end{pmatrix}$。

5. 如果 n 阶实对称矩阵 $\boldsymbol{A}$ 满足 $\boldsymbol{A}^3=\boldsymbol{E}$（$\boldsymbol{E}$ 是 n 阶单位矩阵），证明：$\boldsymbol{A}$ 一定是单位矩阵。

6. 设三阶实对称矩阵 $\boldsymbol{A}$ 的特征值为 $\lambda_1=1,\lambda_2=2,\lambda_3=3$，已知 $\boldsymbol{A}$ 的属于 λ_1、λ_2 的特征向量分别为 $\boldsymbol{p}_1=\begin{pmatrix}-1\\-1\\1\end{pmatrix},\boldsymbol{p}_2=\begin{pmatrix}1\\-2\\-1\end{pmatrix}$，请求出 $\boldsymbol{A}$ 的属于 λ_3 的特征向量。

7. 设 $\boldsymbol{A}$ 是三阶实对称矩阵，其特征值为 $\lambda_1=\lambda_2=2,\lambda_3=1$。已知属于 $\lambda_1=\lambda_2=2$ 的特征向量为 $\boldsymbol{p}_1=\begin{pmatrix}1\\-1\\1\end{pmatrix},\boldsymbol{p}_2=\begin{pmatrix}1\\1\\1\end{pmatrix}$，请求出属于 $\lambda_3=1$ 的特征向量 $\boldsymbol{p}_3$。

扫码查看习题参考答案

5.5 应用实例

很多应用问题都涉及将一个线性变换重复作用到一个向量上。求解这类问题的关键是找到线性变换矩阵的特征值和特征向量，将问题进行简化。下面介绍特征值与特征向量在实际问题中应用的例子。

5.5.1 工业增长模型

考虑一个发展中国家有关污染和工业发展的工业增长模型。设 p 是现在污染的程度，d 是现在工业发展的水平（二者都可以由各种适当指标组成的单位来度量。如对于污染来说，空气中一氧化碳的含量，河流中的污染物等）。

p_1, d_1 分别表示 5 年后污染程度和工业发展水平。根据发展中国家类似的经验，得到一个简单的线性模型，5 年后污染程度和工业发展水平的预测公式为

$$\begin{cases} p_{n+1} = p_n + 2d_n, \\ d_{n+1} = 2p_n + d_n。\end{cases} \tag{5-4}$$

如果现在状况是 $p_0 = 4, d_0 = 2$，推测未来 50 年污染程度和工业发展水平。记

$$\boldsymbol{X}_n = \begin{pmatrix} p_n \\ d_n \end{pmatrix}, \boldsymbol{A} = \begin{pmatrix} 1 & 2 \\ 2 & 1 \end{pmatrix}, \boldsymbol{X}_0 = \begin{pmatrix} 4 \\ 2 \end{pmatrix},$$

则(5-4)式可以改写成

$$\boldsymbol{X}_{n+1} = \boldsymbol{A}\boldsymbol{X}_n = \begin{pmatrix} 1 & 2 \\ 2 & 1 \end{pmatrix} \begin{pmatrix} p_n \\ d_n \end{pmatrix}。 \tag{5-5}$$

(5-5)式相当于一个递推公式，有

$$\boldsymbol{X}_{n+1} = \boldsymbol{A}\boldsymbol{A}\boldsymbol{X}_{n-1} = \boldsymbol{A}^2\boldsymbol{X}_{n-1} = \boldsymbol{A}^2\boldsymbol{A}\boldsymbol{X}_{n-2} = \boldsymbol{A}^3\boldsymbol{X}_{n-2} = \cdots = \boldsymbol{A}^{n+1}\boldsymbol{X}_0,$$

矩阵 $\boldsymbol{A}$ 的特征值为 3，−1，对应的特征向量取为 $\boldsymbol{\alpha} = \begin{pmatrix} 1 \\ 1 \end{pmatrix}, \boldsymbol{\beta} = \begin{pmatrix} -1 \\ 1 \end{pmatrix}$，则

$$\boldsymbol{X}_0 = 3\boldsymbol{\alpha} - \boldsymbol{\beta},$$

代入上式，得

$$\boldsymbol{X}_{n+1} = \boldsymbol{A}^{n+1}(3\boldsymbol{\alpha} - \boldsymbol{\beta}) = 3\boldsymbol{A}^{n+1}\boldsymbol{\alpha} - \boldsymbol{A}^{n+1}\boldsymbol{\beta}。$$

根据特征值与特征向量的性质，有 $\boldsymbol{X}_{n+1} = 3 \cdot 3^{n+1}\boldsymbol{\alpha} - (-1)^{n+1}\boldsymbol{\beta}$。由此可得如下预测结果，如表 5-1 所示。

表 5-1 预测结果表

	目前	5 年	10 年	15 年	20 年	25 年	30 年	…	50 年
p_n	4	8	28	80	244	728	2188	…	177148
d_n	2	10	26	82	242	730	2186	…	177146

5.5.2 期望问题

在某城镇中，每年 30％的已婚女性离婚，且 20％的单身女性结婚。假定共有 8000 名已婚女性和 2000 名单身女性，并且总人口数保持不变。我们研究结婚率和离婚率保持不变时将来长时间的结婚女性和单身女性人数的期望问题。

为求得 1 年后结婚女性和单身女性的人数，我们将向量 $\boldsymbol{W}_0 = \begin{pmatrix} 8000 \\ 2000 \end{pmatrix}$ 乘以 $\boldsymbol{A} = \begin{pmatrix} 0.7 & 0.2 \\ 0.3 & 0.8 \end{pmatrix}$，1 年后结婚女性和单身女性的人数为

$$\boldsymbol{W}_1 = \boldsymbol{A}\boldsymbol{W}_0 = \begin{pmatrix} 0.7 & 0.2 \\ 0.3 & 0.8 \end{pmatrix} \begin{pmatrix} 8000 \\ 2000 \end{pmatrix} = \begin{pmatrix} 6000 \\ 4000 \end{pmatrix},$$

为求得第 2 年结婚女性和单身女性的人数，我们计算 $\boldsymbol{W}_2=\boldsymbol{A}\boldsymbol{W}_1=\boldsymbol{A}^2\boldsymbol{W}_0$。

一般地，对 n 年来说，我们需要计算 $\boldsymbol{W}_n=\boldsymbol{A}^n\boldsymbol{W}_0$。

采用这种方法计算 $\boldsymbol{W}_{10}$，$\boldsymbol{W}_{20}$，$\boldsymbol{W}_{30}$，并将它们的元素四舍五入到最近的整数，有

$$\boldsymbol{W}_{10}=\begin{pmatrix}4004\\5996\end{pmatrix},\boldsymbol{W}_{20}=\begin{pmatrix}4000\\6000\end{pmatrix},\boldsymbol{W}_{30}=\begin{pmatrix}4000\\6000\end{pmatrix},$$

过某一点以后，似乎总是会得到相同的答案，事实上，$\boldsymbol{W}_{12}=(4000,6000)^{\mathrm{T}}$，又因为

$$\boldsymbol{A}\boldsymbol{W}_{12}=\begin{pmatrix}0.7&0.2\\0.3&0.8\end{pmatrix}\begin{pmatrix}4000\\6000\end{pmatrix}=\begin{pmatrix}4000\\6000\end{pmatrix},$$

可得该序列所有以后的向量保持不变。向量 $\boldsymbol{W}_{12}=(4000,6000)^{\mathrm{T}}$ 称为该过程的**稳态向量**。

假设初始时已婚女性和单身女性有不同的比例。例如，从有 10000 名已婚女性和 0 名单身女性开始，则 $\boldsymbol{W}_0=(10000,0)^{\mathrm{T}}$，然后可以用前面的方法将 $\boldsymbol{W}_0$ 乘以 $\boldsymbol{A}^n$ 计算出 $\boldsymbol{W}_n$。在这种情况下，可得 $\boldsymbol{W}_{14}=(4000,6000)^{\mathrm{T}}$，因此仍会终止于相同的稳态向量。

为什么这个过程是收敛的，且为什么从不同的初始向量开始，看起来总是会得到相同的稳态向量呢？如果在 $\mathbf{R}^2$ 中选择一组使得线性变换 $\boldsymbol{A}$ 容易计算的基，则这些问题不难回答。特别地，如果选择稳态向量的一个倍数，比如说 $\boldsymbol{x}_1=(2,3)^{\mathrm{T}}$，作为第一个基向量，则

$$\boldsymbol{A}\boldsymbol{x}_1=\begin{pmatrix}0.7&0.2\\0.3&0.8\end{pmatrix}\begin{pmatrix}2\\3\end{pmatrix}=\begin{pmatrix}2\\3\end{pmatrix}=\boldsymbol{x}_1,$$

因此 $\boldsymbol{x}_1$ 也是一个稳态向量。由于 $\boldsymbol{A}$ 在 $\boldsymbol{x}_1$ 上的作用已经不能再简单了，因此很自然它是一个基向量。尽管还可以使用另外一个稳态向量作为第二个基向量，然而，由于所有的稳态向量都是 $\boldsymbol{x}_1$ 的倍数，因此这样做是不可以的。但是，如果选择 $\boldsymbol{x}_2=(-1,1)^{\mathrm{T}}$，则 $\boldsymbol{A}$ 在 $\boldsymbol{x}_2$ 上的作用也非常简单。

$$\boldsymbol{A}\boldsymbol{x}_2=\begin{pmatrix}0.7&0.2\\0.3&0.8\end{pmatrix}\begin{pmatrix}-1\\1\end{pmatrix}=\begin{pmatrix}-\frac{1}{2}\\\frac{1}{2}\end{pmatrix}=\frac{1}{2}\boldsymbol{x}_2。$$

下面分析使用 $\boldsymbol{x}_1$ 和 $\boldsymbol{x}_2$ 作为基向量的过程。若将初始向量 $\boldsymbol{W}_0=(8000,2000)^{\mathrm{T}}$ 表示为线性组合

$$\boldsymbol{W}_0=2000\begin{pmatrix}2\\3\end{pmatrix}-4000\begin{pmatrix}-1\\1\end{pmatrix}=2000\boldsymbol{x}_1-4000\boldsymbol{x}_2,$$

则

$$\boldsymbol{W}_1=\boldsymbol{A}\boldsymbol{W}_0=2000\boldsymbol{A}\boldsymbol{x}_1-4000\boldsymbol{A}\boldsymbol{x}_2=2000\boldsymbol{x}_1-4000\left(\frac{1}{2}\right)\boldsymbol{x}_2,$$

$$\boldsymbol{W}_2=\boldsymbol{A}^2\boldsymbol{W}_0=2000\boldsymbol{x}_1-4000\left(\frac{1}{2}\right)^2\boldsymbol{x}_2,$$

一般地，

$$\boldsymbol{W}_n=\boldsymbol{A}^n\boldsymbol{W}_0=2000\boldsymbol{x}_1-4000\left(\frac{1}{2}\right)^n\boldsymbol{x}_2,$$

这个和的第一部分是稳态向量，第二部分收敛到零向量。

对任何 $\boldsymbol{W}_0$ 的选择，是否总是会终止于相同的稳态向量？假设初始时有 p 名已婚女

性，由于总共有10000名女性，单身女性的数量必为 $10000-p$。初始向量为

$$W_0=\begin{pmatrix} p \\ 10000-p \end{pmatrix},$$

若将 W_0 表示为一个线性组合 $C_1x_1+C_2x_2$，则如前可得

$$W_n=A^nW_0=C_1x_1+\left(\frac{1}{2}\right)^n C_2x_2,$$

稳态向量将为 C_1x_1。

为求 C_1，我们将方程 $C_1x_1+C_2x_2=W_0$ 写为一个线性方程组

$$\begin{cases} 2C_1-C_2=p, \\ 3C_1+C_2=10000-p, \end{cases}$$

将两个方程相加，得到 $C_1=2000$。因此，对任意在 $0\leqslant p\leqslant 10000$ 范围内的整数 p，稳态向量应为 $2000x_1=\begin{pmatrix} 4000 \\ 6000 \end{pmatrix}$。因为矩阵 A 在向量 x_1 和 x_2 上的作用非常简单，所以它们很自然地被用于 $Ax_1=x_1=1\cdot x_1$，且 $Ax_2=\frac{1}{2}x_2$，对其中的每一向量，A 的作用仅仅是将向量乘以一个标量，两个标量1和 $\frac{1}{2}$ 可看成是线性变换的自然频率。

5.5.3 伴性基因

伴性基因是一种位于X染色体上的基因。例如，红绿色盲基因是一种隐性的伴性基因。为给出一个描述给定的人群中色盲的数学模型，需要将人群分为两类——男性和女性。令 $x_1^{(0)}$ 为男性中有色盲基因的比例，令 $x_2^{(0)}$ 为女性中有色盲基因的比例（由于色盲是隐性的，女性中实际的色盲比例将小于 $x_2^{(0)}$）。由于男性从母亲处获得一个X染色体，且不从父亲处获得X染色体，所以下一代的男性中色盲的比例 $x_1^{(1)}$ 将和上一代的女性中含有隐性色盲基因的比例相同。由于女性从双亲处分别得到一个X染色体，所以下一代女性中含有隐性基因的比例 $x_2^{(1)}$ 将为 $x_1^{(0)}$ 和 $x_2^{(0)}$ 的平均值。因此

$$x_2^{(0)}=x_1^{(1)},$$

$$\frac{1}{2}x_1^{(0)}+\frac{1}{2}x_2^{(0)}=x_2^{(1)}。$$

若 $x_1^{(0)}=x_2^{(0)}$，则将来各代中的比例将保持不变。

假设 $x_1^{(0)}\neq x_2^{(0)}$，且将方程组写为矩阵方程

$$\begin{pmatrix} 0 & 1 \\ \frac{1}{2} & \frac{1}{2} \end{pmatrix}\begin{pmatrix} x_1^{(0)} \\ x_2^{(0)} \end{pmatrix}=\begin{pmatrix} x_1^{(1)} \\ x_2^{(1)} \end{pmatrix}。$$

令 A 表示系数矩阵，并令 $x^{(n)}=(x_1^{(n)},x_1^{(n)})^{\mathrm{T}}$ 表示第 $n+1$ 代男性和女性中色盲的比例，于是

$$x^{(n)}=A^nx^{(0)}=(x_1^{(n)},x_1^{(n)})^{\mathrm{T}},$$

为计算 A^n，注意到 A 有特征值1和 $-\frac{1}{2}$，因此它可分解为多个矩阵的乘积形式，即

$$A=\begin{pmatrix}1&-2\\1&1\end{pmatrix}\begin{pmatrix}1&0\\0&-\frac{1}{2}\end{pmatrix}\begin{pmatrix}\frac{1}{3}&\frac{2}{3}\\-\frac{1}{3}&\frac{1}{3}\end{pmatrix},$$

故
$$x^{(n)}=\begin{pmatrix}1&-2\\1&1\end{pmatrix}\begin{pmatrix}1&0\\0&-\frac{1}{2}\end{pmatrix}^n\begin{pmatrix}\frac{1}{3}&\frac{2}{3}\\-\frac{1}{3}&\frac{1}{3}\end{pmatrix}\begin{pmatrix}x_1^{(0)}\\x_2^{(0)}\end{pmatrix}$$

$$=\frac{1}{3}\begin{pmatrix}1-\left(-\frac{1}{2}\right)^{n-1}&2+\left(-\frac{1}{2}\right)^{n-1}\\1-\left(-\frac{1}{2}\right)^{n}&2+\left(-\frac{1}{2}\right)^{n}\end{pmatrix}\begin{pmatrix}x_1^{(0)}\\x_2^{(0)}\end{pmatrix}。$$

于是
$$\lim_{x\to\infty}x^{(n)}=\frac{1}{3}\begin{pmatrix}1&2\\1&2\end{pmatrix}\begin{pmatrix}x_1^{(0)}\\x_2^{(0)}\end{pmatrix}=\begin{pmatrix}\frac{x_1^{(0)}+2x_2^{(0)}}{3}\\\frac{x_1^{(0)}+2x_2^{(0)}}{3}\end{pmatrix}。$$

当代数增加时，男性和女性中含有色盲基因的比例将趋向于相同的数值。如果男性中色盲的比例是 p，且经过若干代没有外来人口加入现有人口中，有理由认为女性中含有色盲基因的比例也为 p。由于色盲基因是隐性的，所以可以认为女性中色盲的比例为 p^2。因此，若 1%的男性是色盲，则可以认为 0.01%的女性是色盲。

本章小结

1. 特征值、特征向量的概念。

2. 特征值、特征向量的计算方法。

(1) 求解特征方程 $|A-\lambda E|=0$，求出特征值 λ；

(2) 求出齐次方程组 $(A-\lambda E)x=0$ 的基础解系；A 对应于 λ 的全部的特征向量是这个基础解系的线性组合(线性组合系数不全为零)。

3. 方阵 A 的不同特征值对应的特征向量线性无关。

4. 设 A,B 均为 n 阶方阵，有以下知识点：

(1) 相似矩阵的概念；

(2) 相似矩阵的性质。

5. 设 A,B 均为 n 阶方阵，有以下结论：

(1) 若矩阵 A 与 B 相似，则 A^k 与 B^k 相似；A 与 B 有相同的特征值；

(2) 若矩阵 A 与对角矩阵相似，则 A 的特征值就是对角矩阵的主对角元；

(3) 矩阵 A 与对角阵相似的充分必要条件是矩阵 A 有 n 个线性无关的特征向量；

(4) 若矩阵 A 有 n 个互不相同的特征值，则 A 必可对角化。

6. 向量的内积、正交矩阵的概念。

7. 向量的长度、单位向量、两向量的夹角等概念。

8. 正交向量组、规范正交基的定义。

9. 主要结论。

(1) 正交向量组线性无关;

(2) 任何线性无关向量组 $\boldsymbol{\alpha}_1,\boldsymbol{\alpha}_2,\cdots,\boldsymbol{\alpha}_r$,都有一个正交向量组 $\boldsymbol{\beta}_1,\boldsymbol{\beta}_2,\cdots,\boldsymbol{\beta}_r$ 与之等价,其中

$$\boldsymbol{\beta}_1=\boldsymbol{\alpha}_1,$$

$$\boldsymbol{\beta}_2=\boldsymbol{\alpha}_2-\frac{(\boldsymbol{\alpha}_2,\boldsymbol{\beta}_1)}{(\boldsymbol{\beta}_1,\boldsymbol{\beta}_1)}\boldsymbol{\beta}_1,$$

$$\boldsymbol{\beta}_3=\boldsymbol{\alpha}_3-\frac{(\boldsymbol{\alpha}_3,\boldsymbol{\beta}_1)}{(\boldsymbol{\beta}_1,\boldsymbol{\beta}_1)}\boldsymbol{\beta}_1-\frac{(\boldsymbol{\alpha}_3,\boldsymbol{\beta}_2)}{(\boldsymbol{\beta}_2,\boldsymbol{\beta}_2)}\boldsymbol{\beta}_2,$$

$$\cdots\cdots\cdots\cdots$$

$$\boldsymbol{\beta}_r=\boldsymbol{\alpha}_r-\frac{(\boldsymbol{\alpha}_r,\boldsymbol{\beta}_1)}{(\boldsymbol{\beta}_1,\boldsymbol{\beta}_1)}\boldsymbol{\beta}_1-\frac{(\boldsymbol{\alpha}_r,\boldsymbol{\beta}_2)}{(\boldsymbol{\beta}_2,\boldsymbol{\beta}_2)}\boldsymbol{\beta}_2-\cdots-\frac{(\boldsymbol{\alpha}_r,\boldsymbol{\beta}_{r-1})}{(\boldsymbol{\beta}_{r-1},\boldsymbol{\beta}_{r-1})}\boldsymbol{\beta}_{r-1}。$$

这一组式子就是把向量组 $\boldsymbol{\alpha}_1,\boldsymbol{\alpha}_2,\cdots,\boldsymbol{\alpha}_r$ 正交化的公式,又称为施密特正交化法;

(3) 正交阵的性质(见 5.3 节中定理 5.10)。

10. 实对称阵的对角化的主要结论($\boldsymbol{A},\boldsymbol{P}$ 均为 n 阶矩阵)。

(1) 实对称阵的特征值为实数;

(2) 对应于不同特征值的特征向量彼此正交;

(3) 若 λ_{n_k} 是实对称矩阵 $\boldsymbol{A}$ 的特征方程的 k 重根,则恰有 k 个与 λ_{n_k} 对应的线性无关的特征向量;

(4) 若 $\boldsymbol{A}$ 为实对称矩阵,则必存在正交矩阵 $\boldsymbol{P}$,使

$$\boldsymbol{P}^{-1}\boldsymbol{A}\boldsymbol{P}=\boldsymbol{P}^{\mathrm{T}}\boldsymbol{A}\boldsymbol{P}=\begin{pmatrix}\lambda_1&&&\\&\lambda_2&&\\&&\ddots&\\&&&\lambda_n\end{pmatrix}=\boldsymbol{\Lambda},$$ 其中 $\lambda_1,\lambda_2,\cdots,\lambda_n$ 是 $\boldsymbol{A}$ 的 n 个特征值。

11. 把实对称矩阵 $\boldsymbol{A}$ 对角化的步骤:

(1) 求特征值;

(2) 求对应于特征值的特征向量;

(3) 把特征向量正交化、单位化;

(4) 得正交矩阵 $\boldsymbol{P}$,使 $\boldsymbol{P}^{-1}\boldsymbol{A}\boldsymbol{P}=\boldsymbol{\Lambda}$。

第 5 章总习题

一、单项选择题。

1. (2022 年数二第 8 题)设 $\boldsymbol{A}$ 为三阶矩阵,$\boldsymbol{\Lambda}=\begin{pmatrix}1&0&0\\0&-1&0\\0&0&0\end{pmatrix}$,$\boldsymbol{A}$ 的特征值为 $1,-1,0$ 的充分必要条件是(　　)。

A. 存在可逆矩阵 $\boldsymbol{P},\boldsymbol{Q}$,使得 $\boldsymbol{A}=\boldsymbol{P\Lambda Q}$　　B. 存在可逆矩阵 $\boldsymbol{P}$,使得 $\boldsymbol{A}=\boldsymbol{P\Lambda P}^{-1}$

C. 存在正交矩阵 $\boldsymbol{Q}$,使得 $\boldsymbol{A}=\boldsymbol{Q\Lambda Q}^{-1}$　　D. 存在可逆矩阵 $\boldsymbol{P}$,使得 $\boldsymbol{A}=\boldsymbol{P\Lambda P}^{\mathrm{T}}$

2. (2021 年数一第 6 题)已知 $\boldsymbol{\alpha}_1=\begin{pmatrix}1\\0\\1\end{pmatrix},\boldsymbol{\alpha}_2=\begin{pmatrix}1\\2\\1\end{pmatrix},\boldsymbol{\alpha}_3=\begin{pmatrix}3\\1\\2\end{pmatrix}$,记 $\boldsymbol{\beta}_1=\boldsymbol{\alpha}_1,\boldsymbol{\beta}_2=\boldsymbol{\alpha}_2-k\boldsymbol{\beta}_1$, $\boldsymbol{\beta}_3=\boldsymbol{\alpha}_3-l_1\boldsymbol{\beta}_1-l_2\boldsymbol{\beta}_2$。若 $\boldsymbol{\beta}_1,\boldsymbol{\beta}_2,\boldsymbol{\beta}_3$ 两两相交,则 l_1,l_2 依次为(　　)。

A. $\frac{5}{2},\frac{1}{2}$　　B. $-\frac{5}{2},\frac{1}{2}$　　C. $\frac{5}{2},-\frac{1}{2}$　　D. $-\frac{5}{2},-\frac{1}{2}$

3. (2020 年数二第 8 题)设 $\boldsymbol{A}$ 为三阶矩阵,$\boldsymbol{\alpha}_1,\boldsymbol{\alpha}_2$ 为矩阵 $\boldsymbol{A}$ 的属于特征值 1 的线性无关的特征向量,$\boldsymbol{\alpha}_3$ 为 $\boldsymbol{A}$ 的属于特征值 -1 的特征向量,则满足 $\boldsymbol{P}^{-1}\boldsymbol{AP}=\begin{pmatrix}1&0&0\\0&-1&0\\0&0&1\end{pmatrix}$ 的可逆矩阵 $\boldsymbol{P}$ 可为(　　)。

A. $(\boldsymbol{\alpha}_1+\boldsymbol{\alpha}_3,\boldsymbol{\alpha}_2,-\boldsymbol{\alpha}_3)$　　B. $(\boldsymbol{\alpha}_1+\boldsymbol{\alpha}_2,\boldsymbol{\alpha}_2,-\boldsymbol{\alpha}_3)$

C. $(\boldsymbol{\alpha}_1+\boldsymbol{\alpha}_3,-\boldsymbol{\alpha}_3,\boldsymbol{\alpha}_2)$　　D. $(\boldsymbol{\alpha}_1+\boldsymbol{\alpha}_2,-\boldsymbol{\alpha}_3,\boldsymbol{\alpha}_2)$

4. (2018 年数二第 7 题)下列矩阵中与矩阵 $\begin{pmatrix}1&1&0\\0&1&1\\0&0&1\end{pmatrix}$ 相似的是(　　)。

A. $\begin{pmatrix}1&1&-1\\0&1&1\\0&0&1\end{pmatrix}$　　B. $\begin{pmatrix}1&0&-1\\0&1&1\\0&0&1\end{pmatrix}$　　C. $\begin{pmatrix}1&1&-1\\0&1&0\\0&0&1\end{pmatrix}$　　D. $\begin{pmatrix}1&0&-1\\0&1&0\\0&0&1\end{pmatrix}$

5. (2017 年数三第 5 题)设 $\boldsymbol{\alpha}$ 为 n 维单位列向量,$\boldsymbol{E}$ 为 n 阶单位矩阵,则(　　)。

A. $\boldsymbol{E}-\boldsymbol{\alpha\alpha}^{\mathrm{T}}$ 不可逆　　B. $\boldsymbol{E}+\boldsymbol{\alpha\alpha}^{\mathrm{T}}$ 不可逆

C. $\boldsymbol{E}+2\boldsymbol{\alpha\alpha}^{\mathrm{T}}$ 不可逆　　D. $\boldsymbol{E}-2\boldsymbol{\alpha\alpha}^{\mathrm{T}}$ 不可逆

6. (2017 年数二第 7 题)设 $\boldsymbol{A}$ 为三阶矩阵,$\boldsymbol{P}=(\boldsymbol{\alpha}_1,\boldsymbol{\alpha}_2,\boldsymbol{\alpha}_3)$ 为可逆矩阵,使得 $\boldsymbol{P}^{-1}\boldsymbol{AP}=\begin{pmatrix}0&0&0\\0&1&0\\0&0&2\end{pmatrix}$,则 $\boldsymbol{A}(\boldsymbol{\alpha}_1,\boldsymbol{\alpha}_2,\boldsymbol{\alpha}_3)=$(　　)。

A. $\boldsymbol{\alpha}_1+\boldsymbol{\alpha}_2$　　B. $\boldsymbol{\alpha}_2+2\boldsymbol{\alpha}_3$　　C. $\boldsymbol{\alpha}_2+\boldsymbol{\alpha}_3$　　D. $\boldsymbol{\alpha}_1+2\boldsymbol{\alpha}_2$

7. (2016 年数二第 7 题)设 $\boldsymbol{A},\boldsymbol{B}$ 是可逆矩阵,且 $\boldsymbol{A}$ 与 $\boldsymbol{B}$ 相似,则下列结论错误的是(　　)。

A. $\boldsymbol{A}^{\mathrm{T}}$ 与 $\boldsymbol{B}^{\mathrm{T}}$ 相似　　B. $\boldsymbol{A}^{-1}$ 与 $\boldsymbol{B}^{-1}$ 相似

C. $\boldsymbol{A}+\boldsymbol{A}^{\mathrm{T}}$ 与 $\boldsymbol{B}+\boldsymbol{B}^{\mathrm{T}}$ 相似　　D. $\boldsymbol{A}+\boldsymbol{A}^{-1}$ 与 $\boldsymbol{B}+\boldsymbol{B}^{-1}$ 相似

8. (2017 年数二第 8 题)已知矩阵 $\boldsymbol{A}=\begin{pmatrix}2&0&0\\0&2&1\\0&0&1\end{pmatrix},\boldsymbol{B}=\begin{pmatrix}2&1&0\\0&2&0\\0&0&1\end{pmatrix},\boldsymbol{C}=\begin{pmatrix}1&0&0\\0&2&0\\0&0&2\end{pmatrix}$,则(　　)。

A. $\boldsymbol{A}$ 与 $\boldsymbol{C}$ 相似,$\boldsymbol{B}$ 与 $\boldsymbol{C}$ 相似　　B. $\boldsymbol{A}$ 与 $\boldsymbol{C}$ 相似,$\boldsymbol{B}$ 与 $\boldsymbol{C}$ 不相似

C. $\boldsymbol{A}$ 与 $\boldsymbol{C}$ 不相似,$\boldsymbol{B}$ 与 $\boldsymbol{C}$ 相似　　D. $\boldsymbol{A}$ 与 $\boldsymbol{C}$ 不相似,$\boldsymbol{B}$ 与 $\boldsymbol{C}$ 不相似

二、填空题。

1. 已知 $\lambda_1=3,\lambda_2=\lambda_3=\lambda_4=-2$ 是四阶方阵 $\boldsymbol{A}=(a_{ij})$ 的特征值，则 $|\boldsymbol{A}|=$________，$a_{11}+a_{22}+a_{33}+a_{44}=$________。

2. 已知三阶矩阵 $\boldsymbol{A}$ 的特征值为 $\lambda_1=1,\lambda_2=2,\lambda_3=3$，则 $|\boldsymbol{A}^3-5\boldsymbol{A}^2+7\boldsymbol{A}|=$________。

3. (2022 年数二第 16 题)设 $\boldsymbol{A}$ 为三阶矩阵，交换 $\boldsymbol{A}$ 的第 2 行和第 3 行，再将第 2 列的 -1 倍加到第 1 列，得到矩阵 $\boldsymbol{C}=\begin{pmatrix}-2&1&-1\\1&-1&0\\-1&0&0\end{pmatrix}$，则 $\boldsymbol{A}^{-1}$ 的迹 $\mathrm{tr}(\boldsymbol{A}^{-1})=$________。

4. (2017 年数二第 14 题)设矩阵 $\boldsymbol{A}=\begin{pmatrix}4&1&-2\\1&2&a\\3&1&-1\end{pmatrix}$ 的一个特征向量为 $\begin{pmatrix}1\\1\\2\end{pmatrix}$，则 $\boldsymbol{a}=$________。

5. (2015 年数二第 14 题)设三阶矩阵 $\boldsymbol{A}$ 的特征值为 $2,-2,1$，$\boldsymbol{B}=\boldsymbol{A}^2-\boldsymbol{A}+\boldsymbol{E}$，其中 $\boldsymbol{E}$ 为三阶单位矩阵，则行列式 $|\boldsymbol{B}|=$________。

6. (2018 年数二第 14 题)设 $\boldsymbol{A}$ 为三阶矩阵，$\boldsymbol{\alpha}_1,\boldsymbol{\alpha}_2,\boldsymbol{\alpha}_3$ 是线性无关的向量组，若 $\boldsymbol{A\alpha}_1=2\boldsymbol{\alpha}_1+\boldsymbol{\alpha}_2+\boldsymbol{\alpha}_3$，$\boldsymbol{A\alpha}_2=\boldsymbol{\alpha}_2+2\boldsymbol{\alpha}_3$，$\boldsymbol{A\alpha}_3=-\boldsymbol{\alpha}_2+\boldsymbol{\alpha}_3$，则 $\boldsymbol{A}$ 的实特征值为________。

三、解答题。

1. 求下列矩阵的特征值和特征向量。

(1) $\boldsymbol{A}=\begin{pmatrix}2&-2&0\\-2&1&-2\\0&-2&0\end{pmatrix}$；　　(2) $\boldsymbol{A}=\begin{pmatrix}1&2&0\\0&2&0\\0&3&2\end{pmatrix}$；

(3) $\boldsymbol{A}=\begin{pmatrix}1&-2&0\\-2&2&-2\\0&-2&3\end{pmatrix}$；　　(4) $\boldsymbol{A}=\begin{pmatrix}-2&1&1\\0&2&0\\-4&1&3\end{pmatrix}$。

2. 已知三阶矩阵 $\boldsymbol{A}$ 的特征值是 $\lambda_1=1,\lambda_2=-3,\lambda_3=2$。

(1) 求 $2\boldsymbol{A}$ 的特征值；　　(2) 求 $\boldsymbol{A}^{-1}$ 的特征值；

(3) 求 $\boldsymbol{A}^*$ 的特征值；　　(4) 求 $\boldsymbol{A}+\boldsymbol{E}$ 的特征值。

3. 设 $\boldsymbol{A}=\begin{pmatrix}1&a&1\\a&1&b\\1&b&1\end{pmatrix}$，$\boldsymbol{B}=\begin{pmatrix}0&0&0\\0&1&0\\0&0&2\end{pmatrix}$，当 a,b 满足什么条件时 $\boldsymbol{A}$ 与 $\boldsymbol{B}$ 相似？

4. 下列矩阵中哪些矩阵可对角化？

(1) $\begin{pmatrix}-3&2&-1\\-7&5&-1\\-6&6&-2\end{pmatrix}$；　(2) $\begin{pmatrix}1&1&-2\\4&0&4\\1&-1&4\end{pmatrix}$；　(3) $\begin{pmatrix}1&-2&2\\-2&-2&4\\2&4&-2\end{pmatrix}$。

5. 试求 k 的值，使矩阵 $\boldsymbol{A}=\begin{pmatrix}2&0&1\\3&1&k\\4&0&5\end{pmatrix}$ 可对角化。

6. 将下列各组向量正交化、单位化。

（1）$\begin{pmatrix}1\\1\\1\end{pmatrix},\begin{pmatrix}0\\1\\1\end{pmatrix},\begin{pmatrix}0\\0\\1\end{pmatrix}$；　　（2）$\begin{pmatrix}1\\1\\0\\0\end{pmatrix},\begin{pmatrix}0\\1\\1\\0\end{pmatrix},\begin{pmatrix}1\\0\\1\\1\end{pmatrix}$。

7. 求与向量 $\boldsymbol{a}_1=(1,1,-1,1)^{\mathrm{T}},\boldsymbol{a}_2=(1,-1,1,1)^{\mathrm{T}},\boldsymbol{a}_3=(1,1,1,1)^{\mathrm{T}}$ 都正交的单位向量。

8. 求方程组$\begin{cases}x_1-x_2+x_3=0,\\-x_1+x_2-x_3=0\end{cases}$解空间的一个规范正交基。

9. 设 $\boldsymbol{a}_1=\begin{pmatrix}1\\2\\-1\end{pmatrix}$，求非零向量 $\boldsymbol{a}_2,\boldsymbol{a}_3$，使 $\boldsymbol{a}_1,\boldsymbol{a}_2,\boldsymbol{a}_3$ 两两正交。

10. 将矩阵 $\boldsymbol{A}=\begin{pmatrix}-1&0&2\\0&1&2\\2&2&0\end{pmatrix}$ 用两种方法对角化，并求：

（1）可逆矩阵 $\boldsymbol{P}$，使 $\boldsymbol{P}^{-1}\boldsymbol{A}\boldsymbol{P}=\boldsymbol{\Lambda}$；　　（2）正交矩阵 $\boldsymbol{Q}$，使 $\boldsymbol{Q}^{-1}\boldsymbol{A}\boldsymbol{Q}=\boldsymbol{\Lambda}$。

11. 求一个正交矩阵 $\boldsymbol{P}$，将下列实对称矩阵化为对角阵。

（1）$\boldsymbol{A}=\begin{pmatrix}2&2&-2\\2&5&-4\\-2&-4&8\end{pmatrix}$；　（2）$\boldsymbol{A}=\begin{pmatrix}1&-2&2\\-2&-2&4\\2&4&-2\end{pmatrix}$；　（3）$\boldsymbol{A}=\begin{pmatrix}1&2&4\\2&-2&2\\4&2&1\end{pmatrix}$。

12. 设矩阵 $\boldsymbol{A}=\begin{pmatrix}1&-2&-4\\-2&x&-2\\-4&-2&1\end{pmatrix}$ 与 $\boldsymbol{\Lambda}=\begin{pmatrix}5&&\\&-4&\\&&y\end{pmatrix}$ 相似，求 x,y，并求一个正交矩阵 $\boldsymbol{P}$，使 $\boldsymbol{P}^{-1}\boldsymbol{A}\boldsymbol{P}=\boldsymbol{\Lambda}$。

13. 已知三阶实对称矩阵 $\boldsymbol{A}$ 的特征值为 $\lambda_1=2,\lambda_2=-2,\lambda_3=1$，对应的特征向量分别为 $\boldsymbol{p}_1=\begin{pmatrix}0\\1\\1\end{pmatrix},\boldsymbol{p}_2=\begin{pmatrix}1\\1\\1\end{pmatrix},\boldsymbol{p}_3=\begin{pmatrix}1\\1\\0\end{pmatrix}$，求 A。

14. 已知三阶实对称矩阵 $\boldsymbol{A}$ 的特征值为 $\lambda_1=-2,\lambda_2=1,\lambda_3=4$，向量 $\boldsymbol{p}_1=(0,-1,1)^{\mathrm{T}},\boldsymbol{p}_2=(1,-1,1)^{\mathrm{T}}$，分别是对应于 $\lambda_1=-2,\lambda_2=1$ 的特征向量，试求出 $\boldsymbol{A}$。

15. (1)设矩阵 $\boldsymbol{A}=\begin{pmatrix}2&3\\3&2\end{pmatrix}$，求 $\boldsymbol{A}^{10}$；　　(2)设矩阵 $\boldsymbol{A}=\begin{pmatrix}1&4&2\\0&-3&4\\0&4&3\end{pmatrix}$，求 $\boldsymbol{A}^{100}$。

16. 设矩阵 $\boldsymbol{A}=\begin{pmatrix}2&1&2\\1&2&2\\2&2&1\end{pmatrix}$，求 $\boldsymbol{A}^{10}-6\boldsymbol{A}^{9}+5\boldsymbol{A}^{8}$。

17. (2021 年数二第 22 题/数三第 21 题)设矩阵 $\boldsymbol{A}=\begin{pmatrix}2&1&0\\1&2&0\\1&a&b\end{pmatrix}$ 仅有两个不同的特征

值，若 $\boldsymbol{A}$ 相似于对角矩阵，求 a,b 的值，并求可逆矩阵 $\boldsymbol{P}$，使得 $\boldsymbol{P}^{-1}\boldsymbol{AP}$ 为对角矩阵。

18. (2019 年数二第 23 题)已知矩阵 $\boldsymbol{A}=\begin{pmatrix}-2 & -2 & 1\\ 2 & x & -2\\ 0 & 0 & -2\end{pmatrix}$ 与 $\boldsymbol{B}=\begin{pmatrix}2 & 1 & 0\\ 0 & -1 & 0\\ 0 & 0 & y\end{pmatrix}$ 相似。

扫码看微课视频

(Ⅰ) 求 x,y 的值；

(Ⅱ) 求可逆矩阵 $\boldsymbol{P}$，使得 $\boldsymbol{P}^{-1}\boldsymbol{AP}=\boldsymbol{B}$。

19. (2016 年数二第 23 题)已知矩阵 $\boldsymbol{A}=\begin{pmatrix}0 & -1 & 1\\ 2 & -3 & 0\\ 0 & 0 & 0\end{pmatrix}$。

扫码看微课视频

(Ⅰ) 求 $\boldsymbol{A}^{99}$；

(Ⅱ) 设三阶矩阵 $\boldsymbol{B}=(\boldsymbol{\alpha}_1,\boldsymbol{\alpha}_2,\boldsymbol{\alpha}_3)$ 满足 $\boldsymbol{B}^2=\boldsymbol{BA}$。记 $\boldsymbol{B}^{100}=(\boldsymbol{\beta}_1,\boldsymbol{\beta}_2,\boldsymbol{\beta}_3)$，将 $\boldsymbol{\beta}_1,\boldsymbol{\beta}_2,\boldsymbol{\beta}_3$ 分别表示为 $\boldsymbol{\alpha}_1,\boldsymbol{\alpha}_2,\boldsymbol{\alpha}_3$ 的线性组合。

20. (2017 数二第 22 题)设三阶矩阵 $\boldsymbol{A}=(\boldsymbol{\alpha}_1,\boldsymbol{\alpha}_2,\boldsymbol{\alpha}_3)$ 有 3 个不同的特征值，且 $\boldsymbol{\alpha}_3=\boldsymbol{\alpha}_1+2\boldsymbol{\alpha}_2$。

(1) 证明 $r(\boldsymbol{A})=2$；

(2) 如果 $\boldsymbol{\beta}=\boldsymbol{\alpha}_1+\boldsymbol{\alpha}_2+\boldsymbol{\alpha}_3$，求方程组 $\boldsymbol{Ax}=\boldsymbol{\beta}$ 的通解。

21. (2020 数二第 23 题)设 $\boldsymbol{A}$ 为二阶矩阵，$\boldsymbol{P}=(\boldsymbol{\alpha},\boldsymbol{A\alpha})$，其中 $\boldsymbol{\alpha}$ 是非零向量且不是 $\boldsymbol{A}$ 的特征向量。

(1) 证明 $\boldsymbol{P}$ 是可逆矩阵；

(2) 若 $\boldsymbol{A}^2\boldsymbol{\alpha}+\boldsymbol{A\alpha}-6\boldsymbol{\alpha}=\boldsymbol{0}$，求 $\boldsymbol{P}^{-1}\boldsymbol{AP}$，并判断 $\boldsymbol{A}$ 是否相似于对角矩阵。

四、证明题。

1. 设方阵 $\boldsymbol{A}$ 满足 $\boldsymbol{A}^2-2\boldsymbol{A}-3\boldsymbol{E}=\boldsymbol{O}$，试证 $\boldsymbol{A}$ 的特征值只能是 -1 或 3。

2. 设 λ_0 是 $\boldsymbol{A}$ 的特征值，试证明：λ_0^m 是 $\boldsymbol{A}^m$ 的特征值。

3. 设 $\boldsymbol{A}$ 是非奇异的，证明：$\boldsymbol{AB}$ 与 $\boldsymbol{BA}$ 相似。

扫码查看
习题参考答案

扫码获取本章PPT

第6章 二 次 型

我们经常遇见形如 $ax^2+2bxy+cy^2=d$ 的表达式，称这种仅含有平方项和两个变量交叉项的多项式为二次型。它常常出现在工程(标准设计和优化)和信号处理(输出的噪声功率)的应用中，也经常出现在物理学、微分几何、经济学和统计学中。

在解析几何中，$ax^2+2bxy+cy^2=d$ 表示中心在坐标原点的二次曲线。为了便于研究它的几何性质，可以将坐标轴做旋转角为 θ 的旋转变换：

$$\begin{cases} x=x'\cos\theta-y'\sin\theta, \\ y=x'\sin\theta+y'\cos\theta, \end{cases}$$

从而可以把方程化为标准形：$a'x'^2+b'y'^2=d$。

从代数学的观点看，化成标准形的过程是通过变量的线性变换化简一个二次多项式，使它只含有平方项。

这种线性变换化标准形的方法，在许多理论和实际应用方面都会遇到，为此我们将上述问题扩充到 n 个未知量的情形，这也是本章将要讨论的内容。

6.1 二次型及其标准形

6.1.1 二次型的基本概念

定义 6.1 含 n 个变量 $x_1,x_2,\cdots,x_n$ 的二次齐次多项式

$$\begin{aligned} f(x_1,x_2,\cdots,x_n)=a_{11}x_1^2&+2a_{12}x_1x_2+2a_{13}x_1x_3+\cdots+2a_{1n}x_1x_n \\ &+a_{22}x_2^2+2a_{23}x_2x_3+\cdots+2a_{2n}x_2x_n \\ &+\cdots \\ &+a_{nn}x_n^2 \end{aligned} \tag{6-1}$$

称为一个 n **元二次型**，简称**二次型**，记为 $f(x_1,x_2,\cdots,x_n)$ 或 f。

若(6-1)式中系数 a_{ij} 为复数，则称 f 为复二次型；若 a_{ij} 全为实数，则称 f 为实二次型。本章只讨论实二次型，也简称为二次型。

为了用矩阵表示二次型，若记 $a_{ij}=a_{ji}$，则

$$2a_{ij}x_ix_j=a_{ij}x_ix_j+a_{ij}x_jx_i,$$

(6-1)式可改写为：

$$f=\sum_{i,j=1}^{n}a_{ij}x_ix_j=\sum_{i=1}^{n}\sum_{j=1}^{n}a_{ij}x_ix_j$$

$$\begin{aligned}&=x_1(a_{11}x_1+a_{12}x_2+\cdots+a_{1n}x_n)\\&\quad+x_2(a_{21}x_1+a_{22}x_2+a_{23}x_3+\cdots+a_{2n}x_n)\\&\quad+\cdots\\&\quad+x_n(a_{n1}x_n+a_{n2}x_2+\cdots+a_{nn}x_n)\\&=(x_1\quad x_2\quad\cdots\quad x_n)\begin{pmatrix}a_{11}x_1+a_{12}x_2+\cdots+a_{1n}x_n\\a_{21}x_1+a_{22}x_2+\cdots+a_{2n}x_n\\\cdots\cdots\cdots\cdots\\a_{n1}x_n+a_{n2}x_2+\cdots+a_{nn}x_n\end{pmatrix}\\&=(x_1\quad x_2\quad\cdots\quad x_n)\begin{pmatrix}a_{11}&a_{12}&\cdots&a_{1n}\\a_{21}&a_{22}&\cdots&a_{2n}\\\vdots&\vdots&&\vdots\\a_{n1}&a_{n2}&\cdots&a_{nn}\end{pmatrix}\begin{pmatrix}x_1\\x_2\\\vdots\\x_n\end{pmatrix},\end{aligned}$$

令 $\boldsymbol{A}=\begin{pmatrix}a_{11}&a_{12}&\cdots&a_{1n}\\a_{21}&a_{22}&\cdots&a_{2n}\\\vdots&\vdots&&\vdots\\a_{n1}&a_{n2}&\cdots&a_{nn}\end{pmatrix}$，$\boldsymbol{x}=\begin{pmatrix}x_1\\x_2\\\vdots\\x_n\end{pmatrix}$，其中 $a_{ij}=a_{ji}(i,j=1,2,\cdots,n)$，即 $\boldsymbol{A}$ 为实对称矩阵，二次型(6-1)用矩阵表示为

$$f=\boldsymbol{x}^{\mathrm{T}}\boldsymbol{A}\boldsymbol{x},\tag{6-2}$$

称 $\boldsymbol{A}$ 为**二次型 f 的矩阵**，对称矩阵 $\boldsymbol{A}$ 的秩称为**二次型 f 的秩**。

显然，二次型与对称阵之间存在一一对应关系。一个二次型 f 由其对应的实对称矩阵 $\boldsymbol{A}$ 唯一确定。当给定了二次型 f 时，就可确定其对应的实对称矩阵 $\boldsymbol{A}$，$\boldsymbol{A}$ 中对角线上的元素 a_{ii} 为 $x_i^2(i=1,2,\cdots,n)$ 的系数；当 $i\neq j$ 时，$a_{ij}=a_{ji}$ 为 x_ix_j 系数的 $\frac{1}{2}(i,j=1,2,\cdots,n)$。

例 1 设二次型 $f(x_1,x_2,x_3)=x_1^2-2x_2^2+6x_3^2-4x_1x_2+2x_1x_3$，求二次型的矩阵和秩，并写出其矩阵形式。

解 二次型的矩阵为 $\boldsymbol{A}=\begin{pmatrix}1&-2&1\\-2&-2&0\\1&0&6\end{pmatrix}$，则二次型的矩阵形式为

$$f(x_1,x_2,x_3)=(x_1,x_2,x_3)\begin{pmatrix}1&-2&1\\-2&-2&0\\1&0&6\end{pmatrix}\begin{pmatrix}x_1\\x_2\\x_3\end{pmatrix}。$$

$$\boldsymbol{A}=\begin{pmatrix}1&-2&1\\-2&-2&0\\1&0&6\end{pmatrix}\xrightarrow[r_3-r_1]{r_2+2r_1}\begin{pmatrix}1&-2&1\\0&-6&2\\0&2&5\end{pmatrix}\xrightarrow[r_3\leftrightarrow r_2]{r_2+3r_3}\begin{pmatrix}1&-2&1\\0&2&5\\0&0&17\end{pmatrix},$$

因为 $r(\boldsymbol{A})=3$，所以二次型的秩为 3。

例 2 设 $\boldsymbol{A}=\begin{pmatrix}5 & -\frac{1}{2} & 0\\ -\frac{1}{2} & 3 & 4\\ 0 & 4 & 2\end{pmatrix}$，写出矩阵 $\boldsymbol{A}$ 所对应的二次型。

解 矩阵 $\boldsymbol{A}$ 所对应的二次型为 $f(x_1,x_2,x_3)=5x_1^2+3x_2^2+2x_3^2-x_1x_2+8x_2x_3$。

例 3 设二次型 $f=\boldsymbol{x}^{\mathrm{T}}\begin{pmatrix}2 & 1\\ 3 & 1\end{pmatrix}\boldsymbol{x}$，写出它的矩阵。

解 题中的二次型里面的矩阵 $\begin{pmatrix}2 & 1\\ 3 & 1\end{pmatrix}$ 不是对称矩阵，所以不能直接当作二次型的矩阵。我们先用矩阵乘法，计算出二次型的多项式形式。

$$f=(x_1,x_2)\begin{pmatrix}2 & 1\\ 3 & 1\end{pmatrix}\begin{pmatrix}x_1\\ x_2\end{pmatrix}=(2x_1+3x_2,x_1+x_2)\begin{pmatrix}x_1\\ x_2\end{pmatrix}=2x_1^2+4x_1x_2+x_2^2,$$

所以二次型的矩阵是 $\boldsymbol{A}=\begin{pmatrix}2 & 2\\ 2 & 1\end{pmatrix}$。

6.1.2 可逆变换

后面在研究矩阵的合同与实二次型理论的关系时，将实二次型变化的过程中，我们常常需要做变换，这种变换可以用如下关系描述：

设由变量 $y_1,y_2,\cdots,y_n$ 到 $x_1,x_2,\cdots,x_n$ 的线性变换为

$$\begin{cases}x_1=c_{11}y_1+c_{12}y_2+\cdots+c_{1n}y_n,\\ x_2=c_{21}y_1+c_{22}y_2+\cdots+c_{2n}y_n,\\ \cdots\cdots\cdots\cdots\\ x_n=c_{n1}y_1+c_{n2}y_2+\cdots+c_{nn}y_n,\end{cases}\tag{6-3}$$

若记 $\boldsymbol{C}=\begin{pmatrix}c_{11} & c_{12} & \cdots & c_{1n}\\ c_{21} & c_{22} & \cdots & c_{2n}\\ \vdots & \vdots & & \vdots\\ c_{n1} & c_{n2} & \cdots & c_{nn}\end{pmatrix}$，$\boldsymbol{x}=\begin{pmatrix}x_1\\ x_2\\ \vdots\\ x_n\end{pmatrix}$，$\boldsymbol{y}=\begin{pmatrix}y_1\\ y_2\\ \vdots\\ y_n\end{pmatrix}$，则(6-3)式可简记为 $\boldsymbol{x}=\boldsymbol{C}\boldsymbol{y}$。

若 $\boldsymbol{C}$ 是可逆矩阵，称 $\boldsymbol{x}=\boldsymbol{C}\boldsymbol{y}$ 为**可逆线性变换**，简称**可逆变换**；当 $\boldsymbol{C}$ 为正交矩阵，称 $\boldsymbol{x}=\boldsymbol{C}\boldsymbol{y}$ 为**正交变换**。

定义 6.2 设 $\boldsymbol{A},\boldsymbol{B}$ 均为 n 阶方阵，若存在可逆矩阵 $\boldsymbol{C}_{n\times n}$，使 $\boldsymbol{C}^{\mathrm{T}}\boldsymbol{A}\boldsymbol{C}=\boldsymbol{B}$，称 $\boldsymbol{A}$ 与 $\boldsymbol{B}$ 合同，记为 $\boldsymbol{A}\simeq\boldsymbol{B}$。

合同矩阵具有下列性质：

性质 1 设 $\boldsymbol{A}$ 为对称矩阵，若 $\boldsymbol{A}$ 与 $\boldsymbol{B}$ 合同，则 $\boldsymbol{B}$ 也为对称矩阵。

性质 2 若 $\boldsymbol{A}$ 与 $\boldsymbol{B}$ 合同，则 $r(\boldsymbol{A})=r(\boldsymbol{B})$。

性质 3 若 $\boldsymbol{A}$ 与 $\boldsymbol{B}$ 合同，$\boldsymbol{B}$ 与 $\boldsymbol{C}$ 合同，则 $\boldsymbol{A}$ 与 $\boldsymbol{C}$ 合同。

注 合同与相似是两个不同的概念。矩阵 $\boldsymbol{A}$ 与 $\boldsymbol{B}$ 相似，是指存在可逆矩阵 $\boldsymbol{C}$，使得

$\boldsymbol{C}^{-1}\boldsymbol{A}\boldsymbol{C}=\boldsymbol{B}$。

例如，$\boldsymbol{A}=\begin{pmatrix}-1 & 0\\ 0 & 2\end{pmatrix}$，$\boldsymbol{B}=\begin{pmatrix}-4 & 0\\ 0 & 2\end{pmatrix}$，取 $\boldsymbol{C}=\begin{pmatrix}2 & 0\\ 0 & 1\end{pmatrix}$，则 $\boldsymbol{B}=\boldsymbol{C}^{\mathrm{T}}\boldsymbol{A}\boldsymbol{C}$，即 $\boldsymbol{A}$ 与 $\boldsymbol{B}$ 合同，但 $\boldsymbol{A}$ 与 $\boldsymbol{B}$ 不相似（它们的特征值不同）。

6.1.3 二次型的标准形

定义 6.3 如果二次型 $f(x_1,x_2,\cdots,x_n)$ 经可逆变换 $\boldsymbol{x}=\boldsymbol{C}\boldsymbol{y}$ 变为 $b_1y_1^2+b_2y_2^2+\cdots+b_ny_n^2$，则称这种只含平方项的二次型为**二次型的标准形**。

由上面讨论可知，二次型 $f=\boldsymbol{x}^{\mathrm{T}}\boldsymbol{A}\boldsymbol{x}$ 在线性变换 $\boldsymbol{x}=\boldsymbol{C}\boldsymbol{y}$ 下，变成 $\boldsymbol{y}^{\mathrm{T}}(\boldsymbol{C}^{\mathrm{T}}\boldsymbol{A}\boldsymbol{C})\boldsymbol{y}$，可判断出 $\boldsymbol{C}^{\mathrm{T}}\boldsymbol{A}\boldsymbol{C}$ 应为对角阵。

因任意一个实对称矩阵 $\boldsymbol{A}$，一定存在正交矩阵 $\boldsymbol{P}$，使得

$$\boldsymbol{P}^{-1}\boldsymbol{A}\boldsymbol{P}=\boldsymbol{P}^{\mathrm{T}}\boldsymbol{A}\boldsymbol{P}=\boldsymbol{\Lambda}=\begin{pmatrix}\lambda_1 & & & \\ & \lambda_2 & & \\ & & \ddots & \\ & & & \lambda_n\end{pmatrix},$$

其中 $\lambda_1,\lambda_2,\cdots,\lambda_n$ 是 $\boldsymbol{A}$ 的全部特征值，所以对任意的二次型 $f=\boldsymbol{x}^{\mathrm{T}}\boldsymbol{A}\boldsymbol{x}$，必存在一个正交变换 $\boldsymbol{x}=\boldsymbol{P}\boldsymbol{y}$，将 f 标准化，即

$$f(y_1,y_2,\cdots,y_n)=\lambda_1y_1^2+\lambda_2y_2^2+\cdots+\lambda_ny_n^2,$$

其中 $\lambda_1,\lambda_2,\cdots,\lambda_n$ 为 $\boldsymbol{A}$ 的特征值。

用正交变换法化二次型为标准形的步骤如下：

(1) 写出二次型的矩阵 $\boldsymbol{A}$，求其特征值 $\lambda_1,\lambda_2,\cdots,\lambda_n$；

(2) 求出所有特征值对应的特征向量，并将它们正交单位化；

(3) 以正交单位化后的特征向量依次作为列向量构成正交矩阵 $\boldsymbol{P}$，则

$$\boldsymbol{P}^{\mathrm{T}}\boldsymbol{A}\boldsymbol{P}=\boldsymbol{\Lambda}=\begin{pmatrix}\lambda_1 & & & \\ & \lambda_2 & & \\ & & \ddots & \\ & & & \lambda_n\end{pmatrix};$$

(4) 作正交变换 $\boldsymbol{x}=\boldsymbol{P}\boldsymbol{y}$，可得

$$f=\boldsymbol{x}^{\mathrm{T}}\boldsymbol{A}\boldsymbol{x}=(\boldsymbol{P}\boldsymbol{y})^{\mathrm{T}}\boldsymbol{A}(\boldsymbol{P}\boldsymbol{y})=\boldsymbol{y}^{\mathrm{T}}(\boldsymbol{P}^{\mathrm{T}}\boldsymbol{A}\boldsymbol{P})\boldsymbol{y}=\boldsymbol{y}^{\mathrm{T}}\boldsymbol{\Lambda}\boldsymbol{y}=\lambda_1y_1^2+\lambda_2y_2^2+\cdots+\lambda_ny_n^2。$$

例 4 用正交变换将 $f(x_1,x_2)=x_1^2-8x_1x_2-5x_2^2$ 化为标准形。

解 二次型的矩阵为 $\boldsymbol{A}=\begin{pmatrix}1 & -4\\ -4 & -5\end{pmatrix}$，由 $|\boldsymbol{A}-\lambda\boldsymbol{E}|=(\lambda-3)(\lambda+7)=0$ 得特征值 $\lambda_1=3,\lambda_2=-7$。

$\lambda_1=3$ 对应的特征向量为 $\boldsymbol{\xi}_1=\begin{pmatrix}2\\ -1\end{pmatrix}$，$\lambda_2=-7$ 对应的特征向量为 $\boldsymbol{\xi}_2=\begin{pmatrix}1\\ 2\end{pmatrix}$。因 $\boldsymbol{\xi}_1,\boldsymbol{\xi}_2$ 对应不同的特征值，所以它们正交，只需要将它们单位化。

将 $\boldsymbol{\xi}_1,\boldsymbol{\xi}_2$ 单位化，得

$$\boldsymbol{p}_1=\begin{pmatrix}\dfrac{2}{\sqrt{5}}\\-\dfrac{1}{\sqrt{5}}\end{pmatrix},\boldsymbol{p}_2=\begin{pmatrix}\dfrac{1}{\sqrt{5}}\\\dfrac{2}{\sqrt{5}}\end{pmatrix}。$$

令 $\boldsymbol{P}=(\boldsymbol{p}_1,\boldsymbol{p}_2)=\begin{pmatrix}\dfrac{2}{\sqrt{5}}&\dfrac{1}{\sqrt{5}}\\-\dfrac{1}{\sqrt{5}}&\dfrac{2}{\sqrt{5}}\end{pmatrix}$，$\boldsymbol{\Lambda}=\begin{pmatrix}3&0\\0&-7\end{pmatrix}$，得 $\boldsymbol{P}^{-1}\boldsymbol{AP}=\boldsymbol{P}^{\mathrm{T}}\boldsymbol{AP}=\boldsymbol{\Lambda}$，所求的正交变换 $\boldsymbol{x}=\boldsymbol{Py}$，有 $f=\boldsymbol{x}^{\mathrm{T}}\boldsymbol{Ax}=\boldsymbol{y}^{\mathrm{T}}\boldsymbol{\Lambda y}=3y_1^2-7y_2^2$。

例 5　设二次型 $f(x_1,x_2,x_3)=x_1^2-2x_2^2+x_3^2+2x_1x_2-4x_1x_3+2x_2x_3$，求一个正交变换 $\boldsymbol{x}=\boldsymbol{Py}$，将它化为标准形。

解　二次型的矩阵为 $\boldsymbol{A}=\begin{pmatrix}1&1&-2\\1&-2&1\\-2&1&1\end{pmatrix}$，由 $|\boldsymbol{A}-\lambda\boldsymbol{E}|=\lambda(3-\lambda)(3+\lambda)=0$，得到 $\boldsymbol{A}$ 的特征值为 $\lambda_1=0,\lambda_2=3,\lambda_3=-3$。

当 $\lambda_1=0$ 时对应的特征向量为 $\boldsymbol{\xi}_1=\begin{pmatrix}1\\1\\1\end{pmatrix}$，$\lambda_2=3$ 对应的特征向量为 $\boldsymbol{\xi}_2=\begin{pmatrix}1\\0\\-1\end{pmatrix}$，$\lambda_3=-3$ 对应的特征向量为 $\boldsymbol{\xi}_3=\begin{pmatrix}1\\-2\\1\end{pmatrix}$。因每一个特征值只有一个相应的特征向量，所以它们两两正交，只需要将它们单位化。

将其单位化得：$\boldsymbol{p}_1=\dfrac{1}{\sqrt{3}}\begin{pmatrix}1\\1\\1\end{pmatrix}$，$\boldsymbol{p}_2=\dfrac{1}{\sqrt{2}}\begin{pmatrix}1\\0\\-1\end{pmatrix}$，$\boldsymbol{p}_3=\dfrac{1}{\sqrt{6}}\begin{pmatrix}1\\-2\\1\end{pmatrix}$。

令 $\boldsymbol{P}=(\boldsymbol{p}_1,\boldsymbol{p}_2,\boldsymbol{p}_3)=\begin{pmatrix}\dfrac{1}{\sqrt{3}}&\dfrac{1}{\sqrt{2}}&\dfrac{1}{\sqrt{6}}\\\dfrac{1}{\sqrt{3}}&0&-\dfrac{2}{\sqrt{6}}\\\dfrac{1}{\sqrt{3}}&-\dfrac{1}{\sqrt{2}}&\dfrac{1}{\sqrt{6}}\end{pmatrix}$，使 $\boldsymbol{P}^{\mathrm{T}}\boldsymbol{AP}=\begin{pmatrix}0&&\\&3&\\&&-3\end{pmatrix}$。

于是，所求的正交变换为 $\boldsymbol{x}=\boldsymbol{Py}$，所化二次型的标准形为

$$f(y_1,y_2,y_3)=0y_1^2+3y_2^2-3y_3^2=3y_2^2-3y_3^2。$$

例 6　设二次型 $f(x_1,x_2,x_3)=\dfrac{1}{2}x_1^2-x_1x_2+2x_1x_3+\dfrac{1}{2}x_2^2+2x_2x_3-x_3^2$，求一个正交变换 $\boldsymbol{x}=\boldsymbol{Py}$，将它化为标准形。

解 二次型的矩阵为$\boldsymbol{A}=\begin{pmatrix}\frac{1}{2} & -\frac{1}{2} & 1\\ -\frac{1}{2} & \frac{1}{2} & 1\\ 1 & 1 & -1\end{pmatrix}$，由$|\boldsymbol{A}-\lambda\boldsymbol{E}|=-(1-\lambda)^2(2+\lambda)=0$得特征值$\lambda_1=\lambda_2=1,\lambda_3=-2$。

$\lambda_1=\lambda_2=1$对应的特征向量为$\boldsymbol{\xi}_1=\begin{pmatrix}-1\\1\\0\end{pmatrix},\boldsymbol{\xi}_2=\begin{pmatrix}2\\0\\1\end{pmatrix}$；将其正交化，取

$$\boldsymbol{q}_1=\boldsymbol{\xi}_1=\begin{pmatrix}-1\\1\\0\end{pmatrix},\quad \boldsymbol{q}_2=\boldsymbol{\xi}_2-\frac{(\boldsymbol{\xi}_2,\boldsymbol{q}_1)}{(\boldsymbol{q}_1,\boldsymbol{q}_1)}=\begin{pmatrix}2\\0\\1\end{pmatrix}-\frac{-2}{2}\begin{pmatrix}-1\\1\\0\end{pmatrix}=\begin{pmatrix}1\\1\\1\end{pmatrix};$$

再单位化，得$\boldsymbol{p}_1=\begin{pmatrix}-\frac{1}{\sqrt{2}}\\ \frac{1}{\sqrt{2}}\\ 0\end{pmatrix},\boldsymbol{p}_2=\begin{pmatrix}\frac{1}{\sqrt{3}}\\ \frac{1}{\sqrt{3}}\\ \frac{1}{\sqrt{3}}\end{pmatrix}$；

$\lambda_3=-2$对应的特征向量为$\boldsymbol{\xi}_3=\begin{pmatrix}1\\1\\-2\end{pmatrix}$，单位化得$\boldsymbol{p}_3=\begin{pmatrix}\frac{1}{\sqrt{6}}\\ \frac{1}{\sqrt{6}}\\ \frac{2}{-\sqrt{6}}\end{pmatrix}$。

令$\boldsymbol{P}=(\boldsymbol{p}_1,\boldsymbol{p}_2,\boldsymbol{p}_3)=\begin{pmatrix}-\frac{1}{\sqrt{2}} & \frac{1}{\sqrt{3}} & \frac{1}{\sqrt{6}}\\ \frac{1}{\sqrt{2}} & \frac{1}{\sqrt{3}} & \frac{1}{\sqrt{6}}\\ 0 & \frac{1}{\sqrt{3}} & -\frac{2}{\sqrt{6}}\end{pmatrix}$，故所求的正交变换为$\boldsymbol{x}=\boldsymbol{P}\boldsymbol{y}$，有

$$f(y_1,y_2,y_3)=y_1^2+y_2^2-2y_3^2。$$

习题 6.1

1. 写出下列二次型的矩阵。

(1) $f(x_1,x_2,x_3)=-4x_1x_2+2x_1x_3+2x_2x_3$；

(2) $f(x_1,x_2,x_3)=x_1^2+2x_1x_2-x_1x_3+2x_3^2$；

(3) $f(x_1,x_2,x_3)=4x_1x_2+6x_1x_3-8x_2x_3$；

(4) $f(x_1,x_2,x_3)=8x_1^2+7x_2^2-3x_3^2-6x_1x_2+4x_1x_3-2x_2x_3$。

2. 写出二次型 $f=\boldsymbol{x}^{\mathrm{T}}\begin{pmatrix}1&2&3\\4&5&6\\7&8&9\end{pmatrix}\boldsymbol{x}$ 的矩阵。

3. 写出下列矩阵对应的二次型。

(1) $\boldsymbol{A}=\begin{pmatrix}4&3&0\\3&2&1\\0&1&1\end{pmatrix}$；　　(2) $\boldsymbol{A}=\begin{pmatrix}-2&2&2\\2&-6&0\\2&0&-9\end{pmatrix}$；

(3) $\boldsymbol{A}=\begin{pmatrix}1&-1&2&-1\\-1&1&3&-2\\2&3&1&0\\-1&-2&0&1\end{pmatrix}$。

4. 用正交变换化二次型为标准形，并求所用的正交矩阵。

(1) $f(x_1,x_2,x_3)=6x_1^2+5x_2^2+7x_3^2-4x_1x_2+4x_1x_3$；

(2) $f(x_1,x_2,x_3)=17x_1^2+14x_2^2+14x_3^2-4x_1x_2-4x_1x_3 8x_2x_3$。

扫码查看习题参考答案

6.2　用配方法及初等变换法化二次型为标准形

6.2.1　用配方法化二次型为标准形

用正交变换化二次型成标准形，具有保持几何形状不变的优点。如果不限于正交变换，那么还可以有多个可逆的线性变换把二次型化成标准形，其中最常用的方法是拉格朗日配方法。

配方法即将二次多项式配成完全平方的方法，类似于初等数学中的配完全平方。

例 1　化二次型 $f(x_1,x_2,x_3)=x_1^2+2x_2^2+5x_3^2+2x_1x_2+2x_1x_3+6x_2x_3$ 为标准形，并求所用的变换矩阵。

解　由于 f 中含有 x_1 的平方项，我们先将 x_1 的项放在一起配成完全平方，得

$f=x_1^2+2x_1x_2+2x_1x_3+2x_2^2+5x_3^2+6x_2x_3=(x_1+x_2+x_3)^2+x_2^2+4x_3^2+4x_2x_3$，

上式除 $(x_1+x_2+x_3)^2$ 外已无 x_1，将含有 x_2 的项放在一起继续配方，得

$$f=(x_1+x_2+x_3)^2+(x_2+2x_3)^2,$$

令 $\begin{cases}y_1=x_1+x_2+x_3,\\y_2=x_2+2x_3,\\y_3=x_3,\end{cases}$ 即 $\begin{cases}x_1=y_1-y_2+y_3,\\x_2=y_2-2y_3,\\x_3=y_3,\end{cases}$ 就可以把 f 化成标准形 $f(y_1,y_2,y_3)=y_1^2+y_2^2$，所用的变换矩阵为 $\begin{pmatrix}1&-1&1\\0&1&-2\\0&0&1\end{pmatrix}$。

例 2　化二次型 $f(x_1,x_2,x_3)=x_1^2-4x_1x_2+2x_1x_3+x_2^2+2x_2x_3-2x_3^2$ 为标准形，并求所用的变换矩阵。

解 $f=(x_1^2-4x_1x_2+2x_1x_3)+x_2^2+2x_2x_3-2x_3^2$

$$
\begin{aligned}
&=[(x_1-2x_2+x_3)^2-4x_2^2-x_3^2+4x_2x_3]+x_2^2+2x_2x_3-2x_3^2\\
&=(x_1-2x_2+x_3)^2-3x_2^2+6x_2x_3-3x_3^2\\
&=(x_1-2x_2+x_3)^2-3(x_2-x_3)^2,
\end{aligned}
$$

令$\begin{cases}y_1=x_1-2x_2+x_3,\\y_2=\quad x_2-x_3,\\y_3=\quad x_3,\end{cases}$即$\begin{cases}x_1=y_1+2y_2+y_3,\\x_2=\quad y_2+y_3,\\x_3=\quad y_3,\end{cases}$将 f 化为标准形 $f(y_1,y_2,y_3)=y_1^2-3y_2^2$，所用变换矩阵为$\begin{pmatrix}1&2&1\\0&1&1\\0&0&1\end{pmatrix}$。

例 3 用配方法求二次型 $f(x_1,x_2,x_3)=x_1x_2-x_2x_3$ 的标准形，并写出相应的可逆线性变换。

解 因 f 中没有平方项，不能直接配方，因为有 x_1x_2 项，为了出现平方项，一般令$\begin{cases}x_1=y_1+y_2,\\x_2=y_1-y_2,\\x_3=\quad y_3,\end{cases}$ 即 $\begin{pmatrix}x_1\\x_2\\x_3\end{pmatrix}=\begin{pmatrix}1&1&0\\1&-1&0\\0&0&1\end{pmatrix}\begin{pmatrix}y_1\\y_2\\y_3\end{pmatrix}$，得

$$
\begin{aligned}
f&=(y_1+y_2)(y_1-y_2)-(y_1-y_2)y_3=y_1^2-y_2^2-y_1y_3+y_2y_3\\
&=\left(y_1-\frac{1}{2}y_3\right)^2-y_2^2-\frac{1}{4}y_3^2+y_2y_3\\
&=\left(y_1-\frac{1}{2}y_3\right)^2-\left(y_2-\frac{1}{2}y_3\right)^2,
\end{aligned}
$$

令$\begin{cases}z_1=y_1-\frac{1}{2}y_3,\\z_2=y_2-\frac{1}{2}y_3,\\z_3=\quad y_3,\end{cases}$ 即 $\begin{pmatrix}y_1\\y_2\\y_3\end{pmatrix}=\begin{pmatrix}1&0&\frac{1}{2}\\0&1&\frac{1}{2}\\0&0&1\end{pmatrix}\begin{pmatrix}z_1\\z_2\\z_3\end{pmatrix}$，得 f 的标准形为 $f(z_1,z_2,z_3)=z_1^2-z_2^2$，所用的可逆线性变换为

$$
\begin{pmatrix}x_1\\x_2\\x_3\end{pmatrix}=\begin{pmatrix}1&1&0\\1&-1&0\\0&0&1\end{pmatrix}\begin{pmatrix}1&0&\frac{1}{2}\\0&1&\frac{1}{2}\\0&0&1\end{pmatrix}\begin{pmatrix}z_1\\z_2\\z_3\end{pmatrix}=\begin{pmatrix}1&1&1\\1&-1&0\\0&0&1\end{pmatrix}\begin{pmatrix}z_1\\z_2\\z_3\end{pmatrix}。
$$

例 4 用配方法求二次型 $f(x_1,x_2,x_3)=2x_1x_2+2x_1x_3-6x_2x_3$ 的标准形，并写出相应的可逆线性变换。

解 由于 f 不含平方项，但含 x_1x_2 的项，因此令$\begin{cases}x_1=y_1+y_2,\\x_2=y_1-y_2,\\x_3=\quad y_3,\end{cases}$ 代入原式得

$f=2(y_1+y_2)(y_1-y_2)+2(y_1+y_2)y_3-6(y_1-y_2)y_3=2y_1^2-2y_2^2-4y_1y_3+8y_2y_3$，再对上式配方，得

$$
\begin{aligned}
f &= 2(y_1^2 - 2y_1y_3 + y_3^2) - 2y_3^2 - 2y_2^2 + 8y_2y_3 \\
&= 2(y_1 - y_3)^2 - 2(y_2^2 - 4y_2y_3 + 4y_3^2) + 6y_3^2 \\
&= 2(y_1 - y_3)^2 - 2(y_2 - 2y_3)^2 + 6y_3^2,
\end{aligned}
$$

令$\begin{cases} z_1 = y_1 - y_3, \\ z_2 = y_2 - 2y_3, \\ z_3 = y_3, \end{cases}$即$\begin{cases} y_1 = z_1 + z_3, \\ y_2 = z_2 + 2z_3, \\ y_3 = z_3, \end{cases}$得 $f(z_1, z_2, z_3) = 2z_1^2 - 2z_2^2 + 6z_3^2$。

故所用的线性变换是

$$
\begin{pmatrix} x_1 \\ x_2 \\ x_3 \end{pmatrix} = \begin{pmatrix} 1 & 1 & 0 \\ 1 & -1 & 0 \\ 0 & 0 & 1 \end{pmatrix} \begin{pmatrix} 1 & 0 & 1 \\ 0 & 1 & 2 \\ 0 & 0 & 1 \end{pmatrix} \begin{pmatrix} z_1 \\ z_2 \\ z_3 \end{pmatrix} = \begin{pmatrix} 1 & 1 & 3 \\ 1 & -1 & -1 \\ 0 & 0 & 1 \end{pmatrix} \begin{pmatrix} z_1 \\ z_2 \\ z_3 \end{pmatrix}。
$$

若 f 中没有平方项，但有交叉项 $x_ix_j(i \neq j)$，可令 $x_i = y_i + y_j, x_j = y_i - y_j$，其余 $x_k = y_k(k \neq i, j)$，在此变换下出现平方项，然后再按照配方法即可变换为标准形。

6.2.2 用初等变换法化二次型为标准形

二次型化为标准形的问题，实质上就是找一个可逆矩阵 $\boldsymbol{P}$，使 $\boldsymbol{A}$ 合同于对角阵 $\boldsymbol{B}$，于是有下面的定理：

定理 6.1 对任何实对称矩阵 $\boldsymbol{A}$，一定存在初等矩阵 $\boldsymbol{P}_1, \boldsymbol{P}_2, \cdots, \boldsymbol{P}_s$，使 $\boldsymbol{P}_s^{\mathrm{T}} \cdots \boldsymbol{P}_2^{\mathrm{T}} \boldsymbol{P}_1^{\mathrm{T}} \boldsymbol{A} \boldsymbol{P}_1 \boldsymbol{P}_2 \cdots \boldsymbol{P}_s = \boldsymbol{B}$，其中 $\boldsymbol{B}$ 为对角矩阵。

证明 因为 $\boldsymbol{A}$ 是对称矩阵，对二次型 $\boldsymbol{x}^{\mathrm{T}}\boldsymbol{A}\boldsymbol{x}$，一定存在可逆变换 $\boldsymbol{x} = \boldsymbol{P}\boldsymbol{y}$，使

$$
\boldsymbol{x}^{\mathrm{T}}\boldsymbol{A}\boldsymbol{x} = (\boldsymbol{P}\boldsymbol{y})^{\mathrm{T}}\boldsymbol{A}(\boldsymbol{P}\boldsymbol{y}) = \boldsymbol{y}^{\mathrm{T}}\boldsymbol{P}^{\mathrm{T}}\boldsymbol{A}\boldsymbol{P}\boldsymbol{y} = \boldsymbol{y}^{\mathrm{T}}\boldsymbol{B}\boldsymbol{y},
$$

其中 $\boldsymbol{B} = \boldsymbol{P}^{\mathrm{T}}\boldsymbol{A}\boldsymbol{P}$ 为对角矩阵。

因为 $\boldsymbol{P}$ 可逆，所以可以写成初等矩阵 $\boldsymbol{P}_1, \boldsymbol{P}_2, \cdots, \boldsymbol{P}_s$ 的乘积，即 $\boldsymbol{P} = \boldsymbol{P}_1\boldsymbol{P}_2\cdots\boldsymbol{P}_s$。所以

$$
\begin{aligned}
\boldsymbol{P}^{\mathrm{T}}\boldsymbol{A}\boldsymbol{P} &= (\boldsymbol{P}_1\boldsymbol{P}_2\cdots\boldsymbol{P}_s)^{\mathrm{T}}\boldsymbol{A}\boldsymbol{P}_1\boldsymbol{P}_2\cdots\boldsymbol{P}_s \\
&= \boldsymbol{P}_s^{\mathrm{T}}\cdots\boldsymbol{P}_2^{\mathrm{T}}\boldsymbol{P}_1^{\mathrm{T}}\boldsymbol{A}\boldsymbol{P}_1\boldsymbol{P}_2\cdots\boldsymbol{P}_s \\
&= \boldsymbol{P}_s^{\mathrm{T}}(\cdots(\boldsymbol{P}_2^{\mathrm{T}}(\boldsymbol{P}_1^{\mathrm{T}}\boldsymbol{A}\boldsymbol{P}_1)\boldsymbol{P}_2)\cdots)\boldsymbol{P}_s = \boldsymbol{B},
\end{aligned}
$$

故 $\boldsymbol{x}^{\mathrm{T}}\boldsymbol{A}\boldsymbol{x} = \boldsymbol{y}^{\mathrm{T}}\boldsymbol{P}^{\mathrm{T}}\boldsymbol{A}\boldsymbol{P}\boldsymbol{y} = \boldsymbol{y}^{\mathrm{T}}\boldsymbol{B}\boldsymbol{y}$，其中 $\boldsymbol{B} = \boldsymbol{P}^{\mathrm{T}}\boldsymbol{A}\boldsymbol{P}$ 为对角矩阵。

为了在初等变换过程中获得可逆矩阵 $\boldsymbol{P}$，应构造一个 $n \times 2n$ 矩阵$(\boldsymbol{A} \vdots \boldsymbol{E})$，$\boldsymbol{E}$ 为 n 阶单位矩阵，然后对$(\boldsymbol{A} \vdots \boldsymbol{E})$作初等行变换，接着做相同的初等列变换，经过若干次这样的初等变换把 $\boldsymbol{A}$ 变成对角阵 $\boldsymbol{B}$ 时，$\boldsymbol{E}$ 就变成了使 $\boldsymbol{A}$ 化成对角阵的可逆矩阵 $\boldsymbol{P}^{\mathrm{T}}$，即

$$
(\boldsymbol{A} \vdots \boldsymbol{E}) \xrightarrow{\text{作相同的初等行、列变换}} (\boldsymbol{B} \vdots \boldsymbol{P}^{\mathrm{T}}),
$$

其中 $\boldsymbol{B}$ 为对角矩阵，从而得到 $\boldsymbol{P} = (\boldsymbol{P}^{\mathrm{T}})^{\mathrm{T}}$。

同理，也可按照下面的初等变换将实对称矩阵对角化：

$$
\begin{pmatrix} \boldsymbol{A} \\ \cdots \\ \boldsymbol{E} \end{pmatrix} \xrightarrow{\text{作相同的初等行、列变换}} \begin{pmatrix} \boldsymbol{B} \\ \cdots \\ \boldsymbol{P}^{\mathrm{T}} \end{pmatrix}。
$$

例 5 将例 2 中的二次型 $f(x_1, x_2, x_3) = x_1^2 - 4x_1x_2 + 2x_1x_3 + x_2^2 + 2x_2x_3 - 2x_3^2$ 用初等变换法化为标准形。

解
$$(\boldsymbol{A} \vdots \boldsymbol{E})=\left(\begin{array}{ccc:ccc}1 & -2 & 1 & 1 & 0 & 0\\ -2 & 1 & 1 & 0 & 1 & 0\\ 1 & 1 & -2 & 0 & 0 & 1\end{array}\right)\xrightarrow[r_3-r_1]{r_2+2r_1}\begin{pmatrix}1 & -2 & 1 & 1 & 0 & 0\\ 0 & -3 & 3 & 2 & 1 & 0\\ 0 & 3 & -3 & -1 & 0 & 1\end{pmatrix}$$

$$\xrightarrow[c_3-c_1]{c_2+2c_1}\begin{pmatrix}1 & 0 & 0 & 1 & 0 & 0\\ 0 & -3 & 3 & 2 & 1 & 0\\ 0 & 3 & -3 & -1 & 0 & 1\end{pmatrix}\xrightarrow{r_3+r_2}\begin{pmatrix}1 & 0 & 0 & 1 & 0 & 0\\ 0 & -3 & 3 & 2 & 1 & 0\\ 0 & 0 & 0 & 1 & 1 & 1\end{pmatrix}$$

$$\xrightarrow{c_3+c_2}\left(\begin{array}{ccc:ccc}1 & 0 & 0 & 1 & 0 & 0\\ 0 & -3 & 0 & 2 & 1 & 0\\ 0 & 0 & 0 & 1 & 1 & 1\end{array}\right),$$

得 $\boldsymbol{P}^{\mathrm{T}}=\begin{pmatrix}1 & 0 & 0\\ 2 & 1 & 0\\ 1 & 1 & 1\end{pmatrix}$，则 $\boldsymbol{P}=\begin{pmatrix}1 & 2 & 1\\ 0 & 1 & 1\\ 0 & 0 & 1\end{pmatrix}$，所用可逆变换为 $\boldsymbol{x}=\boldsymbol{P}\boldsymbol{y}$，即 $\begin{cases}x_1=y_1+2y_2+y_3,\\ x_2=y_2+y_3,\\ x_3=y_3,\end{cases}$ 将 f 化为标准形 $f(y_1,y_2,y_3)=y_1^2-3y_2^2$。

6.2.3 标准二次型化为规范形

由上面的例子可以看到二次型的标准形与所做的可逆变换有关，一般二次型的标准形不是唯一的，但标准二次型中所含系数不为 0 的平方项的个数是唯一的。

例如，在例 5 中，$f(y_1,y_2,y_3)=y_1^2-3y_2^2$，令 $\begin{cases}y_1=z_2\\ y_2=z_1\\ y_3=z_3\end{cases}$，$\boldsymbol{C}=\begin{pmatrix}0 & 1 & 0\\ 1 & 0 & 0\\ 0 & 0 & 1\end{pmatrix}$ 是可逆变换，将原二次型化为 $f(z_1,z_2,z_3)=-3z_1^2+z_2^2$。

定义 6.4 若标准二次型中的平方项系数只有 0、-1 和 1，则称为**规范形**。

设二次型

$$f=d_1x_1^2+\cdots+d_px_p^2-d_{p+1}x_{p+1}^2-\cdots-d_rx_r^2, \tag{6-4}$$

其中 $d_i>0(i=1,2,\cdots,r)$，r 是 f 的秩。

作可逆线性变换

$$\begin{cases}x_i=\dfrac{1}{\sqrt{d_i}}y_i(i=1,2,\cdots,r),\\ x_j=y_j(j=r+1,\cdots,n),\end{cases}$$

可将(6-4)式化为规范形：

$$f=y_1^2+\cdots+y_p^2-y_{p+1}^2-\cdots-y_r^2。 \tag{6-5}$$

定义 6.5 规范形 $f=y_1^2+\cdots+y_p^2-y_{p+1}^2-\cdots-y_r^2$ 中的正项个数 p 称为二次型的**正惯性指数**，负项个数 $r-p$ 称为**负惯性指数**，其中 r 为 f 的秩。

下面不加证明地给出关于规范形的定理。

定理 6.2 （惯性定理）任意二次型 $f=\boldsymbol{x}^{\mathrm{T}}\boldsymbol{A}\boldsymbol{x}$ 都可经过可逆变换化为规范形：

$$f=y_1^2+\cdots+y_p^2-y_{p+1}^2-\cdots-y_r^2,$$

其中 r 为 f 的秩，且规范形是唯一的。

例 6 将 6.1 节例 5 中求得的标准二次型 $f(y_1,y_2,y_3)=0y_1^2+3y_2^2-3y_3^2$ 化为规范

形,并求其正惯性指数。

解　将标准二次型 $f(y_1,y_2,y_3)=0y_1^2+3y_2^2-3y_3^2$ 做可逆变换 $\begin{cases} y_1=u_3, \\ y_2=u_1, \\ y_3=u_2, \end{cases}$ 即 $\boldsymbol{y}=\begin{pmatrix} 0 & 0 & 1 \\ 1 & 0 & 0 \\ 0 & 1 & 0 \end{pmatrix}\boldsymbol{u}$,得 $f(u_1,u_2,u_3)=3u_1^2-3u_2^2$。

再做可逆变换 $\begin{cases} u_1=\dfrac{1}{\sqrt{3}}z_1, \\ u_2=\dfrac{1}{\sqrt{3}}z_2, \\ u_3=z_3, \end{cases}$ 即 $\boldsymbol{u}=\begin{pmatrix} \frac{1}{\sqrt{3}} & & \\ & \frac{1}{\sqrt{3}} & \\ & & 1 \end{pmatrix}\boldsymbol{z}$,则 $f(z_1,z_2,z_3)=z_1^2-z_2^2$,其正惯性指数 $p=1$。

习题 6.2

1. 用配方法将下列二次型化为标准形。

(1) $f(x_1,x_2,x_3)=x_1^2+4x_1x_2-3x_2x_3$;

(2) $f(x_1,x_2,x_3)=x_1^2+2x_2^2+2x_1x_2-2x_1x_3$;

(3) $f(x_1,x_2,x_3)=2x_1x_2+2x_1x_3-6x_2x_3$;

(4) $f(x_1,x_2,x_3)=x_1x_2+x_1x_3-3x_2x_3$。

2. 分别用初等变换和配方法将下列二次型化成规范形,并指出其正惯性指数。

(1) $f(x_1,x_2,x_3)=x_1^2-x_3^2+2x_1x_2+2x_2x_3$;

(2) $f(x_1,x_2,x_3)=x_1^2+5x_2^2-4x_3^2+2x_1x_2-4x_1x_3$。

3. 设二次型 $f(x_1,x_2,x_3)=5x_1^2+5x_2^2+cx_3^2-2x_1x_2+6x_1x_3-6x_2x_3$,其秩为 2。

(1)求 c;(2)将 f 标准化;(3)指出 $f=1$ 时表示何种二次曲面。

扫码查看习题参考答案

6.3　正定二次型和正定矩阵

在科学技术中用得较多的是正定二次型或负定二次型。本节先给出它们的定义,再讨论其判别方法。

6.3.1　二次型的分类

定义 6.6　n 元实二次型可分成以下五类:

(1) 若对任意的非零向量 $\boldsymbol{x}$,都有 $\boldsymbol{x}^{\mathrm{T}}\boldsymbol{A}\boldsymbol{x}>0$,则称 f 为**正定二次型**,对应的矩阵 $\boldsymbol{A}$ 称为**正定矩阵**;

(2) 若对任意的非零向量 $\boldsymbol{x}$,都有 $\boldsymbol{x}^{\mathrm{T}}\boldsymbol{A}\boldsymbol{x}\geqslant 0$,则称 f 为**半正定二次型**,对应的矩阵 $\boldsymbol{A}$ 称为**半正定矩阵**;

(3) 若对任意的非零向量 $\boldsymbol{x}$，都有 $\boldsymbol{x}^{\mathrm{T}}\boldsymbol{A}\boldsymbol{x}<0$，则称 f 为**负定二次型**，对应的矩阵 $\boldsymbol{A}$ 称为**负定矩阵**；

(4) 若对任意的非零向量 $\boldsymbol{x}$，都有 $\boldsymbol{x}^{\mathrm{T}}\boldsymbol{A}\boldsymbol{x}\leqslant 0$，则称 f 为**半负定二次型**，对应的矩阵 $\boldsymbol{A}$ 称为**半负定矩阵**；

(5) 其他的二次型称为**不定二次型**，对应的矩阵 $\boldsymbol{A}$ 称为**不定矩阵**。

例 1 判断下列二次型的正定性。

(1) $f(x_1,x_2,x_3)=x_1^2+x_2^2+x_3^2$；

(2) $f(x_1,x_2,x_3)=-x_1^2-x_2^2-x_3^2$；

(3) $f(x_1,x_2,x_3,x_4)=x_1^2+x_2^2+x_3^2$。

解 (1) 由定义 6.6，对任意的非零向量 $\boldsymbol{x}$，有 $f(x_1,x_2,x_3)=x_1^2+x_2^2+x_3^2>0$，所以 f 是正定二次型，对应的 $\boldsymbol{A}=\boldsymbol{E}_3$ 为正定矩阵；

(2) 对任意的非零向量 $\boldsymbol{x}$，有 $f(x_1,x_2,x_3)=-x_1^2-x_2^2-x_3^2<0$，所以 f 是负定二次型，对应的 $\boldsymbol{A}=-\boldsymbol{E}_3$ 为负定矩阵。

(3) 当 $\boldsymbol{x}=(x_1,x_2,x_3,x_4)=(0,0,0,k)(k\neq 0)$ 时，$f(x_1,x_2,x_3,x_4)=x_1^2+x_2^2+x_3^2=0$；当 $\boldsymbol{x}=(x_1,x_2,x_3,x_4)=(a,b,c,d)(abc\neq 0)$ 时，$f(x_1,x_2,x_3,x_4)=x_1^2+x_2^2+x_3^2>0$。所以 $f(x_1,x_2,x_3,x_4)\geqslant 0$，故 f 是半正定二次型，对应的 $\boldsymbol{A}=\begin{pmatrix}1&&&\\&1&&\\&&1&\\&&&0\end{pmatrix}$ 为半正定矩阵。

对于一个表达式较复杂的二次型来说，如果直接由定义 6.6 来判断它的正定性，一般来说是比较麻烦的，下面给出其他的判定方法。

6.3.2 二次型正定性的判别方法

定理 6.3 n 元二次型 $f=\boldsymbol{x}^{\mathrm{T}}\boldsymbol{A}\boldsymbol{x}$ 正定的充要条件是 f 的标准形中正惯性指数为 n，即它的标准形的 n 个系数全为正。

证明 设 f 在可逆变换 $\boldsymbol{x}=\boldsymbol{P}\boldsymbol{y}$ 下的标准形为 $f=k_1y_1^2+k_2y_2^2+\cdots+k_ny_n^2$。

先证充分性。设 $k_i>0(i=1,2,\cdots,n)$，对任意的 $\boldsymbol{x}\neq\boldsymbol{0}$ 有，$\boldsymbol{y}=\boldsymbol{P}^{-1}\boldsymbol{x}\neq\boldsymbol{0}$，故 $f=k_1y_1^2+k_2y_2^2+\cdots+k_ny_n^2>0$，即 f 正定。

再证必要性。设 f 正定，假设存在某个 $k_i\leqslant 0(i=1,2,\cdots,n)$，取

$$\boldsymbol{y}=\boldsymbol{e}_i=(0,\cdots,0,1,0,\cdots,0)^{\mathrm{T}}\neq\boldsymbol{0},$$

代入 f 的标准形中，与 f 正定矛盾，故有 $k_i>0(i=1,2,\cdots,n)$。

由定理 6.3 很容易得到下面的结论：

推论 6.1 二次型 $f=\boldsymbol{x}^{\mathrm{T}}\boldsymbol{A}\boldsymbol{x}$ 正定的充要条件是它的矩阵 $\boldsymbol{A}$ 的特征值都是正数。

推论 6.2 对称矩阵 $\boldsymbol{A}$ 正定的充要条件是它的特征值都是正数。

例如，$f(x_1,x_2,x_3)=2x_1^2+3x_2^2+5x_3^2$ 是正定的，因为其矩阵 $\boldsymbol{A}=\begin{pmatrix}2&0&0\\0&3&0\\0&0&5\end{pmatrix}$，特征值

均为正数，所以 $\boldsymbol{A}$ 也是正定的。

定理 6.4（霍尔维茨定理）

（1）实对称矩阵 $\boldsymbol{A}=(a_{ij})_{n\times n}$ 正定的必要条件是 $\boldsymbol{A}$ 的各阶顺序主子式都大于 0，即

$$a_{11}>0,\begin{vmatrix} a_{11} & a_{12} \\ a_{21} & a_{22} \end{vmatrix}>0,\cdots,\begin{vmatrix} a_{11} & a_{12} & \cdots & a_{1n} \\ a_{21} & a_{22} & \cdots & a_{2n} \\ \vdots & \vdots & & \vdots \\ a_{n1} & a_{n2} & \cdots & a_{nn} \end{vmatrix}>0。$$

（2）对称矩阵 $\boldsymbol{A}$ 为负定的充要条件是奇数阶顺序主子式小于 0，而偶数阶顺序主子式大于 0。

例 2 判别二次型 $f(x_1,x_2,x_3)=x_1^2+2x_1x_2+2x_2^2+4x_2x_3+x_3^2$ 是否是正定的？

解 $f=x_1^2+2x_1x_2+2x_2^2+4x_2x_3+x_3^2=(x_1+x_2)^2+x_2^2+4x_2x_3+x_3^2$
$=(x_1+x_2)^2+(x_2+2x_3)^2-3x_3^2$。

令 $\begin{cases} x_1+x_2=y_1, \\ x_2+2x_3=y_2, \\ x_3=y_3, \end{cases}$ 不难得出 $f(y_1,y_2,y_3)=y_1^2+y_2^2-3y_3^2$，所以二次型不是正定的。

例 3 判别二次型 $f(x_1,x_2,x_3)=3x_1^2+4x_2^2+5x_3^2+4x_1x_2-4x_2x_3$ 是否是正定的？

解 二次型的矩阵为 $\boldsymbol{A}=\begin{pmatrix} 3 & 2 & 0 \\ 2 & 4 & -2 \\ 0 & -2 & 5 \end{pmatrix}$，$\boldsymbol{A}$ 的顺序主子式有

$$D_1=3>0,D_2=\begin{vmatrix} 3 & 2 \\ 2 & 4 \end{vmatrix}=8>0,D_3=\begin{vmatrix} 3 & 2 & 0 \\ 2 & 4 & -2 \\ 0 & -2 & 5 \end{vmatrix}=28>0,$$

所以 $\boldsymbol{A}$ 是正定矩阵，二次型是正定的。

例 4 设矩阵 $\boldsymbol{A}=\begin{pmatrix} 5 & 2 & -2 \\ 2 & 5 & -1 \\ -2 & -1 & 5 \end{pmatrix}$，判定矩阵 $\boldsymbol{A}$ 是否是正定矩阵？

解 求出矩阵 $\boldsymbol{A}$ 的三个顺序主子式

$$D_1=5>0,D_2=\begin{vmatrix} 5 & 2 \\ 2 & 5 \end{vmatrix}=21>0,D_3=\begin{vmatrix} 5 & 2 & -2 \\ 2 & 5 & -1 \\ -2 & -1 & 5 \end{vmatrix}=88>0,$$

故 $\boldsymbol{A}$ 是正定矩阵。

此题也可求出矩阵 $\boldsymbol{A}$ 的全部特征值 $\lambda_1=4,\lambda_2=\lambda_3=\dfrac{11\pm\sqrt{33}}{2}$，因 $\lambda_i>0(i=1,2,3)$，所以 $\boldsymbol{A}$ 是正定矩阵。

例 5 设二次型 $f(x_1,x_2,x_3)=x_1^2+x_2^2+x_3^2+2ax_1x_2+2bx_2x_3(a,b\in\mathbf{R})$，判断 f 的正定性。

解 二次型 f 的矩阵 $\boldsymbol{A}=\begin{pmatrix} 1 & a & 0 \\ a & 1 & b \\ 0 & b & 1 \end{pmatrix}$，它的各阶顺序主子式为

$$D_1=1, D_2=\begin{vmatrix}1 & a\\ a & 1\end{vmatrix}=1-a^2, D_3=\begin{vmatrix}1 & a & 0\\ a & 1 & b\\ 0 & b & 1\end{vmatrix}=1-(a^2+b^2)。$$

当 $a^2+b^2<1$ 时，有 $D_i>0(i=1,2,3)$，此时 $\boldsymbol{A}$ 为正定矩阵，f 为正定二次型。

当 $a^2+b^2\geqslant 1$ 时，有 $D_1>0, D_3\leqslant 0$，f 为不定二次型。

例 6　设二次型 $f(x,y,z)=-5x^2-6y^2-4z^2+4xy+4xz$，判断 f 的正定性。

解　二次型 f 的矩阵 $\boldsymbol{A}=\begin{pmatrix}-5 & 2 & 2\\ 2 & -6 & 0\\ 2 & 0 & -4\end{pmatrix}$，各阶顺序主子式为

$$D_1=-5<0, D_2=26>0, D_3=|\boldsymbol{A}|=-80<0,$$

由定理 6.4 知，f 是负定二次型。

例 7　设二次型 $f(x_1,x_2,x_3)=x_1^2+2x_1x_2+x_2^2-4x_2x_3-4x_1x_3+4x_3^2$，判断 f 的正定性。

解　$f(x_1,x_2,x_3)=(x_1+x_2-2x_3)^2\geqslant 0$，当 $x_1+x_2-2x_3=0$ 时，$f=0$，所以 f 是半正定的，对应的矩阵是半正定矩阵。

例 8　设二次型 $f(x_1,x_2,x_3)=x_1^2+4x_1x_2+3x_2^2-2x_2x_3-x_3^2$，判断 f 的正定性。

解　因为 $f(1,1,0)=8>0, f(1,0,2)=-3<0$，所以 f 为不定的，其相应的矩阵也是不定的。

习题 6.3

1. 判断下列二次型是否为正定二次型。

(1) $f(x_1,x_2,x_3)=4x_1^2-6x_2^2+15x_3^2+10x_1x_2+x_1x_3+5x_2x_3$；

(2) $f(x_1,x_2,x_3)=5x_1^2+4x_2^2+x_3^2+4x_1x_2+6x_1x_3-2x_2x_3$；

(3) $f(x_1,x_2,x_3)=5x_1^2+6x_2^2+4x_3^2-4x_1x_2-4x_1x_3$；

(4) $f(x_1,x_2,x_3)=-2x_1^2-6x_2^2-4x_3^2+2x_1x_3+2x_2x_3$。

2. 设 $\boldsymbol{A}$ 为 n 阶正定矩阵，证明：$k\boldsymbol{A}(k>0)$，$\boldsymbol{A}^{-1}$，$\boldsymbol{A}^*$，$\boldsymbol{A}^2$ 均为正定矩阵。

3. 设二次型 $f(x,y,z)=5x^2+4xy+y^2-2xz+kz^2-2yz$，当 k 取何值时，f 为正定二次型？

扫码查看
习题参考答案

本章小结

1. 二次型及标准形。

(1) 二次型定义及表示形式。

(2) 二次型 $f=\boldsymbol{x}^{\mathrm{T}}\boldsymbol{A}\boldsymbol{x}$ 与对称矩阵 $\boldsymbol{A}$ 是一一对应的。$\boldsymbol{A}$ 为二次型的矩阵，$\boldsymbol{A}$ 的秩称为 f 的秩。

(3) 二次型的标准形和规范形。

(4) 矩阵 $\boldsymbol{A}$ 与 $\boldsymbol{B}$ 合同，是指存在可逆矩阵 $\boldsymbol{C}$，使得 $\boldsymbol{C}^{\mathrm{T}}\boldsymbol{A}\boldsymbol{C}=\boldsymbol{B}$。

2. 化二次型为标准形的具体方法：正交变换法、配方法、初等变换法。

3. 规范形及惯性定理。

(1) 规范形：$f=y_1^2+\cdots+y_p^2-y_{p+1}^2-\cdots-y_r^2$，其中 r 为 f 的秩，p 为正惯性指数，$r-p$ 为负惯性指数，且规范形是唯一的。

(2) 规范形由二次型的正惯性指数及秩唯一确定。

4. 二次型是正定、半正定、负定、半负定、不定的等定义。

5. 矩阵 $\boldsymbol{A}$ 的顺序主子式 D_i 的定义。

6. 二次型正定的判别法。

(1) 矩阵 $\boldsymbol{A}$ 正定的充要条件是 $D_i>0$。

(2) 矩阵 $\boldsymbol{A}$ 负定的充要条件是奇数阶顺序主子式小于 0，而偶数阶顺序主子式大于 0。

(3) 二次型 $f=\boldsymbol{x}^{\mathrm{T}}\boldsymbol{A}\boldsymbol{x}$ 正定的充要条件是 f 的标准形的 n 个系数全为正，即正惯性指数等于 n。

(4) 二次型 $f=\boldsymbol{x}^{\mathrm{T}}\boldsymbol{A}\boldsymbol{x}$ 正定的充要条件是 $\boldsymbol{A}$ 的 n 个特征值全为正。

(5) 二次型 $f=\boldsymbol{x}^{\mathrm{T}}\boldsymbol{A}\boldsymbol{x}$ 正(负)定的充要条件是 $\boldsymbol{A}$ 是正(负)定的。

第6章总习题

一、单项选择题。

1. 下列各式中不等于 $x_1^2+6x_1x_2+x_2^2$ 的是(　　)。

A. $(x_1,x_2)\begin{pmatrix}1&2\\4&3\end{pmatrix}\begin{pmatrix}x_1\\x_2\end{pmatrix}$　　B. $(x_1,x_2)\begin{pmatrix}1&3\\3&3\end{pmatrix}\begin{pmatrix}x_1\\x_2\end{pmatrix}$

C. $(x_1,x_2)\begin{pmatrix}1&-1\\-5&3\end{pmatrix}\begin{pmatrix}x_1\\x_2\end{pmatrix}$　　D. $(x_1,x_2)\begin{pmatrix}1&-1\\7&3\end{pmatrix}\begin{pmatrix}x_1\\x_2\end{pmatrix}$

2. 设 $\boldsymbol{A},\boldsymbol{B}$ 均为 n 阶矩阵，且 $\boldsymbol{A}$ 与 $\boldsymbol{B}$ 合同，下列选项中正确的是(　　)。

A. $\boldsymbol{A}$ 与 $\boldsymbol{B}$ 相似　　B. $|\boldsymbol{A}|=|\boldsymbol{B}|$

C. $\boldsymbol{A}$ 与 $\boldsymbol{B}$ 有相同的特征值　　D. $r(\boldsymbol{A})=r(\boldsymbol{B})$

3. 若二次曲面的方程 $x^2+3y^2+z^2+2axy+2xz+2yz=4$ 经正交变换化为 $y_1^2+4z_1^2=4$，则 $a=$(　　)。

A. -1　　B. 0　　C. 1　　D. 2

4. 设 $\boldsymbol{A}=\begin{pmatrix}1&2\\2&1\end{pmatrix}$，则在实数域上与 $\boldsymbol{A}$ 合同的矩阵为(　　)。

A. $\begin{pmatrix}-2&1\\1&-2\end{pmatrix}$　　B. $\begin{pmatrix}2&-1\\-1&2\end{pmatrix}$　　C. $\begin{pmatrix}2&1\\1&2\end{pmatrix}$　　D. $\begin{pmatrix}1&-2\\-2&1\end{pmatrix}$

5. 设矩阵 $\boldsymbol{A}=\begin{pmatrix}2&-1&-1\\-1&2&-1\\-1&-1&2\end{pmatrix}$，$\boldsymbol{B}=\begin{pmatrix}1&0&0\\0&1&0\\0&0&0\end{pmatrix}$，则 $\boldsymbol{A}$ 与 $\boldsymbol{B}$(　　)。

A. 合同，且相似　　B. 合同，但不相似

C. 不合同，但相似　　D. 既不合同，也不相似

6. 二次型 $f(x_1,x_2,x_3)=(x_1+ax_2-2x_3)^2+(2x_2+3x_3)^2+(x_1+3x_2+ax_3)^2$ 是正定二次型的充要条件是(　　)。

A. $a>1$　　B. $a<1$　　C. $a\neq 1$　　D. $a=1$

7. (2021 年数一第 5 题)二次型 $f(x_1,x_2,x_3)=(x_1+x_2)^2+(x_2+x_3)^2-(x_3-x_1)^2$ 的正惯性指数和负惯性指数依次为(　　)。

A. 2,0　　B. 1,1　　C. 2,1　　D. 1,2

8. (2019 年数二第 8 题)设 $\boldsymbol{A}$ 为三阶实对称矩阵，$\boldsymbol{E}$ 为三阶单位矩阵，若 $\boldsymbol{A}^2+\boldsymbol{A}=2\boldsymbol{E}$，且 $|\boldsymbol{A}|=4$，则二次型的规范形为(　　)。

A. $y_1^2+y_2^2+y_3^2$　　B. $y_1^2+y_2^2-y_3^2$

C. $y_1^2-y_2^2-y_3^2$　　D. $-y_1^2-y_2^2-y_3^2$

9. (2016 年数二第 8 题)设二次型 $f(x_1,x_2,x_3)=a(x_1^2+x_2^2+x_3^2)+2x_1x_2+2x_2x_3+2x_1x_3$ 的正、负惯性指数分别为 1,2，则(　　)。

A. $a>1$　　B. $a<-2$　　C. $-2<a<1$　　D. $a=1$ 与 $a=-2$

10. (2015 年数二第 8 题)设二次型 $f(x_1,x_2,x_3)$ 在正交变换 $\boldsymbol{x}=\boldsymbol{P}\boldsymbol{y}$ 下的标准形为 $2y_1^2+y_2^2-y_3^2$，其中 $\boldsymbol{P}=(\boldsymbol{e}_1,\boldsymbol{e}_2,\boldsymbol{e}_3)$，若 $\boldsymbol{Q}=(\boldsymbol{e}_1,-\boldsymbol{e}_3,\boldsymbol{e}_2)$，则 $f(x_1,x_2,x_3)$ 在正交变换 $\boldsymbol{x}=\boldsymbol{Q}\boldsymbol{y}$ 下的标准形为(　　)。

A. $2y_1^2-y_2^2+y_3^2$　　B. $2y_1^2+y_2^2-y_3^2$　　C. $2y_1^2-y_2^2-y_3^2$　　D. $2y_1^2+y_2^2+y_3^2$

二、填空题。

1. 二次型 $f(x_1,x_2)=20x_1^2+14x_1x_2-10x_2^2$ 对应的矩阵是________。

2. 二次型 $f(x_1,x_2,x_3)=x_1^2-x_2^2+6x_1x_2$ 对应的矩阵是________。

3. 二次型 $f(x_1,x_2,x_3)=x_3^2-4x_1x_2+x_2x_3$ 对应的矩阵是________。

4. 二次型 $f(x_1,x_2,x_3)=-x_1^2+2x_1x_2-4x_2x_3+2x_3^2$ 用矩阵记号表示为________。

5. 二次型 $f(x,y,z)=x^2+4xy+4y^2+2xz+z^2+4yz$ 用矩阵记号表示为________。

6. 二次型 $f(x_1,x_2,x_3,x_4)=x_1^2+x_2^2+x_3^2+x_4^2-2x_1x_2+4x_1x_3-2x_1x_4+6x_2x_3-4x_2x_4$ 用矩阵记号表示为________。

三、判断题。

1. 二次型 $f(x_1,x_2,x_3)=2x_1^2+2x_1x_2+4x_1x_3+2x_2^2+2x_2x_3+3x_3^2$ 是一个正定二次型。(　　)

2. 二次型 $f(x_1,x_2,x_3)=x_1^2+4x_1x_2+2x_1x_3+4x_2^2+4x_2x_3+x_3^2$ 是一个正定二次型。(　　)

3. 二次型 $f(x_1,x_2,x_3)=5x_1^2+x_2^2+5x_3^2+4x_1x_2-8x_1x_3-4x_2x_3$ 是一个正定二次型。(　　)

4. 二次型 $f(x_1,x_2,x_3)=-5x_1^2-6x_2^2-4x_3^2+x_1x_2+4x_1x_3$ 是一个负定二次型。(　　)

四、解答题。

1. 设 $f(x_1,x_2,x_3)=5x_1^2+2x_2^2+2x_2x_3+2x_3^2$，求一个正交变换将其化为标准形。

2. 用配方法将 $f(x_1,x_2,x_3)=2x_1^2+5x_2^2+5x_3^2+4x_1x_2-4x_1x_3-8x_2x_3$ 化为标准形，并写出相应的可逆变换和正惯性指数。

3. 设二次曲面方程为 $3x^2+5y^2+5z^2+4xy-4xz-10yz=1$，求一个正交变换将其化成标准方程。

4. 已知二次型 $f(x_1,x_2,x_3)=2x_1^2+3x_2^2+3x_3^2+2ax_2x_3\,(a>0)$ 经过正交变换化成的标准形为 $f=y_1^2+2y_2^2+5y_3^2$，求 a 及所用的正交变换。

5. （2022 年数二第 22 题）已知二次型 $f(x_1,x_2,x_3)=3x_1^2+4x_2^2+3x_3^2+2x_1x_3$，

（1）求正交变换 $\boldsymbol{x}=\boldsymbol{Q}\boldsymbol{y}$，化 $f(x_1,x_2,x_3)$ 为标准形；

（2）证明：$\min\limits_{x\neq 0}\dfrac{f(\boldsymbol{x})}{\boldsymbol{x}^{\mathrm{T}}\boldsymbol{x}}=2$。

扫码看微课视频

6. （2020 年数二第 22 题）设二次型 $f(x_1,x_2,x_3)=x_1^2+x_2^2+x_3^2+2ax_1x_2+2ax_1x_3+2ax_2x_3$ 经过可逆线性变换 $\begin{pmatrix}x_1\\x_2\\x_3\end{pmatrix}=\boldsymbol{P}\begin{pmatrix}y_1\\y_2\\y_3\end{pmatrix}$ 化为二次型 $g(y_1,y_2,y_3)=y_1^2+y_2^2+4y_3^2+2y_1y_2$。

（1）求 a 的值； （2）求可逆矩阵 $\boldsymbol{P}$。

扫码看微课视频

7. （2018 年数二第 22 题）设实二次型 $f(x_1,x_2,x_3)=(x_1-x_2+x_3)^2+(x_2+x_3)^2+(x_1+ax_3)^2$，其中 a 为参数。

（1）求 $f(x_1,x_2,x_3)=0$ 的解；

（2）求 $f(x_1,x_2,x_3)$ 的规范形。

8. （2017 年数二第 23 题）设二次型 $f(x_1,x_2,x_3)=2x_1^2-x_2^2+ax_3^2+2x_1x_2-8x_1x_3+2x_2x_3$ 在正交变换 $\boldsymbol{x}=\boldsymbol{Q}\boldsymbol{y}$ 下的标准形为 $\lambda_1y_1^2+\lambda_2y_2^2$，求 a 的值及一个正交矩阵 $\boldsymbol{Q}$。

扫码查看
习题参考答案

附　　录

附录Ⅰ　相关的几个概念

一、连加号与连乘号

(1) 连加号 $\sum_{i=1}^{n} a_i = a_1 + a_2 + \cdots + a_n$ 表示 n 个数 $a_1, a_2, \cdots, a_n$ 之和。对任意数 b，有

$$\sum_{i=1}^{n}(ba_i) = b\sum_{i=1}^{n} a_i 。$$

这就是说，公因数可以从连加号中提出来。

(2) 双重连加号

$$\begin{aligned}\sum_{i=1}^{m}\sum_{j=1}^{n} a_{ij} &= \sum_{i=1}^{m}(a_{i1} + a_{i2} + \cdots + a_{in}) \\ &= (a_{11} + a_{12} + \cdots a_{1n}) + (a_{21} + a_{22} + \cdots + a_{2n}) \\ &\quad + \cdots + (a_{m1} + a_{m2} + \cdots + a_{mn}),\end{aligned}$$

显然，两个连加号可交换，即

$$\sum_{i=1}^{m}\sum_{j=1}^{n} a_{ij} = \sum_{j=1}^{n}\sum_{i=1}^{m} a_{ij},$$

(3) 连乘号 $\prod_{k=1}^{n} a_i = a_1 \cdot a_2 \cdot \cdots \cdot a_n$ 表示 n 个数 $a_1, a_2, \cdots, a_n$ 之积。特别地，有

$$\prod_{k=1}^{n} k = 1 \cdot 2 \cdot \cdots \cdot n = n!,$$

读作 n 的阶乘或 n 阶乘。对任意数 b，有

$$\prod_{i=1}^{n} ba_i = b^n \prod_{i=1}^{n} a_i,$$

这说明，公因数从连乘号中提出来后有 n 次幂。

二、充分条件、必要条件、充要条件

一般地，“若 p，则 q”是真命题，是指由 p 通过推理可以得出 q，这时，我们就说，由 p 可推出 q，记作 $p \Rightarrow q$，并且说，p 是 q 的**充分条件**，q 是 p 的**必要条件**。例如，设 p 表示“下大雨”，q 表示“地湿”，则“下大雨，地会湿”是真命题，所以，“下大雨”是“地湿”的充分条件，“地湿”是“下大雨”的必要条件。“若 p，则 q”是假命题，则 p 既不是 q 的充分条件，q 也不是 p 的必要条件。

一般地，如果既有 $p\Rightarrow q$，又有 $q\Rightarrow p$，就记作 $p\Leftrightarrow q$，此时，我们就说，p 是 q 的充分必要条件，简称**充要条件**，有时也称 p 与 q 是**等价命题**。它的另一种常用说法是：命题 p 成立当且仅当命题 q 成立，它的含义是：当 q 成立时，p 必成立；且只有当 q 成立时，p 才成立。

如果要证明 p 与 q 是等价命题，则由 p 成立推出 q 成立，称为必要性证明，由 q 成立推出 p 成立，称为充分性证明。

在命题 p 与 q 之间存在四种可能性的条件关系，即：p 是 q 的充分非必要条件，p 是 q 的必要非充分条件，p 是 q 的充要条件，p 是 q 的既不充分也不必要条件。

例如，三角对应相等仅是两个三角形全等的必要条件而不是充分条件；一个四边形中 4 个角相等是它是平行四边形的充分条件而不是必要条件。

三、数学归纳法

我们先举一个例子。证明：对于任意正整数 n，都有如下求和公式

$$1+2+\cdots+n=\frac{n(n+1)}{2}。$$

首先，当 $n=1$ 时，此公式显然正确（我们把这一步称为归纳基础）。

其次，假设此公式对 $n=k$ 正确（我们把这一步称为归纳证明），即假设有

$$1+2+\cdots+k=\frac{k(k+1)}{2};$$

最后，要证明此公式对 $n=k+1$ 也正确（我们把这一步称为归纳证明）。证明如下：

$$\begin{aligned}1+2+\cdots+k+(k+1)&=\frac{k(k+1)}{2}+(k+1)=(k+1)\left(\frac{k+2}{2}\right)\\&=\frac{(k+1)(k+2)}{2}。\end{aligned}$$

我们把上述过程总结一下。若把这个公式记为 $P(n)$，那么，$P(1)$ 正确就是归纳基础。归纳假设就是“如果 $P(k)$ 正确”。如果从这个“假设”出发，能证明 $P(k+1)$ 也正确，那么就完成了归纳证明。证出的结论是：对于任何正整数 n，公式 $P(n)$ 都正确。

我们可以把这些命题 $P(n)(n=1,2,\cdots)$ 看成无穷多张多米诺骨牌。证明“归纳基础”就是推到第一张骨牌。“归纳假设与归纳证明”相当于要精确放置所有骨牌，确保在任意一张骨牌倒下后，它后面的那一张骨牌必须倒下，所以，归纳法就是多米诺效应。

不过，归纳基础不一定要求从 $n=1$ 开始。实际上，可以从任意一个正整数 n_0 开始。如果归纳基础 $P(n_0)$ 正确，只要从归纳假设“$P(k)$ 正确”可以证出“$P(k+1)$ 也正确”，那么，就可以说，对任意正整数 $n>n_0$，$P(n)$ 都正确。

例如，要证明的命题是：对于正整数 $n\geqslant 3$，都有 $2^n>2n$。首先，当 $n=3$ 时，显然有 $2^3=8>2\cdot 3=6$，如果 $2^k>2k$ 正确，那么，$2^{k+1}=2^k\cdot 2>2k\cdot 2>2(k+1)$，这说明当 $n=k+1$ 时，命题也正确。故原命题正确。

附录Ⅱ　数域

线性代数的许多问题在不同的数的范围内讨论会得到不同的结论。例如，一元一次

方程 $2x=1$ 在有理数范围内有解 $x=\frac{1}{2}$,但在整数范围内,方程 $2x=1$ 无解。为了深入讨论线性代数中的某些问题,需要介绍数域的概念。

定义 如果数集 P 满足:

(1) $0\in P,1\in P$;

(2) 数集 P 对于数的四则运算是封闭的,即 P 中的任意两个数的和、差、积、商(除数不为零)仍然在 P 中,则称数集 P 是一个数域。

用上述定义容易验证,有理数集 **Q**、实数集 **R**、复数集 **C** 都是数域,称它们为有理数域 **Q**、实数域 **R**、复数域 **C**。

另外还有一些其他的数域,例如,形如 $a+b\sqrt{2}$(a,b 为任意有理数)的数构成的数集是一个数域。

整数集不是数域,数集$\{a+b\sqrt{2}\mid a,b$ 为任意整数$\}$也不是数域。

可以证明:最小的数域是有理数域。

我们约定本书中所讨论的问题都是在任何一个数域里进行的。

附录Ⅲ　MATLAB 软件求解线性代数问题

MATLAB 软件是由 MathWorks 公司推出的一款数学软件,MATLAB 是 MATrix LABboratory(矩阵实验室)的缩写,由此可见 MATLAB 这个软件起源于线性代数问题的研究。经过多年的不断更新与发展,已经集数值与符号计算、编程与仿真、数据可视化与图形用户界面设计等多功能于一体,是目前被广泛应用的一款高效率的科学计算软件。

MATLAB 软件简单易学,使用 MATLAB 软件可以非常容易地求解线性代数中不适合手工计算的高阶问题。

一、计算行列式的值

MATLAB 中求行列式的值,先将行列式按方阵输入,然后使用 det( )这个函数进行求解。

例 1 计算行列式 $D=\begin{vmatrix} 4 & 1 & 2 & 40 \\ 1 & 2 & 0 & 2 \\ 10 & 5 & 2 & 0 \\ 0 & 1 & 1 & 7 \end{vmatrix}$的值。

解 输入命令:

```
D=[ 4 1 2 40; 1 2 0 2; 10 5 2 0; 0 1 1 7];
det(D)
```

运行结果如下:

```
ans=
    612
```

需要注意的是 MATLAB 对大小写敏感,如例 1 中将“D”改成“d”,会提示错误,并且输入命令时需要在英文半角状态下输入，同时不要在 det(D)这行命令结尾处添加“;”，否则 MATLAB 软件不会直接显示结果。以下其他案例类似，不再赘述。在具体练习时，为了避免各个例题中变量名冲突，可以在输入各例题对应命令前先输入“clear all”命令，该命令可以清除工作空间的所有命令和函数，从而不会引起混淆和不必要的计算错误。

例 2　计算四阶行列式 $D=\begin{vmatrix}1+a & 1 & 1 & 1\\ 1 & 1-a & 1 & 1\\ 1 & 1 & 1+b & 1\\ 1 & 1 & 1 & 1-b\end{vmatrix}$。

解　输入命令：

```
syms a b;%本例中含有字母 a 和 b,计算前需要声明变量。
D=[1+a 1 1 1;1 1-a 1 1;1 1 1+b 1;1 1 1 1-b];
det(D)
```

运行结果如下：

```
ans=
    a^2 * b^2
```

二、矩阵的相关运算

1. 矩阵的线性运算

例 3　已知矩阵 $\boldsymbol{A}=\begin{pmatrix}1 & 2 & 3\\ 3 & 1 & 4\\ 1 & 5 & 9\end{pmatrix}$，$\boldsymbol{B}=\begin{pmatrix}2 & 7 & 1\\ 8 & 2 & 8\\ -1 & 0 & 3\end{pmatrix}$，求 $2\boldsymbol{A}-3\boldsymbol{B}$。

解　输入命令：

```
A=[1 2 3;3 1 4;1 5 9];B=[ 2 7 1;8 2 8;-1 0 3];
2 * A-3 * B
```

运行结果如下：

```
ans=
     -4   -17     3
    -18    -4   -16
      5    10     9
```

2. 矩阵的乘法

例 4　已知矩阵 $\boldsymbol{A}=\begin{pmatrix}1 & 0 & 3 & -1\\ 2 & 1 & 0 & 2\end{pmatrix}$，$\boldsymbol{B}=\begin{pmatrix}4 & 1 & 0\\ -1 & 1 & 3\\ 2 & 0 & 1\\ 1 & 3 & 4\end{pmatrix}$，计算 $\boldsymbol{AB}$。

解　输入命令：

```
A=[1 0 3 -1;2 1 0 2];B=[4 1 0;-1 1 3;2 0 1;1 3 4];
A * B
```

运行结果如下：

```
ans=
    9   -2   -1
    9    9   11
```

如果此时计算 $\boldsymbol{B}*\boldsymbol{A}$ 会提示错误。

3. 方阵的逆

当矩阵是非奇异矩阵时,可以使用 inv( )函数求解方阵的逆矩阵。

例 5 求矩阵 $\boldsymbol{A}=\begin{pmatrix}1&2&3\\2&2&1\\3&4&3\end{pmatrix}$ 的逆矩阵。

解 输入命令:

```
A=[1 2 3;2 2 1;3 4 3];
inv(A)
```

运行结果如下:

```
ans =
     1.0000     3.0000    -2.0000
    -1.5000    -3.0000     2.5000
     1.0000     1.0000    -1.0000
```

当矩阵的行数与列数不相等时,或者方阵对应的行列式为 0 时,矩阵不存在逆矩阵。可利用 pinv( )函数求广义逆矩阵(伪逆矩阵),该内容超出了本书讨论范畴,感兴趣的读者可以自行查阅资料。

在 MATLAB 软件中,也可以使用"\"和"/"来实现逆矩阵求解运算。例如,命令 inv(A) * B与"A\B"含义相同,表示用矩阵 $\boldsymbol{A}$ 的逆矩阵 $\boldsymbol{A}^{-1}$ 左乘矩阵 $\boldsymbol{B}$,即 $\boldsymbol{A}^{-1}\boldsymbol{B}$,而命令 $B*inv(A)$ 与 B/A 含义相同,表示用矩阵 $\boldsymbol{A}$ 的逆矩阵 $\boldsymbol{A}^{-1}$ 右乘矩阵 $\boldsymbol{B}$,即 $\boldsymbol{BA}^{-1}$。

例 6 已知矩阵 $\boldsymbol{A}=\begin{pmatrix}1&2&3\\2&2&1\\3&4&3\end{pmatrix}$,$\boldsymbol{B}=\begin{pmatrix}2&1\\5&3\end{pmatrix}$,$\boldsymbol{C}=\begin{pmatrix}1&3\\2&0\\3&1\end{pmatrix}$,求矩阵 $\boldsymbol{X}$,使其满足 $\boldsymbol{AXB}=\boldsymbol{C}$。

解 输入命令:

```
A=[1 2 3;2 21;3 4 3];B=[2 1;5 3];C=[1 3;2 0;3 1];
inv(A) * C * inv(B)
```

运行结果如下:

```
ans=
     -2.0000      1.0000
     10.0000     -4.0000
    -10.0000      4.0000
```

4. 矩阵的转置

矩阵的转置命令使用单撇符号"′"即可。

例 7 求矩阵 $\boldsymbol{A}=\begin{pmatrix}1&2&3\\2&2&1\\4&5&6\end{pmatrix}$ 的转置。

解　输入命令：

```
A=[1 2 3;2 2 1;4 5 6];
A'
```

运行结果如下：

```
ans=
     1   2   4
     2   2   5
     3   1   6
```

5. *n* 阶方阵的幂

对于 n 阶方阵的幂使用“A^n”命令求解。

例 8　已知矩阵 $\boldsymbol{A}=\begin{pmatrix}1 & 2 & 3\\0 & 2 & 1\\1 & -4 & 3\end{pmatrix}$，求 $\boldsymbol{A}^{10}$。

解　输入命令：

```
A=[1 2 3;0 2 1;1 -4 3];
A^10
```

运行结果如下：

```
ans=
     -14040   18576   -61560
      -3888    -864   -21816
     -17928   79488   -34344
```

6. 矩阵的秩与行最简形

求解矩阵的秩使用 rank( )函数，求解矩阵的行最简形使用 rref( )函数。

例 9　求矩阵 $\boldsymbol{A}=\begin{pmatrix}3 & 9 & 8 & 7\\2 & 6 & -2 & 12\\1 & 3 & 1 & 4\end{pmatrix}$ 的行最简形和秩。

解　输入命令：

```
A=[3 9 8 7;2 6 -2 12;1 3 1 4];
rref(A)    %求行最简形
rank(A)    %求矩阵的秩
```

运行结果如下：

```
ans=
     1   3   0    5
     0   0   1   -1
     0   0   0    0

ans=
     2
```

三、求解线性方程组

1. 齐次线性方程组的求解

对于齐次线性方程组 $\boldsymbol{Ax}=\boldsymbol{0}$，首先需要通过求解系数矩阵的秩来判定解的情况，如果仅有零解，可直接得出答案。如果系数矩阵的秩小于方程组中未知数的个数 n，则存在无穷多解，可以通过 null( )函数来进行求解。

例 10　求齐次线性方程组 $\begin{cases} x_1+x_2-x_3-x_4=0, \\ 2x_1-5x_2+3x_3+2x_4=0, \\ 7x_1-7x_2+3x_3+x_4=0 \end{cases}$ 的通解。

解　输入命令：

```
A=[1 1 -1 -1;2 -5 3 2;7 -7 3 1];
rank(A)
```

运行结果：2，即系数矩阵的秩为 2，小于未知数的个数 $n=4$，存在无穷多解。继续输入命令：

```
null(A,'r')%解出基础解系,'r'表示解空间的有理基。
```

运行结果为：

```
ans =
    0.2857    0.4286
    0.7143    0.5714
    1.0000         0
         0    1.0000
```

此题结果可以更改为有理格式，以方便阅读。输入命令如下：

```
format rat
ans
ans=
    2/7   3/7
    5/7   4/7
     1     0
     0     1
```

从而得到该方程组的通解为

$$\boldsymbol{x}=k_1\begin{pmatrix} \frac{2}{7} \\ \frac{5}{7} \\ 1 \\ 0 \end{pmatrix}+k_2\begin{pmatrix} \frac{3}{7} \\ \frac{4}{7} \\ 0 \\ 1 \end{pmatrix}, k_1, k_2 \text{ 为任意常数。}$$

2. 非齐次线性方程组的求解

对于非齐次线性方程组 $\boldsymbol{AX}=\boldsymbol{b}$，在求解时同样需要先进行解的判定。根据解的判定定理，当只有唯一解时，通常可以使用 x＝inv(A) * b 直接进行求解。当存在无穷多解时，可以先使用例 12 中的 null(A,'r')命令求出对应的齐次方程组的基础解系，再用 pinv(A) * b求出一个特解，最后得出方程组对应的特解。除此之外，还有其他的求解方式，限于篇幅，在此不讨论。

例 11 求非齐次线性方程组$\begin{cases} x_1+2x_2+2x_3=2, \\ 2x_1+5x_2+2x_3=4, \\ x_1+2x_2+4x_3=6 \end{cases}$的通解。

解 输入命令：

A＝[1 2 2;2 5 2;1 2 4];b＝[2 4 6]';

rank(A)

运行结果：3，即系数矩阵的秩为 3(可以验证增广矩阵的秩也为 3)，等于未知数的个数 $n=3$，根据解的判定定理可知该方程组存在唯一解。继续输入命令：

x＝inv(A) * b

得到唯一解为：

```
x=
    -10
      4
      2
```

例 12 求线性方程组$\begin{cases} x_1+x_2-2x_4=-6, \\ 4x_1-x_2-x_3-x_4=1, \\ 3x_1-x_2-x_3=3 \end{cases}$的通解。

解 输入命令：

A＝[1 1 0 －2;4 －1 －1 －1;3 －1 －1 0];b＝[－6 1 3]';

rank(A)

运行结果：3，即系数矩阵的秩为 3(可以验证增广矩阵的秩也为 3)，小于未知数的个数 $n=4$，根据解的判定定理可知该方程组存在无穷多解。继续输入命令：

z＝null(A,'r')

x＝pinv(A) * b %求一个特解

运行结果如下：

```
z=
     1
     1
     2
     1
x=
     2/7
     -12/7
     -3/7
```

16/7

从而得到该方程组的通解为

$$x=k_1\begin{pmatrix}1\\1\\2\\1\end{pmatrix}+\begin{pmatrix}\frac{2}{7}\\-\frac{12}{7}\\-\frac{3}{7}\\\frac{16}{7}\end{pmatrix},k_1\text{ 为任意常数。}$$

四、特征值与特征向量

1. 方阵的特征值和特征向量

求方阵的特征值可以调用 eig( )函数，通常使用[v,d]=eig(A)命令同时求出方阵的特征值和特征向量。

例 13 求矩阵 $A=\begin{pmatrix}2&-2&0\\-2&1&-2\\0&-2&0\end{pmatrix}$ 的特征值和特征向量。

解 输入命令：

```
A=[2 -2 0;-2 1 -2;0 -2 0];
[v,d]=eig(A)
```

运行结果如下：

```
v=
    -0.3333    0.6667   -0.6667
    -0.6667    0.3333    0.6667
    -0.6667   -0.6667   -0.3333
d=
    -2.0000         0         0
          0    1.0000         0
          0         0    4.0000
```

2. 矩阵的迹

求矩阵的迹使用函数 trace(A)。

例 14 求矩阵 $A=\begin{pmatrix}1&2&3\\4&5&6\\7&8&9\end{pmatrix}$ 的迹。

解 输入命令：

```
A=[1 2 3;4 5 6;7 8 9];
trace(A)
```

运行结果如下：

ans=

　15

3. 实对称矩阵的对角化

例 15　已知矩阵 $\boldsymbol{A}=\begin{pmatrix}3&2&4\\2&0&2\\4&2&3\end{pmatrix}$，求一个正交矩阵 $\boldsymbol{P}$，使 $\boldsymbol{P}^{-1}\boldsymbol{AP}$ 为对角矩阵。

解　输入命令：

```
A=[3 2 4;2 0 2;4 2 3];
[P,D]=eig(A)
```

运行结果如下：

```
P=
    -0.4941   -0.5580    0.6667
    -0.4720    0.8161    0.3333
     0.7301    0.1500    0.6667
D=
    -1.0000         0         0
          0   -1.0000         0
          0         0    8.0000
```

继续输入语句，验证所求是否正确。

```
B=inv(P)*A*P
```

运行结果如下：

```
B=
    -1.0000    0.0000   -0.0000
    -0.0000   -1.0000    0.0000
     0.0000   -0.0000    8.0000
```

结果表明存在正交矩阵 $\boldsymbol{P}$，使 $\boldsymbol{P}^{-1}\boldsymbol{AP}$ 为对角矩阵。

参考文献

[1] 陈芸. 线性代数[M]. 北京:北京理工大学出版社,2019.

[2] 戴维. C. 雷,等. 线性代数及其应用[M]. 5 版. 刘深泉,等译. 北京:机械工业出版社,2018.

[3] 史蒂文. J. 利昂. 线性代数[M]. 9 版. 张文博,张丽静,译. 北京:机械工业出版社,2015.

[4] 陈建华. 线性代数[M]. 4 版. 北京:机械工业出版社,2016.

[5] 李洵,吴亚娟,王平心. 线性代数[M]. 镇江:江苏大学出版社,2013.

[6] 卢刚. 线性代数[M]. 4 版. 北京:高等教育出版社,2020.

[7] 曾翔,王远清. 线性代数[M]. 3 版. 武汉:华中师范大学出版社,2020.

[8] 侯秀梅,赵雪芳. 线性代数[M]. 北京:北京交通大学出版社,2013.

[9] 刘吉佑,莫骄. 线性代数与几何[M]. 2 版. 北京:北京邮电大学出版社,2018.